ENCYCLOPÉDIE DES TRAVAUX PUBLICS

MÉCANIQUE GÉNÉRALE

ENCYCLOPÉDIE

DES

TRAVAUX PUBLICS

Fondée par **M.-C. LECHALAS**, Insp⁏ gén⁏ des Ponts et Chaussées

---

MÉCANIQUE GÉNÉRALE

PAR

A. FLAMANT

INGÉNIEUR EN CHEF DES PONTS ET CHAUSSÉES
PROFESSEUR A L'ÉCOLE CENTRALE DES ARTS ET MANUFACTURES
ET A L'ÉCOLE NATIONALE DES PONTS ET CHAUSSÉES

PARIS

BERNARD TIGNOL, LIBRAIRE-ÉDITEUR

45, QUAI DES AUGUSTINS

—

1888

ERRATA

Pages	lignes	
11,	1,	au lieu de : $l(\times)\, l_{i,y} =$, lire : $l(\times)\, l_1 =$.
93,	15,	au lieu de : ρ^{i^2}, lire : ρ_z^2.
103,	dernière,	rétablir au dénominateur la lettre b.
128,	3,	au lieu de : $v =$ et $v^i =$, lire : $v_y =$ et $v_z =$.
128,	7,	au lieu de ce qui est sous le premier radical, lire : $r_x^2 + r_y^2 + r_z^2$.
134,	équat. (7),	au lieu de : $\dfrac{df}{dr'}\dfrac{dr}{dt}$, lire : $\dfrac{df}{dr'}\dfrac{dv'}{dt}$.
144,	2,	au lieu de : j^x, lire : j_x.
153,	12,	rétablir l'exposant 2 à la seconde parenthèse.
221,	avant-dernière.	au lieu du premier v, lire V.
259,	22,	rétablir l'exposant 2 à la troisième parenthèse.
266,	5 en remont.	mettre un indice o au second v.
294,	1,	au lieu de : M^x, lire : M_x.
294,	2,	au lieu de : M, lire, M_y.
310,	12,	mettre entre parenthèses le trinôme du second membre.
335,	dernière,	au lieu de : M^z, lire M_z.
338,	5,	rétablir la lettre v au second terme.
338,	équat. (2),	au lieu de : F^x, lire : F_x.
425,	16,	au lieu de : $F\,ds$, lire : $F_x\,ds$.
427,	15,	au lieu de : $= qdx$, lire : $= -\,qdx$.
441,	18,	au lieu de : Rd, lire : dR.

TABLE DES MATIÈRES

TROISIÈME PARTIE

MÉCANIQUE

AVANT-PROPOS

Le présent ouvrage a pour objet l'exposition des principes les plus élémentaires de la Mécanique générale.

Comme tous les volumes de l'Encyclopédie, il est surtout destiné aux Ingénieurs : on n'y trouvera donc aucune application ayant en vue les problèmes de la mécanique céleste, ni même les équations générales de Lagrange, Jacobi et Hamilton qui n'ont pas d'application, ou dont on peut se passer, dans la résolution des problèmes usuels.

Le mode d'exposition de la Science Mécanique a subi, depuis un demi-siècle, bien des vicissitudes. Après avoir été pendant longtemps la science de l'équilibre, auquel on assimilait le mouvement par l'application du principe assez obscur de d'Alembert, elle s'est transformée peu à peu. On a considéré d'abord le mouvement en lui-même, indépendamment de ses causes, et cette étude a donné lieu à une branche nouvelle : la Cinématique, qui a pris de jour en jour plus d'importance. L'examen des *causes* du mouvement venait ensuite, avec les notions d'équilibre qui en sont les conséquences. Quelques-uns, d'après l'ancienne méthode, étudiaient l'équilibre avant le mouvement, la Statique avant la Dynamique ; d'autres marchaient en sens inverse, commençant par la Dynamique, suite naturelle de la Cinématique, pour terminer par la Statique, l'équilibre n'étant qu'un cas particulier du mouvement.

En traitant à part la Cinématique, on a l'avantage de faire du mouvement proprement dit, abstraction faite des circonstances physiques où il se produit, une étude purement géométrique, dégagée de toute loi ou hypothèse physique et d'arriver à des conséquences aussi rigoureuses que les théorèmes de la géométrie elle-même.

Mais en adoptant ensuite l'idée de force comme *cause* du mouvement, on rentre dans le domaine de l'hypothèse et il faut poser, sur la nature et les effets de ces forces, des principes d'une vérification difficile en raison de l'obscurité même de la notion de la force, laquelle devient cependant primordiale [1].

« La nature de notre esprit nous porte à chercher l'essence ou le *pourquoi* des choses. En cela nous visons plus loin que le but qu'il nous est donné d'atteindre ; car l'expérience nous apprend bientôt que nous ne pouvons pas aller au-delà du *comment*, c'est-à-dire au-delà de la cause prochaine ou des conditions d'existence des phénomènes. Il n'y a pour nous que des phénomènes à étudier, les conditions matérielles de leurs manifestations à connaître et les lois de ces manifestations à déterminer...... Lorsque, par une analyse successive, nous avons trouvé la cause prochaine d'un phénomène en déterminant les conditions et les circonstances simples dans lesquelles il se manifeste, nous avons atteint le but scientifique que nous ne pouvons dépasser [2] ».

Déjà Newton avait dit, à propos de l'attraction : « Les corps tombent d'après un mouvement accéléré dont on connaît la loi : voilà le fait, voilà le réel. Mais la cause

---

1. Il n'était pas rare dans les anciens traités de mécanique, après cette définition de la force : *tout ce qui produit ou modifie un mouvement*, de trouver, donné comme loi de la nature ou résultat de l'observation, que *tout mouvement reste le même s'il n'intervient une force qui le modifie*, alors que cette prétendue loi n'est qu'une répétition de la définition qu'on avait adoptée. Cela montre le peu de précision que l'on attribuait à la notion de force.

2. Claude Bernard : *Introduction à l'étude de la médecine expérimentale.*

première qui fait tomber ces corps est absolument inconnue. On peut dire, pour se représenter le phénomène à l'esprit, que les corps tombent comme s'il y avait une force d'attraction qui les sollicite vers le centre de la terre, *quasi esset attractio*. Mais la force d'attraction n'existe pas, ou on ne la voit pas, ce n'est qu'un mot pour abréger le discours ».

La tendance de l'esprit philosophique était donc d'affranchir l'enseignement de la Mécanique de l'idée de force considérée comme *cause* du mouvement.

Dès 1852, M. de St-Venant avait publié ses *Principes de mécanique fondés sur la cinématique*[1], ouvrage qui est sans doute la première tentative sérieuse faite dans cette voie. Le mot de force n'y est employé que pour désigner une quantité parfaitement définie : le produit d'une masse par une accélération, et pour la commodité du langage. Le présent ouvrage est établi d'après les mêmes idées et presque sur le même plan général, et il a fait aux *Principes de Mécanique* de très nombreux emprunts. Ce nouveau mode d'exposition est d'ailleurs imposé, pour ainsi dire, par l'état actuel des doctrines philosophiques. Voici comment s'exprime à ce sujet M. G. Lechalas qui, dans un article sur « l'Activité de la Matière, » publié dans la *Critique philosophique*, montre que cette façon d'enseigner la mécanique est la seule rationnelle. « Elle se heurte, dit-il, à une grosse difficulté résultant de l'habitude invétérée où nous sommes tous
« d'introduire les forces dans nos conceptions. En outre,
« les écrits inspirés par les idées que nous venons d'indiquer sont fort peu nombreux ; d'une part, en effet,
« il ne s'agit pas là d'un procédé nouveau de calcul, qui
« permette de résoudre de nouveaux problèmes, mais
« seulement d'un mode d'exposition plus rationnel, plus
« favorable à la culture de l'esprit ; d'autre part, il n'est

1. Paris, 1852, Bachelier, Carilian-Gœury et V⁰ᵉ Dalmont, Mathias.

« guère possible d'introduire ce mode d'exposition dans
« les livres d'enseignement, où il serait si bien à sa place,
« les programmes officiels y mettant obstacle. »

Cependant ce nouveau mode d'exposition tend à se pro-
pager dans l'enseignement, je n'ai pas hésité à l'adopter.

S'il ne donne pas la possibilité de résoudre de nouveaux
problèmes, il a au moins le mérite de simplifier notablement les démonstrations, tout en les rendant plus rigoureuses. Il nous est difficile aujourd'hui de nous faire une
idée de la complication des raisonnements au moyen desquels les géomètres du commencement de ce siècle éta-
blissaient les théorèmes fondamentaux de la mécanique :
la démonstration de la règle du parallélogramme des
forces ne remplit pas moins de dix pages d'un raisonnement serré dans le *Traité de Mécanique élémentaire* de Fran-
cœur, qui était l'ouvrage classique le plus répandu vers
1830 ; celle du principe des vitesses virtuelles, qui
est devenu le théorème du travail virtuel, ne se faisait
que par l'interposition, entre les diverses parties du système matériel, d'une infinité de moufles, de cordons, de
verges inflexibles, de poulies, de liens de toute sorte dont
l'emploi avait, entre autres inconvénients, celui de laisser
subsister sur cette vérité fondamentale une sorte de doute
ou d'incertitude, résultant de la complication même des
raisonnements d'où on l'avait déduite.

Il y a déjà plus d'un demi-siècle que M. de Saint-Venant, dans un *Mémoire sur les théorèmes de la Mécanique
générale*, présenté à l'Académie des Sciences le 14 avril
1834, montrait que ces théorèmes peuvent être établis
d'une façon beaucoup plus simple, en même temps que
plus rigoureuse et purement géométrique. Ce mémoire,
très remarquable à beaucoup de points de vue, surtout
pour l'époque à laquelle il a été écrit, n'ayant jamais été
publié, nous le donnons à la suite de cet Avant-propos.
Bien que les idées qu'il renferme n'aient plus aujourd'hui

l'attrait de la nouveauté, le lecteur ne verra pas sans intérêt comment les théorèmes fondamentaux de la mécanique peuvent se déduire de celui des forces vives, lequel est lui-même une conséquence en quelque sorte géométrique de la définition de la force. Les considérations sur la conservation de l'énergie, que St-Venant appelait le capital dynamique, et sur ses transformations n'ont nullement vieilli et peuvent encore être citées aujourd'hui comme le résumé des idées les plus nouvelles sur ce sujet.

En dehors du plan général et du mode d'exposition qui sont sinon nouveaux, du moins peu usités, je signalerai une autre particularité du *Traité de Mécanique* que je publie aujourd'hui ; c'est l'emploi fréquent, continu pour ainsi dire, des équipollences et des sommes géométriques. Dans bien des ouvrages on trouve, il est vrai, ces dénominations définies au commencement et quelquefois employées pour l'exposition d'une ou deux questions simples, souvent à titre de curiosité ; puis, il n'en est plus question. Au contraire, d'un bout à l'autre du présent volume il est fait usage de la notion de somme géométrique. Elle présente l'avantage d'une bien plus grande concision de langage et d'une grande simplification des formules et des démonstrations. Cela est racheté, en partie, par l'inconvénient d'une notation nouvelle et d'une langue qui n'est pas encore fort usitée ; mais son emploi tend à se généraliser.

Depuis plusieurs années, en effet, ce langage et cette notation sont employés avec succès dans l'enseignement de l'École Centrale où ils ont été introduits par mon prédécesseur dans la chaire que j'y occupe, M. Maurice Lévy, au cours duquel j'ai fait de nombreux emprunts.

Après cela, il me reste peu de chose à dire de mon ouvrage. Il est impossible, dans l'étendue d'un seul volume, de traiter toutes les questions même usuelles : le cours de mécanique de M. Collignon comprend cinq volumes, celui de M. Résal six ; je ne pouvais avoir la prétention d'être aussi complet que l'un ou l'autre ; je devais me borner à donner les principes généraux, et c'est ce que j'ai essayé de faire le plus simplement possible.

Un volume d'hydraulique théorique devant faire partie de l'Encyclopédie, je n'ai traité aucune des questions relatives à l'équilibre ou au mouvement des fluides, qui trouvent ordinairement place dans les ouvrages de mécanique générale.

Dans un espace aussi limité, j'ai été obligé de me borner, en dehors des principes généraux et essentiels, aux quelques applications classiques que l'on trouve partout et qui ne peuvent être remplacées par d'autres : le mouvement vertical ou parabolique des corps pesants, celui du pendule, celui des planètes autour du soleil, etc. Il n'y a donc, dans cet ouvrage, rien qui ne se trouve déjà dans presque tous les traités de mécanique publiés antérieurement, depuis la Statique de Poinsot jusqu'au Cours de mécanique et machines de Bresse. Toutes les démonstrations ont été tant de fois faites et refaites qu'il était bien difficile de les simplifier encore ; je n'ai cherché qu'à les rendre aussi claires que possible.

MÉMOIRE

SUR LES THÉORÈMES DE LA MÉCANIQUE GÉNÉRALE

Par A. BARRÉ DE SAINT-VENANT, ingénieur des Ponts et Chaussées.

————

« Tous les phénomènes terrestres dépendent de ce genre
« de forces (*les forces attractives et répulsives qui ne sont*
« *sensibles qu'à des distances imperceptibles*), comme les
« phénomènes célestes dépendent de la gravitation univer-
« selle. Leur considération me paraît être maintenant le
« principal objet de la philosophie mathématique. Il me
« semble même utile de l'introduire dans les démonstrations
« de la mécanique, en abandonnant les considérations de
« lignes sans masse, flexibles ou inflexibles, et de corps
« parfaitement durs. Quelques essais m'ont fait voir qu'en
« se rapprochant ainsi de la nature, on pouvait donner à
« ces démonstrations autant de simplicité et beaucoup plus
« de clarté que par les méthodes usitées jusqu'à ce jour. »

(LAPLACE, *Mécanique céleste*, fin du chap. 1er du livre
XII ; 1825).

1. Avant-propos. — C'est en méditant ces paroles de l'au-
teur de la *Mécanique céleste*, ainsi que les travaux des géomètres qui ont répondu à son appel[1], ou qui l'avaient même
devancé[2], que j'ai été conduit à me livrer à des recherches
dont je présente le résultat au jugement de l'Académie.

Aujourd'hui les corps sont considérés comme des systèmes
de points matériels maintenus à de petites distances par des
forces attractives et répulsives, et les *liaisons* imaginées par les

1. Voy. différents mémoires de MM. Navier, Poisson, Cauchy, tomes 6,
7, 8, 9 de l'Institut et 20e cah. du Journal de l'École polytechnique, les Exercices de math. de M. Cauchy, l'ouvrage de M. Coriolis intitulé : du Calcul
de l'effet des machines, ch. III, et le Cours de mécanique fait à Metz par M.
Poncelet.
2. Mémoire lu en 1821 par M. Navier, T. 7, de l'Institut et Soc. philom.
— Mémoire lu en 1822 à la Société philomatique par M. Cauchy.

anciens géomètres ne sont plus pour nous que des résultantes de pareilles forces. Il m'a paru que, sous ce point de vue, la démonstration des théorèmes généraux de la mécanique des corps pouvait être singulièrement simplifiée, et que le principe des Forces vives, si utile et si fécond entre les mains des savants de notre siècle[1], ne souffrait plus aucune de ces exceptions qui, jusqu'ici, en ont restreint la généralité.

2. Démonstration du théorème des Forces vives. — Le principe des Forces vives peut être démontré de la manière suivante, en s'appuyant uniquement sur les lois du mouvement d'un point matériel qui sont : la loi d'inertie, la loi de la composition des forces, enfin la loi de la proportionnalité des accroissements de la vitesse d'un mobile, estimée dans un sens quelconque, aux forces qui le sollicitent dans ce sens et aux temps pendant lesquels elles agissent.

Soient P, P′, P″,... les forces qui sont appliquées sur un point, v sa vitesse actuelle, α, α', α'',... et a les angles que forment les directions de ces forces et de cette vitesse avec une ligne fixe quelconque. Si l'on décompose les forces parallèlement et perpendiculairement à cette ligne, les composantes parallèles, $P \cos \alpha$, $P' \cos \alpha'$,... produiront seules, pendant un temps infiniment petit dt, l'accroissement que prendra la composante de la vitesse, $v \cos a$, parallèle à la même ligne. On aura donc, en vertu des lois qu'on vient d'énoncer :

$$(a) \qquad md(v \cos a) = (P \cos \alpha + P' \cos \alpha' + \ldots) \, dt,$$

m étant le rapport constant de la force à l'accroissement de la vitesse pendant l'unité de temps, pour le point mobile que l'on considère, rapport qui peut varier d'un mobile à l'autre et qu'on appelle la *masse* du mobile.

Or, prenons, pour la direction fixe suivant laquelle nous décomposons les forces et les vitesses, la direction même de la vitesse v au commencement de l'instant dt ; appelons dp, dp'....

1. Lagrange, fin de la théorie des Fonctions. — Petit, Ann. de Chimie et de Physique, 1817. — M. Navier, notes sur Bélidor, et cours fait à l'Ecole des Ponts et Chaussées. — M. Coriolis, ouvrage précité. — M. Poncelet, cours de Mécanique.

les projections, sur les directions des forces P, P'...., de l'espace vdt parcouru par le point mobile pendant la durée de cet instant, en affectant ces lignes infiniment petites du signe $+$ ou du signe $-$ selon que les forces tendent à augmenter ou à diminuer la vitesse v. Nous aurons $\cos \alpha = \dfrac{dp}{vdt}$, $\cos \alpha' = \dfrac{dp'}{vdt}$,..... Nous aurons aussi, au commencement de dt, $v \cos a = v$; à la fin du même instant, $v \cos a$ sera devenu $v + dv$, car on peut regarder une ligne comme rigoureusement égale à sa projection sur une autre ligne avec laquelle elle fait un angle infiniment petit, quand on n'a pas besoin de tenir compte des infiniment petits d'ordre supérieur. Donc $d(v \cos a)$ est égal à dv et l'équation précédente devient :

(b) $$ mvdv = Pdp + P'dp' + ...$$

C'est l'équation des forces vives, pour un seul point matériel et pour un temps infiniment petit. [1]

3. — En ajoutant ensemble toutes les équations de même forme que l'on peut poser pour les divers points dont un système quelconque se compose, et intégrant par rapport au temps, on a, v_0 étant les valeurs initiales des vitesses v et S indiquant la somme de toutes les quantités de même nom :

(c) $$ S\frac{mv^2}{2} - S\frac{mv_0^2}{2} = \int S Pdp $$

C'est l'équation des Forces vives, pour un système mobile et pour un temps fini. Longtemps on n'en a tiré qu'un théorème peu usuel, restreint d'ailleurs aux cas où le polynôme $SPdp$ est la différentielle exacte d'une fonction des coordonnées dé-

---

1. Les composantes normales donneraient une force à égaler à $m\dfrac{d(v \sin a)}{dt}$ ou à $m\dfrac{vda}{dt}$, puisque $v \sin \alpha$ est nul au commencement de dt et est $(v + dv)$ $(\cos \alpha da) = vda$ à la fin. C'est la force dite *centrifuge*, qui peut être représentée par $m\dfrac{v^2}{r}$, r étant le rayon de courbure de la trajectoire (car $\dfrac{vdt}{r} = da$).

terminant les positions des points, et par conséquent non applicable lorsqu'il y a des frottements et d'autres forces émanant de points extérieurs qui ont un certain mouvement. M. Navier a généralisé le théorème des Forces vives et en a beaucoup étendu l'utilité en faisant entrer, dans son énoncé, la mention des produits Pdp et de leurs sommes $\int Pdp$, qui sont ce qu'on a successivement appelé moments, énergies, puissances, mécaniques, quantités d'action, *travail* des Forces. Nous emploierons cette dernière dénomination proposée par M. Coriolis, ainsi que celle de *Force vive* qu'il donne, non plus à mv^2, $\mathbf{S}mv^2$, mais aux moitiés $\dfrac{mv^2}{2}$, $\mathbf{S}\,\dfrac{mv^2}{2}$ de ces quantités. [1]

Énoncé. Le théorème des Forces vives, dans toute sa généralité, consiste donc en ce que *la Force vive* [2] *acquise par un système mobile, pendant un temps déterminé, est égale au travail qui a lieu, pendant le même temps, sur les points matériels dont ce système se compose.* [3]

1. On appelle aujourd'hui *force vive* les quantités mv^2 ou $\mathbf{S}mv^2$. Leurs moitiés, $\dfrac{mv^2}{2}$, $\mathbf{S}\,\dfrac{mv^2}{2}$ qui entrent dans l'équation des forces vives et du travail s'appellent la *demi force vive* ou la *puissance vive*; cette dernière dénomination a été proposée par Bélanger (F.).

2. Avec la signification admise actuellement pour les mots force vive, il faudrait dire ici : *la demi-force vive* ou *la puissance vive* acquise, etc. Pour éviter toute ambiguïté nous ajouterons désormais au texte, devant le mot force vive, le mot demi entre parenthèses (F.).

3. Depuis la présentation de ce Mémoire à l'Académie, la communication qui m'a été donnée des feuilles lithographiées du Cours fait à l'Ecole des Ponts et Chaussées par M. Coriolis, ingénieur en chef, de 1832 à 1833, m'a fait reconnaître que ce savant avait déjà exprimé, alors, que le principe des forces vives, pour un système quelconque, résulte simplement et immédiatement de l'addition des équations aux forces vives posées pour chacun des points matériels dont ce système se compose, en tenant compte des attractions et répulsions mutuelles de ces points, sauf à effacer du second membre (voy. ci-après, art. 7) les termes affectés des actions réciproques des points dont les distances mutuelles n'ont pas sensiblement changé pendant le mouvement.

M. Coriolis, dans un Mémoire sur le *mouvement moyen de rotation* présenté le 25 novembre 1833 à l'Académie, qui en a voté l'insertion aux Savants étrangers, a encore établi que la démonstration du principe des forces vives peut être dégagée de toute conception rationnelle sur la nature des *liaisons* qui existent entre les parties d'un système, en regardant tout système comme

4. Autre démonstration du théorème des Forces vives. — En partant de ce principe unique, que la vitesse v, d'un point m sollicité par diverses forces P, P',...est, après un instant dt, la résultante géométrique de la vitesse v_0 qu'il possédait au commencement de cet instant et des vitesses élémentaires $\frac{Pdt}{m}$, $\frac{P'dt}{m}$,... que chacune des forces P, P',... lui eût communiquées en agissant seule sur lui pendant le même instant, on peut donner une démonstration du théorème des Forces vives qui ne s'appuie sur aucune considération trigonométrique, et qui ne suppose aucune autre notion d'analyse infinitésimale que celles qui résultent de la simple définition des infiniment petits du 1er et du 2e ordre.

La résultante géométrique en question n'est, en effet, autre chose que le dernier côté d'un polygone dont les autres côtés sont égaux et parallèles respectivement à chacune des composantes de vitesse que l'on suppose avoir été communiquées l'une après l'autre au point m. Or, abaissons une perpendicu-

---

un assemblage de points exerçant les uns sur les autres des actions qui peuvent même varier avec le temps sans que le principe cesse d'être vrai.

M. Poncelet a eu la même idée; car, à la première page de l'avant-propos de son *Cours de Mécanique industrielle* publié en 1829 et dont l'édition est épuisée, il dit que le *Principe général des forces vives*, qu'il ne faut pas confondre avec l'ancien théorème de la *Conservation des forces vives* a lieu toujours et sans restriction quand on ne néglige aucune des actions qui s'exercent entre les corps du système, ni aucune des forces qui feraient changer les conditions de leur liaison. Il paraît que dans une partie de son cours qui n'est que lithographiée, M. Poncelet obtenait l'équation générale des forces vives pour un système en additionnant les équations relatives à chaque point, méthode qui lui paraissait suffisamment exacte pour un cours fait à des ouvriers et qui, dans mon opinion, est plus rigoureuse et meilleure que toute autre.

Enfin M. du Buat (fils), capitaine de génie, a, dans un ouvrage peu connu quoique rédigé avec beaucoup de talent, publié en 1821 sous le titre *Mémoires sur la Mécanique*, obtenu aussi l'équation générale des forces vives sans s'appuyer ni sur le principe des vitesses virtuelles, ni sur le principe de d'Alembert, par la simple addition des équations qui ont lieu pour les divers points, en démontrant ensuite fort simplement : 1° que quand les liaisons sont indépendantes du temps elles ne donnent rien dans l'équation générale ; 2° que quand elles dépendent du temps on peut toujours les remplacer par des forces.

Je suis heureux de m'être rencontré avec ces savants. Cela me confirme dans l'opinion à laquelle mes réflexions m'ont conduit depuis plus de six ans, que cette manière simple de démontrer les théorèmes généraux de la statique et de la dynamique peut être introduite avec avantage dans l'enseignement.

laire de l'extrémité de cette résultante v, sur le premier côté du polygone, qui est la vitesse initiale v_0 ; soit δ la longueur de cette perpendiculaire infiniment petite et soient dp, dp'... les projections, sur les directions respectives des forces, de l'espace $v_0 dt$ parcouru par le point m pendant l'instant dt en vertu de la vitesse v_0 : la projection du côté $\frac{Pdt}{m}$ du polygone sur v_0 sera égale à $\frac{Pdt}{m}$ multiplié par le rapport de dp à $v_0 dt$, ce qui donne $\frac{Pdp}{mv_0}$ pour la longueur de cette projection. On aura des expressions analogues pour les projections des autres côtés infiniment petits du polygone sur v_0. Donc, on a :

$$v_1{}^2 = \left\{ v_0 + \left(\frac{Pdp}{mv_0} + \frac{P'dp'}{mv_0} + \dots \right) \right\}^2 + \delta^2,$$

ou, en développant le carré, supprimant les infiniment petits du second ordre, et multipliant par $\frac{m}{2}$:

$$\frac{mv_1{}^2}{2} = \frac{mv_0{}^2}{2} + (Pdp + P'dp' + \dots).$$

En posant des équations semblables pour la vitesse après un second instant, comparée à v_1, pour la vitesse après un troisième instant, comparée à celle-là, etc., jusqu'à ce qu'on arrive à la vitesse v acquise par le point m au bout du temps t, et en faisant de même pour tous les points mobiles dont un système se compose, on aura, si l'on additionne toutes ces équations ensemble, l'équation (c) qui sert d'expression au théorème général des Forces vives.

5. Réunion des termes fournis par les forces intérieures. — Des réductions auront toujours lieu dans le second membre de l'équation (c).

De même qu'il n'existe pour nous que des mouvements *relatifs*, ou des changements des distances mutuelles des points matériels que nous pouvons observer, de même, et probablement par cela seul, il n'y a pour nous dans le monde physique que des *Forces réciproques* ou d'attraction et de répulsion.

Toujours l'action que l'on regarde comme exercée par un

point sur un autre point est égale à la réaction du second sur le premier.

Les termes Pdp relatifs aux actions qui ont lieu entre les points du système se réuniront donc deux à deux en termes uniques de la forme P($dp_1 + dp_2$). Or, pendant l'instant dt, la direction de la ligne de jonction, finie ou infiniment petite, qui mesure la distance des deux points exerçant l'un sur l'autre l'action et la réaction P, n'éprouvera qu'une variation angulaire infiniment petite : donc cette ligne sera, à la fin de l'instant, égale à sa projection sur la direction primitive ; et la variation linéaire que la distance des deux points aura éprouvée sera précisément égale à la somme algébrique $dp_1 + dp_2$ des projections des déplacements de ces points sur la force P.

D'où il suit que, pour tenir compte du travail des forces intérieures, il suffira de faire entrer, dans la somme S Pdp des quantités de travail à un instant quelconque, *les produits de chacune de ces forces par la variation de longueur qu'éprouve, au même instant, la distance de ses deux points d'application.*

6. Observations sur les Forces extérieures à centre fixe et à centre mobile. — Les travaux des forces *extérieures* (en appelant ainsi celles qui s'exercent entre un point du système et un point qui n'en fait pas partie et que l'on nomme *centre d'action* de cette force) sont exprimés par des produits tout à fait semblables, quand leurs centres d'action sont fixes relativement aux points ou aux plans auxquels on rapporte le mouvement du système mobile : en effet, dp représente précisément, pour chacune de ces forces, l'augmentation ou la diminution de la distance du point d'application mobile au centre d'action fixe.

Il n'en est pas de même pour les forces dont les centres d'action extérieurs changent de position à chaque instant. Le principe des Forces vives, tel qu'on l'a énoncé art. 3, subsiste quand il y a de pareilles forces extérieures ; mais seulement si l'on veut, alors, que tous les coefficients infiniment petits qui affectent les forces dans le second membre de l'équation (c) représentent les variations des distances de leurs deux points d'application, il faut regarder comme forces *intérieures* ces forces à centre mobile ou comprendre leurs centres au nombre des points du système, et introduire par conséquent, dans le premier membre, les variations des forces vives de ces centres attractifs et répulsifs dont les forces sont censées émaner.

Il est des forces extérieures dont on n'a pas besoin de tenir compte, bien que l'intensité en puisse être considérable : ce sont les forces qui impriment à tout un système le même mouvement qu'aux plans ou aux axes coordonnés que l'on a choisis pour y rapporter les distances et les vitesses de ces points. Telles sont les attractions des astres sur les systèmes terrestres de peu d'étendue, dont on rapporte les mouvements à des axes pris sur la terre.

En tout cas (et c'est encore une loi générale fournie par l'observation), les forces sont fonctions des distances des points qui en sont mutuellement animés. On se tromperait si l'on pensait que le mouvement d'un centre d'attraction ou de répulsion influe sur l'intensité des actions qu'il exerce, autrement que par la variabilité que ce mouvement donne aux distances dont les attractions et les répulsions dépendent.

7. Réductions dont l'équation des Forces vives est susceptible dans chaque cas. — Beaucoup de réductions, autres que celles dont on a parlé, art. 5, pourront être faites dans l'équation (c) appliquée à des problèmes particuliers. Ainsi, les attractions de tous les points de la terre pouvant être remplacées par une force fictive unique, appelée pesanteur et mesurée directement, leurs travaux s'exprimeront par un seul terme ; il en sera de même des travaux des actions intérieures d'un ressort ; on pourra les remplacer par le travail d'une seule force réciproque, appliquée à ses deux extrémités et dont l'expérience aura fait connaître l'intensité et la loi, sans qu'on ait besoin, ordinairement, de s'inquiéter de la manière dont cette force se compose d'actions moléculaires individuelles.

Des réductions analogues auront lieu toutes les fois que les expériences qui peuvent seules, dans tous les cas, fixer la valeur des données, auront porté sur l'ensemble d'un grand nombre de termes Pdp au lieu d'avoir été relatives à chacun d'eux.

On doit encore rapporter à l'expérience les suppositions

que certains corps solides sont invariables quant aux distances mutuelles des points qui les composent, que certains fils ne changent pas de longueur, que certaines surfaces sont parfaitement fixes, etc. Tous les travaux des actions intérieures de ces corps et de ces fils peuvent évidemment être effacés du second membre de l'équation (c), car les déplacements relatifs dp ou $dp_1 + dp_2$ de leurs divers points sont nuls et les actions P de ces points n'ont pas une valeur infinie puisqu'elles sont contrebalancées par des forces finies : il en est de même des travaux des actions mutuelles de divers corps du système, supposés les uns et les autres parfaitement solides, bien que leurs surfaces puissent rouler les unes contre les autres, car il résulte de la loi de variabilité des forces, en fonction des distances de leurs points d'application réciproque, que le travail total de l'action mutuelle de deux points est nul quand chacun d'eux ne fait que passer dans la sphère d'activité sensible de l'autre sans y rester, pourvu qu'on tienne compte de toutes les forces vives, même vibratoires, des oscillations partielles et des déformations permanentes. Des réunions nombreuses pourront, dans tous les cas, être opérées dans le premier membre de l'équation (c), en sorte qu'elle se réduira souvent à un très petit nombre de termes.

Mais ces suppressions ou réunions ne sont jamais permises que lorsque les hypothèses d'invariabilité, d'immobilité, etc., qui les motivent et qui ne sont jamais exactes, ne conduisent pas, pendant la durée du mouvement dont on s'occupe, hors des limites de l'approximation qu'on s'est imposée.

Cette dernière observation s'applique au cas de *liaisons* variant avec le temps, de changements réputés brusques, etc., pour lesquels on pensait autrefois que le théorème des forces vives était en défaut. Ce théorème est général, mais les suppositions de liaisons invariables, etc., propres à en simplifier l'application pratique, doivent être faites avec discernement et sans oublier qu'elles ne sont jamais vraies qu'approximativement.

Dans tous les cas, l'équation générale et complète (c) rappellera ce qu'on néglige et rendra compte tout naturellement des anomalies que l'on croira trouver dans les résultats [1].

9. Théorème des forces vives dues aux mouvements décomposés suivant des directions fixes quelconques. — En multipliant par $v \cos a$ l'équation (a) de l'art. 2, et en l'intégrant, on a, u et u_0 désignant les valeurs actuelle et initiale de cette composante $v \cos a$ de la vitesse :

$$(d) \qquad \frac{mu^2}{2} - \frac{mu_0^2}{2} = \int P \, . \, u \cos\alpha . dt,$$

ce qui donne un théorème nouveau qu'on peut énoncer ainsi : *Entre deux instants quelconques, l'accroissement de la (demi) force vive due au mouvement d'un point matériel, estimé ou décomposé suivant une direction quelconque, est égal au travail des forces qui le sollicitent, dû à ce mouvement décomposé.*

En ajoutant ensemble un nombre quelconque d'équations (d), on a :

$$(e) \qquad S\frac{mu^2}{2} - S\frac{mu_0^2}{2} = \int S \, P . u \cos \alpha . dt,$$

ce qui donne le même théorème pour tout un système mobile. Les directions de décomposition doivent être constantes pour chaque point, mais elles peuvent être différentes d'un point à l'autre. Le second membre de l'équation (e) éprouvera les réductions dont il est parlé art. 5, mais non pas, en général, celles qui résultent, dans l'équation ordinaire des forces vives, des hypothèses plus ou moins permises de lignes invariables, de mouvements obligatoires, etc., dont on a parlé art. précédent [2].

La force vive effective et le travail effectif sont égaux à la somme des forces vives ou des travaux dûs aux mouvements décomposés suivant trois directions rectangulaires. La somme des forces vives dues aux mouvements estimés suivant trois

---

1. Les forces intérieures pourront être supprimées pour des mouvements qui leur feront produire des travaux négligeables.
2. Ces hypothèses n'anéantissent les travaux des actions intérieures que dans le cas où les mouvements sensibles peuvent s'exécuter sans qu'elles résistent.

axes rectangulaires est égale à la force vive effective due au
mouvement non décomposé, et la somme des travaux dus à ces
mêmes mouvements est égale au travail effectif : cela résulte
de ce que le carré de la diagonale d'un parallélépipède rectangle
est égal à la somme des carrés des côtés, et de ce que la
projection de cette même diagonale sur une ligne quelconque
est toujours égale à la somme algébrique des projections des
côtés [1].

Autre démonstration du principe des Forces vives. L'addition
de trois équations comme l'équation (e) donne donc une troisième démonstration du principe des Forces vives dues aux
vitesses non décomposées.

9. Principe des vitesses virtuelles. — Le principe des
vitesses virtuelles se tire immédiatement de la somme des
équations (a) appliquées à tout un système, en y supposant
nuls les changements $d(v \cos a)$ que les forces font éprouver
aux vitesses estimées dans une direction quelconque quand
elles ne se font pas équilibre. Cette hypothèse donne, en appelant δp les projections, sur les forces P, d'une ligne infiniment
petite et parallèle à la direction suivant laquelle on a estimé
les vitesses :

$$(f) \qquad\qquad S\, P\delta p = 0.$$

équation que l'on peut obtenir directement d'une manière
simple par le raisonnement de l'art. 1er ou de l'art. 3 réduit au
cas où les vitesses communiquées sont nulles : il est facile de
voir que les hypothèses indiquées aux art. 6 et 7 la réduisent
à l'équation des vitesses virtuelles relative aux divers cas abs-
traits que l'on considère dans la statique ordinaire, pourvu
qu'on prenne les directions et grandeurs de δp de manière qu'il
n'y ait pas variation sensible de distance. Ces hypothèses et
abstractions ne sont jamais qu'approximativement conformes
à la nature, ainsi que nous l'avons observé.

1. Ce théorème n'est pas inutile si on regarde les corps comme sans liaison ;
c'est un résultat tout fait.

Il est bon de remarquer aussi que l'équilibre n'existant jamais dans la nature, le second membre de l'équation (*f*) des vitesses virtuelles a toujours une valeur finie, de la forme $S\,mudu$, qui peut être quelquefois assez grande pour influer sur les résultats, dans les questions même qui sont ordinairement regardées comme du domaine de la statique. Cette remarque peut trouver son application dans la théorie de la stabilité des constructions.

10. Théorème du mouvement du centre de gravité. — Le théorème du *Centre de gravité* s'obtient en ajoutant ensemble toutes les équations (*a*) relatives à divers points d'un système, en supposant que les lignes fixes de décomposition sont toutes parallèles entre elles. On a ainsi :

$$(g) \qquad S\,m\,\frac{d\,(v\cos a)}{dt} = S\,P\cos\alpha.$$

Le centre de gravité n'est qu'un point idéal dont la distance à un plan quelconque est, à chaque instant, une moyenne entre toutes les distances, au même plan, des points matériels du système, considérés comme partagés en petites masses égales à la commune mesure de leurs masses. Soit donc U la vitesse de ce point, estimée parallèlement aux lignes de décomposition, on a $U = \dfrac{S\,m.v\cos a}{S\,m}$, d'où :

$$(h) \qquad \frac{dU}{dt}\,S\,m = S\,P\cos\alpha.$$

Cette équation, dans laquelle il n'entre aucune des *Forces intérieures* du système, puisque leurs composantes égales et opposées deux à deux ont disparu de son second nombre, montre que le *Mouvement du Centre de gravité, estimé dans une direction quelconque, et par conséquent le mouvement absolu de ce centre, est le même que s'il possédait la masse entière du système et si toutes les forces extérieures y étaient appliquées.*

On peut appeler ce principe : *Conservation des quantités de mouvement dans un sens déterminé.* Quelque simple qu'il soit il a beaucoup embarrassé les géomètres. Les démonstrations qu'ils en ont données contiennent une pétition de principe, d'après M. de Prony ; c'est qu'on ne peut le démontrer sans avoir égard aux forces intérieures.

11. Théorème des aires. — Si l'on pose l'équation (*a*) de l'art. 1er en prenant successivement deux lignes de décomposition se coupant rectangulairement, et si l'on représente par *x* et *y* les coordonnées du point *m* du système, comptées suivant ces deux lignes fixes, on a, α et α_1 étant les angles qu'elles font avec la force P :

$$m\frac{d^2x}{dt^2} = \text{P} \cos \alpha \quad , \quad m\frac{d^2y}{dt^2} = \text{P} \cos \alpha_1.$$

Retranchant la seconde de ces équations, multipliée par *x* de la première multipliée par *y*, on a, en observant que $yd^2x - xd^2y = d(ydx - xdy)$, et en faisant la somme de toutes les équations semblables, relatives aux divers points du système :

$$(i) \qquad \text{S}\, m \frac{d(ydx - xdy)}{dt} = \text{S}\, \text{P}\, (y \cos \alpha - x \cos \alpha_1)\, dt.$$

On n'aura à faire figurer, dans cette équation, aucune force située dans un même plan que l'axe, ou intérieure ; car les moments du second membre seront nuls pour les forces de la première espèce et se détruiront deux à deux pour celles de la deuxième.

Cette équation exprime, comme l'on sait, le *théorème des aires* dans toute sa généralité.

12. Équation générale de la dynamique. — Quel que soit le mouvement d'un point matériel pendant un instant quelconque, *la somme des travaux des forces qui le sollicitent est égale au travail de la résultante de ces forces.* Ce principe connu de statique, qui peut être tiré de l'équation (*a*) ou (*b*), est une conséquence encore plus immédiate de ce que la résultante et les composantes, représentées en grandeur et en direction par des lignes droites, forment toujours un polygone fermé dont le dernier côté, qui est la résultante, a évidemment pour projection, sur une ligne quelconque de mouvement, la somme algébrique des projections des autres côtés sur la même ligne.

Or, la résultante de toutes les forces qui agissent sur un point m dont les coordonnées, parallèles à trois axes rectangulaires, x, y, z, a respectivement pour composantes, dans le sens de ces trois axes, d'après les lois énoncées à l'article 2, $m \frac{d^2x}{dt^2}$, $m \frac{d^2y}{dt^2}$, $m \frac{d^2z}{dt^2}$. Donc, si l'on représente par δx, δy, δz, et par δp, $\delta p'$... les projections respectives, sur les mêmes axes et sur les directions des forces P, P',... d'un petit mouvement hypothétique qu'on attribuerait au point m, on aura, en ajoutant ensemble les équations exprimant, pour chacun des points du système, l'égalité des travaux des forces données P et des composantes rectangulaires dont on vient de donner la valeur :

$$(j) \qquad S\,m\left(\frac{d^2x}{dt^2}\,\delta x + \frac{d^2y}{dt^2}\,\delta y + \frac{d^2z}{dt^2}\,\delta z\right) = S\,P\,dp.$$

C'est l'équation que Lagrange[1] a obtenue en combinant le principe des vitesses virtuelles avec le principe de d'Alembert et dont il a tiré toute la dynamique.

Les termes $P\delta p$ provenant des forces *intérieures* se réuniront toujours deux à deux, dans le second membre de cette équation, comme les termes $P dp$ de l'art. 5, en termes uniques et égaux aux produits de ces forces par les variations infiniment petites des distances mutuelles de leurs deux points d'application. Mais les réductions provenant de la supposition que certaines distances sont invariables, que certains points se meuvent sur des surfaces fixes (art. 7), etc., n'auront lieu que lorsque les mouvements fictifs seront choisis de manière à ne pas faire varier ces distances, à ne pas écarter ces points des surfaces sur lesquelles on suppose qu'ils doivent rester, etc.

13. Autre équation générale. — L'équation (a) n'a lieu, en général, que lorsque la ligne faisant les angles α,.... et a avec les forces P.... et avec la vitesse v que l'on décompose suivant sa direction, reste fixe pendant toute la durée du mouvement dont on s'occupe.

Considérons maintenant une ligne dont la direction change

---

1. Mécanique analytique, 2º partie, sect. II.

continuellement; soient β,... et b les angles qu'elle forme avec
les forces P,...et avec la vitesse v; soit dc la variation angulaire
qu'éprouve la direction de cette ligne pendant l'instant dt, cette
variation étant estimée dans un plan parallèle à la fois à cette
même ligne et à la vitesse v. Posons l'équation (a) en prenant,
pour ligne fixe de décomposition, celle qui coïncide avec la
ligne variable au commencement de l'instant dt : l'accroissement $d(v \cos a)$ qu'éprouvera, pendant cet instant, la composante de la vitesse suivant la ligne fixe, sera égal à l'accroissement total $d(v \cos b)$ de la composante suivant la ligne variable,
moins l'accroissement de $v \cos b$ dû à la seule variation dc de
la direction de cette ligne : or ce dernier accroissement est
$v[\cos(b+dc) - \cos b] = -v \sin b \cdot dc$. Substituant dans (a)
on aura :

$(k)\quad m[d(v \cos b) + v \sin b\, dc] = (P \cos β + P' \cos β' + ...)\, dt.$

En ajoutant toutes les équations semblables, relatives aux
divers points du système, après les avoir multipliées par des
indéterminées λ qui peuvent être différentes d'un point à l'autre ainsi que les directions des lignes arbitraires et variables
suivant lesquelles $v \cos b$ et $P \cos β$ sont les composantes de v
et de P, on aura :

$(l)\qquad \mathbf{S}\, λm\left[\frac{d(v\cos b)}{dt} + v\sin b\,\frac{dc}{dt}\right] = \mathbf{S}\, λ P \cos β.$

De cette équation (l), aussi générale que l'équation (j) de
l'article précédent, on déduit presque immédiatement toutes celles que nous avons données ci-dessus, et d'autres encore, en attribuant diverses valeurs aux indéterminées λ et diverses directions aux lignes arbitraires et variables suivant lesquelles les décompositions s'effectuent.

14. Applications de cette équation. — Par exemple, si
$b=0$, $λ=vdt$, on a l'équation qui, intégrée, donne le théorème des Forces vives.

Si λ est la longueur de la perpendiculaire abaissée, de chaque point du système, sur un axe fixe et si l'on prend pour
lignes de décomposition les tangentes aux cercles qui ont ces

perpendiculaires pour rayon et leur pied pour centre, il n'est pas difficile de voir qu'on aura $\frac{dc}{dt} = \frac{v\cos\beta}{\lambda} \frac{d\lambda}{r\sin b dt}$, d'où :

$$(m) \qquad \text{S} \, md\,(\lambda\,v\,\cos b) = \text{S}\,\lambda\,\text{P}\cos\beta\,dt\,;$$

ou, en représentant par p la distance de la force P à l'axe fixe, par γ l'angle de cette force avec un plan perpendiculaire à cet axe, enfin par A la projection, sur le même plan, de l'aire décrite à partir d'un instant quelconque par une ligne joignant le point m à un point de l'axe fixe, et en remarquant que $\text{P}\cos\beta = \text{P}\cos\gamma\frac{p}{\lambda}$, $dA = \lambda v \cos b dt$:

$$(n) \qquad \text{S}\,2m\frac{d^2A}{dt^2} = \text{S}\,\text{P}\cos\gamma.p.$$

On arrive ainsi au théorème des aires d'une manière un peu plus directe qu'à l'art. 11.

15. Principe relatif aux résultantes et aux composantes de vitesses. — Supposons qu'un mobile, en partant de l'état de repos, prenne une vitesse v au bout du temps t, étant soumis à des forces que nous appellerons P ; supposons qu'après l'avoir réduit de nouveau au repos, on le soumette à d'autres forces P′ qui lui fassent acquérir une vitesse v' après le temps t ; que, de même, sous l'influence d'autres forces P″. il prenne, toujours au bout du temps t, une vitesse v'', etc. Supposons maintenant qu'après avoir anéanti de nouveau sa vitesse, on le soumette à la fois à toutes les forces P, P′, P″, etc., dont nous venons de parler. Il est évident, d'après les lois de la dynamique, rappelées au commencement de l'art. 2, qu'au bout du temps t, le mobile, ainsi sollicité, aura acquis une vitesse qui sera la résultante des vitesses v, v', v'',... prises par lui après le même temps lorsqu'il a été sollicité séparément par les forces P, par les forces P′, par les forces P″,... De même, après un nouveau laps de temps t, sa vitesse sera la résultante de celles qu'il aurait possédées successivement si les forces P, P′,... qui agissent maintenant ensemble sur lui, avaient continué à agir séparément pendant ce même temps sur le corps, déjà animé de chacune des vitesses v, v', v'', etc.

Donc, *tous les éléments qui établissent des relations entre les vitesses des points d'un système, considérées à deux instants déterminés et les forces qui ont sollicité ces points entre les deux mêmes instants, ont également lieu pour les résultantes de ces vitesses et d'autres vitesses quelconques, pourvu qu'on ajoute, aux Forces données, de nouvelles Forces capables de communiquer au système les variations subies par les nouvelles vitesses entre les deux instants que l'on considère.*

On peut donner, à ce principe général, l'énoncé particulier qui suit, en remarquant que la résultante w d'une vitesse v et d'une vitesse $- u$ n'est autre chose que la vitesse qui, composée avec $+ u$, donnerait v :

Tous les théorèmes qui établissent des relations entre les vitesses v que prennent les points d'un système, et les forces qui les sollicitent, ont également lieu pour des composantes quelconques w de ces vitesses, pourvu qu'on ajoute des forces égales et contraires à celles qui sont capables de produire les variations des autres composantes u qui, avec w, donneraient les vitesses effectives v pour résultantes.

Ce principe, presque évident par lui-même sous sa première forme, peut fournir de nombreuses conséquences :

En l'appliquant, sous sa seconde forme, au théorème des Forces vives, on a celui de M. Coriolis [1], consistant en ce que *si l'on décompose les mouvements des points d'un système en un mouvement commun à tous et en mouvements relatifs à chacun d'eux, le théorème des forces vives a lieu pour ces derniers mouvements, pourvu qu'on ajoute, au système, des forces égales et contraires à celles qui produiraient les variations du mouvement commun.* Ces forces sont nulles quand le mouvement commun est uniforme et rectiligne.

Si l'on applique le même principe, encore sous sa seconde forme, à l'équation $mdv = (\mathrm{P} \cos \alpha + \mathrm{P}' \cos \alpha' + \ldots) dt$ qui n'est que l'équation (*b*) de l'art. 4, et si la composante de vitesse qu'on substitue à la vitesse effective v est $v \cos b$, b étant l'angle de v avec une ligne variable qui fait les angles β, β',... avec P, P'... on obtiendra l'équation générale (*k*) de l'art. 13.

1. Mécanique de M. Poisson, seconde édition, 693, et T. III des *Savants Étrangers,*

En effet, la force qui produit les changements de grandeur de la deuxième composante $v \sin b$ a une projection nulle sur la direction de $v \cos b$, et il est facile de voir que la force qui produit les changements de direction de $v \sin b$ est $mv \sin b \frac{dc}{dt}$.

16. Théorèmes sur les forces vives et les travaux dus aux mouvements des projections du centre de gravité et des projections des autres points par rapport à ce centre. — Si u représente la vitesse d'un point m d'un système, et U celle du centre de gravité de ce système, estimées l'une et l'autre suivant une même direction, on a (art. 10) : $U = \frac{Smu}{Sm}$, ou $Sm (u - U) = 0$. Mais on a identiquement $u^2 = U^2 + 2U (u - U) + (u - U)^2$. Donc :

$$(o) \qquad S\frac{mu^2}{2} = \frac{U^2}{2} S m + S \frac{m (u-U)^2}{2} \, ;$$

ce qui prouve que *la force vive due aux vitesses des points d'un système, décomposées toutes suivant une même direction, est égale à la force vive que le même système possèderait si ces points avaient des vitesses égales à la composante de la vitesse du centre de gravité suivant cette même direction, plus la force vive qui serait due aux différences entre les vitesses de chaque point et la vitesse du centre de gravité également décomposées.*

Si l'on multiplie l'équation (h) du même article 10 par Udt et si l'on intègre, on a, U_0 représentant la valeur initiale de U :

$$(p) \qquad \frac{U^2}{2} S m - \frac{U_0^2}{2} S m = \int S P \cos \alpha . \, U \, dt.$$

c'est-à-dire que *l'accroissement, pendant un temps quelconque de la (demi) force vive que possèderait un système si tous ses points avaient des mouvements égaux au mouvement du centre de gravité, décomposé suivant une direction fixe quelconque, est égal au travail des forces, dû aux mêmes mouvements.*

En combinant ces deux équations avec l'équation (d) du n° 8, on a :

$$(q) \quad S m \frac{(u-U)^2}{2} - S m \frac{(u_0-U_0)^2}{2} = \int S P \cos \alpha \, (u-U) \, dt;$$

équation qui montre que *l'accroissement, pendant un temps quelconque, de la (demi) force vive que possèderait un système si ses points avaient des mouvements égaux aux différences entre les mouvements effectifs de chaque point et le mouvement du centre de gravité, décomposés les uns et les autres suivant une direction fixe, est égal au travail que produiraient, en vertu des mêmes mouvements, les forces appliquées au système.*

Théorèmes sur les forces vives et les travaux dûs aux mouvements translatoires et non-translatoires. Si l'on forme trois équations comme chacune des équations (*o*), (*p*), (*q*) en faisant les décompositions de mouvement suivant trois droites rectangulaires, on aura, en les ajoutant, trois nouvelles équations qui, d'après ce qu'on a dit à la fin de l'art. 8, donneront, pour les Forces vives effectives et pour les travaux effectifs, des théorèmes semblables à ceux qu'on vient de trouver pour les Forces vives et pour les travaux dûs aux mouvements décomposés. En appelant *mouvements de translation* ou *translatoires*, des mouvements égaux et parallèles à celui du centre de gravité, et *mouvements non-translatoires* ceux qui, composés avec les premiers, donnent les mouvements effectifs des points du système, le théorème fourni par la somme des trois équations (*o*) pourra être énoncé ainsi :

La Force vive d'un système, à un instant quelconque, est égale à la somme de celles qui auraient lieu en vertu des seuls mouvements de translation et en vertu des seuls mouvements non-translatoires. Il est dû, à ce qu'il paraît, à M. Coriolis [1].

Et les théorèmes fournis par les deux sommes que donnent les équations (*p*) et (*q*) peuvent être réunis en un seul énoncé :

L'accroissement (positif ou négatif) qu'éprouve, pendant un temps quelconque, la (demi) force vive d'un système, due aux seuls mouvements translatoires ou aux seuls mouve-

---

1. Du calcul de l'effet des machines.

*ments non-translatoires des points qui le composent, est égal
au travail, dû aux mêmes mouvements, des forces qui ont
agi sur le système pendant le même temps.*

Ce théorème, dû à Lagrange [1], aurait pu être déduit du principe de l'article 15, sous le deuxième énoncé que nous avons
donné à ce principe, en prenant successivement pour *w* et pour
u (voyez cet article) les composantes translatoires et les composantes non-translatoires des vitesses du système, et en posant, dans ces deux hypothèses, l'équation des forces vives
dues aux vitesses *w*. En effet, il n'est pas difficile de voir qu'en
vertu de la propriété ou plutôt de la définition du centre de
gravité (art. 10) on a zéro pour le travail total, dû à l'un des
mouvements translatoire et non-translatoire, des forces capables de produire les variations de l'autre.

Si l'on ajoute ensemble trois équations identiques comme
$\text{SP} \cos \alpha . \, u dt = \text{SP} \cos \alpha . \, U dt + \text{SP} \cos \alpha \, (u - U) \, dt$ relatives aux vitesses des points d'un système et de son centre de gra-
vité, estimées suivant trois axes rectangulaires, on a cet autre
théorème : *Le travail des forces qui agissent sur un système
est égal à la somme des travaux qu'elles produiraient si le
système était successivement animé du seul mouvement de
translation et du seul mouvement non-translatoire.*

Mais ce théorème n'est qu'un cas particulier de cet autre
théorème, plus général, qui suit de ce que la projection d'une
résultante de vitesses ou de forces est toujours égale à la
somme algébrique des projections de ses composantes :

*Un travail dû à une vitesse quelconque est toujours égal
à la somme des travaux dûs aux composantes de cette
vitesse, quels que soient le nombre et les directions de ces
composantes.*

Il est bon de remarquer que la vitesse *non-translatoire* d'un
point du système, ou la vitesse qui, composée avec celle du
centre de gravité, donne la vitesse effective, n'est pas la vitesse *relative* de ce point et du centre de gravité ou la variation de leur distance mutuelle par unité de temps. On trouve
facilement, en raisonnant comme à l'article 5, que la vitesse

---

1. Mécanique analytique, 2e partie, section III, 35.

relative de ce point et du centre de gravité, ou la variation de leur distance mutuelle, n'est que la composante de la vitesse *non-translatoire* suivant la ligne qui joint le point du système et le centre de gravité.

17. Observations sur les forces vives et les travaux.
— Ce qui distingue surtout la force vive et le travail des autres quantités qu'on emploie en mécanique et ce qui en rend l'usage si commode, c'est que, comme une espèce de monnaie dynamique[1], elles se combinent simplement par addition, soustraction ou substitution avec des quantités de même espèce, sans avoir besoin, pour cela, d'être décomposées suivant une direction constante ni d'être multipliées par un facteur comme les forces et les quantités de mouvement : on peut les regarder comme contenant déjà ce coefficient de position qui fait varier l'effet des forces suivant l'angle que font ces dernières avec la direction du mouvement du point qu'elles sollicitent[2].

Ces deux quantités jouent un rôle tellement important dans la solution des questions du mouvement et de l'équilibre, qu'il est bon, je crois, de multiplier les points de vue sous lesquels on peut les envisager, afin de hâter le moment où l'on se fera l'idée la plus juste de leur nature et où de nouvelles et grandes simplifications fort considérables pourront probablement être apportées, par cela seul, dans la manière d'exposer la mécanique.

Champ d'action des forces. Faisons donc cette remarque, qu'une force ne produit un certain effet que lorsqu'elle a, non seulement une certaine intensité, mais encore du *champ* pour agir. Une force attractive, par exemple, quelque grande qu'elle soit, ne peut presque plus engendrer de vitesse si les deux mobiles qu'elle sollicite l'un vers l'autre sont fort rapprochés

---

1. M. Navier, notes sur l'arch. hydr. de Belidor, addition au liv. 1, § 1.
2. Décomposables suivant des directions quelconques comme les forces, comme les vitesses, comme les moments, etc., la force vive et la quantité de travail jouissent seules de la propriété d'être simplement égales à la somme de leurs composantes, suivant trois directions rectangulaires quand il s'agit de la force vive, et suivant des directions quelconques quand il s'agit du travail.

et n'ont plus qu'un faible chemin à parcourir pour cesser de
s'attirer ; et il en est de même d'une force répulsive lorsque
les deux corps qu'elle tend à écarter sont déjà très près de la
limite de la sphère des actions sensibles de cette force.

Pouvoir moteur ou capital dynamique LATENT. Nous
aurons donc une espèce de mesure numérique de ce qu'une
force est capable de produire à partir d'un instant donné si
nous multiplions le *champ d'action* qui lui reste par son *intensité moyenne*, c'est-à-dire si nous formons *l'intégrale du
produit de l'intensité qu'elle possède à chaque instant par
l'élément de la distance de ses deux points d'application*
(art. 5 et 6), *cet élément étant pris positivement quand la
force est répulsive et négativement quand elle est attractive,
et l'intégration étant étendue depuis la valeur actuelle de
cette distance jusqu'à celle pour laquelle la force est nulle.*

Cette intégrale, cette quantité toujours positive et d'une espèce nouvelle, nous pouvons lui donner un nom, par exemple
celui de *Capital dynamique* ou celui de *Pouvoir moteur*[1].

Or, comparons-lui les deux quantités qui nous occupent, le
Travail et la *Force vive*.

*Le travail n'est qu'une consommation d'une portion de ce
capital.* D'après ce que nous avons vu (art. 5 et 6), le travail
d'une force agissant sur un point quelconque d'un système
dans lequel on comprend tous les *centres d'action mobiles,*
est la somme des produits de cette force par les diminutions
successives qu'éprouve ce que nous avons appelé son champ
d'action. Le travail est donc une *dépense*, une *consommation*, un *emploi d'une portion du capital dynamique.* Cette
dépense est positive ou négative, selon que le mouvement acquis fait diminuer ou fait augmenter le champ d'action.

Réciproquement, le capital dynamique est le *Travail total*
dont une force donnée est capable à partir d'un instant donné.

Capital dynamique PATENT. Il est, par cela seul (art. 3),
égal à la (*demi*) *force vive totale* que la même force peut

1. Potentiel.

communiquer à partir de l'instant où l'on se trouve ; une force vive exige, en effet, pour être acquise ou pour être perdue, le déploiement d'un travail positif ou négatif qui lui soit numériquement égal ; on peut, comme l'observe M. Coriolis [1], regarder toute force vive acquise comme un *travail disponible* ; tout mouvement actuellement possédé par un corps rend les forces qui en émanent capables de récupérer, en quelque sorte, du champ d'action à mesure qu'elles en dépensent, de manière que le corps peut toujours restituer tout le capital dynamique qu'il a fallu employer pour lui donner sa vitesse ou sa force vive actuelle. Nous pouvons donc appeler aussi la (demi) force vive un *pouvoir* ou un *capital dynamique*, en ajoutant une épithète comme celle de *visible* ou de *patent*, pour la distinguer de l'intégrale du produit de la force et du champ d'action que nous appellerons *capital latent*. Les mêmes noms peuvent être donnés aux sommes des quantités de même espèce relatives à tous les corps et à toutes les forces d'un système.

Les deux quantités que nous appelons capitaux dynamiques reviennent souvent en mécanique. On reconnaît facilement, dans ce que nous appelons le capital latent et le capital patent [2], ces deux quantités que Lagrange désigne ordinairement par V et par T et qui entrent si souvent dans les formules de la 2ᵉ partie de la mécanique analytique.

Différentiées par rapport à l'espace parcouru estimé suivant une direction quelconque, elles donnent les composantes, les forces moyennes et les autres forces fictives dont on fait usage dans la mécanique. Cette quantité, dont les variations virtuelles sont constamment nulles quand des forces se font équilibre, et qui est à son minimum ou à son maximum selon que l'équilibre est stable ou non stable, n'est autre chose que le capital latent [3]. C'est elle aussi que Lagrange avait, sans

1. Ouvrage précité, art. 24.
2. Ce qu'on appelle aujourd'hui énergie potentielle, énergie actuelle. (F.).
3. Mécanique analytique, 1ʳᵉ partie, sect. III, de 21 à 27 (cette quantité y est désignée par Π) et 2ᵉ partie sect. VI, 9.
Voyez aussi Mécanique de Poisson, 2ᵉ édition, 570.

doute, en vue, lorsqu'il écrivait qu'un ressort tendu, une chute d'eau, une quantité donnée de combustible, renferment une quantité déterminée de *force vive* [1]. Les moments des forces par rapport à un plan fixe qui leur est perpendiculaire ne sont que le capital *latent* moins une constante indéterminée dont on n'a pas besoin de connaître la valeur, puisqu'on n'a jamais à calculer que les différences des capitaux dynamiques : les autres espèces de moments ont aussi de l'analogie avec le capital latent. On le retrouve dans la théorie des pressions des fluides et dans d'autres circonstances encore.

Échanges continuels entre ces deux quantités. Dans tout mouvement varié il se fait un échange continuel entre le capital latent et le capital patent. La puissance physique de l'homme et des animaux est probablement bornée à opérer en eux des échanges de cette sorte [2].

Le théorème des forces vives ne consiste que dans l'égalité du capital patent acquis au capital latent dépensé. Appliqué au système entier du monde il donne, si l'on prend le capital dynamique pour mesure commune du mouvement effectif et du mouvement possible, ce grand principe avancé par Descartes et mieux compris par Leibnitz, que le *Mouvement* reste en quantité toujours égale dans l'univers [3].

Fait à Rethel, et présenté à l'Académie le 14 avril 1834.

L'ingénieur ordinaire,

Signé : **SAINT-VENANT,**

Ingénieur des ponts et chaussées, à Rethel (Ardennes).

1. Dernier article de la théorie des fonctions analytiques.
2. Les aliments sont du capital latent.
3. Voir de Prony, art. 701. Le choc des corps durs n'est pas une exception. Il y aura restitution de la force employée à comprimer du plomb qui n'a pas été consommée à ébranler l'air et les supports. C'est une conséquence des *fonctions des distances* et de *l'indépendance.*

NOTIONS GÉOMÉTRIQUES

CHAPITRE PREMIER

DES SYSTÈMES DE LIGNES

---

§ 1

DÉFINITIONS

1. Des équipollences. — Une ligne droite quelconque AB (fig. 1) peut servir, comme on le sait, à définir une *grandeur*, par le rapport de sa longueur à celle d'une autre ligne prise pour unité ; une *direction*, par les angles qu'elle fait avec des directions fixes données, et enfin un *sens* si l'on convient de la regarder comme allant, par exemple, de A vers B, en attribuant une signification différente à la même ligne parcourue en allant de B vers A.

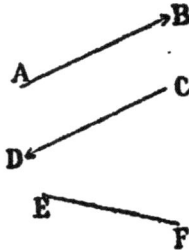

Les lignes de même direction ne pouvant avoir que deux sens, opposés l'un à l'autre, on attribue le signe ╼ à l'un d'eux et le signe ━ à l'autre ; ainsi, les deux lignes AB et CD étant parallèles, et étant supposées parcourues respectivement en allant de A vers B et de C vers D, seront l'une positive et l'autre négative. Mais les signes adoptés pour une direction ne comportent aucune conséquence pour ceux qui peuvent être attribués aux lignes d'une direction différente. Si l'on convient de considérer AB comme positive, CD sera négative, mais on restera maître de donner à une ligne EF d'une autre direction quelconque le signe ╼ ou le signe ━.

Fig. 1

Dans ce qui va suivre, les lignes seront ordinairement terminées, à l'une de leurs extrémités, par une petite flèche indiquant leur sens. Lorsque cette flèche n'existera pas, le sens de la ligne sera indiqué par l'ordre dans lequel on lira les lettres qui sont placées à ses extrémités. Ainsi, la ligne EF indiquera une ligne parcourue de E vers F ; la ligne FE indiquera une ligne de sens contraire à la précédente.

On dit que deux lignes sont *équipollentes* lorsqu'elles ont même grandeur, direction et sens ;-ainsi les deux lignes AB, CD (fig. 2) sont équipollentes.

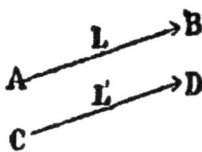

A défaut d'un signe typographique spécial pour désigner l'équipollence de deux lignes, nous nous servirons du signe d'égalité mis entre deux parenthèses (═). L'équipollence

Fig. 2

$$AB (═) CD \quad \text{ou} \quad L (═) L'$$

signifiera que les deux lignes AB et CD, ou L et L', ont même grandeur, même direction et même sens.

Si l'on projette deux lignes équipollentes sur trois axes coordonnés que, pour simplifier, nous supposerons toujours rectangulaires, les projections de ces lignes seront évidemment égales deux à deux ; et si, comme nous le ferons ordinairement, nous désignons respectivement ces projections par L_x, L_y, L_z pour la ligne L, par L'_x, L'_y, L'_z pour la ligne L', l'équipollence écrite plus haut équivaudra aux trois équations algébriques :

(1) $L_x = L'_x$, $L_y = L'_y$, $L_z = L'_z$.

Réciproquement, si deux lignes sont telles que leurs projections sur trois axes coordonnés soient respectivement égales, ces deux lignes sont équipollentes. En effet, chacune d'elles est la diagonale d'un parallélépipède construit sur trois lignes deux à deux égales, parallèles et de même sens ; elles sont donc aussi égales, parallèles et de même sens.

Par conséquent, les trois égalités algébriques ci-dessus (1) et l'équipollence

(2) $L (=) L'$.

ont exactement la même signification. L'usage des équipollences constitue ainsi une simplification du langage et des notations. Nous les emploierons fréquemment dans tout le cours de ce volume.

De ce qui précède résulte, d'ailleurs, d'une façon évidente, ce théorème que si *deux lignes ont mêmes projections sur trois axes rectangulaires, elles ont mêmes projections sur un axe quelconque de l'espace.*

2. Des sommes géométriques. — Considérons un système de lignes l_1, l_2, l_3, l_4, l_5, disposées d'une manière quelconque dans l'espace. Par un point O (fig. 3), arbitrairement choisi, menons une ligne l'_1 équipollente à l_1, par l'extrémité de l'_1, une ligne l'_2 équipollente à l_2 et ainsi de suite, et joignons le point de départ O à l'extrémité de la dernière ligne l'_5 ainsi menée, la ligne obtenue, que nous représenterons par L, est dite la *somme géométrique* des lignes données l_1, l_2,... l_5 ; et, quel que soit le point O, la somme géométrique obtenue sera équipollente à L.

Le polygone ainsi construit, ayant ses côtés successivement équipollents aux lignes l, s'appelle le polygone de ces lignes.

Pour exprimer l'addition géométrique, nous nous servirons, à défaut d'un caractère typographique spécial, du signe de l'addition algébrique, mis entre parenthèses (+). La suite des opérations que nous avons faites pour obtenir L se traduira donc par l'équipollence

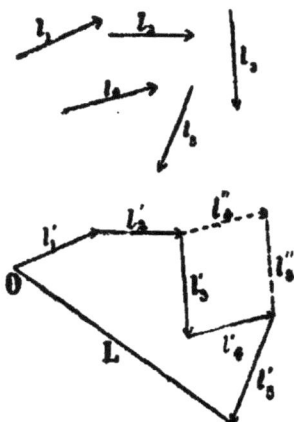

Fig. 3

$$(1) \quad L \, (=) \, l_1 \, (+) \, l_2 \, (+) \, l_3 \, (+) \, l_4 \, (+) \, l_5.$$

L'ordre dans lequel on porte à la suite les unes des autres les différentes lignes dont on cherche la somme géométrique n'a aucune influence sur le résultat. Si, par exemple, après avoir mené l'_3, équipollent à l_3, on mène $l''_4 (=) l_4$, puis $l''_5 (=) l_5$, l'extrémité de cette ligne l''_5 coïncidera avec celle de la ligne l'_5 obtenue en menant d'abord $l'_4 (=) l_4$ et $l'_5 (=) l_5$. Et puisque le résultat ne change pas lorsque l'on intervertit l'ordre de deux lignes consécutives, on en conclut facilement que la somme géométrique restera la même, quel que soit l'ordre adopté pour toutes les lignes.

De même que l'on désigne par Σ la somme algébrique de plusieurs quantités semblables, nous représenterons la somme géométrique de plusieurs lignes par les deux lettres **sg**. L'équipollence précédente s'écrira ainsi :

$$(2) \quad\quad\quad\quad L \, (=) \, \textbf{sg}. \, l.$$

La projection, sur un plan quelconque de la somme géométrique d'un système de lignes est équipollente à la somme géométrique des projections de ces lignes sur le même plan. Il suffit, pour vérifier l'exactitude de ce théorème, de projeter, en même temps que les lignes et leur somme géométrique, la figure qui sert à obtenir cette somme.

Projetons sur un axe quelconque pris pour axe des x, le polygone formé par les lignes l'_1, l'_2..., l'_5, L. La projection de L sera égale à la somme des projections des autres côtés l'_1, l'_2... et celles-ci sont respectivement égales aux projections, sur le même axe, des lignes données l_1, l_2... Désignons ces projections par $l_{1,x}$, $l_{2,x}$,... Nous pourrons écrire l'égalité

$$L_x = l_{1,x} + l_{2,x} + l_{3,x}..... + l_{5,x} = \Sigma l_x.$$

Nous aurions de même, en projetant sur deux autres directions perpendiculaires entre elles et à la première, prises pour axes des y et des z, les deux autres équations

$$L_y = l_{1,y} + l_{2,y} +..... = \Sigma l_y,$$
$$L_z = l_{1,z} + l_{2,z} +..... = \Sigma l_z.$$

Ces trois égalités algébriques sont donc la traduction de l'équipollence

$$L \;(=)\; \mathbf{Sg}.l\;;$$

et réciproquement, si une ligne L est telle que ses trois projections soient égales respectivement aux sommes algébriques des projections sur les mêmes axes d'un certain nombre d'autres lignes, elle sera la somme géométrique de ces lignes, c'est-à-dire que les trois égalités algébriques et l'équipollence ont exactement la même signification.

2. Différence géométrique. — Si à l'extrémité a (fig. 4), d'une ligne l'_1, menée à partir d'une origine O, équipollente à l_1, on mène une ligne ab égale, parallèle, mais de sens contraire à une autre ligne l_2, la ligne Ob ou L, qui joint l'origine à l'extrémité b, se nomme la *différence* géométrique des deux lignes l_1 et l_2. On voit que L est la somme géométrique de la ligne l_1 et d'une ligne égale parallèle et de sens contraire à l_2, que l'on peut représenter par $- l_2$, de sorte que l'on peut écrire l'équipollence

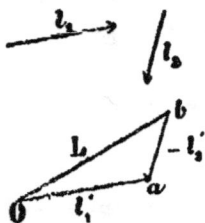

Fig. 4

$$L \;(=)\; l_1 \;(+)\; - l_2$$

ou bien, en représentant par le signe (—) la différence géométrique, on aura

$$\mathrm{L} \; (=) \; l_1 \; (—) \; l_2 \; (=) \; l_1 \; (+) \; — \; l_2.$$

Alors, les notations d'addition et de soustraction géométrique deviennent tout à fait analogues à celles d'addition et
de soustraction algébrique, et l'on peut considérer des expressions géométriques contenant des termes négatifs ou positifs telles que la suivante :

$$l_1 \; (+) \; l_2 \; (—) \; l_3 \; (+) \; l_4 \; (—) \; l_5 \dots$$

qui représentera la somme géométrique des lignes précédées
du signe (+) et de lignes égales et de sens contraire à celles
qui sont précédées du signe (—).

Ce que nous venons de dire de l'interversion des termes
d'une somme géométrique s'applique évidemment à ces expressions qui contiennent à la fois des termes positifs et négatifs.

Si l'on multiplie par un même nombre tous les termes d'une
somme géométrique, cette somme se trouvera multipliée par
le même nombre. C'est-à-dire que si l'on a :

(1) $$\mathrm{L} \; (=) \; l_1 \; (+) \; l_2 \; (—) \; l_3 \; (+) \; l_4$$

on aura aussi, m désignant un nombre quelconque :

(2) $$m\mathrm{L} \; (=) \; ml_1 \; (+) \; ml_2 \; (—) \; ml_3 \; (+) ml_4$$

En effet, la figure que l'on tracera pour construire la somme
géométrique des lignes ml_1, ml_2.... ne sera autre chose que
celle que l'on aurait tracée pour construire la somme géométrique des lignes l_1, l_2,... amplifiée dans le rapport de 1 à m.

Le nombre m pouvant être fractionnaire, cela s'applique à la
division comme à la multiplication.

4. Ligne moyenne d'un système. — Résultante. —
Nous appellerons *ligne moyenne* ou simplement *moyenne* d'un
système de lignes, leur somme géométrique divisée par leur
nombre.

Lorsque les lignes dont on considère la somme géométrique seront issues d'un même point, nous donnerons à la somme géométrique de ces lignes, menée par le point de concours, le nom de *résultante* de ces lignes qui portent le nom de lignes composantes.

5. Produit géométrique. — Nous appellerons *produit géométrique* de deux lignes concourantes, le produit de l'une de ces lignes par la projection de l'autre sur la direction de la première, ou, ce qui est la même chose, le produit des longueurs de ces deux lignes par le cosinus de l'angle qu'elles forment.

Le produit géométrique, ainsi défini[1], est une quantité numérique ou algébrique, susceptible d'être représentée en grandeur par une ligne, mais elle n'a ni direction ni sens ; elle n'est donc pas assimilable aux quantités que nous avons représentées *géométriquement* par des lignes.

Mais le produit géométrique a un signe algébrique, il est positif ou négatif suivant le signe du cosinus de l'angle des deux droites, ou, ce qui revient au même, suivant que la projection de l'une des lignes sur l'autre est dirigée dans le même sens que celle-ci ou en sens contraire.

Le produit géométrique de deux lignes qui ne sont pas nulles a une valeur égale à zéro lorsque ces deux lignes sont perpendiculaires l'une sur l'autre. Le produit géométrique devient égal au produit algébrique lorsque les deux lignes ont la même direction.

Nous représenterons le produit géométrique de deux lignes concourantes *l, l₁* par le symbole:

(1) $$l \, (\times) \, l_1.$$

1. La dénomination de produit géométrique appliquée à la quantité que nous venons de définir est sujette à la critique, lorsque les lignes dont il s'agit deviennent imaginaires. Le produit n'a plus alors une signification précise. Mais cet inconvénient ne nous empêchera pas d'appliquer cette désignation aux lignes *réelles*, en faisant explicitement la réserve que ce que nous dirons ne s'appliquerait pas aux lignes imaginaires dont nous ne nous occupons pas.

Cette quantité étant le produit de l_1 par la projection de l sur la direction de l_1, et cette projection étant égale à la somme algébrique des projections, sur la même direction, d'un système de lignes concourantes l', l'', l''',... dont l serait la résultante, c'est-à-dire telles que :

$$(2) \qquad l' \,(+)l'\,(+)\,l''\,(+)....\; (=)\, l,$$

on à l'égalité :

$$(3) \qquad l\,(\times)\,l_1 = l'\,(\times)\,l_1 + l''\,(\times)\,l_1 + l'''\,(\times)\,l_1 +....$$

qu'on peut traduire ainsi : *le produit géométrique, par une ligne quelconque* l_1, *d'une autre ligne* l *qui est la résultante d'un certain nombre d'autres lignes concourantes* l', l'', l''',... *est égal à la somme algébrique des produits géométriques de la ligne* l, *par chacune de ces lignes composantes.*

Si donc on a un système quelconque de lignes concourantes, la somme algébrique des produits géométriques de ces lignes par une ligne quelconque, perpendiculaire à la direction de leur résultante, est nulle.

Dans l'égalité précédente, la ligne l_1 pourrait de même être considérée comme la somme géométrique d'un système de lignes l'_1, l''_1, l'''_1,... et en appliquant la même règle à chacun des termes du second membre on aurait, en admettant $l_1\,(=)$ $l'_1\,(+)\,l''_1(+)\,l'''_1(+)....$:

$$
\begin{aligned}
l\,(\times)\,l_1 = &\; l'\,(\times)\,l'_1 + l'\,(\times)\,l''_1 + l'\,(\times)\,l'''_1 +..... \\
&+ l''\,(\times)\,l'_1 + l''\,(\times)\,l''_1 + l''\,(\times)\,l'''_1 +.....\\
&+ l'''\,(\times)\,l'_1 + l'''\,(\times)\,l''_1 + l'''\,(\times)\,l'''_1 +.....\\
&+.....
\end{aligned}
$$

Cette formule générale se simplifie beaucoup lorsque les composantes de chacune des lignes l, l_1 sont ses trois projections sur trois axes rectangulaires. Chacun des produits du second membre est alors ou bien un simple produit algébrique, s'il s'agit de deux composantes dirigées suivant le même axe, ou bien identiquement nul s'il s'agit de composantes dirigées suivant des axes différents. En appelant donc l_x, l_y, l_z, $l_{1,x}$, $l_{1,y}$, $l_{1,z}$ les projections sur les trois axes rectangulaires x, y, z des lignes l et l_1, nous aurons simplement :

(4) $$l \,(\times)\, l_{1,y} = l_x \, l_{1,x} + l_y \, l_{1,y} + l_z \, l_{1,z}$$

Ce résultat peut être trouvé directement. Le produit géométrique $l \,(\times)\, l_1$ a en effet, pour valeur, par définition :

(5) $$l \,(\times)\, l_1 = l . \, l_1 . \, (\cos l, l_1).$$

Les cosinus directeurs des deux lignes l et l_1 ayant respectivement pour valeurs $\frac{l_x}{l}$, $\frac{l_y}{l}$, $\frac{l_z}{l}$ et $\frac{l_{1,x}}{l_1}$, $\frac{l_{1,y}}{l_1}$, $\frac{l_{1,z}}{l_1}$, le cosinus de l'angle de ces deux droites a pour expression :

$$\cos (l, \, l_1) = \frac{l_x l_{1,x}}{l \, l_1} + \frac{l_y l_{1,y}}{l \, l_1} + \frac{l_z l_{1,z}}{l \, l_1} .$$

Multipliant les deux membres par $l \, l_1$ on retombe, en vertu de l'équation ci-dessus (5), sur la précédente (4) que nous avons trouvée d'une façon toute différente et que l'on peut énoncer ainsi :

Le produit géométrique de deux lignes est égal à la somme algébrique des produits deux à deux des projections de ces lignes sur trois axes rectangulaires.

§ 2.

DES MOMENTS DES LIGNES

6. Moments par rapport à un point. — On appelle moment d'une ligne par rapport à un point le produit de la longueur de cette ligne par la distance du point à sa direction.

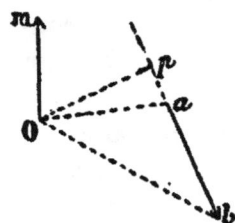

Fig. 5.

Ainsi, le moment d'une ligne $ab = l$ (fig. 5) par rapport au point O sera le produit $ab \times Op$. C'est le double de la surface du triangle Oab obtenu en joignant au point O les deux extrémités de la ligne ab.

Ce moment se représente géométriquement par une ligne Om dont la longueur Om est égale, à une échelle déterminée, à ce produit $ab \times Op$, dont la direction est perpendiculaire au plan mené par le point O et la ligne ab et dont le sens est tel qu'un observateur, ayant les pieds en O, la tête dans la direction Om et regardant la ligne l, voie cette ligne dirigée de sa gauche vers sa droite.

Réciproquement, un observateur placé sur la ligne ab, les pieds en a, la tête en b et regardant la ligne Om, la verra dirigée de sa gauche vers sa droite.

Le moment d'une ligne par rapport à un point est ainsi une autre ligne définie en grandeur, direction et sens, et ce sera toujours le moment ainsi représenté que nous aurons en vue.

Le moment d'une ligne par rapport à un point quelconque de sa direction est évidemment nul.

Pour abréger l'écriture, nous désignerons le moment d'une ligne l par rapport à un point O par le symbole $\mathbf{M}_0 l$ qui s'énonce : Moment par rapport au point O de l.

Le moment d'une ligne par rapport à un point est le même quelle que soit la position de cette ligne sur sa direction, car les deux facteurs du produit qui expriment ce moment restent les mêmes.

Les moments par rapport à un point de deux lignes égales et directement opposées sont eux-mêmes égaux et directement opposés. Cela résulte de la définition que nous avons admise pour le moment et pour le sens dans lequel doit être portée la ligne qui le représente.

7. Moment résultant d'un système. — Si l'on considère un système de lignes, distribuées d'une manière quelconque dans l'espace et si l'on prend les moments de ces lignes par rapport à un même point, les lignes représentant les moments seront toutes issues de ce point et auront, par conséquent, une résultante que l'on appelle le *moment résultant* du système de lignes par rapport au point dont il s'agit.

Lorsque plusieurs lignes sont issues d'un même point, le moment résultant de ce système de lignes, par rapport à un point quelconque de l'espace, est égal au moment par rapport au même point de la résultante de ces lignes.

Soient l_1, l_2, l_3, l_4 diverses lignes issues d'un même point A (fig. 6) et R la résultante, c'est-à-dire la somme géométrique

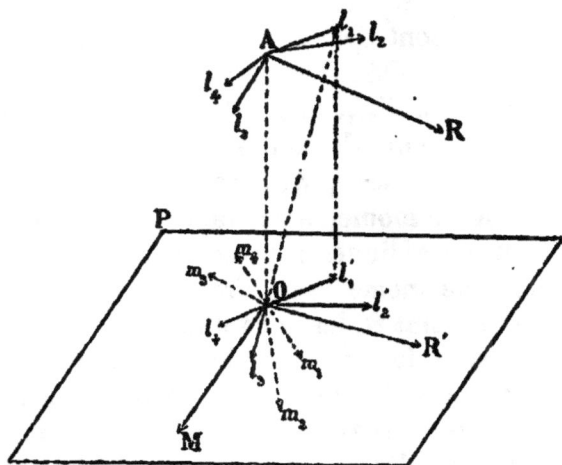

Fig. 6

de ces lignes, menée par le point A ; et soit O un point quelconque de l'espace. Soient Om_1, Om_2, Om_3, Om_4, OM les moments respectifs, par rapport au point O, des lignes l_1, l_2, l_3, l_4, R. Tous ces moments sont menés normalement à des plans passant par les points A et O et par les diverses lignes issues du point A, ils sont donc tous perpendiculaires sur AO et, par suite, contenus dans un même plan P.

Chacun de ces moments, Om_1 par exemple, est égal au produit de la ligne correspondante l_1 par la perpendiculaire abaissée du point O sur sa direction, ou bien au double de la surface du triangle ayant pour base l_1 et pour sommet le point O. Projetons l_1 en l'_1 sur le plan P, la ligne l'_1 sera précisément la hauteur de ce triangle considéré comme ayant pour base le côté OA, de sorte que le moment Om_1 sera égal au produit de la projection l'_1 par la longueur AO, et ainsi des autres.

D'un autre côté, la projection R' de la résultante R sera la résultante des projections l'_1, l'_2.....

Le moment Om_1 est perpendiculaire au plan de O et de l_1, il est donc perpendiculaire à l'_1 ; de même Om_2 est perpendiculaire à l'_2... et OM est perpendiculaire à R'. Si nous faisons tourner de quatre-vingt-dix degrés autour de AO les projections l'_1, l'_2... R′ dans le plan P, elles viendront, après cette rotation, coïncider respectivement avec les lignes Om_1, Om_2... OM et ces dernières sont égales aux précédentes multipliées par un facteur constant OA. Il en résulte, puisque R′ est la résultante des lignes l'_1, l'_2... que OM sera la résultante des lignes Om_1, Om_2... ; ce qui démontre le théorème énoncé.

Lorsque toutes les lignes l_1, l_2,... sont dans un même plan et que l'on prend leurs moments par rapport à un point O de ce même plan, toutes les lignes représentatives des moments sont portées sur une même ligne droite perpendiculaire au plan, menée par le point O, les unes d'un côté, les autres de l'autre, suivant le sens des lignes l et leur position par rapport au point O. Dans ce cas, la somme géométrique ou la résultante de ces moments n'est autre chose que leur somme algébrique ; et le théorème s'énonce alors ainsi : *Si l'on considère un système de lignes issues d'un même point et situées dans un même plan, ainsi que la résultante de ces lignes, et si l'on prend leurs moments par rapport à un point quelconque de ce plan, le moment de la résultante sera la somme algébrique des moments des lignes composantes.*

8. Couple de lignes. — On appelle *couple* de lignes deux lignes égales, parallèles, mais de sens contraire.

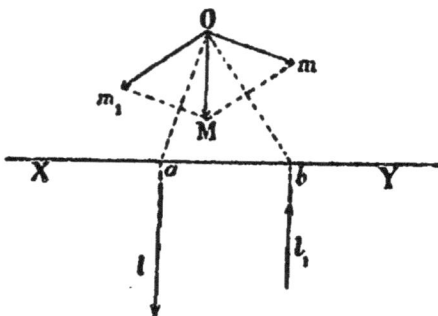

Fig. 7

Le moment résultant de deux lignes formant couple, par rapport à un point quelconque de l'espace, est constant, c'est-à-dire est représenté, pour tous les points, par des lignes équipollentes.

Soient, en effet, deux lignes l, l_1 (fig. 7) formant couple et dont nous prendrons le plan pour plan horizontal de projection. Soit O un point quelconque de l'espace; menons par ce point un plan perpendiculaire au plan des deux lignes l, l_1 et dans une direction telle que son intersection XY avec ce plan soit aussi perpendiculaire à la direction de l et de l_1; et prenons ce nouveau plan pour plan vertical, XY étant la ligne de terre. Prolongeons l et l_1 jusqu'à la rencontre de XY en a, b, joignons Oa, Ob qui seront les perpendiculaires abaissées du point O sur les lignes l, l_1. Le moment de l par rapport au point O sera une ligne Om, menée dans le plan vertical, perpendiculairement à Oa et égale au produit $l \times Oa$; de même le moment de l_1 par rapport au même point sera une ligne Om_1, perpendiculaire à Ob et égale à $l_1 \times Ob$. Le moment résultant OM s'obtiendra en menant par l'un des points m ou m_1 une ligne équipollente à Om, ou à Om_1, c'est-à-dire en construisant le parallélogramme OmMm_1. Or, le triangle OmM, par exemple, a deux de ses côtés Om, mM respectivement perpendiculaires aux côtés Oa, Ob, du triangle Oab et proportionnels à ces mêmes côtés, puisque nous avons $Om = Oa \times l$, $Om_1 = Ob \times l_1$ et que, par hypothèse, $l = l_1$. Ces triangles sont semblables et le troisième côté OM du premier est perpendiculaire au côté homologue ab du second et lui est proportionnel, c'est-à-dire que $OM = ab \times l$. Donc, quel que soit le point O de l'espace, le moment résultant OM des deux lignes formant couple a une même direction, puis qu'il est toujours perpendiculaire au plan de ces deux lignes et une même grandeur puisque son expression $ab \times l$ est indépendante de la position du point O. Il est facile de vérifier également que le sens de ce moment est aussi le même pour tous les points de l'espace.

9. Axe d'un couple. — Ce moment résultant de deux lignes formant couple, qui se trouve être ainsi une quantité dépendante du couple lui-même et indépendante du point de l'espace par rapport auquel on le considère, porte le nom de moment du couple ou quelquefois d'*axe* du couple.

L'axe d'un couple est donc une ligne menée perpendiculairement au plan des deux lignes formant couple, en un point quelconque de ce plan, et dont la longueur et le sens sont ceux de la ligne qui représente le moment de l'une de ces lignes par rapport à un point quelconque de l'autre.

La distance ab des deux lignes s'appelle souvent *bras de levier* du couple.

10. Moment résultant d'un système dont la somme géométrique est nulle. — Du théorème qui vient d'être démontré, on peut conclure que le moment résultant d'un nombre quelconque de couples est le même pour tous les points de l'espace. En effet, les moments composants individuels étant les mêmes pour tous les points de l'espace, il en sera de même de leur résultante, c'est-à-dire du moment résultant d'un nombre quelconque de couples.

On en déduit que *le moment résultant d'un système de lignes dont la somme géométrique est nulle est le même pour tous les points de l'espace.*

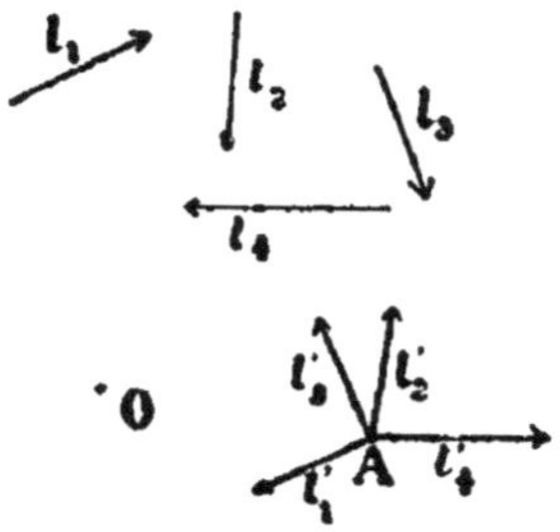

Fig. 8

Considérons un pareil système de lignes l_1, l_2... (fig. 8) dont la somme géométrique est supposée nulle. Par un point A quelconque, menons des lignes l'_1, l'_2... égales, parallèles, mais de sens opposé à chacune des lignes données, et prenons les moments par rapport à un autre point quelconque O de l'espace. Le moment résultant de toutes ces lignes par rapport au point O se composera de deux parties : le moment résultant des lignes l et le moment résultant des lignes l', dont il sera la somme géométrique ; il s'exprimera ainsi par le symbole

$$\mathbf{SgM}_0 l \;(+)\; \mathbf{SgM}_0 l'.$$

Mais les lignes l et l', considérées deux à deux, forment des couples et d'après ce que l'on vient de dire, le moment résultant de tous ces couples par rapport à un point quelconque est constant. On a donc :

$$\mathbf{SgM}_o l \,(+)\, \mathbf{SgM}_o l' \,(=)\, \text{const.}$$

D'un autre côté, les lignes l' sont issues d'un même point A, leur moment résultant par rapport au point O est donc égal au moment de leur résultante (n° 7), laquelle est nulle, puisque, par hypothèse, la somme géométrique des lignes l étant nulle, il en est de même des lignes l' qui leur sont égales et parallèles, mais de sens opposés. Le second terme de la somme précédente est donc identiquement nul, l'équipollence se réduit à

(1) $$\mathbf{SgM}_o l \,(=)\, \text{const.}$$

qui est la conséquence de l'hypothèse

(2) $$\mathbf{Sg}\, l \,(=)\, 0$$

et réciproquement la seconde équipollence est la conséquence de la première.

Sans essayer de tirer aucune conséquence de ce rapprochement, on peut remarquer l'analogie qu'il y a entre les deux équipollences (1) et (2), liées nécessairement l'une à l'autre, et les égalités

$$f(x) = \text{const.}$$
$$f'(x) = 0$$

qui expriment que la dérivée d'une fonction constante est nulle ou réciproquement.

11. Relation entre les moments d'une ligne par rapports aux divers points de l'espace. — Ce résultat peut se démontrer plus directement.

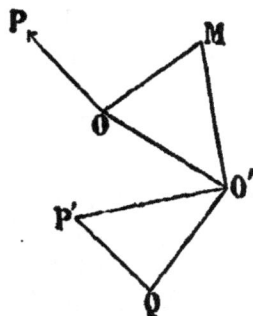

Fig. 9.

Connaissant le moment d'une ligne par rapport à un point O (fig. 9), proposons-nous de chercher le moment de cette même ligne par rapport à un autre point quelconque O'.

Prenons le plan de la figure perpendiculaire à la ligne donnée l, de manière qu'elle s'y projette en un seul point M, et soient O et O' les projections sur ce même plan, des points par rapport auxquels nous nous proposons de

2

prendre les moments. Le moment de *l* par rapport au point
O se projettera en vraie grandeur suivant OP, perpendiculaire à OM, et nous pouvons admettre, pour le représenter,
une longueur OP. = OM, puisqu'il doit être proportionnel
à OM. De même le moment cherché, par rapport à O', sera
représenté, en projection, par une ligne O'P' égale et perpendiculaire à O'M.

Joignons OO', menons par le point P' la ligne P'Q, équipollente à PO, et joignons QO'; le triangle O'P'Q ainsi
formé sera égal au triangle O'MO : en effet, les angles P' et
M sont égaux comme ayant leurs côtés perpendiculaires et les
côtés adjacents sont égaux par constru~tion. Il en résulte que
QO' est égal et perpendiculaire à OO' et peut être considéré
comme le moment d'une ligne équipollente à *l* menée par le
point O. Le moment cherché O'P' est la somme géométrique
de ce moment O'Q et de QP' ou OP, moment par rapport au
premier point O. Par conséquent,

Le moment d'une ligne par rapport à un point quelconque
O' de l'espace est égal à la somme géométrique du moment de
de cette ligne par rapport à un premier point O et du moment,
par rapport à O', d'une ligne équipollente à la ligne donnée
menée par le point O.

19. Relation entre les moments résultants d'un
système par rapport aux divers points de l'espace. —
Si, au lieu d'une seule ligne, on en a un nombre quelconque,
on devra, pour former cette somme, mener par le point O des
lignes équipollentes et prendre la somme de leurs moments
par rapport à O'; mais cette dernière somme est égale, pour
des lignes issues d'un même point, au moment de leur résultante, laquelle est équipollente à la somme géométrique des
lignes données, d'où résulte ce théorème :

Le moment résultant d'un système de lignes par rapport à un
point quelconque O' de l'espace est égal à la somme géométri-
que du moment résultant de ce système par rapport à un pre-
mier point O et du moment, par rapport à O', de la somme géo-
métrique des lignes données, menée par le point O.

On voit alors immédiatement que si cette somme géométrique est nulle, le moment résultant du système de lignes est le même pour tous les points de l'espace.

Si l'on considère le moment résultant du système de lignes par rapport au point O', tel qu'il vient d'être défini, c'est-à-dire comme étant la somme géométrique du moment résultant du système par rapport à un premier point O et du moment, par rapport à O', de la somme géométrique des lignes du système menée par le point O, et si on le projette sur la direction de la somme géométrique du système, sa projection sera la somme algébrique de celles des deux moments dont il est la somme géométrique. Or, le premier de ces deux moments a sa projection nulle, puisqu'il est perpendiculaire au plan mené par la résultante du système ; par conséquent, *la projection des moments résultants d'un système de lignes par rapport à tous les points de l'espace, sur la direction de la somme géométrique de ces lignes, est constante.* Nous retrouverons plus loin ce théorème.

13. Moments par rapport à un axe. — Le moment d'une ligne par rapport à un axe est le moment de la projection de cette ligne, sur un plan perpendiculaire à l'axe, par rapport au point où cet axe perce le plan.

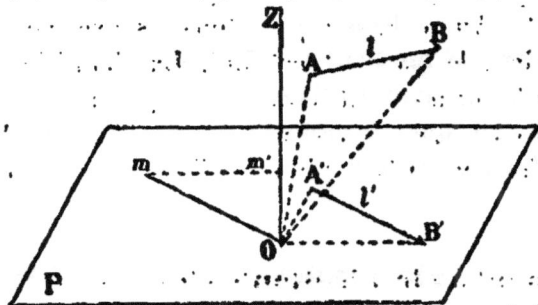

Fig. 10

Ainsi, le moment d'une ligne *l* par rapport à un axe OZ (fig. 10) est le moment, par rapport au point O, de la projection *l'* de cette ligne sur un plan P perpendiculaire à OZ.

Ce moment se représente par une ligne Om' portée sur l'axe, comme s'il s'agissait effectivement de représenter le moment de la ligne l' par rapport au point O. Cette ligne Om' est égale au double de la surface du triangle OA'B'.

Si l'on considère le moment de la ligne l par rapport au point O, ce moment sera représenté par la ligne Om menée normalement au plan OAB et égale au double de la surface du triangle OAB. Et il est facile de constater que Om' n'est autre chose que la projection de Om sur l'axe OZ, car la surface du triangle OA'B' est égale à celle du triangle OAB multipliée par le cosinus de l'angle des deux plans OAB, OA'B', lequel angle est celui des deux normales OZ et Om ; ainsi Om' qui représente le moment de l par rapport à l'axe OZ est égal à Om multiplié par le cosinus de l'angle de Om avec OZ, c'est donc la projection de Om sur l'axe OZ. Ainsi, le moment d'une ligne par rapport à un axe est égal à la projection sur cet axe du moment de cette ligne par rapport à un point quelconque de l'axe.

Il en résulte que les moments d'une ligne par rapport à tous les points d'une droite quelconque ont même projection sur cette droite.

Il en résulte aussi que si l'on considère tous les axes passant par un même point O, il y a un de ces axes et un seul par rapport auquel le moment d'une ligne donnée l est maximum : c'est celui qui est perpendiculaire au plan contenant la ligne l et le point O. Au contraire, pour tous les axes contenus dans ce même plan, le moment est nul. La définition que nous avons donnée du moment d'une ligne par rapport à un axe montre, en effet, que ce moment est nul lorsque la ligne et l'axe sont dans un même plan, qu'ils soient concourants ou parallèles.

14. Moment de la résultante d'un système. — Considérons maintenant un système de lignes issues d'un même point A et la résultante R de ces lignes. Prenons les moments de ces lignes et celui de leur résultante par rapport à un axe quelconque OZ ; pour cela, prenons les moments par rapport à un point quelconque O de l'axe et projetons ces moments sur l'axe. Le moment de la résultante R par rapport au point O est égal au moment résultant des lignes données par rapport au même point (n°7) ; et si nous projetons sur l'axe OZ, la projection de ce moment résultant sera la somme algébrique des projections des moments composants, lesquelles sont les moments, par rapport à l'axe, des lignes données. Par conséquent, *le moment, par rapport à un axe quelconque, de la résultante d'un système de lignes issues d'un même point est égal à la somme algébrique des moments, par rapport au même axe, des lignes composantes.*

Ce théorème va nous permettre d'exprimer facilement, en fonction de ses projections sur trois axes rectangulaires, les moments par rapport à ces trois axes d'une ligne quelconque de l'espace.

15. Moments d'une ligne par rapport à trois axes rectangulaires. — Soit en effet une ligne $AB = l$ (fig. 11)

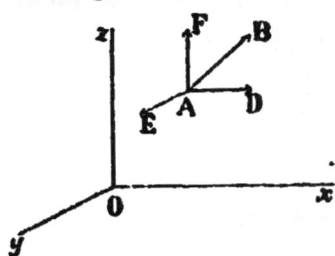

Fig. 11.

dont on connaît les projections $AD = l_x$, $AE = l_y$, $AF = l_z$ sur les trois axes rectangulaires OX, OY, OZ. Soient de plus x, y, z les coordonnées d'un point quelconque A de cette ligne. Elle peut être regardée comme la résultante de ses trois projections et, d'après ce qui vient d'être dit, son moment par rapport à l'un quelconque des trois axes sera la somme algébrique des moments par rapport à ce même axe de ses trois composantes.

Le moment par rapport à l'axe des x, par exemple, sera la somme algébrique des moments de l_x, de l_y et de l_z. Or, le moment de l_x est nul, puisque cette ligne est parallèle à l'axe ; le moment de l_y est $-l_y z$ et celui de l_z est $l_z y$. On a donc, en faisant la somme algébrique et opérant de même pour les deux autres axes :

$$(1) \quad \begin{cases} M_x\, l = l_z y - l_y z, \\ M_y\, l = l_x z - l_z x, \\ M_z\, l = l_y x - l_x y. \end{cases}$$

. . Ces trois expressions sont d'un usage fréquent[1].

Les coordonnées x, y, z sont celles d'un point quelconque de la ligne AB. Il n'est pas inutile de faire remarquer que la valeur du moment reste la même, quel que soit le point de la ligne dont on a pris les coordonnées. L'équation

$$l_z y - l_y z = \text{const.}$$

est, en effet, l'équation d'une droite tracée sur le plan des zy, parallèlement à la projection de l et qui coïncide avec cette projection lorsque la constante est égale au moment de l par rapport à Ox. Les coordonnées de tous les points de cette droite satisfont à l'équation $\mathbf{M}_x l = l_z y - l_y z$.

Ayant trouvé les moments de la ligne l par rapport aux trois axes coordonnés, nous pouvons en déduire le moment de cette ligne par rapport à l'origine O. En effet, le moment $\mathbf{M}_x l$, par exemple, de la ligne l par rapport à l'axe des x n'est autre chose que la projection sur cet axe du moment $\mathbf{M}_0 l$ de cette même ligne par rapport au point O. Le moment $\mathbf{M}_0 l$ est donc la résultante des trois moments ci-dessus calculés et l'on a :

$$\mathbf{M}_0 l = \frac{\sqrt{(\mathbf{M}_x l)^2 + (\mathbf{M}_y l)^2 + (\mathbf{M}_z l)^2}}{} $$
$$= \sqrt{(l_z y - l_y z)^2 + (l_x z - l_z x)^2 + (l_y x - l_x y)^2}$$

On déterminera de même la direction de ce moment, par les angles λ, μ, ν qu'il fait avec les trois axes et dont les cosinus ont évidemment pour valeurs :

$$\cos \lambda = \frac{\mathbf{M}_x l}{\mathbf{M}_0 l}, \quad \cos \mu = \frac{\mathbf{M}_y l}{\mathbf{M}_0 l}, \quad \cos \nu = \frac{\mathbf{M}_z l}{\mathbf{M}_0 l}.$$

---

1. Il est utile de se les rappeler et d'avoir un moyen mnémonique de les écrire sans hésitation. En voici un qui me semble simple : on écrit les trois projections en sens inverse de l'ordre alphabétique et on les répète dans le même ordre puis, on écrit, au-dessous les coordonnées correspondantes. On divise de deux en deux par des barres verticales, et l'on a ainsi :

$$\left| \begin{array}{cc} l_z & l_y \\ z & y \end{array} \right| \left| \begin{array}{cc} l_x & l_z \\ x & z \end{array} \right| \left| \begin{array}{cc} l_y & l_x \\ y & x \end{array} \right|$$

et chacun des moments est alors le déterminant compris entre deux barres verticales consécutives.

16. Moment d'une ligne par rapport à un axe quelconque mené par l'origine. — Le moment par rapport à l'origine O étant ainsi exprimé en fonction des projections, sur les axes de la ligne l, et étant déterminé en grandeur et en direction, on pourra trouver facilement le moment de la ligne l par rapport à un axe quelconque passant par le point O. Ce moment n'est autre chose, en effet, que la projection sur cet axe du moment de la ligne l par rapport au point O. Si α, β, γ sont les angles formés avec les trois axes coordonnés par cet axe quelconque OU, le moment de la ligne l par rapport à cet axe, que nous représenterons par $\mathbf{M}_u l$, sera égal au moment de l par rapport au point O, ou à $\mathbf{M}_o l$, multiplié par le cosinus de l'angle compris entre l'axe OU et la direction de ce moment, lequel cosinus a pour expression :

$$\cos \alpha \cos \lambda + \cos \beta \cos \mu + \cos \gamma \cos \nu.$$

Nous aurons ainsi, en mettant pour $\cos \lambda$, $\cos \mu$, $\cos \nu$ leurs valeurs ci-dessus :

$$\mathbf{M}_u l = \mathbf{M}_o l . (\cos \alpha \cos \lambda + \cos \beta \cos \mu + \cos \gamma \cos \nu)$$
$$= \mathbf{M}_x l . \cos \alpha + \mathbf{M}_y l . \cos \beta + \mathbf{M}_z l . \cos \gamma.$$

Le moment de la ligne l par rapport à l'axe OU est donc la somme des projections, sur cet axe, des moments de la même ligne par rapport aux trois axes coordonnés.

Ce résultat pouvait être trouvé directement. Soit OM (fig. 12) le moment de la ligne l par rapport au point O, les moments de la même ligne par rapport aux axes coordonnés, qui sont les projections de OM sur ces axes, sont équipollents aux lignes OP, PQ et QM. La projection de OM sur OU, c'est-à-dire le moment de l par rapport à OU, sera évidemment égale à la somme des projections sur OU de ces trois lignes OP, PQ, QM ; ce qui est conforme à l'équation ci-dessus.

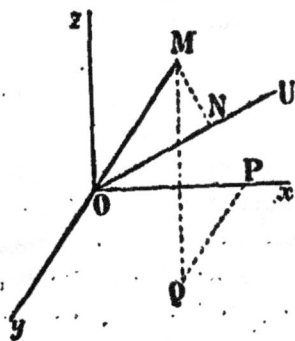

Fig. 12.

17. Moment d'un système de lignes par rapport à un axe. — Si au lieu d'une seule ligne l, on avait un système de lignes placées d'une manière quelconque dans l'espace, tout ce qui vient d'être dit s'appliquerait sans modification.

Le moment résultant de ce système de lignes, par rapport à un point O quelconque, pris pour origine des coordonnées, serait la somme géométrique des moments de toutes ces lignes par rapport à ce même point; et les moments résultants par rapport aux trois axes coordonnés, projections sur ces axes du moment résultant par rapport au point O, seraient les sommes algébriques des moments de ces lignes par rapport aux mêmes axes.

Si le système dont il s'agit était tel que sa somme géométrique fût nulle, son moment résultant serait le même (n°10) par rapport à tous les points de l'espace. Il en résulte que *si l'on considère un système de lignes dont la somme géométrique est nulle, la somme des moments de ces lignes, par rapport à tous les axes parallèles à une même direction, est la même. Et si cette somme de moments est nulle par rapport à trois directions rectangulaires, elle sera nulle par rapport à un axe d'une direction quelconque;* car le moment résultant par rapport à l'origine des coordonnées est alors nul, et il a la même valeur en tous les points de l'espace.

18. Moment moyen d'un système de lignes. — Dans ce qui suivra, nous appellerons quelquefois, pour simplifier certains énoncés :

Moment moyen d'un système de lignes par rapport à un point ou par rapport à un axe, le moment résultant de ce système de lignes divisé par le nombre de ces lignes. Si n est ce nombre, le moment moyen sera représenté par une ligne dont la direction et le sens seront ceux du moment résultant, dont la longueur sera la $n^{ième}$ partie de ce moment résultant. Les théorèmes démontrés pour les moments résultants s'appliquent naturellement aux moments moyens; ainsi, par exemple, celui du n° 12 ci-dessus s'énoncera ainsi :

Le moment moyen d'un système de lignes par rapport à un point quelconque O' de l'espace est égal à la somme géométri-

que du moment moyen de ce système par rapport à un premier point O et du moment, par rapport à O', de la moyenne des lignes données, menée par le point O.

Et si l'on applique ce même théorème aux moments par rapport à un axe, on dira : *Le moment moyen d'un système de lignes par rapport à un axe quelconque est égal à la somme algébrique du moment moyen de ce système par rapport à un axe parallèle au premier et du moment, par rapport à ce premier axe, d'une ligne égale à la ligne moyenne du système, menée par un point quelconque du second.*

§ 3

EQUIVALENCE ET COMPOSITION DES SYSTÈMES DE LIGNES

19. Des systèmes équivalents. — Deux systèmes de lignes qui ont même moment résultant par rapport à un point donné de l'espace, ont même somme de moments par rapport à un axe quelconque mené par ce point ; et si, en même temps, les deux systèmes de lignes ont même somme géométrique, ils auront les mêmes sommes de moments par rapport à tous les axes de l'espace, c'est-à-dire même moment résultant par rapport à tous les points de l'espace.

Soient en effet deux systèmes de lignes $l_1, l_2,...$ et $\lambda_1, \lambda_2...$ ayant même somme géométrique :

(1) $$Sg\,l \,(=)\, Sg\,\lambda,$$

et même moment résultant par rapport à un point O :

(2) $$Sg\,M_0\,l \,(=)\, Sg\,M_0\,\lambda.$$

Considérons un troisième système, l'_1, l'_2... formé de lignes égales et directement opposées aux lignes l_1, l_2... de l'un de ces systèmes. La somme géométrique de ce troisième système sera égale, mais de signe contraire, à celle de chacun des deux autres, et il en sera de même de son moment résultant par rapport au point O. On aura ainsi :

$$(2) \quad \begin{cases} \mathbf{Sg}\, l'\ (=) - \mathbf{Sg}\, l\ (=) - \mathbf{Sg}\lambda, \\ \mathbf{SgM}_0 l'\ (=) - \mathbf{SgM}_0 l\ (=) - \mathbf{SgM}_0\lambda. \end{cases}$$

L'ensemble des lignes des systèmes l' et λ constitue un système dont la somme géométrique est nulle et, par conséquent, le moment résultant de ce système est le même pour tous les points de l'espace. Nous aurons ainsi, pour un autre point quelconque O' :

$$(3) \quad \mathbf{SgM}_{0'}\, l'\ (+) \ \mathbf{SgM}_{0'}\, \lambda\ (=) \ \mathbf{SgM}_0\, l'\ (+) \ \mathbf{SgM}_0\lambda.$$

Mais, d'après la seconde équation (2) ci-dessus, le second membre de cette égalité est identiquement nul, par suite le premier l'est aussi et l'on a :

$$(4) \quad \mathbf{SgM}_{0'}\, l'\ (=) - \mathbf{SgM}_{0'}\, \lambda.$$

Les lignes l', étant égales et directement opposées aux lignes l, ont, par rapport au point quelconque O', des moments égaux et de signe contraire à ceux de ces lignes ; on a ainsi, quel que soit ce point :

$$(5) \quad \mathbf{SgM}_{0'}\, l'\ (=) - \mathbf{SgM}_{0'}\, l.$$

Il en résulte, d'après (4) :

$$(6) \quad \mathbf{SgM}_{0'}\, \lambda\ (=) \ \mathbf{SgM}_{0'}\, l.$$

Ainsi, les deux systèmes proposés l et λ ont même moment résultant par rapport au point quelconque O'. Ils ont, par suite, même somme de moments par rapport à un axe quelconque ou même moment résultant par rapport à un point quelconque de l'espace.

Deux systèmes de lignes ayant ainsi même somme géométrique et même moment résultant par rapport à un point quelconque de l'espace sont dits ÉQUIVALENTS.

Ce qui caractérise donc un système de lignes c'est, d'une part, sa somme géométrique, et, d'autre part, son moment résultant par rapport à un point déterminé. Tout autre système qui aura même somme géométrique et même moment résultant par rapport à ce point, sera *équivalent* au premier.

L'équivalence de deux systèmes $l_1, l_2, l_3...,$ et $l'_1, l'_2, l'_3...$ se traduira ainsi par les deux équipollences:

$$(7) \qquad \begin{cases} \mathbf{Sg}l \; (=) \; \mathbf{Sg}l', \\ \mathbf{SgM_0}l \; (=) \; \mathbf{SgM_0} \, l'. \end{cases}$$

O désignant un point donné de l'espace.

Chacune de ces équipollences équivaut à trois égalités algébriques, de sorte que l'équivalence des deux systèmes s'exprimera algébriquement par les six équations:

$$(8) \begin{cases} \Sigma \, l_x = \Sigma \, l'_x, & \Sigma \, l_y = \Sigma \, l'_y, & \Sigma \, l_z = \Sigma \, l'_z; \\ \Sigma \mathbf{M}_x l = \Sigma \, \mathbf{M}_x l', & \Sigma \mathbf{M}_y l = \Sigma \, \mathbf{M}_y l', & \Sigma \mathbf{M}_z l = \Sigma \, \mathbf{M}_z l', \end{cases}$$

qui, en langage ordinaire, signifient que les sommes des projections des lignes de l'un et de l'autre système sur trois axes rectangulaires sont les mêmes, et que les sommes des moments de ces lignes par rapport à ces trois axes sont aussi les mêmes.

Et, d'après ce qui vient d'être dit, on voit que si cette égalité a lieu pour un système donné d'axes rectangulaires, elle aura lieu aussi pour tout autre axe quelconque de l'espace et, par suite, pour tout autre système de trois axes rectangulaires.

30. Exemples simples de systèmes équivalents. — Parmi les systèmes équivalents les plus simples, nous signalerons principalement les suivants :

Tous les couples dont les moments ou les axes (n° 9) sont représentés par des lignes équipollentes sont équivalents.

Cette proposition résulte évidemment de la définition même

de l'équivalence des systèmes. Si l'on considère deux couples dont les moments sont équipollents, ces deux couples ont même somme géométrique puisque chacun d'eux a une somme géométrique nulle, et si l'on prend leurs moments par rapport à un point quelconque de l'espace, ces moments seront représentés par la même ligne droite.

Tous ces couples, équivalents, sont situés dans le même plan ou dans des plans parallèles puisque leurs axes, perpendiculaires à leurs plans respectifs, sont parallèles. On exprime quelquefois cette équivalence en disant qu'un couple peut être transporté d'une manière quelconque dans son plan ou dans un plan parallèle, à la condition que son moment reste constant.

Ce qui, par conséquent, définit un couple, c'est son axe ou moment. La grandeur des lignes formant couple, leur direction et la grandeur de leur bras de levier sont indifférentes. Pourvu que leur axe soit le même, tous les couples sont équivalents.

Deux lignes équipollentes l, l' deviennent équivalentes lorsque l'on ajoute à l'une d'elles, l', un couple dont le moment est égal à celui de l'autre ligne l par rapport à un point quelconque de celle-ci. En d'autres termes, la ligne unique l est équivalente au système formé de la ligne l' et du couple ainsi défini. Ces deux systèmes ont en effet même somme géométrique, puisque l' est équipollente à l et que le couple qu'on y ajoute ne modifie pas la somme géométrique. De plus, ils ont même moment par rapport à un point quelconque de l', puisque la ligne l' a, par rapport à ce point, un moment nul ; ils ont donc même moment par rapport à un point quelconque de l'espace et sont ainsi équivalents.

On exprime cette équivalence en disant qu'une ligne peut être transportée parallèlement à elle-même en un point quelconque de l'espace à la condition que l'on y ajoute, alors, un couple dont le moment soit celui de la ligne primitive par rapport à un point quelconque de sa nouvelle direction.

D'après ce qui vient d'être dit, ce couple peut être formé de lignes de grandeur et de direction quelconques, pourvu que son moment satisfasse à la condition énoncée. Il peut, par exemple, si AB = l (fig. 13) et A'B' = l' sont les deux lignes équipollentes dont il s'agit, être constitué par la ligne l et une ligne égale, parallèle et de sens contraire, A'C, menée par le point A'. Le moment du couple formé par les deux lignes AB, A'C est évidemment égal au moment de la ligne l par rapport à un point quelconque de l'. Et alors la proposition précédente revient à dire que les deux systèmes formés l'un par la ligne

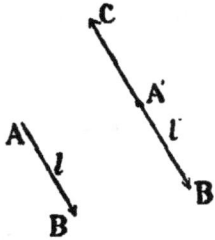

Fig. 13.

l = AB, l'autre par les lignes l' = A'B', AB et A'C sont équivalents. Sous cette forme, elle est évidente puisque le second système se compose du premier et des deux lignes A'B', A'C égales et directement opposées.

Lorsque plusieurs lignes sont issues d'un même point, leur résultante est équivalente au système de ces lignes. En effet, les deux systèmes constitués, l'un par les lignes données, l'autre par leur résultante, ont même somme géométrique et même moment (nul) par rapport au point d'origine. Ils sont donc équivalents.

21. Autre définition de l'équivalence. — Il n'est pas inutile de faire remarquer que la définition des systèmes équivalents, que nous avons donnée au n° 19, est une conséquence nécessaire de cette dernière proposition, à la condition que l'on admette encore que deux lignes égales et directement opposées peuvent être ajoutées ou retranchées à un système sans qu'il cesse d'être équivalent à lui-même.

Partons en effet de cette nouvelle définition : la résultante de plusieurs lignes issues d'un même point est équivalente au système de ces lignes, et l'on ne change pas la valeur d'un système en y ajoutant deux lignes égales et directement opposées.

De cette dernière proposition nous déduirons, par un raisonnement identique à celui qui précède, que nous pouvons transporter une ligne, parallèlement à elle-même, en un point quelconque de l'espace, à la condition d'y ajouter un couple formé de la ligne primitive et d'une ligne égale et directement opposée à la seconde.

Considérons maintenant un couple quelconque AB, A'B',
(fig. 14), menons une transversale quelconque AA' et ajoutons
au système des deux lignes AB, A'B' les deux lignes égales et
directement opposées AC, A'C',
nous n'en aurons pas changé la
valeur. Composons les deux lignes
AB et AC en une résultante AD
qui leur est équivalente, de même
A'C' et A'B' en une résultante
A'D', le couple AD, A'D' sera équivalent au couple AB, A'B. Le moment du couple AD, A'D' est mesuré par la surface du parallélo-
gramme ADA'D', celui du couple AB, A'B' par la surface du
parallélogramme ABA'B' et ces deux surfaces sont égales comme étant le double des surfaces respectives des triangles ADA',
ABA' ayant même base AA' et leurs sommets sur une même
parallèle à la base. Les couples ont donc mêmes moments. Il
en résulte que deux couples de mêmes moments, et situés
dans un même plan, sont équivalents.

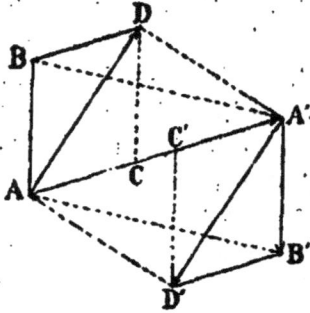

Soit un couple AB, A'B' et un point quelconque C en dehors de son plan ; menons par le point C deux lignes CD, CD'
directement opposées et équipollentes aux lignes AB, A'B'.

Supposons, pour simplifier, que les trois points A, A', C
(fig. 15) soient dans un même plan perpendiculaire à la direction des lignes.
L'ensemble des quatre lignes est équivalent au couple AB, A'B', et ces quatre
lignes peuvent être considérées comme
formant deux couples AB, CD' et A'B',
CD situés dans des plans concourants.
Les moments de ces couples sont proportionnels aux bras de levier AC, C'A'
et AA', et ce dernier qui est équivalent
aux deux autres a pour moment leur moment résultant. Il est
facile de voir, en effet, que les axes de ces couples seraient des
lignes respectivement perpendiculaires aux trois côtés du
triangle ACA'. On en déduit facilement, sans qu'il soit néces-

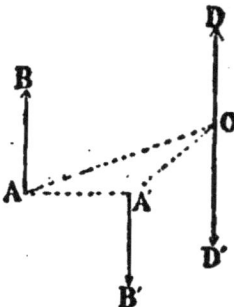

saire d'insister sur la démonstration, qu'un système d'un nombre quelconque de couples situés dans des plans concourants est équivalent à un couple unique, dont l'axe est la résultante des axes de tous ces couples.

Par une démonstration identique à celle qui précède, on en déduit l'équivalence entre deux couples de même moment situés dans des plans parallèles.

On arrive alors à démontrer, ce qui est une conséquence immédiate de ces propositions, que deux systèmes de lignes qui ont même somme géométrique et même moment résultant par rapport à un point sont équivalents.

Si, en effet, nous transportons à ce même point toutes les lignes de ces deux systèmes, en ajoutant à chacun d'eux les couples nécessaires, nous aurons, au lieu de chacun de ces systèmes, une série de lignes issues d'un même point, et ayant même résultante ; ces deux séries de lignes seront donc équivalentes, et une série de couples ayant même moment résultant, c'est-à-dire, encore deux séries de couples équivalentes. Les deux systèmes, dans leur ensemble, seront donc équivalents l'un à l'autre, et la définition donnée plus haut (n° 19) ressort ainsi comme étant la conséquence des deux conditions simples admises pour l'équivalence des lignes.

Tout ce que nous allons dire de la composition des systèmes de lignes s'appliquera donc sans restriction, quelle que soit la définition que l'on aura adoptée.

22. Composition des systèmes de lignes. — *Composer* un système de lignes, c'est trouver le plus simple des systèmes qui lui sont équivalents.

D'après cela, pour composer un système de lignes issues d'un même point, il suffit d'en déterminer la résultante qui représente un système équivalent, lequel, formé d'une seule ligne, est le plus simple possible.

D'après ce que nous avons dit (n° 19), ce qui définit les systèmes, au point de vue de l'équivalence, c'est leur somme géométrique et leur moment résultant par rapport à un point donné O (fig. 16) de l'espace. Nous représenterons ces deux quantités respectivement par les lignes OA = R et Om, en écrivant :

$$(1)\begin{cases} \mathbf{Sg}l\,(=)\,\mathrm{R}, \\ \mathbf{Sg}\mathbf{M}_{o}l\,(=)\,\mathrm{O}m. \end{cases}$$

Avant d'aborder le problème le plus général, où R et Om sont des lignes ayant des grandeurs et des directions quelconques, nous allons considérer les cas particuliers où l'une ou l'autre de ces deux lignes serait nulle.

Fig. 16.

Le cas où ces deux quantités R et Om seraient nulles à la fois n'a aucun intérêt. Le système équivalent le plus simple se compose d'une ligne nulle.

1° Soit en premier lieu l'hypothèse **R** = 0. La somme géométrique des lignes du système donné étant nulle, leur moment résultant est le même pour tous les points de l'espace et partout équipollent à Om.

Le système le plus simple satisfaisant à cette condition est constitué par un couple dont le plan est perpendiculaire à Om et dont le moment est équipollent à Om. Ce couple peut d'ailleurs (n° 20) être formé de deux lignes de grandeur et de direction quelconque, ces lignes étant, bien entendu, égales, parallèles et de sens contraire, à la condition que le produit de la grandeur de l'une d'elles par leur distance mutuelle soit égal au moment du couple et qu'elles soient situées dans un plan perpendiculaire à Om.

Le système formé par ce couple est équivalent au système donné.

Au lieu d'un seul couple, on peut prendre, pour système équivalent au système donné, un nombre quelconque de couples, tels que la somme géométrique de leurs moments soit précisément équipollente à Om.

La somme géométrique de toutes les lignes formant ces couples est nulle comme celle du système donné et leur moment résultant est bien égal à Om. Les deux systèmes sont donc équivalents.

2° Supposons maintenant Om = 0. La somme géométrique R étant différente de zéro, le moment résultant du système de lignes considéré n'est pas le même pour tous les points de l'espace ; il est nul par rapport au point O, mais il ne le serait pas nécessairement pour un autre point O'.

Le système le plus simple ayant une somme géométrique équipollente à R et un moment nul par rapport au point O sera constitué par une ligne équipollente à R menée par le point O. Évidemment le système formé par cette simple ligne sera équivalent au système donné. On dit que, dans ce cas, le système admet une résultante unique, laquelle est la ligne équipollente à R menée par le point O.

Ces deux systèmes étant d'ailleurs équivalents ont même moment résultant par rapport à un point quelconque de l'espace. Or le second système, formé de la ligne unique R, a un moment nul par rapport à tous les points de cette ligne ; il en est donc de même du premier. Ainsi, lorsqu'un système quelconque de lignes a un moment résultant nul par rapport à un certain point de l'espace, il a aussi un moment nul par rapport à une infinité de points situés sur une même ligne droite passant par le premier et parallèle à la somme géométrique du système.

Si l'on considère une autre droite quelconque, parallèle à celle-ci, le moment de la ligne R par rapport à tous les points de cette nouvelle ligne sera le même. Il en sera de même du moment résultant du système donné ; par conséquent, lorsqu'un système quelconque de lignes a un moment résultant nul par rapport à un certain point de l'espace, il a le même moment résultant par rapport à tous les points d'une même ligne droite quelconque parallèle à sa somme géométrique, ce moment résultant étant d'ailleurs différent pour les diverses droites parallèles à cette direction, mais le même pour tous les points de chacune d'elles.

3° Nous pourrions maintenant aborder le problème général de la composition d'un système dont la somme géométrique R et le moment résultant Om sont quelconques ; mais nous allons encore, auparavant, considérer le cas particulier où ces deux lignes, ayant des grandeurs quelconques différentes de zéro, sont perpendiculaires l'une sur l'autre. Soit donc un sys-

3

tème de lignes dont le moment résultant O*m* soit perpendicu-

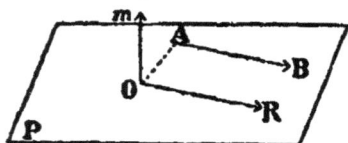

Fig. 17

laire à la somme géométrique R (fig. 17). Comme on vient de le dire dans le cas précédent, la somme géométrique R n'étant pas nulle, le moment résultant O*m* ne sera pas le même pour tous les points de l'espace. Par le point O menons le plan P perpendiculaire à O*m* et dans ce plan, qui contiendra la ligne R, une ligne AB équipollente à cette ligne et à une distance OA, du point O, telle que le moment de cette ligne par rapport au point O soit précisément représenté par O*m*. Cette ligne AB sera équivalente au système donné, et elle représente le système équivalent le plus simple. Dans ce cas, par conséquent, le système admet une résultante unique qui est AB.

Remarquons que la ligne AB et le système donné étant équivalents ont même moment résultant par rapport à un point quelconque de l'espace (n° 19). Si nous prenons le moment de AB par rapport à un point quelconque O', ce moment O'*m*' sera perpendiculaire au plan O'AB et par suite à la parallèle à AB menée par O'.

Par conséquent, lorsqu'un système de lignes a une résultante unique, son moment résultant par rapport à un point quelconque de l'espace est perpendiculaire à sa somme géométrique. Cette condition est ainsi nécessaire et suffisante pour qu'un système de lignes ait une résultante unique.

Elle s'exprime analytiquement de la manière suivante : si Σl_x représente la somme algébrique des projections des lignes l sur l'axe des x, c'est-à-dire la projection sur ce même axe de la somme géométrique R, le cosinus de l'angle formé par cette ligne R avec l'axe des x aura pour valeur $\dfrac{\Sigma l_x}{R}$. De même $\dfrac{\Sigma l_y}{R}$, $\dfrac{\Sigma l_z}{R}$ seront les cosinus des angles formés par la ligne R avec les axes des y et des z.

Si nous représentons, comme plus haut, par $\Sigma \mathbf{M}_x l$ la somme des moments des lignes l par rapport à l'axe des x, c'est-à-dire la projection, sur cet axe, du moment résultant Om, le cosinus de l'angle de Om avec l'axe des x aura pour expression $\frac{\Sigma \mathbf{m}_x l}{Om}$, et de même les cosinus des angles de Om avec les deux autres axes seront $\frac{\Sigma \mathbf{m}_y l}{Om}$ et $\frac{\Sigma \mathbf{m}_z l}{Om}$. Pour que les deux directions Om et R soient perpendiculaires, il faut que le cosinus de leur angle, lequel est égal à la somme des produits deux à deux des cosinus des angles qu'elles font avec les trois axes, soit nul. Cela donne, en faisant disparaître le dénominateur commun R $\times$ Om :

(1) $\Sigma\, l_x.\, \Sigma \mathbf{m}_x l + \Sigma\, l_y.\, \Sigma \mathbf{m}_y l + \Sigma\, l_z.\, \Sigma \mathbf{m}_z l = 0.$

Telle est la condition nécessaire et suffisante pour que le système de lignes l ait une résultante unique. Elle s'énonce en langage ordinaire en disant que : la somme des trois produits obtenus en multipliant les sommes des projections de ces lignes sur trois axes rectangulaires par les sommes de leurs moments par rapport aux mêmes axes, doit être nulle.

Cette condition générale comprend, comme cas particulier, celui que nous avons considéré plus haut (page 33), où le moment résultant est nul, et où nous avons déjà trouvé que le système avait une résultante unique.

Mais, au contraire, elle ne s'applique pas au cas où la somme géométrique serait nulle. Dans ce cas, la somme des trois produits est bien nulle puisque chacun l'est individuellement, mais il n'y a plus de résultante unique. Le système ne peut plus se réduire qu'à un couple.

Dans le cas général où ni Om, ni R ne sont nuls, la résultante unique à laquelle peut se réduire le système donné a pour valeur la somme géométrique des lignes de ce système, c'est-à-dire

$$\sqrt{(\Sigma l_x)^2 + (\Sigma l_y)^2 + (\Sigma l_z)^2}$$

et les cordonnées x, y, z d'un point de sa direction seront données par les équations

$$(2) \begin{cases} (\Sigma l_z).y - (\Sigma l_y).z = \Sigma \mathbf{M}_x l, \\ (\Sigma l_x).z - (\Sigma l_z).x = \Sigma \mathbf{M}_y l, \\ (\Sigma l_y).x - (\Sigma l_x).y = \Sigma \mathbf{M}_z l. \end{cases}$$

Si l'on multiplie la première de ces équations par Σl_x, la seconde par Σl_y, la troisième par Σl_z et si on les ajoute membre à membre, on retrouve précisément l'équation ci-dessus (1). Ces trois équations, étant donnée la condition exprimée par (1), n'en forment donc, en réalité, que deux distinctes entre les variables x, y, z, et définissent, par rapport aux trois axes, la droite qui représente la résultante unique du système.

23. Cas général. Axe central des moments. — Considérons le cas le plus général, où la somme géométrique R des lignes du système donné, et le moment résultant Om de ces lignes par rapport à un certain point O, sont de grandeur et de direction quelconques. On peut alors trouver un système composé d'une ligne unique et d'un couple, qui soit équivalent au système donné.

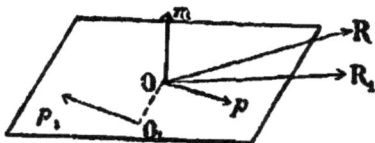

Fig. 18.

Dans un plan perpendiculaire à Om (fig. 18), menons en effet, par le point O, une ligne Op quelconque, puis une autre ligne $O_1 p_1$, égale, parallèle et de sens contraire à Op, à une distance OO_1 telle que le moment du couple formé par ces deux lignes soit précisément Om. Le système des trois lignes R, Op, $O_1 p_1$ sera équivalent au système donné puisqu'il a même somme géométrique R et même moment Om par rapport au point O. Le couple Op, $O_1 p_1$ étant quelconque, on voit que cette solution peut être réalisée d'une infinité de manières différentes. Si l'on compose en une seule les deux lignes Op et R, issues du même point O, la résultante R_1 de ces deux lignes et la seconde ligne $O_1 p_1$ du couple formeront aussi un système équivalent au système donné ; et l'on voit que les deux lignes R_1 et $O_1 p_1$ ne sont pas dans un même plan, si la somme géométrique R elle-même n'est pas située dans le plan perpendiculaire à Om.

On peut donc énoncer ainsi les résultats de la composition d'un système donné quelconque de lignes :

Un système quelconque de lignes peut toujours être composé en une ligne unique et un couple, ou bien en deux lignes non situées dans un même plan et dont l'une passe par un point donné. Et cette composition peut s'effectuer d'une infinité de manières différentes.

De tous ces systèmes, formés d'une ligne unique et d'un couple, et équivalents au système donné, il y en a un pour lequel la ligne est perpendiculaire au plan du couple. Soient en effet R et Om (fig. 19) la somme géométrique et le moment ré-

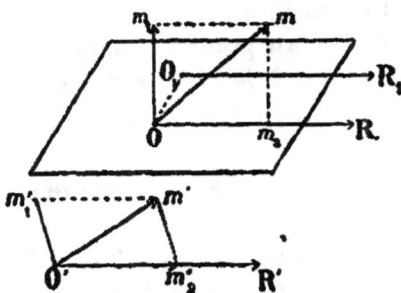

Fig. 19.

sultant du système de lignes donné, et qui définissent ce système. Le moment résultant Om peut être considéré comme formé par la composition de deux moments Om_2, Om_1 qui seraient ses projections sur la direction R et sur une direction perpendiculaire menée dans le plan de Om et de R. Le système de lignes donné est donc équivalent à la ligne R et à deux couples dont les moments seraient Om_1 et Om_2. Mais le couple d'axe Om_1 est situé dans le plan perpendiculaire à Om_1, lequel contient déjà la ligne R ; cette ligne R et le couple Om_1 situés dans un même plan sont équivalents à une ligne unique O$_1$R$_1$ équipollente à R et menée, dans ce plan, à une distance OO$_1$ telle que son moment par rapport au point O soit précisément Om_1. Le système donné est donc équivalent à la ligne O$_1$R$_1$ et au couple dont l'axe est Om_2, parallèle à O$_1$R$_1$, c'est-à-dire à une ligne unique et à un couple situé dans un plan perpendiculaire à cette ligne.

Supposons, maintenant, que nous ayons pris le moment résultant du système de lignes donné par rapport à un point quelconque O' de l'espace, et cherchons une relation entre ce moment O'm' et le moment résultant Om du même système par rapport au point O.

Le moment résultant O'm' du système donné par rapport au point O' sera le même que le moment résultant, par rapport au point O', du système équivalent formé de la ligne O$_1$R$_1$ et du couple dont l'axe est Om_2. Ce couple, ayant même moment par rapport à tous les points de l'espace, a pour moment, par rapport à O', une ligne O'm'_2 équipollente à Om_2 ; il faut y ajouter le moment de la ligne O$_1$ R$_1$. Or le moment O'm'_1 de cette ligne, par rapport au point O', sera perpendiculaire au plan O'O$_1$R$_1$, c'est-à-dire à la direction Om_2. Il s'en suit que le moment résultant cherché, O'm', a pour projection sur O'R', précisément O'm'_2.

On a donc ce théorème, que nous avons déjà démontré plus haut (n° 12) :

Si l'on considère les moments résultant d'un système de lignes par rapport à tous les points de l'espace, la projection de tous ces moments sur la direction de la somme géométrique du système est constante.

Ce que l'on peut exprimer analytiquement par

$$\mathbf{SgM}_o l \times \cos (\mathbf{SgM}_o l, \mathbf{Sg} l) = \text{const.}$$

Nous avons évalué plus haut (page 35) le cosinus de l'angle formé par la direction du moment résultant et celle de la somme géométrique d'un système de lignes. Si nous multiplions ce cosinus par $\mathbf{SgM}_o l$ et si nous observons que la somme géométrique des lignes du système, $\mathbf{Sg} l$, est la même pour tous les points de l'espace, l'expression précédente, traduite algébriquement, sera :

$$\Sigma l_x . \Sigma\mathbf{M}_x l + \Sigma l_y . \Sigma\mathbf{M}_y l + \Sigma l_z . \Sigma\mathbf{M}_z l = \text{const.} \ [1]$$

1. On déduit facilement de ce théorème, celui de Chasles, ainsi énoncé : *De quelque manière que l'on réduise un système de lignes données à deux lignes équivalentes, le volume du tétraèdre construit sur ces deux lignes, prises pour arêtes opposées, est constant.*

Le système des lignes données est, comme nous l'avons dit, équivalent à la ligne O_1R_1 et au couple dont l'axe est Om_2. Quel que soit le point de la ligne O_1R_1 par rapport auquel on prenne le moment résultant du système, ce moment résultant sera équipollent à Om_2, puisque le système équivalent a pour moment résultant Om_2 pour tous les points de O_1R_1 pour lesquels le moment de la ligne R_1 est nul. Si l'on prend le moment résultant par rapport à un autre point quelconque O' de l'espace, ce moment résultant sera la diagonale d'un rectangle ayant un côté équipollent à Om_2 et un autre côté égal au moment de O_1R_1 par rapport au point O'.

La ligne O_1R_1 est donc le lieu de tous les points de l'espace pour lesquels le moment résultant du système a la plus petite valeur possible. On l'appelle *axe central des moments*, ou encore *axe du couple minimum*.

21. Composition des lignes situées dans un même plan. — Après avoir ainsi traité en général la question de la composition des systèmes de lignes, nous nous arrêterons à en développer la solution dans deux cas particuliers importants : celui où toutes les lignes sont dans un même plan ; et celui où elles sont toutes parallèles à une même direction.

Lorsque toutes les lignes du système donné sont dans un même plan, ce système a une résultante unique ; en effet, la somme géométrique des lignes est aussi dans ce plan, et tous leurs moments, par rapport à un point quelconque du plan, étant perpendiculaires à ce plan, s'ajoutent algébriquement pour donner un moment résultant perpendiculaire au plan et par suite à la direction de la somme géométrique : condition nécessaire et suffisante (n° 22,3°) pour qu'il y ait une résultante unique.

Cette résultante est alors équipollente à la somme géométrique des lignes données, et il suffit d'avoir un point de sa direction pour la connaître entièrement. Le problème peut se traiter algébriquement : il se résoudra par les équations données page 36, ou plutôt par la dernière de ces équations, les termes des deux premières étant identiquement nuls.

Sans se reporter à ces équations, si d'un point O quelconque du plan on abaisse sur les lignes données l_1, l_2, l_3.... des perpendiculaires Op_1. Op_2, Op_3... dont on désigne les longueurs par p_1, p_2, p_3.... si l'on fait la somme des produits l_1p_1, l_2p_2, l_3p_3... en prenant positivement ceux pour lesquels les lignes l vues du point O sont dirigées de gauche à droite, et négativement les autres, et si l'on calcule une distance p telle que le produit pR de cette distance par la somme géométrique R soit égal à la somme algébrique des produits ainsi formés, la ligne R menée à une distance p du point O sera évidemment la résultante cherchée.

25. Polygone funiculaire. — Cette solution algébrique est souvent remplacée par une solution géométrique, basée sur l'emploi du *polygone funiculaire*, et que nous allons faire connaître.

L'usage du polygone funiculaire, qui rend les plus grands services dans les applications et dont l'extension aux divers problèmes pratiques constitue ce que l'on appelle la *statique graphique*, se déduit d'une remarque ou principe général que l'on peut énoncer ainsi :

Lorsque des lignes issues d'un même point sont respectivement parallèles aux côtés successifs d'un polygone fermé, parcouru dans un même sens, ces lignes ont une résultante nulle. Et si, à un système donné de lignes, on ajoute un autre système de lignes satisfaisant à cette condition, le système total sera équivalent au premier.

Cela est évident puisque le système de lignes que l'on a ajouté a une somme géométrique nulle et un moment résultant nul par rapport à tous les points de l'espace. Son adjonction ne modifiera en rien ni la somme géométrique, ni le moment résultant du premier.

Cette proposition est générale et s'applique à des systèmes quelconques de lignes dans l'espace ; mais nous ne nous en servirons, ainsi que du polygone funiculaire, que pour des lignes situées dans un même plan.

Soit donc, dans un plan, un système quelconque de lignes l_1, l_2, l_3, l_4 (fig. 20) dont on demande de trouver la résultante. A partir d'un point a quelconque, construisons le polygone *abcde* de ces lignes, ayant chacun de ses côtés respectivement équipollent aux lignes données ; la somme géométrique de ces lignes sera la ligne *ae*, et la résultante du système est une ligne équipollente à *ae*, dont il suffit de déterminer un point.

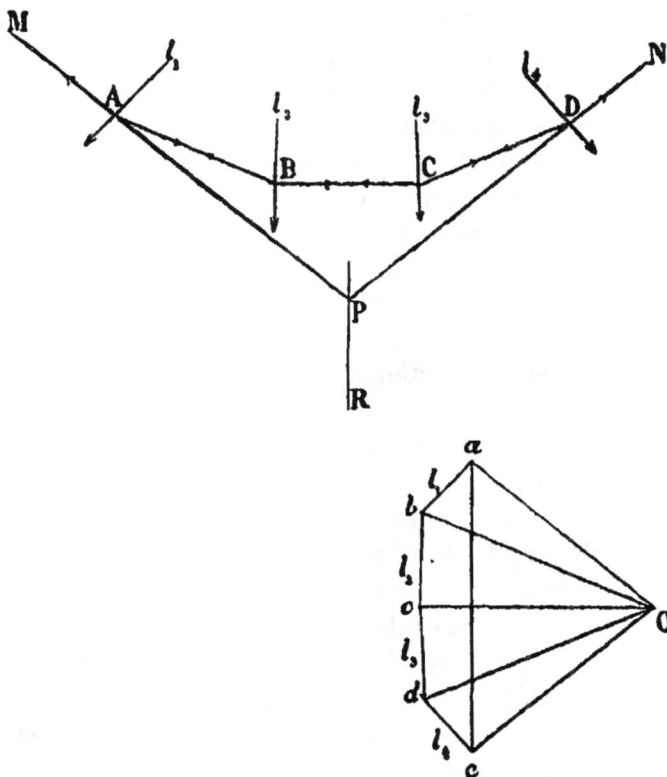

Fig. 20.

Prenons, dans le plan du polygone *abcde*, un point O quelconque que nous appellerons le pôle et joignons ce point aux divers sommets du polygone. Ensuite, par un point M, également quelconque, menons une ligne MA parallèle à O*a*, jusqu'à la rencontre en A avec la première ligne *l₁*, puis, à partir du point A une ligne AB, parallèle à O*b* jusqu'à sa rencontre en B avec la seconde ligne *l₂*, et ainsi de suite jusqu'à la dernière ligne DN, qui sera menée au-delà de la dernière ligne *l₄*, parallèlement au dernier côté O*e*. Prolongeons les deux côtés extrêmes MA, DN du polygone funiculaire MABCDN jusqu'à leur intersection en P, je dis que le point P sera un point de la résultante du système donné, laquelle sera, par conséquent, la ligne PR menée, par ce point, équipollente à *ae*.

Pour le démontrer, ajoutons au système donné des lignes l_1, l_2, l_3, l_4, les systèmes suivants, savoir : au point A, deux lignes égales et directement opposées, et égales en grandeur chacune à O*a*; sur la ligne AB. aux points A et B, deux lignes directement opposées, égales chacune en grandeur à O*b* ; sur la ligne BC, aux points B et C, deux lignes directement opposées, égales chacune en grandeur à O*c* ; sur la ligne CD, aux points C et D, deux lignes directement opposés, égales chacune en grandeur à O*d* ; et enfin au point D, deux lignes directement opposées égales chacune en grandeur à O*e*. Le système formé de toutes ces nouvelles lignes et des lignes données sera équivalent au système proposé, puisque chacun des groupes que l'on a ajoutés, formé de deux lignes égales et directement opposées, a une somme géométrique et un moment résultant nuls.

Cela posé, à l'un des sommets intermédiaires du polygone funiculaire, tel que B, nous avons trois lignes issues d'un même point et qui sont respectivement équipollentes aux trois côtés de l'un des triangles de la figure O*abcde* : les trois lignes issues du point B, par exemple, sont équipollentes aux trois côtés du triangle O*bc* parcouru dans le sens O*bc*O. Si donc nous les retranchons du système de lignes, le système restant sera encore équivalent au système primitif.

Aux sommets extrêmes A ou D, nous avons quatre lignes, mais nous pouvons en supprimer trois qui sont respectivement équipollentes aux trois côtés du triangle O*ab* ou O*de*. Il ne reste alors que deux lignes, respectivement équipollentes à *a*O et à O*e* et dirigées suivant MA et ND. Ces deux lignes, qui forment un système équivalent au système donné, concourent en un point P lequel appartient à leur résultante et, par suite, à la résultante du système donné. On voit, d'ailleurs, que ces deux lignes, équipollentes à *a*O et à O*e*, ont pour somme géométrique *ae* ou R.

Si les deux côtés extrêmes MA. ND du polygone funiculaire, au lieu de concourir en un point P, étaient parallèles, le système donné de lignes serait équivalent à un système de deux lignes

parallèles, égales et opposées, c'est-à-dire à un couple. En
effet, si les côtés MA et ND sont parallèles, il en est de même
des côtés aO et Oe, lesquels concourant en un même point O
ne peuvent que se confondre. Les points a et e coïncidant, la
somme géométrique des lignes données est nulle, et les deux
lignes dirigées suivant MA et ND, auxquelles on peut réduire
le système donné, sont parallèles, égales et opposées.

Tout autre couple ayant même moment, serait aussi équivalent au système donné.

Enfin, si les deux lignes MA, ND étaient dans le prolongement l'une de l'autre, le système donné aurait une somme
géométrique nulle et un moment résultant également nul ; il
se réduirait à une ligne nulle.

26. Application au cas de lignes parallèles. — Le
polygone funiculaire permet donc, par une construction graphique simple, de trouver la résultante d'un système quelconque de lignes. Cette construction est générale : elle s'applique
en particulier au cas où les lignes données sont parallèles, de
même sens ou de sens contraire. Le polygone des lignes
abcde se réduit alors à une ligne droite, et la somme géométrique ae des lignes données en est la somme algébrique.

Soit, par exemple, le cas simple de deux lignes parallèles et
de même sens, l_1, l_2 (fig. 21). Portons à partir de a les lignes

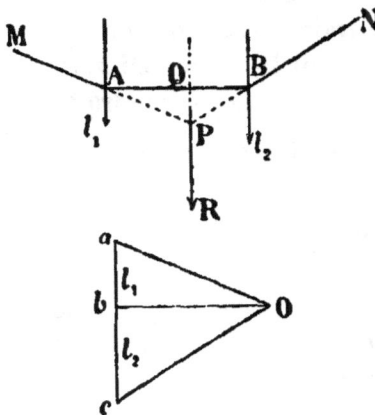

Fig 21.

ab et bc équipollentes respectivement à l_1 et à l_2 ; prenons un pôle quelconque O, menons Oa, Ob, Oc, puis, par un point M quelconque, construisons le polygone funiculaire MABN dont les côtés sont respectivement parallèles à ces trois lignes, la résultante R du système des deux lignes l_1 et l_2, laquelle est égale à la somme de ces deux lignes ou à ac, passera par le point P, intersection des deux côtés extrêmes MA, NB.

On peut remarquer que la ligne PR ainsi définie, étant la résultante du système donné, elle a même moment que ce système par rapport à un point quelconque du plan. Et puisque son moment est nul par rapport à un point de sa direction, il en résulte que les deux lignes l_1, l_2 ont, par rapport à l'un de ces points, des moments égaux et de signe contraire, ou, en d'autres termes, que la résultante est située entre les deux et que leurs distances à cette résultante sont en raison inverse de leurs longueurs. On peut vérifier, en effet, d'après la similitude des triangles APQ, Oab et BPQ, Ocb, que l'on a bien

$$\frac{BQ}{l_1} = \frac{AQ}{l_2} = \frac{AB}{R}.$$

Cette remarque donne, pour le cas de deux lignes parallèles, un moyen très simple d'en avoir la résultante : si sur la direc-

tion de l_1 (fig. 22) on prend une longueur ab égale à l_2 et sur la direction de l_2 une longueur cd égale à l_1, mais de sens contraire, et si l'on joint les points ac, bd, le point P, intersection des deux lignes ainsi tracées, appartiendra à la résultante. On a, en effet, par construction : $\frac{aP}{cP} = \frac{ab}{cd} = \frac{l_2}{l_1}$.

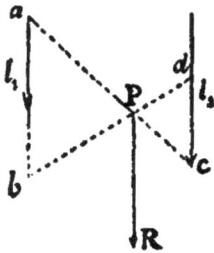

Fig. 22.

Si les deux lignes parallèles, au lieu d'être de même sens, étaient de sens contraire, comme l_1, l_2 dans la fig. 23, le polygone de ces lignes se formerait en portant ab équipollent à l_1 et bc (=) l_2. Le polygone funiculaire serait MABN, et le point P, d'intersection des deux côtés extrêmes MA, BN serait un point de la résultante, laquelle serait équipollente à ac ou à $l_2 - l_1$. On reconnaît ici encore que, pour que le moment de la résultante par rapport à un point quelconque du plan, par rapport au point P par exemple, soit égal à la somme algébrique des moments des lignes l_1, l_2, il

faut que cette somme soit nulle, c'est-à-dire que le point P
soit situé en dehors des deux lignes parallèles, et à des distances inversement proportionnelles aux longueurs des lignes
données.

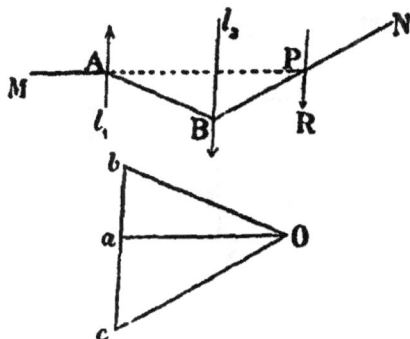

Fig. 23.

La position de la résultante peut dans ce cas s'obtenir
comme dans le précédent, par la même construction graphique. Que l'on porte en *ab* (fig. 24) sur la direction de l_1 une
longueur égale à l_2, puis, sur la direc-
tion de l_2, une longueur *cd* égale à l_1,
mais en sens contraire, que l'on mène
les lignes *ac*, *bd*, leur point d'intersection
P appartiendra comme tout à l'heure
à la résultante. On a bien, en effet,

$$\frac{Pd}{Pb} = \frac{l_1}{l_2}.$$

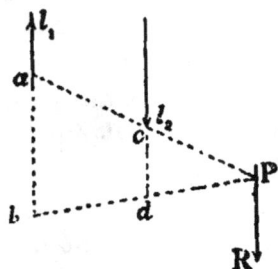

Fig. 24.

La composition des lignes parallèles
ou autres est donc, au moyen du polygone funiculaire, une
opération des plus simples. Il en est de même de l'opération
inverse, de la décomposition ou de la substitution à une ligne, ou à un système donné, de deux lignes qui lui soient
équivalentes et qui satisfassent à une condition donnée.

Soit par exemple une ligne R (fig. 25) qui sera, ou bien une
ligne donnée, ou bien la résultante d'un système donné, et à
laquelle on demande de substituer un système équivalent
formé de deux lignes passant par des points donnés A, B et
parallèles à la ligne donnée.

Si nous supposons le problème résolu, et si *ac*, *cb* représentent les deux lignes cherchées dont la somme algébrique est

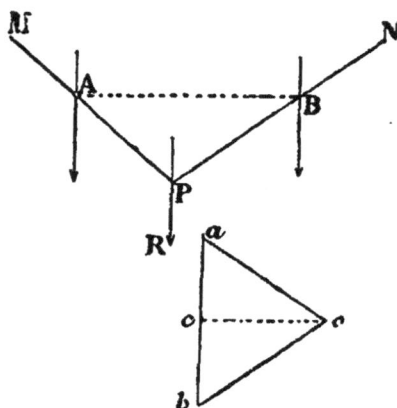

Fig. 25.

égale à *ab* ou R ; si nous prenons un pôle *o* quelconque et si nous construisons le polygone funiculaire MABN, ses côtés extrèmes, prolongés, se rencontreront en un point P de la ligne donnée R. Donc il suffit, pour résoudre le problème, de prendre sur R un point quelconque P, de le joindre aux points donnés A, B ; puis, par les extrémités de la ligne *ab* équipollente à R, de mener deux lignes *ao*, *bo*. respectivement parallèles à PA, PB ; enfin, par leur point d'intersection *o*, de mener *oc* parallèle à AB ; le point *c* interceptera sur *ab* deux segments *ac*, *cb* dont les longueurs seront celles des lignes cherchées ; c'est-à-dire qu'en menant par les points A, B des lignes équipollentes à ces deux segments, le système de ces deux lignes sera équivalent à la ligne donnée R ou au système dont elle est la résultante.

27. Propriétés principales du polygone funiculaire. — Nous allons établir quelques propriétés fondamentales du polygone funiculaire, qui sont d'une grande utilité dans les nombreuses applications que l'on fait de ce genre de construction.

Il est d'abord évident que si l'on a un système quelconque de lignes et si l'on en construit un polygone funiculaire à l'effet d'en trouver la résultante, quelle que soit la position que l'on aura adoptée pour le pôle, les deux côtés extrêmes du polygone funiculaire se rencontreront sur la direction de la résultante. Par conséquent, lorsque le pôle d'un polygone funiculaire se déplace d'une manière quelconque dans son plan, le lieu des points d'intersection des côtés extrêmes du polygone funiculaire est une ligne droite : la résultante du système de lignes considéré.

A chaque point de ce lieu correspond un pôle déterminé, si, d'autre part, les côtés extrêmes du polygone funiculaire sont assujettis à passer par deux points fixes donnés ; et inversement, à un pôle déterminé correspondent deux côtés extrêmes bien définis s'ils sont astreints à cette condition, et cela, quel que soit le système de lignes donné, pourvu qu'il ait pour résultante celle du système considéré.

Il en résulte que si les deux côtés extrêmes du polygone funiculaire sont assujettis à passer par deux points donnés, ces côtés extrêmes seront les mêmes, pour un même pôle, pour tous les systèmes équivalents ou ayant même résultante.

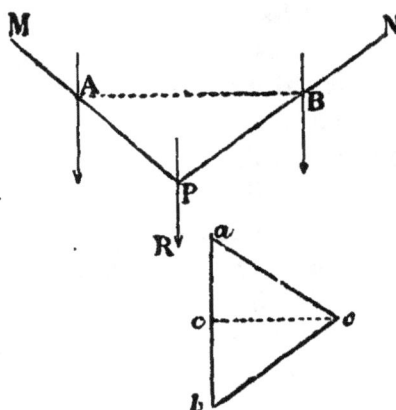

Fig. 26

Parmi tous ces systèmes, ayant même résultante R, considérons en particulier celui qui serait formé de deux lignes, menées parallèlement à cette résultante par les deux points fixes A et B (fig. 26), par lesquels sont supposés assujettis à passer les côtés extrêmes de tous les polygones funiculaires.

Pour avoir la grandeur de ces lignes, nous aurons dû, par un point quelconque P de la résultante, mener deux droites PM, PN passant par les points A et B, puis, par les extrémités a, b de la ligne ab équipollente à R, mener ao, bo parallèles à MP, PN ; et enfin, par le point de concours o de ces deux lignes, mener oc parallèle à AB. Le point c divise alors la résultante ab en deux longueurs ac, cb, qui sont celles des deux lignes qui doivent être menées respectivement par les points A, B pour former un système équivalent à R.

Or la grandeur de ces deux lignes, et par suite la position du point c, est indépendante du mode de construction que l'on aura adopté. Quel que soit le point de départ P, le pôle o sera toujours sur une parallèle à AB menée par ce point c. Mais les côtés extrêmes, MP, PN du polygone funiculaire, assujettis à passer par les points fixes A, B sont les mêmes pour tous les systèmes équivalents et pour un même pôle o. Il en résulte que le lieu des pôles des polygones funiculaires d'un système quelconque de lignes, dont les deux côtés extrêmes pivotent autour de deux points fixes, est une droite parallèle à celle qui joint les deux points fixes ; et que, réciproquement, si le pôle d'un polygone funiculaire se déplace suivant une certaine droite, et si d'ailleurs l'un des côtés extrêmes de ce polygone pivote autour d'un point fixe, l'autre côté extrême pivotera autour d'un autre point fixe situé, avec le premier, sur une même parallèle à la droite décrite par le pôle.

Il est d'ailleurs facile de reconnaître que, dans ce dernier cas, tous les côtés intermédiaires du polygone funiculaire pivotent également autour de points fixes situés en ligne droite, sur une parallèle à celle que parcourt le pôle. Il suffit de considérer successivement chacun des côtés comme étant le côté extrême du polygone funiculaire d'un système de lignes formé de celles du système donné comprises entre ce côté et le premier.

Cette propriété sert, en particulier, à résoudre le problème suivant qui peut avoir un certain intérêt pratique : étant donné un système de lignes, construire un polygone funiculaire dont les deux côtés extrêmes passent par deux points donnés.

En partant de l'un des points donnés A et d'un pôle arbi-

trairement choisi on construira un polygone funiculaire quelconque des lignes données : il ne passera généralement pas
par le second point donné B. Mais, si l'on mène par le premier
point A une ligne quelconque et si l'on prolonge, jusqu'à sa
rencontre, tous les côtés de ce polygone funiculaire, on pourra
considérer tous ces points d'intersection comme les points autour desquels pivoteront les côtés du polygone funiculaire
lorsque le pôle se déplacera parallèlement à la ligne sur laquelle ces points sont situés.

Prenant donc le point de pivotement du dernier côté et le
joignant au point B, on aura une position de ce côté extrême,
satisfaisant à la condition donnée. Par suite on aura : ou bien
la position correspondante du pôle, ou bien, de proche en
proche, les positions des côtés précédents jusqu'au premier ;
ces positions étant déterminées, chacune, par le point de pivotement de ce côté et par l'intersection du côté suivant,
connu, avec la ligne correspondante du système donné.

Le problème comporte évidemment une infinité de solutions correspondant à toutes les lignes que l'on peut mener
arbitrairement à partir du premier point fixe, c'est-à-dire à
toutes les directions suivant lesquelles on peut déplacer le
pôle. Il sera donc possible de satisfaire en même temps à une
troisième condition donnée : soit que l'un des côtés intermédiaires passe lui-même par un troisième point donné, soit que
le pôle se trouve sur une droite donnée, etc.

Nous n'insisterons pas sur ces propriétés du polygone funiculaire qui sont développées dans les *Traités de statique graphique*, et qu'il suffit ici d'avoir rappelées sommairement.

Mentionnons encore, dans un autre ordre d'idées, celle-ci
qui est tout à fait élémentaire et classique :

28. Polygone funiculaire de lignes parallèles. —
Le polygone funiculaire d'un système de lignes parallèles, égales et équidistantes est inscriptible dans une parabole du second degré.

Soient l_1, l_2, l_3..... (fig. 27) des lignes parallèles, égales et
équidistantes. Le polygone de ces lignes sera une simple
droite *abcdef*, divisée en parties égales. Si, au moyen d'un

4

pôle O quelconque, nous construisons le polygone funiculaire MAB...N, et si nous prenons le premier côté prolongé AN′, pour

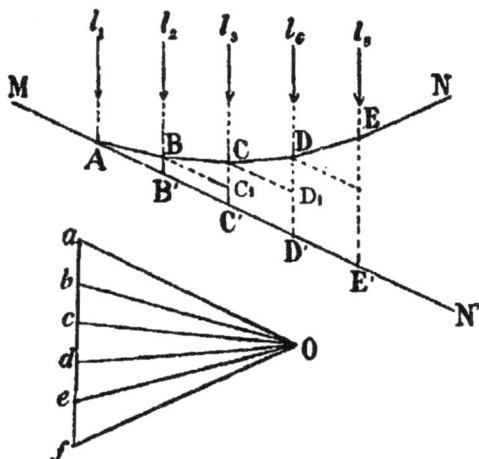

Fig. 27.

axe des x, celui des y étant la première ligne l_1 passant par le point A, nous aurons, en désignant par x_1, x_2, x_3.... les abscisses des sommets A, B, C.... et par a chacune des longueurs égales interceptées sur AN′ par les parallèles équidistantes :

$$x_1 = 0, \quad x_2 = a, \quad x_3 = 2a,... \quad x_n = (n-1)\,a.$$

De même, désignons par y_1, y_2, y_3.... les ordonnées des sommets, et menons, par chacun des sommets B, C,... des parallèles BC₁, CD₁,... à l'axe des abscisses, nous aurons, en vertu de la similitude des triangles ABB′, Oba; BC₁C, Oca; CD₁D, Oda...., et de l'égalité des lignes ab, bc, cd...., et en appelant b la longueur BB′,

$$y_1 = 0, y_2 = b, y_3 - y_2 = 2b, y_4 - y_3 = 3b..., y_n - y_{n-1} = (n-1)b;$$

ou bien, en additionnant toutes ces équations :

$$y_n = b + 2b + 3b + ... (n-1)\,b = b.\ \frac{n\,(n-1)}{2}$$

Et enfin, en éliminant n, on a entre x_n et y_n la relation

$$(1) \qquad\qquad y_n = \frac{b}{2a^2}\,(x_n + a)\,x_n.$$

qui démontre bien le théorème énoncé : tous les sommets du polygone sont sur une parabole dont l'axe est parallèle aux lignes données.

On peut encore remarquer que si l'on a un polygone funiculaire d'un système quelconque de lignes parallèles, l'ordonnée d'un point quelconque de ce polygone, mesurée comme ci-dessus parallèlement aux lignes du système et comprise entre l'un des côtés du polygone et le premier côté prolongé, est proportionnelle à la somme des moments de toutes les lignes situées entre l'origine du polygone et cette ordonnée par rapport à un point quelconque de sa direction.

Soient, en effet, l_1, l_2, l_3 (fig. 28) des lignes parallèles quel-

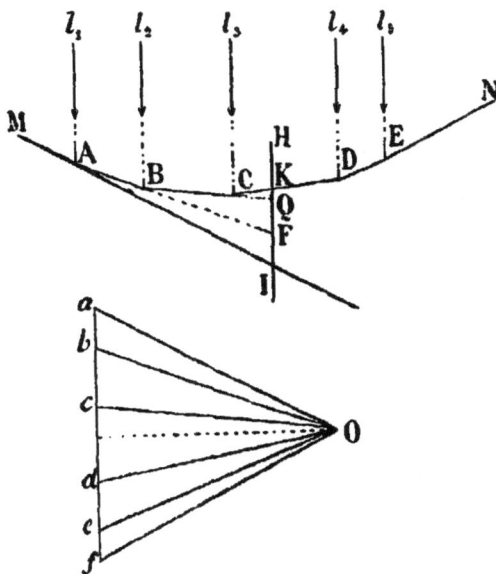

Fig. 28.

conques, MABC.. N leur polygone funiculaire construit au moyen d'un pôle arbitraire O. Menons une ligne quelconque III, parallèle aux lignes données, rencontrant en K l'un des côtés du polygone et en I le premier côté prolongé. Il faut démontrer que l'ordonnée KL est proportionnelle à la somme des moments, par rapport à un point quelconque de sa direction, des lignes l_1, l_2, l_3 situées entre cette ordonnée et l'origine du polygone. Appelons x_1, x_2, x_3, les distances, mesurées perpendiculairement à leur direction, des lignes l_1, l_2, l_3 à cette ordonnée quelconque HI, et H la distance OF du pôle O au polygone des lignes $abc...f$. La somme des moments des lignes l_1, l_2, l_3 par rapport à un point quelconque de HI sera $l_1 x_1 + l_2 x_2 + l_3 x_3$. Prolongeons jusqu'à la rencontre de HI les côtés précédents AB. BC, du polygone funiculaire, et soient P, Q les points d'intersection. Les triangles semblables API, Oba; BPQ, Ocb; CQK, Odc, nous donnent, en observant que ab, bc, cd sont égaux à l_1, l_2, l_3 :

$$\frac{PL}{l_1} = \frac{x_1}{H}, \quad \frac{QP}{l_2} = \frac{x_2}{H}, \quad \frac{KQ}{l_3} = \frac{x_3}{H};$$

ou bien :

$$PI + QP + KQ = KI = \frac{1}{H}(l_1 x_1 + l_2 x_2 + l_3 x_3)$$

ce qu'il fallait démontrer.

CHAPITRE II

CENTRES DE GRAVITÉ ET MOMENTS D'INERTIE

---

§ 1

CENTRES DE GRAVITÉ

29. Centre des moyennes distances d'un système de points. — On appelle centre des moyennes distances d'un système de points, disposés d'une manière quelconque dans l'espace, un point tel que la somme géométrique de ses distances à tous les points du système soit nulle.

On peut démontrer facilement l'existence d'un pareil point. Soient en effet m_1, m_2, m_3, m_4 (fig. 29) des points disposés

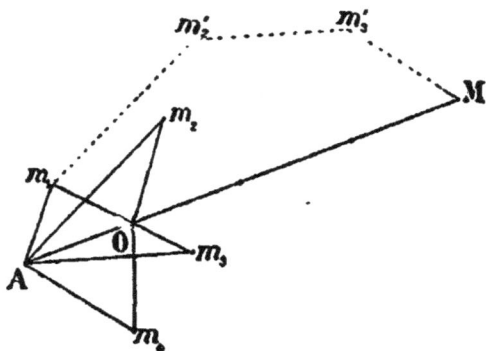

Fig. 29.

d'une façon quelconque dans l'espace. Prenons un autre point arbitraire A, joignons-le à tous les points du système par les lignes Am_1, Am_2... et construisons la somme géométrique AM de toutes ces lignes. Divisons cette ligne AM en autant de parties égales qu'il y a de points dans le système et portons une de ces parties de A en O sur sa direction; le point O sera le centre des moyennes distances. Joignons-le, en effet, à tous les points m_1, m_2, m_3, m_4, nous avons par construction :

$$Am_1 \ (=) \ AO \ (+) \ Om_1,$$
$$Am_2 \ (=) \ AO \ (+) \ Om_2.$$

etc.....

Faisons les sommes géométriques des deux membres, nous aurons, en remarquant que les lignes AO s'ajoutent algébriquement, et en désignant, d'une manière générale, par n le nombre de points du système :

$$Am_1 \ (+) \ Am_2 \ (+) \ Am_3 \ (+).... \ (=) \ n. \ AO \ (+) \ Om_1 \ (+) \ Om_2$$
$$(+) \ Om_3 \ (+)...$$

Le premier membre est, par construction, égal à AM; et il

en est de même du premier terme n. AO du second membre.
Il reste donc simplement :

(1) $Om_1\ (+)\ Om_2\ (+)\ Om_3\ (+)\ldots (=)\ 0.$

Le point O ainsi déterminé est le centre des moyennes distances du système.

On voit d'ailleurs facilement qu'il n'y en a qu'un, car, d'après ce qui vient d'être écrit, la somme géométrique des distances à tous les points du système d'un autre point quelconque A diffère de la somme géométrique des distances du point O, d'une quantité égale à n fois AO, c'est-à-dire que si la seconde somme était nulle, la première ne pourrait l'être qu'autant que AO elle-même serait nulle, c'est-à-dire que si le point A se confondait avec le point O.

Le centre des moyennes distances d'un système de points s'appelle aussi, et plus ordinairement, le centre de gravité de ce système.

30. Centre des lignes parallèles ou de gravité. —
Supposons menées, par tous les points du système, des lignes l toutes égales et parallèles entre elles. Il est facile de voir que la résultante de ce système de lignes, égale à leur somme algébrique, passera par le centre des moyennes distances O, tel qu'il vient d'être défini. Menons, en effet, par ce point O, un plan perpendiculaire à la direction commune des lignes l considérées, et projetons sur ce plan les lignes joignant le centre O à chacun des points du système. La somme géométrique de ces lignes étant nulle, il en sera de même de la somme géométrique de leurs projections sur le plan. D'un autre côté, puisque toutes les lignes l menées par les points du système sont supposées égales et perpendiculaires au même plan, ces projections représentent, pour chacune d'elles, à un facteur constant près, le moment de la ligne l correspondante, par rapport au point O, tourné de 90 degrés dans ce plan. La somme géométrique de ces projections étant nulle, il en est de même, par suite, de la somme géométrique des moments des lignes l ou du moment résultant du système des lignes l par rapport

au point O, lequel appartient ainsi à la résultante de ce système. Et cela, bien entendu, quelle que soit la direction commune de toutes les lignes *l*.

Le centre de gravité, ou centre des moyennes distances, porte quelquefois, pour cette raison, le nom de centre des lignes parallèles.

L'une ou l'autre propriété peut servir à le déterminer analytiquement.

Supposons les points m_1, m_2, m_3,... rapportés à un système de trois axes rectangulaires ; appelons x_1, y_1, z_1 ; x_2, y_2, z_2 ; x_3.... les coordonnées de ces divers points et proposons-nous de déterminer les coordonnées X, Y, Z du centre de gravité du système. Soit *n* le nombre des points dont il est composé.

Construisons le centre des moyennes distances comme nous l'avons défini plus haut (29). Pour cela joignons l'origine O des coordonnées à chacun des points m_1, m_2... et faisons la somme géométrique OM de ces lignes. Projetons sur les trois axes : les projections de Om_1 sont respectivement x_1, y_1, z_1, celles de Om_2, x_2, y_2, z_2 et celles de la somme géométrique OM seront égales aux sommes algébriques des projections, c'est-à-dire respectivement $x_1+x_2+x_3+...=\Sigma x$, $y_1+y_2+y_3+...=\Sigma y$, $z_1+z_2+z_3+...=\Sigma z$. Mais, d'un autre côté, le centre des moyennes distances G se trouve sur OM à une distance du point O égale à $\frac{OM}{n}$. Les cordonnées de ce point G sont donc celles du point M divisées par *n*, et l'on a ainsi :

$$(1) \qquad X = \frac{\Sigma x}{n}, \; Y = \frac{\Sigma y}{n}, \; Z = \frac{\Sigma z}{n}.$$

Si l'on a mené, par les points m_1, m_2.... des lignes *l*, parallèles à l'axe des *z*, par exemple, et égales entre elles, les moments de ces lignes par rapport à l'axe des *y* seront lx_1, lx_2, lx_3..... leur résultante, égale à leur somme, étant *nl*, devra être placée à une distance x_0 de l'axe des *y*, telle que son moment soit égal à la somme des moments des lignes composantes, ce qui donne $nlX = \Sigma lx$, ou $X = \frac{\Sigma x}{n}$ puisque *l* est constant. De même pour Y et Z.

Si dans un système de n points nous considérons plusieurs groupes composés respectivement de n', n'', n'''... points, de telle manière que $n' + n'' + n''' + ...$ soit égal à n, le centre de gravité du système proposé sera le même que celui d'un système dans lequel tous les points du même groupe seraient réunis au centre de gravité de ce groupe.

Ce théorème est évident si l'on considère le centre de gravité comme le centre des moyennes distances, obtenu comme plus haut (n° 29). On peut analytiquement le démontrer de la manière suivante :

Appelons X', Y', Z' les coordonnées du centre de gravité du premier groupe, X'', Y'', Z'', celles du centre de gravité du second, et ainsi de suite. Nous avons

$$X' = \frac{\Sigma x'}{n'}, \; X'' = \frac{\Sigma x''}{n''}, ... \; Y' = \frac{\Sigma y'}{n'}, \; Y'' = \frac{\Sigma y''}{n''}, ... \; Z' = \frac{\Sigma z'}{n'}, ...$$

Les coordonnées X, Y, Z du centre de gravité de l'ensemble du système sont, par définition : $X = \frac{\Sigma x}{n}$, $Y = \frac{\Sigma y}{n}$, $Z = \frac{\Sigma z}{n}$.

Des expressions précédentes nous déduisons immédiatement
$$n'X' + n''X'' + n'''X''' + ... = \Sigma x' + \Sigma x'' + \Sigma x''' + ... = \Sigma x$$
et par suite

$$X = \frac{\Sigma x}{n} = \frac{n' X' + n'' X'' + ...}{n}$$

L'abscisse X du centre de gravité est donc la même que celle d'un système de n points dont n' auraient l'abscisse X', n'' l'abscisse X'', etc.., c'est-à-dire la même que celle d'un système dans lequel tous les points du même groupe auraient même abscisse X que le centre de gravité de ce groupe. De même pour les autres coordonnées, ce qui démontre le théorème énoncé.

Pour plus de généralité, si nous supposons qu'en chacun des points soient groupés ou concentrés un certain nombre n de points, lesquels se trouvent ainsi tous à la même distance d'un axe ou d'un plan quelconque, le nombre n étant d'ailleurs constant ou variable et pouvant être égal à l'unité, et si nous appelons N le nombre total des points, $N = \Sigma n$, les valeurs des coordonnées du centre de gravité du système s'exprimeront, d'après ce que nous venons de dire, par

$$(2) \quad \begin{cases} X = \dfrac{\Sigma\, nx}{N} = \dfrac{\Sigma\, nx}{\Sigma\, n}, \\[2mm] Y = \dfrac{\Sigma\, ny}{N} = \dfrac{\Sigma\, ny}{\Sigma\, n}, \\[2mm] Z = \dfrac{\Sigma\, nz}{N} = \dfrac{\Sigma\, nz}{\Sigma n}. \end{cases}$$

31. Centre de gravité d'un système de deux groupes de points. — Le centre de gravité d'un système composé de deux groupes de points se trouve sur la ligne droite qui joint les centres de gravité de chacun de ces groupes et la partage en deux parties inversement proportionnelles aux nombres de points des deux groupes.

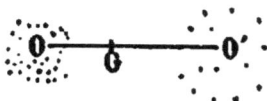

Fig. 30.

Soit en effet (fig. 30) un système de points que l'on a divisé en deux groupes dont l'un, formé de n points a son centre de gravité en O et l'autre, formé de n' points, a son centre de gravité en O'. D'après ce qui vient d'être dit, le centre de gravité du système est le même que celui d'un autre système composé de n points placés en O et de n' points placés en O'. Si nous prenons sur OO' un point G tel que $\dfrac{OG}{O'G} = \dfrac{n'}{n}$, c'est-à-dire divisant la longueur OO' en deux parties inversement proportionnelles à n et n', la somme des distances du point G à tous les points du premier groupe sera $n\,.\,OG$, et la somme des distances du même point à tous ceux du second groupe sera $n'\,.\,OG$. Ces deux sommes étant égales et directement opposées, la somme totale des distances du point G à tous les points du système est nulle, et ce point est ainsi le centre de gravité de l'ensemble du système.

Ces deux théorèmes simplifient beaucoup la recherche des centres de gravité. Il en est de même du suivant, bien qu'il soit d'une application moins fréquente.

Si l'on a un système composé de deux groupes de points et si l'on suppose que l'un de ces groupes se soit déplacé par rap-

port à l'autre de manière que son centre de gravité, d'abord
en O' (fig. 31) soit venu en O'$_1$, le cen-
tre de gravité G du système se sera déplacé sur une parallèle à O'O'$_1$ et d'une
quantité GG$_1$ qui sera à O'O'$_1$ dans la
proportion du nombre des points du
groupe O' au nombre total des points
du système.

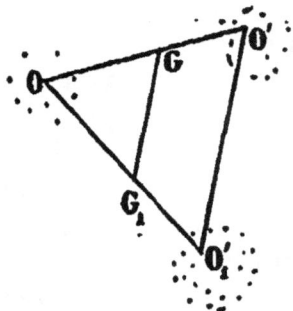

Cette proposition résulte évidemment de ce que, dans l'une ou l'autre
des positions du second groupe, correspondant aux positions O',O'$_1$ de son
centre de gravité, le centre de gravité de l'ensemble du système partagera la ligne joignant au point O celui de ce groupe
en parties inversement proportionnelles aux nombres de points,
On aura donc, en appelant comme plus haut n et n' ces nombres
$\frac{OG}{O'G}=\frac{n'}{n}$; $\frac{OG_1}{O'_1G_1}=\frac{n'}{n}$. D'où il résulte que GG$_1$ est parallèle à O'O'$_1$
et que l'on a $\frac{GG_1}{O'O'_1}=\frac{n'}{n+n'}$.

**39. Centre de gravité des volumes, surfaces ou
lignes.** — La définition du centre des moyennes distances ne
s'applique qu'à des systèmes de points isolés. On étend cependant la définition et la notion du centre de gravité à des espaces continus que l'on considère comme des systèmes formés
d'un nombre de points indéfini en supposant ces points répartis
dans l'espace suivant une certaine loi. Le plus généralement,
la loi de la répartition est supposée uniforme. C'est-à-dire que
dans un espace quelconque, on suppose toujours exister un
nombre de points proportionnel à l'étendue de cet espace. Cette
étendue peut d'ailleurs être considérée à une, deux, ou trois
dimensions. Cela veut dire que dans un élément de longueur,
Δx, ou dans un élément superficiel $\Delta x\Delta y$; ou dans un élément de volume $\Delta x\Delta y\Delta z$, il y aura toujours un nombre de
points égal à celui que l'on suppose exister dans l'unité de longueur, de surface ou de volume, multiplié par Δx, par $\Delta x\Delta y$
ou par $\Delta x\Delta y\Delta z$.

Rigoureusement, cette hypothèse est irréalisable lorsque l'on considère, comme nous le faisons ici, des points isolés, ou, en général, des espaces discontinus. Si, par exemple, l'on considère des points équidistants placés sur une même ligne droite, et si la longueur Δx de l'élément considéré n'est pas un multiple exact de leur distance commune, quelques-uns de ces éléments Δx comprendront plus de points que d'autres, il arrivera même, si Δx est plus petit que la distance mutuelle des points, que certains éléments n'en contiendront aucun.

Les différences seront d'autant plus petites que les points seront plus rapprochés les uns des autres, ou que les espaces qu'ils laissent entre eux seront petits par rapport à Δx. Ces différences de répartition pourront donc, dans bien des cas, être considérées comme négligeables.

Elles seront d'ailleurs absolument nulles lorsque les éléments de longueur, Δx, de surface, $\Delta x \Delta y$, ou de volume, $\Delta x \Delta y \Delta z$, seront choisis de manière à comprendre exactement le même nombre de points ; et les formules du calcul intégral seront applicables à ces éléments si, au lieu de les faire tendre vers zéro on les fait tendre vers la limite, supposée extrêmement petite, où chacun d'eux ne comprendrait, par exemple, qu'un seul point.

C'est grâce à cette hypothèse que l'on peut considérer le centre de gravité d'une ligne, d'une surface, ou d'un volume déterminés et en ramener la recherche à celle du centre de gravité d'un système de points.

Remarquons d'ailleurs que l'uniformité supposée de la loi de la répartition des points dans une même étendue n'est pas nécessaire, et que le centre de gravité acquiert une signification précise quelle que soit la loi de cette répartition. Il suffit, en général, que le nombre des points qui se trouvent dans chaque élément de longueur, de surface ou de volume soit déterminé, pour que le centre de gravité le soit lui-même.

Nous supposerons d'abord la répartition uniforme.

Soit un volume, rapporté à trois axes de coordonnées rectangulaires, dont on demande le centre de gravité. Considérons, au point quelconque dont les coordonnées sont x, y, z, un élément parallélépipède infiniment petit $dx\,dy\,dz$, contenant, par hypothèse, un nombre de points proportionnel à son volume. Les coordonnées x, y, z seront celles du centre de gravité de cet élément. Si nous supposons placés, à ce centre de gravité élémentaire, tous les points de l'élément, dont le nombre est proportionnel à $dxdydz$; si nous faisons la même hypothèse pour tous les autres éléments et si, appliquant le théorème du n° 30 et les formules qui en sont la traduction algébrique, nous cherchons les coordonnées X, Y, Z du centre de gravité de l'ensemble des groupes formés par tous ces éléments, nous aurons, en désignant par une intégrale triple une somme étendue à tout le volume considéré :

$$(1) \quad X = \frac{\iiint x \, dx \, dy \, dz}{\iiint dx \, dy \, dz} \; ; \; Y = \frac{\iiint y \, dx \, dy \, dz}{\iiint dx \, dy \, dz} \; ; \; Z = \frac{\iiint z \, dx \, dy \, dz}{\iiint dx \, dy \, dz} \; .$$

Si l'on a une surface d'une forme quelconque, dont $d\omega$ est un élément infiniment petit dont les coordonnées sont x, y, z, on aura de même en appliquant les intégrales à toute l'étendue superficielle considérée :

$$(2) \quad X = \frac{\int x \, d\omega}{\int d\omega} \; , \; Y = \frac{\int y \, d\omega}{\int d\omega} \; , \; Z = \frac{\int z \, d\omega}{\int d\omega} \; .$$

Si la surface est plane et si on la prend pour plan des xy, l'élément $d\omega$ peut être pris égal à $dxdy$ et alors on a :

$$(3) \quad X = \frac{\iint x \, dx \, dy}{\iint dx \, dy} \; , \; Y = \frac{\iint y \, dx \, dy}{\iint dx \, dy} \; ,$$

De même, pour une ligne courbe quelconque dont ds serait un élément infiniment petit, de coordonnées x, y, z, on aurait :

$$(4) \quad X = \frac{\int x \, ds}{\int ds} \; , \; Y = \frac{\int y \, ds}{\int ds} \; , \; Z = \frac{\int z \, ds}{\int ds} \; .$$

Si la ligne est droite et prise pour axe des x, l'élément ds devient égal à dx et si l'on place l'origine des coordonnées à une des extrémités de la ligne supposée de longueur l, on a $\int ds = \int dx = l$ et

$$(5) \quad X = \frac{\int_0^l x \, dx}{l} = \frac{l^2}{2l} = \frac{l}{2} \; .$$

Le centre de gravité se trouve donc au milieu de la ligne droite considérée, ce qui d'ailleurs était évident, puisque l'on y suppose les points uniformément répartis sur sa longueur.

33. Formules simplifiées pour déterminer le centre de gravité. — Quand on doit trouver le centre de gravité d'un volume ou d'une surface il est généralement préférable, au lieu de diviser cette étendue en éléments infiniment petits dans tous les sens, de la diviser simplement par des plans ou par des lignes parallèles à l'un des plans ou des axes coordonnés et de chercher la distance du centre de gravité à ce plan ou à cet axe : puis de recommencer l'opération dans une ou deux autres directions. Alors, s'il s'agit par exemple d'un volume, en le divisant en tranches infiniment minces par des plans parallèles au plan yz, et si l'on appelle A l'aire, variable avec x, de chacune de ces tranches, l'abscisse X du centre de gravité sera :

$$(1) \qquad X = \frac{\int A x \, dx}{\int A \, dx}$$

On n'a alors à calculer que des intégrales simples qui, lorsque l'intégration ne peut pas se faire analytiquement, peuvent être évaluées approximativement par la formule de Thomas Simpson. Si l'on a calculé les valeurs de A, pour des valeurs équidistantes de x en nombre impair, si par exemple $A_0, A_1, A_2 \dots$ A_{2n} sont ces valeurs correspondant aux abscisses $0, h, 2h, \dots$ $\dots 2nh$, on sait que la valeur de l'intégrale $\int A \, dx$ sera approximativement donnée par la formule :

$$(3) \quad \int A \, dx = \frac{1}{3} h (A_0 + 4 A_1 + 2 A_2 + 4 A_3 + \dots + 2 A_{2n-2} + 4 A_{2n-1} + A_{2n})$$

De même les éléments qui entrent dans l'intégrale formant le numérateur de l'expression précédente étant les produits Ax des aires A par les abscisses correspondantes auront respectivement pour valeur : $A_0 \times 0 = 0$; $h A_1$; $2h A_2$; $3h A_3$; …. $2nh A_{2n}$. Et par suite, en appliquant la même formule et mettant h en facteur commun, nous aurons :

$$\int A \, x dx = \frac{1}{3} h^2 [4 A_1 + 2 \times 2 A_2 + 4 \times 3 A_3 + \dots 2 \times (2n - 2) A_{2n-2}$$
$$+ 4 (2n - 1) A_{2n-1} + 2n A_{2n}]$$

L'abscisse X du centre de gravité sera alors :

$$(4) \quad X = h \frac{4 A_1 + 2.2 A_2 + 4.3 A_3 + 2.4 A_4 + \ldots + 2(2n-2)A_{2n-2} + 4(2n-1)A_{2n-1} + 2nA_{2n}}{A_0 + 4 A_1 + 2 A_2 + 4 A_3 + \ldots 2 A_{2n-2} + 4 A_{2n-1} + A_{2n}}$$

La même formule s'appliquerait, sans modification, à la recherche du centre de gravité d'une aire plane. On la décomposerait en tranches par des parallèles à l'axe des y, équidistantes et en nombre impair, afin d'avoir un nombre pair de tranches, et si A_0, $A_1 \ldots A_{2n}$ représentent les longueurs de ces ordonnées et h leur distance mutuelle, la formule ci-dessus donnera l'abscisse du centre de gravité.

En opérant ensuite une division analogue en tranches parallèles à l'axe des x, on calculera l'ordonnée de ce point, qui sera ainsi déterminé.

Lorsqu'il s'agit de surfaces planes, cette division en éléments parallèles à l'un des axes peut se traduire par d'autres formules que nous allons faire connaître.

Si l'on considère un élément compris entre deux ordonnées infiniment voisines (fig. 32) et si l'on désigne par y_1, y_2 les valeurs MP, M'P de l'ordonnée du contour de la surface, les coordonnées du centre de gravité I de cet élément, qui se confond à la limite avec la droite MM',

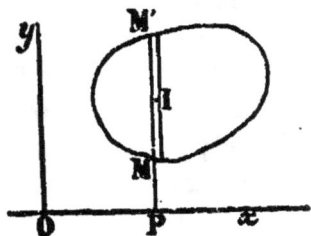

Fig. 32.

seront OP $= x$, et IP $= \frac{1}{2}(y_2 + y_1)$.

La surface de cet élément étant d'ailleurs égale à $(y_2 - y_1)\, dx$, que l'on peut prendre pour $d\omega$, les numérateurs des expressions (2), page 61, donnant les coordonnées du centre de gravité, seront respectivement :

$$\int x(y_2 - y_1)\, dx, \quad \int \frac{1}{2}(y_2 + y_1)(y_2 - y_1)\, dx ;$$

les dénominateurs étant toujours l'étendue totale de la surface $\int d\omega$ ou $\int(y_2 - y_1)\, dx$. Les coordonnées du centre de gravité seront alors :

$$(5) \quad X = \frac{\int x(y_2 - y_1)\, dx}{\int (y_2 - y_1)\, dx}, \quad Y = \frac{\frac{1}{2}\int (y_2^2 - y_1^2)\, dx}{\int (y_2 - y_1)\, dx}.$$

Et si la courbe est limitée à l'axe des x, c'est-à-dire si y_1 est constamment nulle, on aura, en mettant simplement y au lieu de y_2 :

$$(6) \qquad X = \frac{\int x\,y\,dx}{\int y\,dx}, \quad Y = \pm\frac{1}{2}\frac{\int y^2 dx}{\int y\,dx}.$$

34. Centre de gravité trouvé par sa projection. — Lorsqu'il s'agit de surfaces ou de lignes, on peut arriver quelquefois à trouver simplement leur centre de gravité quand on connaît celui de leur projection. Il résulte de la définition du centre des moyennes distances que, pour tout système de points isolés, la projection du centre de gravité de ce système sur un plan ou une droite quelconque sera le centre de gravité du système formé de la projection, sur le même plan ou la même droite, des points du système donné. Il en est encore de même pour des systèmes formés d'un nombre indéfini de points, c'est-à-dire pour des espaces quelconques. Mais il faut avoir soin de remarquer, alors, que la projection, sur un plan par exemple, de points répartis uniformément dans un espace à trois dimensions, ou sur une surface ou une ligne courbes, ne donne pas un système de points répartis uniformément sur le plan de projection. La répartition uniforme n'existe dans la projection, comme dans le système proposé, que lorsque celui-ci est constitué par une surface plane, ou par une ligne droite, ou par une série de surfaces ou de lignes également inclinées sur le plan de projection, de telle sorte qu'à des étendues égales de ce système correspondent des étendues égales de projection. Dans tous les autres cas, à une répartition uniforme des points dans le système donné, correspondra une répartition non uniforme des points dans la projection.

35. Formules pour les espaces hétérogènes. — Si l'on suppose que la répartition des points n'est pas uniforme, il faut admettre que l'on connaît, pour chaque élément infiniment petit, le nombre des points qu'il contient par unité de longueur, de surface ou de volume. C'est ce que l'on appelle la *densité* de l'élément considéré. Cette densité, que nous désignerons par la lettre ρ, sera donc une fonction donnée des coordonnées x, y, z de chaque élément.

Lorsqu'il s'agit d'un système de points isolés ou, en général, d'un espace discontinu, la fonction ρ, elle-même, est discontinue : elle s'annule en effet entre chacun des points isolés pour prendre brusquement à ces points mêmes, une valeur finie ou même infinie. Mais si l'on suppose l'espace discontinu divisé en éléments disposés de telle manière que chacun d'eux contienne le même nombre de points, un par exemple, la densité ρ, supposée la même dans chacun de ces éléments, y aura une valeur proportionnelle à l'inverse $\frac{1}{dxdydz}$, ou $\frac{1}{dxdy}$, ou $\frac{1}{dx}$ de l'étendue en volume, en surface ou en longueur de l'élément considéré. Elle variera ainsi d'une manière graduelle en passant d'un élément au voisin et, si ces éléments sont suffisamment petits pour que l'on puisse négliger l'étendue de l'un d'eux devant celle du système tout entier, elle pourra être considérée comme une fonction continue de x, y, z. Le nombre des points contenus dans chaque élément sera alors $ρdxdydz$, s'il s'agit d'un élément de volume ; et si l'on suppose tous ces points transportés au centre de gravité de l'élément, c'est-à-dire ayant mêmes coordonnées x, y, z, on aura pour les coordonnées du centre de gravité du volume total :

$$(1)\quad X = \frac{\iiint ρ\, x\, dx\, dy\, dz}{\iiint ρ\, dx\, dy\, dz}, \quad Y = \frac{\iiint ρ\, x\, dx\, dy\, dz}{\iiint ρ\, dx\, dy\, dz}, \quad Z = \frac{\iiint ρ\, z\, dx\, dy\, dz}{\iiint ρ\, dx\, dy\, dz}.$$

Les formules relatives aux centres de gravité des surfaces et des lignes se transformeraient de la même manière : celles des centres de gravité des surfaces deviendraient :

$$(2)\quad X = \frac{\int ρ\, x\, dω}{\int ρ\, dω}, \quad Y = \frac{\int ρ\, y\, dω}{\int ρ\, dω}, \quad Z = \frac{\int ρ\, z\, dω}{\int ρ\, dω},$$

et celles des centres de gravité des lignes :

$$(3)\quad X = \frac{\int ρ\, x\, ds}{\int ρ\, ds}, \quad Y = \frac{\int ρ\, y\, ds}{\int ρ\, ds}, \quad Z = \frac{\int ρ\, z\, ds}{\int ρ\, ds}.$$

On appelle souvent moment d'un élément d'étendue, de volume, de surface ou de ligne, par rapport à un plan, le produit du nombre de points que renferme cet élément par la distance de son centre de gravité au plan considéré. Alors, les sommes telles que $\int \rho x dx dy dz$, $\int \rho x d\omega$, $\int \rho x ds$, etc., sont les sommes des moments de tous les éléments de l'étendue que l'on considère par rapport au plan des yz. Et, d'après les formules qui viennent d'être établies, ces sommes sont égales aux produits tels que $X \int \rho dx dy dz$, $X \int \rho d\omega$, $X \int \rho ds$.... c'est-à-dire aux moments de l'étendue totale par rapport au même plan.

On en déduit immédiatement ce théorème, qui résulte aussi de la définition même des centres de gravité :

Lorsqu'une certaine étendue, de volume, de surface ou de ligne est divisée en plusieurs parties, le moment de l'étendue totale par rapport à un plan quelconque est égal à la somme des moments de ses diverses parties par rapport au même plan.

Ce théorème n'est que la traduction, en langage ordinaire, des formules donnant les coordonnées du centre de gravité.

80. Exemples de la détermination des centres de gravité. — Nous allons appliquer les formules qui précèdent, ou les considérations générales d'où nous les avons déduites, à la détermination des centres de gravité de lignes, surfaces ou volumes.

Nous nous bornerons au cas d'une répartition uniforme des points, c'est-à-dire d'une densité constante.

Remarquons d'abord que si l'étendue dont nous cherchons le centre de gravité a un plan de symétrie, le centre de gravité s'y trouve nécessairement compris. Cela résulte de la définition même du centre des moyennes distances d'un système de points, et cela peut se vérifier au moyen des formules analytiques. Si en effet nous prenons le plan de symétrie pour plan des yz, à chaque élément d'une dimension déterminée et contenant un certain nombre de points, situé d'un côté de ce plan ayant par exemple une abscisse positive x, correspondra de l'autre côté du plan un autre élément de même dimension, contenant le même nombre de points et ayant une abscisse négative $— x$. La somme des produits des nombres des points par leurs abscisses sera ainsi nulle pour ces deux éléments et par suite pour toute l'étendue dont on cherche le centre de gravité. Or cette somme est le numérateur de l'expression qui donne l'abscisse X du centre de gravité, laquelle sera ainsi nulle, c'est-à-dire que le centre de gravité sera contenu dans le plan de symétrie.

S'il y a deux plans de symétrie, le centre de gravité, devant se trouver dans chacun d'eux, sera un point de leur intersection ; et s'il y a trois plans de symétrie, le centre de gravité sera le sommet de l'angle trièdre formé par ces trois plans.

Observons aussi que si l'étendue totale dont nous cherchons le centre de gravité peut être décomposée en diverses parties, dont chacune ait son centre de gravité dans un même plan déterminé, le centre de gravité de l'étendue totale se trouvera aussi dans ce plan. De même, si les centres de gravité des diverses parties sont sur une même ligne droite, le centre de gravité de l'étendue totale se trouvera sur cette droite. Ces propositions évidentes résultent, immédiatement, soit des formules, soit du théorème général que nous avons démontré plus haut et qui permet, sans modifier le centre de gravité de l'ensemble, de concentrer, au centre de gravité de chacune des parties, tous les points qu'elle contient.

37. Centres de gravité de lignes. — 1. *Ligne droite.* — Nous avons vu plus haut que le centre de gravité d'une ligne droite est au milieu de sa longueur.

2. *Contour polygonal régulier* (fig. 33). — Quel que soit le nombre des côtés de ce contour, si l'on en joint les deux ex-

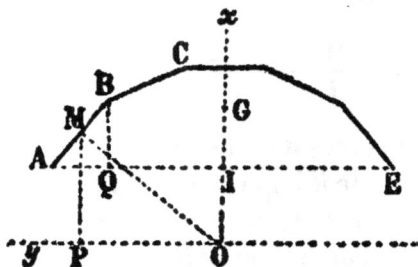

Fig. 33

trémités A, E, et si du centre O du cercle circonscrit à ce contour on abaisse la perpendiculaire OI sur le milieu de AE, cette ligne OI sera un axe de symétrie, sur lequel se trouvera par conséquent le centre de gravité cherché. Si l est la longueur de chacun des côtés AB, BC.... le nombre de points contenus dans chacun d'eux sera proportionnel à l, et si x_1, x_2, x_3 .. sont les distances MP..... des milieux de ces côtés à la ligne Oy menée par le point O parallèlement à AE, tous les points de chacun des côtés pouvant être placés en son milieu, la somme des distances des points à l'axe Oy sera proportionnelle à la somme $lx_1 + lx_2 + ...$, et l'ordonnée X du centre de gravité sera, d'après la formule générale :

$$X = \frac{lx_1 + lx_2 + ...}{l + l + l...} = \frac{(x_1 + x_2 + x_3 + ...)}{n}$$

en appelant n le nombre des côtés du contour.

Or, si nous joignons au point O le milieu M d'un côté quelconque AB, l'apothème OM du polygone sera le même pour tous les côtés ; désignons-le par R. Projetons le côté AB sur AE, en AQ, nous avons, dans les deux triangles semblables AQB, MPO, la relation $\dfrac{MP}{AQ} = \dfrac{MO}{AB} = \dfrac{R}{l}$, ou bien $x_1 = \dfrac{R}{l}$. AQ. Chaque ordonnée x_1 du milieu d'un côté est égale à la projection AQ de ce côté sur AE, multipliée par le rapport constant $\dfrac{R}{l}$. Par conséquent, la somme $x_1 + x_2 + x_3 ...$ de ces ordonnées sera égale à ce rapport constant $\dfrac{R}{l}$ multiplié par la somme des projections telles que AQ, c'est-à-dire par la longueur totale AE de la corde du contour polygonal. On a alors

(1) $$X = \frac{R}{l} \cdot \frac{AE}{n} = R \cdot \frac{AE}{nl} .$$

La distance OG du centre de gravité G au centre O du cercle circonscrit est donc égale à l'apothème du polygone régulier ou au rayon du centre inscrit, diminué dans le rapport de la corde AE à la longueur totale ABC...E du contour lui-même.

3. *Arc de cercle.* — La même règle s'applique lorsque le nombre des côtés du polygone inscrit dans un arc de cercle augmente indéfiniment, et par suite à l'arc de cercle qui est la limite de ces contours polygonaux réguliers.

L'apothème R devient alors le rayon même de l'arc de cercle, et si l'on désigne par 2α l'angle au centre correspondant à l'arc de cercle, la longueur de cet arc sera $2R\alpha$ et la longueur de la corde sera $2R\sin\alpha$. Nous aurons ainsi, pour la distance, au centre du cercle dont il fait partie, du centre de gravité d'un arc de cercle.

$$(2) \qquad X = R.\frac{2R\sin\alpha}{2R\alpha} = \frac{R\sin\alpha}{\alpha}.$$

Nous aurions pu déduire cette valeur de l'application de la formule générale $X = \frac{\int x\,dx}{\int ds}$. En effet, l'équation du cercle est ici $x^2 + y^2 = R^2$ ou $y = \sqrt{R^2 - x^2}$, et l'on a $ds = \sqrt{dx^2 + dy^2} =$

$-dx\sqrt{1 + \left(\frac{dy}{dx}\right)^2} = -dx.\frac{R}{y} = -dx\frac{R}{\sqrt{R^2-x^2}}$. Et par suite :

$$(3) \qquad X = \frac{\int x\,ds}{\int ds} = \frac{R}{s}.\int \frac{-x\,dx}{\sqrt{R^2-x^2}} = \frac{R}{s}.\sqrt{R^2-x^2} = \frac{Ry}{s};$$

l'intégrale étant prise depuis l'axe des x jusqu'à l'extrémité de l'arc. L'autre côté symétrique à l'axe des x donne la même valeur X qui est celle de l'abscisse du centre de gravité de la totalité de l'arc. En exprimant y et s en fonction de x, on retrouve bien la valeur précédente.

4. *Arc de cycloïde* (fig. 34). — Soit à trouver le centre de

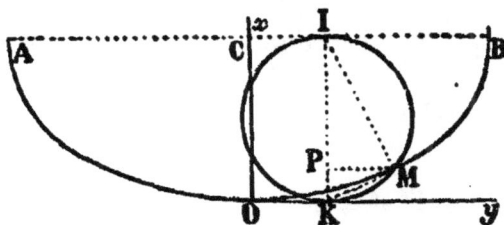

Fig. 34

gravité de l'arc de cycloïde **AB**, engendré par un point **M** d'un cercle de diamètre $OC = a$ roulant sur une droite **ACB**. La normale à cette courbe au point quelconque **M** est **MI** et le coefficient angulaire $\frac{dy}{dx}$ de sa tangente au même point est exprimé par le rapport $\frac{MI}{MK}$, lequel est égal à $\sqrt{\frac{PI}{PK}}$ ou à $\sqrt{\frac{a-x}{x}}$.

On a donc alors :

$$(4) \quad ds = dx \sqrt{1 + \left(\frac{dy}{dx}\right)^2} = dx \sqrt{\frac{a}{x}} = \sqrt{a} \, \frac{dx}{\sqrt{x}}$$

On en tire :

$$(5) \quad s = 2\sqrt{a}\sqrt{x} = 2\sqrt{ax},$$

en comptant les s à partir du point **O**.

Alors, l'expression de l'abscisse du centre de gravité d'un arc **OM** sera, en mettant pour x sa valeur $\frac{s^2}{4a}$:

$$(6) \quad X = \frac{\int x\, ds}{\int ds} = \frac{\int s^2 ds}{4as} = \frac{s^3}{12\, as} = \frac{s^2}{12\, a} = \frac{4\, ax}{12\, a} = \frac{x}{3}.$$

Ainsi l'abscisse du centre de gravité est toujours égale au tiers de celle de l'extrémité de l'arc. Il en est encore de même lorsque l'arc comprend la cycloïde entière **AOB**.

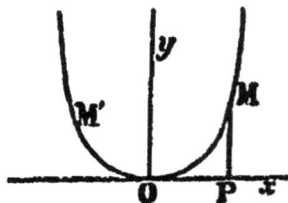

Fig. 35.

5. Arc de chaînette (fig. 35). — Soit à trouver l'ordonnée du centre de gravité d'un arc de chaînette, symétrique par rapport à l'axe des y dont la longueur $M'OM = 2s$, et dont les coordonnées $MP = y$, $OP = x$ des extrémités sont connues, ainsi que l'équation de la courbe :

$$(7) \quad y = \frac{a}{2}\left(e^{\frac{x}{a}} + e^{-\frac{x}{a}}\right) = a \coh \frac{x}{a}.$$

On a alors :

$$(8) \qquad \frac{dy}{dx} = \frac{1}{2}\left(e^{\frac{x}{a}} - e^{-\frac{x}{a}}\right) = \sinh\frac{x}{a}.$$

$$(9)\; ds = dx\sqrt{1 + \left(\frac{dy}{dx}\right)^2} = dx\sqrt{1 + \sinh^2\frac{x}{a}} = dx\cosh\frac{x}{a} = \frac{y}{a}dx,$$

et

$$(10) \qquad s = a\sinh\frac{x}{a} = \frac{a}{2}\left(e^{\frac{x}{a}} - e^{-\frac{x}{a}}\right).$$

Par suite, l'ordonnée Y du centre de gravité sera :

$$(11) \quad Y = \frac{\int y\,ds}{\int ds} = \frac{\int y^2 dx}{a\int ds} = \frac{a\int\cosh^2\frac{x}{a}dx}{\int ds} = \frac{a^2}{s}\left(\frac{\sinh\frac{x}{a}\cosh\frac{x}{a}}{2} + \frac{x}{2a}\right)$$

$$= \frac{y}{2} + \frac{ax}{2s}.$$

7. *Arc de sinusoïde.* — Soit à trouver l'ordonnée du centre de gravité de l'arc de la sinusoïde $y = \sin x$, compris entre les points $x = 0$, et $x = \pi$ où elle coupe l'axe des abscisses.

On a

$$(12) \qquad ds = dx.\sqrt{1 + \left(\frac{dy}{dx}\right)^2} = dx\sqrt{1 + \cos^2 x}.$$

Et, par suite :

$$Y = \frac{\int y\,ds}{\int ds} = \frac{\int_0^\pi \sin x\sqrt{1 + \cos^2 x}.\,dx}{\int_0^\pi \sqrt{1 + \cos^2 x}.\,dx} = \frac{\int_0^\pi \sqrt{1 + \cos^2 x}.\sin x\,dx}{\int_0^\pi \sqrt{2 - \sin^2 x}.\,dx}$$

le numérateur s'intègre facilement en posant $\cos x = u$, d'où $du = -\sin x\,dx$. Quant au dénominateur, son intégrale est une fonction elliptique de seconde espèce. Nous avons ainsi :

$$Y = \frac{\int_0^1 du\sqrt{1 + u^2}}{\sqrt{2}\int_0^\pi dx\sqrt{1 - \frac{1}{2}\sin^2 x}}$$

ou bien, en désignant par E la valeur de l'intégrale définie du dénominateur :

$$Y = \frac{\sqrt{2} + l.(1 + \sqrt{2})}{\sqrt{2}.E.}$$

La valeur du logarithme népérien de $1 + \sqrt{2}$ est environ 0,8813; celle de E, pour l'amplitude π et pour un module égal à $\sqrt{\frac{1}{2}}$ ou $\frac{\sqrt{2}}{2}$ est 2,7012. On a donc :

$$(13) \qquad Y = \frac{\sqrt{2} + 0,8813}{2,7012\sqrt{2}} = \frac{1 + 0,6233}{2,7012} = 0,615.$$

Ces quelques exemples suffiront pour montrer comment on peut trouver le centre de gravité de lignes planes, lorsque l'on connaît l'équation de ces courbes. La même méthode s'applique aux lignes à double courbure.

8. *Arc d'hélice.* — Soit une hélice définie par les équations :

$$(14) \qquad x^2 + y^2 = a^2, \quad z = b \text{ arc cos } \frac{x}{a}.$$

et proposons-nous de trouver le centre de gravité de l'arc qui commence au plan des xy et se termine au point (x, y, z). Les équations de la courbe nous donnent :

$$x dx + y dy = 0, \quad dz = \frac{-b}{\sqrt{a^2 - x^2}} dx = -\frac{b}{y} dx.$$

La longueur de l'élément de courbe ds étant :

$$ds = \sqrt{dx^2 + dy^2 + dz^2},$$

on en déduit facilement les relations :

$$\frac{ds}{\sqrt{a^2 + b^2}} = -\frac{dx}{y} = \frac{dy}{x} = \frac{dz}{b},$$

Et alors les coordonnées du centre de gravité sont :

$$(15) \begin{cases} X = \dfrac{\int x\,ds}{\int ds} = \dfrac{b\int dy}{\int dz} = \dfrac{by}{z}, \\[2mm] Y = \dfrac{\int y\,ds}{\int ds} = \dfrac{-b\int dx}{\int dz} = \dfrac{b(a-x)}{z}, \\[2mm] Z = \dfrac{\int z\,ds}{\int ds} = \dfrac{\int z\,dz}{\int dz} = \dfrac{z}{2}. \end{cases}$$

Ces résultats se vérifient immédiatement, sans calcul, par la définition même du centre de gravité.

On reconnaît que, pour tout arc moindre qu'une spire, le centre de gravité se trouve dans le plan perpendiculaire à l'axe de l'hélice et passant au milieu de l'arc, et au point de ce plan qui est le centre de gravité de la projection de l'arc.

38. Centres de gravité de surfaces. — 1. *Triangle*. —
Si dans un triangle quelconque ABC (fig. 36), on considère un élément infiniment petit MN compris entre deux parallèles à la base AC, infiniment voisines, le centre de gravité de cet élément se trouvera au milieu F de sa longueur, puisque cet

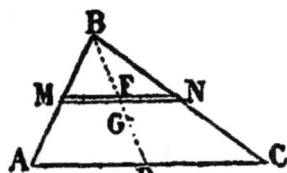

Fig. 36.

élément, à la limite, peut être assimilé à une ligne droite. Il en sera de même de tous les autres éléments semblables dont les centres de gravité se trouveront ainsi sur la médiane BD. Le centre de gravité du triangle sera ainsi sur cette médiane. Et comme il devra se trouver également sur les autres médianes du triangle, il sera au point de concours de ces trois lignes qui, comme on sait, se trouve au tiers de la longueur de chacune d'elles à partir de la base.

On peut remarquer que le centre de gravité de la surface du triangle est le même que celui d'un système de trois points situés à ses sommets. Si, en effet, nous considérons deux de ces trois points A, C, comme formant un groupe, nous pourrons, sans changer le centre de gravité de l'ensemble, les transporter au centre de gravité de ce groupe, c'est-à-dire à leur milieu D. Le centre de gravité du système des trois points se trouve ainsi sur la médiane AD et, d'après le théorème du n° 31, page 58; il partage cette ligne en parties inversement proportionnelles aux nombres de points placés à ses extrémités, c'est-à-dire que le rapport de GD à GB est de 1 à 2 ou que le point G est au tiers de BD à partir du point D.

2. *Quadrilatère.* — Soit un quadrilatère quelconque ABCD (fig. 37). Divisons-le en deux triangles par la diagonale BD, et joignons le milieu I de cette diagonale aux sommets A, C. Le centre de gravité du triangle ABD se trouvera en M, au tiers de AI à partir du point I, et de même le centre de gravité du triangle BCD se trouvera en N, au tiers de CI à partir du point I. Le centre de gravité du quadrilatère se trouvera donc sur MN, car on peut supposer respectivement transportés en M et en N tous les points des triangles dont ils sont les centres de gravité; et le nombre de ces points sera respectivement proportionnel aux surfaces de ces triangles, c'est-à-dire, puisqu'ils ont même base BD, aux distances des sommets A et C à cette base, ou bien encore aux longueurs

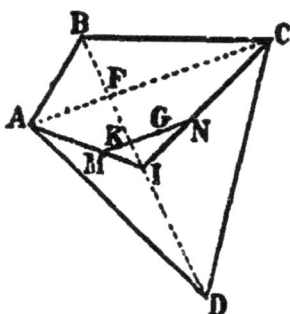

Fig. 37.

AF, CF des deux segments de la seconde diagonale AC. Si K est le point d'intersection de MN avec BD, on aura, puisque MN est parallèle à AC, $\frac{MK}{NK} = \frac{AF}{CF}$. Le problème revient donc à partager la droite MN en deux parties inversement proportionnelles à MK et KN, ce qui se fera, simplement, en prenant, à partir du point N, une longueur NG = MK. Le point G sera le centre de gravité cherché.

Si le quadrilatère est régulier, carré, parallélogramme, le centre de gravité se trouvera au point de concours des deux diagonales qui, alors, se coupent en leur milieu. Dans le cas du trapèze on peut simplifier un peu la construction qui précède.

3. *Trapèze.* — Partageons le trapèze ABDC (fig. 38) en deux triangles par sa diagonale CB. Prenons les milieux E, F, des

deux côtés parallèles et menons les médianes CE, BF. En les divisant chacune en trois parties égales aux points M, N, nous aurons les centres de gravité des deux triangles. Par suite, le

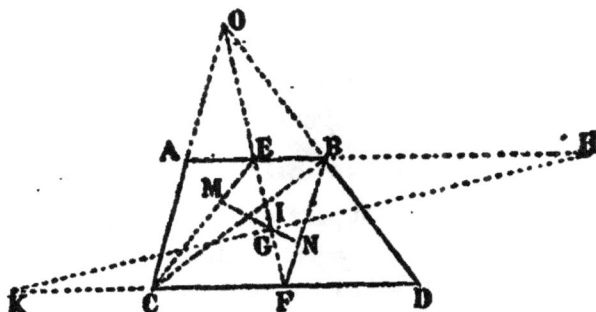

Fig. 38

le centre de gravité du trapèze se trouvera sur MN. Mais, si nous considérons la ligne EF, médiane du trapèze, elle divise en deux parties égales toutes les lignes menées parallèlement aux bases, elle contient donc le centre de gravité du trapèze qui se trouve ainsi au point G, intersection de MN et de EF.

Ce point peut encore être construit plus simplement. Désignons par B la plus grande et par b la plus petite des deux bases du trapèze et par h sa hauteur. Les surfaces des deux triangles ACB, BCD seront respectivement $\frac{bh}{2}$, $\frac{Bh}{2}$; les distances de leurs centres de gravité M, N à la plus grande base CD seront $\frac{2h}{3}$ et $\frac{h}{3}$; si nous appelons x et y les distances inconnues du point G aux deux bases B et b, la somme $x+y$ étant égale à h, nous aurons, puisque la ligne MN doit être divisée par le point G en parties inversement proportionnelles aux surfaces des triangles ACB, BCD :

$$\frac{x - \frac{h}{3}}{y - \frac{h}{3}} = \frac{bh}{Bh} = \frac{b}{B}.$$

D'où l'on déduit facilement, en remarquant que $x+y=h$:

(1)
$$\frac{x}{y} = \frac{B + 2b}{b + 2B} = \frac{\frac{B}{2} + b}{\frac{b}{2} + B}.$$

Si donc, sur le prolongement de la petite base AB, on porte BH = CD, et si sur le prolongement de DC on porte, en sens contraire, CK = AB, on aura EH = $B + \frac{b}{2}$, et FK = $b + \frac{B}{2}$. Joignant KH, cette ligne coupera EF en un point G tel que les distances GE, GF soient respectivement proportionnelles à EH et à FK, ou à y et à x. Ce sera donc le centre de gravité cherché.

Si l'on prolonge les côtés non parallèles du trapèze jusqu'à leur point de rencontre O, sur la médiane EF prolongée, l'on a $\frac{OE}{OF} = \frac{b}{B}$; d'où l'on déduit, en désignant par I le milieu de EF, la relation $\frac{EI}{OI} = \frac{B - b}{B + b}$. D'un autre côté, le rapport ci-dessus $\frac{x}{y}$ ou $\frac{GF}{EG} = \frac{B + 2b}{b + 2B}$ donne $\frac{GF}{EF} = \frac{B + 2b}{3(B + b)}$, ou GF $= \frac{2EI}{3} \cdot \frac{B + 2b}{B + b}$ et par suite GI = EG — EI $= \frac{EI}{3} \cdot \frac{B - b}{B + b}$, ou encore, en remplaçant $\frac{B - b}{B + b}$ par sa valeur précédente $\frac{EI}{OI}$:

(2)
$$GI = \frac{\overline{EI}^2}{3 \cdot OI}.$$

Cette expression, donnant la distance du centre de gravité du trapèze au milieu de la médiane, est utile dans la solution de certains problèmes.

4. Secteur circulaire. — Soit AOB (fig. 39) un secteur circulaire dont l'angle au centre est égal à 2α. La bissectrice OC, étant un axe de symétrie, contient le centre de gravité cherché. Considérons un élément Omn soustendant un arc infiniment petit mn ; cet élément pourra être assimilé à un triangle et son centre de gravité g sera au tiers de la médiane, c'est-à-dire du rayon mené au mi-

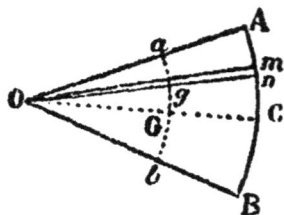
Fig. 39.

lieu de *mn*. Il en sera de même pour tous les autres éléments dont les centres de gravité seront, par conséquent, sur l'arc de cercle *ab* décrit du point O comme centre avec un rayon égal à $\frac{2}{3}$ R, si R désigne le rayon OA du secteur donné. On peut trans- porter au centre de gravité de chaque élément tous les points qu'il contient, et la répartition de ces centres de gravité sur l'arc *ab* sera uniforme si, comme nous le supposons, celle des points dans les divers éléments l'est elle-même. Le centre de gravité cherché G est donc le même que celui de l'arc *ab*. Nous avons vu que ce point est situé sur OC à une distance OG du point O égale à $\frac{Oa \cdot \sin\alpha}{\alpha}$. Nous aurons donc, en remplaçant O*a* par sa valeur $\frac{2}{3}$ R :

$$(3) \qquad\qquad OG = \frac{2R\sin\alpha}{3\alpha} .$$

5. *Segment de cercle.* — Le segment de cercle ACB (fig. 40) peut être considéré comme la différence entre le secteur circu- laire AOBC et le triangle rectiligne AOB. Si donc nous prenons

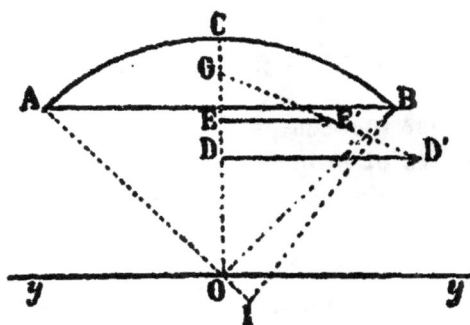

Fig. 40

les moments de ces trois surfaces par rapport à un axe quel- conque, par exemple par rapport à l'axe *yOy* mené par le point O parallèlement à AB, le moment du secteur sera égal à la somme de ceux du segment et du triangle. Si D est le centre de gravité du triangle E celui du secteur et G celui du seg- ment qu'il s'agit de trouver, nous aurons :

triang. AOB $\times$ OD $+$ segm. ABC $\times$ OG $=$ sect. AOBC $\times$ OE.

et, dans cette équation, tout est connu, excepté OG. Si R désigne encore le rayon AO et 2α l'angle AOB nous aurons : triangle AOB $= \dfrac{R^2}{2} \sin 2\alpha$; secteur AOBC $= R^2\alpha$; segment ABC $= R^2\left(\alpha - \dfrac{\sin 2\alpha}{2}\right)$; OD $= \dfrac{2}{3} R \cos \alpha$; OE $= \dfrac{2R \sin \alpha}{3\alpha}$. Substituant, réduisant et résolvant par rapport à OG, on a

(4)
$$OG = \frac{4 R \sin^3 \alpha}{3(2\alpha - \sin 2\alpha)}.$$

La construction du point G peut se faire graphiquement d'une façon très simple. Si, au lieu d'avoir pris les moments par rapport à yOy, nous les avions pris par rapport à une ligne parallèle à AB menée par le point G, l'équation aurait toujours été écrite de la même manière, seulement son second terme aurait été nul : le moment du triangle et celui du secteur par rapport au point G sont donc égaux ; c'est-à-dire que le point cherché G est sur la droite OC à une distance telle que

EG $\times$ sect. AOBC $=$ DG $\times$ triangle. AOB.

Si nous supposons menées par les points E et D des lignes parallèles entre elles et proportionnelles respectivement aux surfaces du secteur et du triangle, le point G sera le point par lequel passera la résultante de ces deux lignes supposées dirigées en sens contraire. Si donc, appliquant la construction donnée, page 45, nous menons au point D une ligne DD' proportionnelle à la surface du secteur, puis au point E une ligne EE' proportionnelle à la surface du triangle, en joignant les extrémités DE, D'E' de ces lignes par des droites que nous prolongerons jusqu'à leur point de rencontre, le point d'intersection G sera le centre de gravité cherché.

Il convient de remarquer que le rapport des surfaces du secteur et du triangle est égal à $\dfrac{R^2\alpha}{\dfrac{R^2}{2} \sin 2\alpha} = \dfrac{2\alpha}{\sin 2\alpha}$. Si d'une des extrémités B de l'arc AB l'on abaisse une perpendiculaire BI sur le rayon AO, mené par l'autre extrémité, on aura $\frac{2\alpha}{\sin 2\alpha} =$ $\frac{\text{arc ACB}}{\text{BI}}$. C'est à ce rapport que doit être égal celui $\frac{\text{DD}'}{\text{EE}'}$ des deux lignes parallèles menées par les points D et E.

6. *Segment parabolique* (fig. 41). — Soit $y^2 = 2px$ l'équation

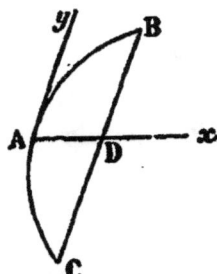

de l'arc BAC qui, avec une droite BC, limite un segment parabolique dont on demande le centre de gravité. Toutes les cordes parallèles à BC ayant leur milieu sur le diamètre AD, le centre de gravité cherché sera sur ce diamètre. Considérons un élément de largeur dx et ayant pour surface $2y\,dx$, si x est son abscisse, son moment par rapport à l'axe des y sera, en appelant θ l'angle yAx, $2xy\sin\theta.dx$,

Fig. 41.

et l'abscisse X du centre de gravité sera donnée par la formule :

$$X \sin\theta = \frac{\int 2\,xy\sin\theta\,dx}{\int 2y\,dx} \quad \text{ou} \quad X = \frac{\int xy\,dx}{\int y\,dx}.$$

Remplaçons x par $\frac{y^2}{2p}$, dx par $\frac{y}{p}\,dy$, nous aurons

$$(5) \quad X = \frac{\int \frac{y^2}{2p}\,y\,\frac{y}{p}\,dy}{\int y\,\frac{y}{p}\,dy} = \frac{1}{2p}\frac{\int y^4\,dy}{\int y^2\,dy} = \frac{1}{2p}\frac{\frac{1}{5}y^5}{\frac{1}{3}y^3} = \frac{3}{5}\frac{y^2}{2p} = \frac{3}{5}x.$$

Le centre de gravité est donc aux $\frac{3}{5}$ de la distance AD.

7. *Surface cycloïdale* (fig. 42). — Si l'on désigne par ω l'angle dont a tourné le cercle générateur, c'est-à-dire le double de l'angle MIK, et par a le diamètre OC de ce cercle, les coordonnées du point M de la courbe seront

$$(6) \quad x = \frac{a}{2}(1 - \cos\omega), \quad y = \frac{a}{2}(\omega + \sin\omega).$$

La surface étant d'ailleurs symétrique par rapport à l'axe Ox, le centre de gravité se trouve sur cette ligne, et il suffit de

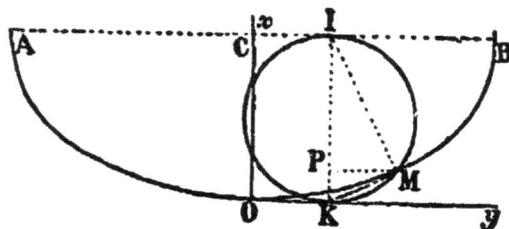

Fig. 42

déterminer sa distance X au point O. La formule générale

$$X = \frac{\int x\, y\, dx}{\int y\, dx},$$

en y mettant pour x et y leurs valeurs, remplaçant aussi dx par $\frac{a}{2} \sin \omega\, d\omega$, réduisant, effectuant les intégrations entre les limites 0 et π, ou entre $-\pi$ et $+\pi$, donne tous calculs faits (ces calculs, un peu longs, ne présentent aucune difficulté) :

(7) $$X = \frac{7}{12}\, a.$$

8. *Surface sinusoïdale.* — Soit à trouver le centre de gravité de la surface comprise entre une boucle de la sinusoïde

$$y = \sin x$$

et l'axe des x. Les formules générales (6), page 64

$$X = \frac{\int xy\, dx}{\int y\, dx}, \quad Y = \frac{1}{2}\frac{\int y^2\, dx}{\int y\, dx},$$

en y mettant pour y sa valeur $\sin x$ et intégrant de 0 à π, donnent très facilement

(8) $$X = \frac{\pi}{2}, \quad Y = \frac{\pi}{8}.$$

9. *Secteur elliptique.* — Soit AOB (fig. 43) un secteur elliptique compris entre un arc d'ellipse AB et deux rayons quelconques AO, BO. Si, sur le grand axe de l'ellipse comme

diamètre, nous décrivons une demi-circonférence; si nous prenons, sur cette ligne, les points A′, B′ situés sur des parallèles au petit axe menées par les points A et B et si nous menons les rayons OA′, OB′, le secteur elliptique pourra être considéré comme la projection du secteur circulaire OA′B′. Nous savons trouver le centre de gravité G′ de ce secteur, qui est situé sur le rayon OC′ mené au milieu de A′B′ et à une distance OG′ égale à $\frac{2}{3} \cdot \frac{R \sin \alpha}{\alpha}$, en appelant R le rayon OA′ du cercle et α l'angle C′OB′, moitié de A′OB′. Le centre de gravité G du secteur elliptique sera la projection du point G′, c'est-à-dire que si, ramenant le point C′ au point C sur l'ellipse, et joignant OC, nous projetons G′ sur cette ligne, la projection G sera le centre de gravité cherché (n° 34).

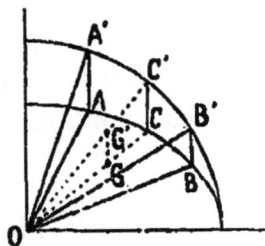

Fig. 43.

10. *Surface latérale d'un cône droit* (fig. 44). — Si l'on divise cette surface en éléments triangulaires infiniment petits Smn, tous ces éléments auront leurs centres de gravité dans le plan *ab*, parallèle à la base du cône et mené au tiers de sa hauteur. Les éléments superficiels étant d'ailleurs supposés égaux, les centres de gravité seront répartis uniformément sur la circonférence formant l'intersection de ce plan et de la surface conique. Le centre de gravité de cette surface sera donc au centre G de cette circonférence, c'est-à-dire au tiers de la hauteur SO à partir de la base.

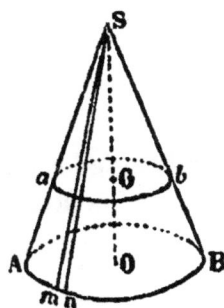

Fig. 44.

11. *Surface d'une zône sphérique.* — Divisons cette surface, supposée limitée par deux plans parallèles, en éléments infiniment petits par des plans parallèles à ceux ci, et équidistants. Tous ces éléments seront égaux en superficie, car la surface de chacun d'eux est égale à la circonférence d'un grand cercle

multipliée par sa hauteur supposée la même pour tous. Chacun de ces éléments égaux aura son centre de gravité au centre de la circonférence à laquelle il se réduit à la limite, et tous ces centres de gravité seront uniformément distribués sur le rayon de la sphère qui est perpendiculaire aux deux plans limitant la zône. Le centre de gravité se trouvera donc au milieu de la hauteur de cette zône.

Si, au lieu d'une zône sphérique, on avait à déterminer le centre de gravité d'une figure quelconque tracée sur la sphère, on pourrait, dans ce cas, se servir du théorème suivant. Soit Ω la surface totale de la figure considérée, Ω_x, Ω_y, Ω_z ses projections parallèlement à trois axes rectangulaires sur les trois plans définis par ces axes, et X, Y, Z les coordonnées de son centre de gravité, par rapport aux mêmes axes rectangulaires, on a :

$$(9) \qquad \frac{X}{\Omega_x} = \frac{Y}{\Omega_y} = \frac{Z}{\Omega_z} = \frac{r}{\Omega} .$$

En effet, Ω_x étant la projection de Ω sur le plan yz perpendiculaire aux x, si $d\Omega$ est un élément superficiel dont l'abscisse est x, la formule générale pour les coordonnées du centre de gravité donne

$$X = \frac{\int x d\Omega}{\int d\Omega} = \frac{\int x d\Omega}{\Omega} .$$

Le rayon de la sphère étant r, si α représente l'angle formé avec l'axe des x par le rayon mené du centre à l'élément $d\Omega$ considéré, on aura $x = r \cos \alpha$ et par suite

$$X = \frac{\int r \cos \alpha . d\Omega}{\Omega} = \frac{\int r d\Omega \cos \alpha}{\Omega} .$$

Or $d\Omega . \cos \alpha$ est la projection, sur le plan perpendiculaire aux x, de l'élément $d\Omega$; la somme de ces projections est donc ce que nous avons appelé Ω_x, et nous avons

$$X = \frac{r . \Omega_x}{\Omega} \qquad \text{ou} \qquad \frac{X}{\Omega_x} = \frac{r}{\Omega}$$

ce qui démontre le théorème énoncé.

39. Centres de gravité de volumes. — 1. *Tétraèdre.*

(fig. 45). — Soit ABCD une pyramide triangulaire quelcon-

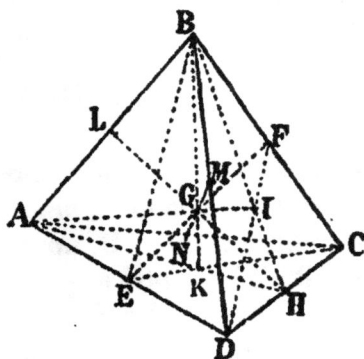

Fig. 45

que. Par l'une des arètes BC et par le milieu E de l'arète opposée AD, faisons passer un plan BEC. Ce plan divisera en deux parties égales toutes les droites menées dans le tétraè-dre, parallèlement à AD. Il contiendra donc le centre de gravité de toutes ces droites et par suite, celui du tétraèdre lui-même. Un plan, mené de même par l'arète AD et par le milieu F de l'arète opposée BC, renfermera aussi le centre de gravité du tétraèdre, lequel sera ainsi, nécessairement, sur la droite EF, intersection de ces deux plans, qui joint les milieux de deux arètes opposées. Il sera, pour la même raison, sur les deux autres droites joignant deux à deux les milieux des autres arètes opposées ; il sera donc à l'intersection de ces trois droi-tes. Il est facile de vérifier que ce point G se trouve, sur cha-cune de ces médianes, au milieu de sa longueur.

D'un autre côté, sur la médiane DF du triangle BCD, pre-nons le point I à une distance FI égale au tiers de DF, le point I sera le centre de gravité de la face BCD, et si nous joignons AI, cette ligne passera par les centres de gravité de tous les triangles obtenus en coupant le tétraèdre par des plans paral-lèles à BCD. Le centre de gravité du tétraèdre se trouvera donc sur la ligne AI ; il se trouvera de même sur les trois autres médianes obtenues en joignant les trois autres sommets B, C, D au centre de gravité de la face opposée. Ces quatre lignes se coupent ainsi en même point qui coïncide avec le point d'intersection des trois médianes, telles que EF. Et l'on peut constater que chacune des lignes telles que AI, joi-gnant le sommet au centre de gravité de la face opposée, est divisée par le centre de gravité G au quart de sa lon-gueur à partir de la base. Considérons, en effet, deux de ces médianes AI et BK ; elles sont toutes deux dans le plan médian AHB mené par AB et par le milieu H de l'arête oppo-sée ; et en joignant KI, nous aurons $\dfrac{KI}{AB} = \dfrac{HI}{HB} = \dfrac{HK}{HA} = \dfrac{1}{3}$. Et si l'on considère les deux triangles AGB, GKI opposés par le sommet et semblables, on aura $\dfrac{GI}{GA} = \dfrac{GK}{GB} = \dfrac{KI}{AB} = \dfrac{1}{3}$. Donc GI est le quart de AI et GK le quart de BK.

Le centre de gravité du tétraèdre coïncide avec le centre des moyennes distances de ses quatre sommets. Si, en effet, nous considérons le système des quatre points A, B, C, D, nous pouvons en faire deux groupes A, D et B, C. Le centre de gra-vité du premier groupe est en E, milieu de AC, celui du se-cond groupe est en F, milieu de BC. Le centre de gravité du système se trouve donc au milieu de EF, c'est-à-dire coïncide avec le celui du tétraèdre.

2. *Pyramide quelconque* (fig. 46). — Divisons en triangles la base ABCDE de la pyramide. Chacune des pyramides trian-

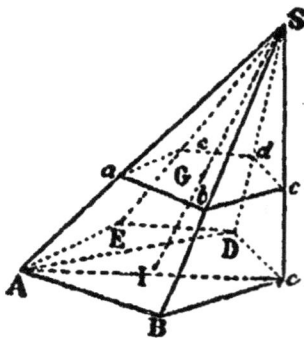

Fig. 46.

gulaires SABC, SACD, aura son cen-tre de gravité dans le plan *abcde* mené parallèlement à la base, au quart de la hauteur : ce plan coupe en effet au quart de leur longueur les lignes menées du sommet S aux cen-tres de gravité des divers triangles ABC, ACD. Le centre de gravité de la pyramide s'y trouvera contenue. D'un autre côté, soit I le centre de gravité de la base ABCDE : menons la droite SI, cette ligne passera par les centres de gravité de toutes les sections faites dans la pyramide par des plans pa-rallèles à la base ; elle contiendra aussi le centre de gravité de la pyramide qui se trouvera ainsi au point G, intersection de SI et du plan *abcde*, c'est-à-dire au quart de la longueur de SI à partir du point I.

3. *Cône.* — Un cône pouvant toujours être assimilé à une pyramide, le résultat qui précède lui sera applicable : le centre de gravité du cône se trouve sur la droite joignant le sommet au centre de gravité de la base et au quart de la longueur de cette droite à partir de la base.

4. *Segment sphérique* (fig. 47). — Soit $R = OA$ le rayon de la sphère et a la distance OI, au centre de la sphère, de la base AB du segment. Divisons ce volume par des plans parallèles à la base et infiniment voisins. Si x est la distance de l'un de ces plans au centre, dx, la distance de deux plans infiniment voisins, l'élément de volume qu'ils comprennent entre eux sera $\pi(R^2 - x^2)dx$.

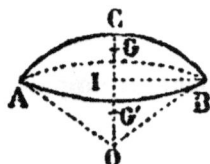

Fig. 47.

Et par suite la distance $OG = X$ du centre de gravité cherché au point O sera :

$$(1) \quad X = \frac{\int_a^R \pi x (R^2 - x^2) dx}{\int_a^R \pi (R^2 - x^2)\, dx} = \frac{\frac{1}{4}(R^2 - a^2)^2}{\frac{2}{3}R^3 - R^2 a + \frac{1}{3}a^3} = \frac{3}{4} \cdot \frac{(R + a)^2}{2R + a}.$$

On peut estimer a en fonction de l'angle AOC, moitié de celui que sous-tend le segment sphérique. Si l'on pose $AOB = 2\alpha$ ou $AOC = \alpha$, on a, en effet, $a = R \cos \alpha$ et

$$(2) \quad X = \frac{3}{4} R \cdot \frac{(1 + \cos \alpha)^2}{2 + \cos \alpha} = 3R \cdot \frac{\cos^4 \frac{\alpha}{2}}{1 + 2\cos^2 \frac{\alpha}{2}}.$$

5. *Secteur sphérique.* — Si, au lieu du segment ABC, on considérait la portion du volume de la sphère comprise dans le cône AOB jusqu'à la surface de la sphère, on pourrait regarder ce volume comme étant formé de deux parties : le segment ABC dont nous venons de trouver le centre de gravité et le cône AOB, limité au plan AB dont le centre de gravité G' est sur la ligne OI au quart de la longueur de cette ligne à partir du point I, c'est-à-dire à une distance de O égale à $\frac{3}{4}OI = \frac{3}{4}R\cos\alpha = OG'$.

Le centre de gravité du volume total sera donc entre les

deux points G et G' et divisera cette distance en deux parties inversement proportionnelles aux volumes du segment et du cône. Il sera donc facile de calculer sa position. En effectuant le calcul, on trouve :

$$(3) \qquad X = \frac{3}{4} R \cos^3 \frac{\alpha}{2}.$$

Résultat auquel on arrive d'ailleurs directement en employant la méthode décrite au numéro suivant.

6. *Autre secteur sphérique.* — Au lieu d'être limité par une surface conique et un petit cercle de la sphère, le volume considéré pourrait être limité par des plans méridiens coupant la surface suivant des arcs de grand cercle. Le secteur aurait alors, latéralement, une forme pyramidale. On en trouverait le centre de gravité en le divisant en éléments pyramidaux infiniment petits, ayant leur sommet au centre de la sphère et pour base les éléments superficiels infiniments petits de la base du secteur.

Soit, pour prendre un exemple simple, à déterminer le cen-centre de gravité de la portion de la sphère ayant pour équation :

$$x^2 + y^2 + z^2 = R^2$$

comprise entre les trois plans coordonnés ; cette portion est la huitième partie du volume de la sphère (fig. 48). Si nous con sidérons un élément pyramidal quelconque ayant son sommet en O et pour base un élément M infiniment petit de la surface de la sphère, le centre de gravité de cet élément se trouvera au point *m* à une distance O*m* du centre O égale à $\frac{3}{4}$ R. Les centres de gravité de tous les éléments semblables seront ainsi répartis uniformément sur la surface sphérique *abc* décrite du point O comme centre avec un rayon

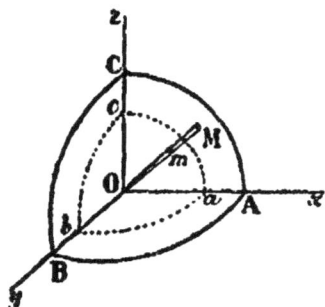

Fig. 48.

$Oa = \frac{3}{4} R$. Le centre de gravité du volume OABC sera le même que celui de la surface sphérique *abc*. Or, si l'on appelle X, Y, Z les coordonnées du centre de gravité de cette surface, qui seront celles du centre de gravité du volume OABC, l'on aura, d'après le théorème démontré plus haut (page 82) :

$$\frac{X}{oab} = \frac{Y}{oac} = \frac{Z}{obc} = \frac{oa}{abc}.$$

Mais chacune des projections *oab*, *oac*, *obc* du triangle sphérique *abc*, sur les trois plans coordonnés, a une superficie égale à la moitié de celle de ce triangle sphérique ; par suite, on a :

(4) $$X = Y = Z = \frac{1}{2} oa = \frac{1}{2} \cdot \frac{3}{4} R = \frac{3}{8} R.$$

Volume paraboloïde (fig. 49). — Soient Ox, Oy, Oz, trois axes de coordonnées quelconques. Dans le plan *xy*, on mène

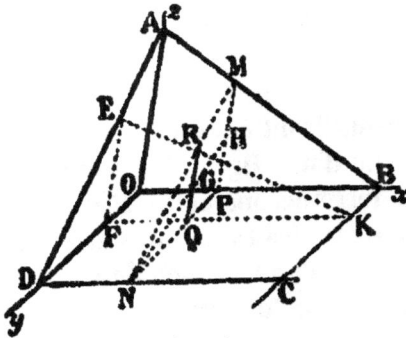

Fig. 49.

une droite quelconque AB rencontrant les deux axes Ox, Oz, et dans le plan *xy* une droite DC parallèle à Ox. Une droite MN glisse sur AB et sur DC en restant constamment parallèle au plan YOZ ; elle engendre un paraboloïde hyperbolique et l'on demande de trouver le centre de gravité du volume compris entre cette surface et les trois plans coordonnés.

Soient OB = *a*, OD = *b*, OB = *c*.

Si nous coupons le volume par un plan quelconque EFK, parallèle au plan *zOx*, cette intersection sera un triangle. Si, d'autre part, nous considérons le plan MPN supposé mené parallèlement au plan yOx, au tiers de la distance OB, et si dans le triangle MNP nous menons la médiane NH, cette ligne passera par les centres de gravité de tous les triangles tels que EFK. Elle contiendra donc le centre de gravité du volume total. De même, si le plan EFK est mené au tiers de la distance OD, il contiendra les centres de gravité de tous les triangles tels que MNP et le centre de gravité cherché, G, se trouvera à l'intersection de la médiane NH avec ce plan. Si donc on appelle X, Y, Z les coordonnées OP, PQ, QG de ce centre de gravité, on aura

(5)
$$X = \frac{a}{3}, \quad Y = \frac{a}{3}$$

et

$$Z = GQ = \frac{2}{3} PH = \frac{1}{3} PM$$

et comme $PM = \frac{2}{3} OA$:

(6)
$$Z = \frac{2}{9} c .$$

40. Théorèmes de Guldin. — Nous nous bornerons à ces exemples, qui suffiront à montrer comment on déterminera le centre de gravité d'une ligne, d'une surface ou d'un volume donné. Et nous terminerons cette étude sur les centres de gravité en démontrant les théorèmes de Guldin, qui permettent de trouver l'aire d'une surface de révolution ou le volume d'un corps de révolution lorsque l'on connaît le centre de gravité de la courbe ou de la surface méridienne.

Premier théorème de Guldin. — Lorsqu'une courbe plane AB, de longueur $AB = l$ (fig. 50), tourne autour d'un axe Oz situé dans son plan, et ne la rencontrant pas, l'aire de la surface de révolution décrite par cette courbe est égale à la longueur AB multipliée par la circonférence décrite par son centre de gravité.

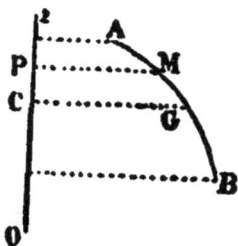

Fig. 50.

Soit ds un élément de cette courbe, ω

sa distance à l'axe et X la distance au même axe du centre de gravité G. On a, par définition

$$X = \frac{\int x ds}{\int ds} = \frac{\int x ds}{l}.$$

La surface décrite par l'élément ds est la surface latérale d'un tronc de cône, et elle a pour mesure $2\pi x ds$. La somme de toutes les surfaces élémentaires semblables sera la surface décrite par AB; désignons-la par S, nous aurons :

$$(1) \qquad S = \int 2\pi x ds = 2\pi \int x ds = 2\pi X \int ds = 2\pi X.l.$$

ce qui démontre le théorème énoncé.

Deuxième théorème de Guldin.— Si un contour fermé plan, AB (fig. 51), tourne autour d'un axe OZ, situé dans son plan et ne le rencontrant pas, le volume décrit par ce contour a pour mesure l'étendue Ω de l'aire plane qu'il enferme, multipliée par la circonférence décrite par son centre de gravité.

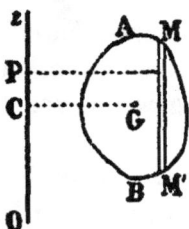

Soit $z dx$ un élément de la surface AB, compris entre deux parallèles à l'axe distantes de dx, soit x la distance de cet élément à l'axe, et X la distance du centre de gravité, nous aurons :

$$X = \frac{\int x z dx}{\int z dx} = \frac{\int x z dx}{\Omega}.$$

Le volume engendré par l'élément considéré est la différence de deux cylindres, de hauteur z et dont les bases ont pour rayons respectivement x et $x + dx$. Il a donc pour mesure $2\pi x dx . z$. Et la somme de tous ces volumes élémentaires sera le volume V engendré par l'aire Ω :

$$(2) \qquad V = \int 2\pi x.z dx = 2\pi \int x z dx = 2\pi X.\Omega.$$

§ 2

MOMENTS D'INERTIE

41. Moment d'inertie d'un système de points. Rayon de giration. — Nous appellerons *moment d'inertie* d'un point, par rapport à un axe, le carré de la distance de ce point à l'axe ; le moment d'inertie d'un système de points par rapport à un axe sera la somme des carrés des distances à cet axe de tous les points du système, et le moment d'inertie *moyen* sera le moment d'inertie total divisé par le nombre des points.

On appelle *rayon de giration* la distance commune à laquelle devraient être placés tous les points pour avoir même moment d'inertie que le système donné. Il est égal à la racine carrée du moment d'inertie moyen.

Nous représenterons le moment d'inertie d'un système par rapport à un axe par la lettre I affectée d'un indice désignant l'axe ; ainsi le moment d'inertie par rapport à l'axe OZ sera I_{oz} ou simplement I_z. De même le rayon de giration sera représenté par la lettre ρ affectée du même indice.[1]

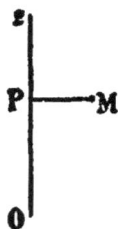

Si donc r est la distance MP (fig. 52) d'un point quelconque M à l'axe OZ, nous aurons, par définition, si N est le nombre de points du système :

$$ I_z = \Sigma\, r^2 \quad \text{et} \quad N\rho_z^2 = \Sigma\, r^2 = I_z. $$

Nous pouvons remarquer que, par définition, le moment

Fig. 52.

---

1. Nous avons déjà employé (n° 35) et nous emploierons encore (n° 42) la lettre ρ pour représenter la densité en chaque point d'un espace continu à deux ou trois dimensions ; cette lettre est alors sans indice, tandis que lorsqu'elle désignera un rayon de giration, elle sera toujours affectée d'un indice rappelant la direction de l'axe par rapport auquel on prend le moment d'inertie. Il n'y a donc pas d'ambiguïté.

d'inertie est une quantité essentiellement positive qui ne peut jamais s'annuler. Elle ne s'annulerait que si le système se composait uniquement de points situés sur l'axe par rapport auquel on prend le moment d'inertie, cas exceptionnel que nous laisserons de côté.

Pour plus de généralité, nous supposerons qu'en chaque point M du système sont réunis ou concentrés m points qui se trouvent, par conséquent, à la même distance r de l'axe ; le nombre m étant d'ailleurs variable d'un point à l'autre et pouvant être égal à l'unité. Alors le moment d'inertie sera

$$(1) \qquad I_z = \Sigma\, mr^2$$

et si N désigne encore le nombre total des points, c'est-à-dire si l'on a $N = \Sigma m$, on aura toujours

$$(2) \qquad N\rho^2 = \Sigma\, mr^2 = I_z.$$

43. Moment d'inertie des volumes, surfaces ou lignes. — Comme nous l'avons déjà fait plus haut (n° 32) pour la détermination des centres de gravité, la notion des moments d'inertie, leur définition et celle du rayon de giration s'applique aux espaces continus de volume, surface ou ligne que l'on suppose remplis de points isolés soit en nombre constant pour chaque élément d'espace, soit en nombre variable en chaque endroit : le nombre de points rapporté à l'unité de volume, surface ou ligne s'appelant toujours la densité de l'espace à l'endroit considéré.

Chaque élément infiniment petit pouvant être assimilé à un seul point, ou pouvant être considéré comme ne contenant que des points situés à la même distance de l'axe par rapport auquel on prend le moment d'inertie, si l'on appelle x, y, z les coordonnées d'un quelconque de ces éléments par rapport à trois axes rectangulaires, $dxdydz$ son volume et ρ sa densité, c'est-à-dire $\rho dxdydz$ le nombre de points qu'il contient, le moment d'inertie par rapport à l'axe des z, par exemple, sera la somme des produits de ces nombres par les carrés des distances respectives des éléments à l'axe des z, lesquels sont, pour chacun d'eux, exprimés par x^2+y^2. Si, pour abréger, l'on désigne par m le nombre $\rho\,dxdydz$ des points contenus dans chaque élément, on aura pour les moments d'inertie du volume entier par rapport aux trois axes :

$$(1) \quad \begin{cases} I_x = \int\int\int \rho\,(y^2 + z^2)\,dxdydz = \Sigma m\,(y^2 + z^2), \\ I_y = \int\int\int \rho\,(z^2 + x^2)\,dxdydz = \Sigma m\,(z^2 + x^2), \\ I_z = \int\int\int \rho\,(x^2 + y^2)\,dxdydz = \Sigma m\,(x^2 + y^2). \end{cases}$$

Et les rayons de giration respectifs seront les racines carrées de ces moments d'inertie divisés par le nombre total des points du système, lequel a pour expression

$$N = \int\int\int \rho\,dxdydz = \Sigma m.$$

Tout ce que nous dirons des moments d'inertie s'appliquera, sans aucune restriction, soit aux systèmes discontinus composés de points isolés, soit aux espaces continus de volume, surface, ou ligne, homogènes ou non, par une généralisation absolument identique à celle que nous avons déjà faite en parlant des centres de gravité et sur laquelle il est inutile de revenir.

43. Moments d'inertie par rapport à des axes parallèles. — Cherchons la relation entre les moments d'inertie par rapport à deux axes parallèles. Considérons un système quelconque de N points dont G (fig. 53) soit le centre des moyennes distances ou le centre de gravité, et proposons-nous de trouver le moment d'inertie du système par rapport à un axe quelconque Oz' en fonction du moment d'inertie par rapport à un axe Gz parallèle au premier, mené par le centre de gravité G. Soit M un point quelconque où peuvent se trouver réunis m points du système, MP$=r$,

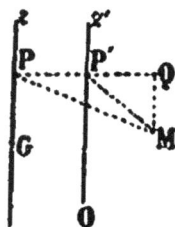

Fig. 53

MP$'=r'$ ses distances aux deux axes, nous avons $I_z = \Sigma mr^2$, $I_z' = \Sigma mr'^2$. Abaissons MQ perpendiculaire au plan des deux axes jusqu'à sa rencontre en Q avec ce plan et menons la droite PP'Q, nous avons

$$r^2 = \overline{PQ}^2 + \overline{QM}^2, \quad r'^2 = \overline{P'Q}^2 + \overline{QM}^2$$

et par conséquent, en appelant a la distance PP′ des deux axes

$$r'^2 = r^2 + \overline{P'Q}^2 - \overline{PQ}^2 = r^2 + (PQ - PP')^2 - \overline{PQ}^2$$
$$= r^2 + a^2 - 2a\,\overline{PQ}.$$

Et si, après avoir multiplié les deux membres de cette égalité par le nombre m des points qui se trouvent réunis en M, nous faisons la somme, pour tous les points, en remarquant que le dernier terme va nous donner le produit de $2a$ par la somme $\Sigma m PQ$ des distances telles que PQ des projections Q de tous les points à l'axe passant par le centre de gravité. somme identiquement nulle, il nous viendra

(1) $\qquad \Sigma m r'^2 = \Sigma m r^2 + N a^2$ ou $I_{z'} = I_z + N a^2$

ou encore, en divisant par N

(2) $\qquad\qquad\qquad \rho_{z'}^2 = \rho_z^2 + a^2.$

Le rayon de giration d'un système par rapport à un axe quelconque est l'hypoténuse d'un triangle rectangle dont les deux côtés sont le rayon de giration, par rapport à un axe parallèle au premier mené par le centre de gravité, et la distance de ces deux axes

Ce théorème permet d'établir la relation cherchée entre les rayons de giration ou les moments d'inertie par rapport à deux axes parallèles quelconques U et U′, dont les distances au centre de gravité du système sont respectivement a et a'. On a évidemment

(3) $\qquad\qquad\qquad \rho_u^2 - a^2 = \rho_{u'}^2 - a'^2.$

puisque chacun des deux membres de cette équation représente le carré du rayon de giration du système par rapport à un axe parallèle aux deux premiers, mené par le centre de gravité.

44. Moments d'inertie par rapport à des axes concourants. — Nous allons chercher comment varie le moment d'inertie par rapport à un axe de direction quelconque, que nous supposerons mené par l'origine des coordonnées.

Lorsque nous connaîtrons les moments d'inertie par rapport à tous les axes menés par l'origine des coordonnées, nous pourrons, d'après le théorème démontré plus haut (n° 43), en déduire le moment d'inertie du même système par rapport à un axe quelconque de l'espace.

Soient donc (fig. 54) trois axes rectangulaires Ox, Oy, Oz auxquels sont rapportés les points d'un système, et soit OU un autre axe quelconque mené par le point O et dont la direction est définie par les angles α, β, γ qu'il forme avec les trois premiers. Soit M un point quelconque du système, x, y, z, ses coordonnées OR, RQ, QM. Abaissons de ce point la perpendiculaire

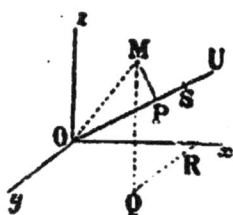

Fig. 54.

$MP = r$ sur l'axe OU et joignons OM, nous aurons

$$\overline{MP}^2 \text{ ou } r^2 = \overline{OM}^2 - \overline{OP}^2$$

$$= (x^2 + y^2 + z^2) - (x \cos \alpha + y \cos \beta + z \cos \gamma)^2$$

Développons le carré et remarquons que, les axes étant rectangulaires, on a $\cos^2\alpha + \cos^2\beta + \cos^2\gamma = 1$ ou bien $1 - \cos^2\alpha = \cos^2\beta + \cos^2\gamma$, et de même pour les deux autres; nous aurons en substituant et groupant les termes affectés des mêmes cosinus :

$$r^2 = (y^2 + z^2) \cos^2\alpha + (z^2 + x^2) \cos^2\beta + (x^2 + y^2) \cos^2\gamma$$

$$- 2yz \cos \beta \cos \gamma - 2zx \cos \gamma \cos \alpha - 2xy \cos \alpha \cos \beta.$$

S'il s'agit d'un système discontinu dont M soit un point isolé, où peuvent d'ailleurs se trouver concentrés m points distincts, faisons la somme des équations semblables pour tous les points ; et, s'il s'agit d'un système continu dont $dx\,dy\,dz$ soit le volume élémentaire et ρ la densité au point M, multiplions cette équation par $\rho\,dx\,dy\,dz$ et faisons la somme de toutes les équations semblables pour tous les éléments, nous aurons, en appelant pour abréger

$$(1) \begin{cases} \Sigma m(y^2 + z^2) = \iiint \rho\,(y^2 + z^2)\,dx\,dy\,dz = \mathbf{A}, \\ \Sigma m(z^2 + x^2) = \iiint \rho\,(z^2 + x^2)\,dx\,dy\,dz = \mathbf{B}, \\ \Sigma m(x^2 + y^2) = \iiint \rho\,(x^2 + y^2)\,dx\,dy\,dz = \mathbf{C}, \\ \Sigma myz = \iiint \rho\,yz\,dx\,dy\,dz = \mathbf{D}, \\ \Sigma mzx = \iiint \rho\,zx\,dx\,dy\,dz = \mathbf{E}, \\ \Sigma mxy = \iiint \rho\,xy\,dx\,dy\,dz = \mathbf{F}\,; \end{cases}$$

et remarquant que le premier membre est, dans tous les cas, le moment d'inertie I_u cherché, par rapport à l'axe Ou :

$$(2)\quad I_u = A\cos^2\alpha + B\cos^2\beta + C\cos^2\gamma - 2\,D\cos\beta\cos\gamma - 2\,E\cos\gamma\cos\alpha - 2\,F\cos\alpha\cos\beta.$$

Prenons sur l'axe Ou, à partir du point O une longueur

$$(3)\qquad OS = \frac{1}{\sqrt{I_u}}\,;$$

les coordonnées x_1, y_1, z_1 du point S seront respectivement

$$(4)\qquad x_1 = \frac{\cos\alpha}{\sqrt{I_u}},\; y_1 = \frac{\cos\beta}{\sqrt{I_u}},\; z_1 = \frac{\cos\gamma}{\sqrt{I_u}}.$$

Eliminons, au moyen de ces valeurs, les angles α, β, γ, l'expression précédente deviendra, après avoir été divisée par I_u facteur commun à tous les termes :

$$(5)\qquad 1 = A x_1^2 + B y_1^2 + C z_1^2 - 2\,D y_1 z_1 - 2\,E z_1 x_1 - 2\,F x_1 y_1.$$

45. Ellipsoïde d'inertie. — Le lieu des points S, lorsque l'axe OU prendra toutes les directions possibles est donc une surface du second degré dont le point O est le centre. Le moment d'inertie par rapport à un axe quelconque mené par le point O quelconque est inversement proportionnel au carré du rayon vecteur de cette surface du second degré. Or, le moment d'inertie ne pouvant s'annuler, ce rayon vecteur ne peut devenir infini, ce qui veut dire que la surface dont il s'agit est un ellipsoïde. On l'appelle l'*ellipsoïde d'inertie* du sys-

tème relativement au point O. Lorsque ce point est le centre
de gravité du système, l'ellipsoïde s'appelle ellipsoïde *central*
d'inertie.

La loi de variation, bien connue, des rayons vecteurs de
cette surface, nous renseignera donc complètement sur la manière dont varie le moment d'inertie d'un système par rapport
à tous les axes passant par un point donné.

46. Axes principaux d'inertie. — Tout d'abord, nous
savons qu'un ellipsoïde a trois axes principaux. Les directions
correspondantes sont les *axes principaux d'inertie* du système ; les directions de deux de ces axes sont celles du plus
grand et du plus petit moment d'inertie et ces trois directions
sont rectangulaires l'une sur l'autre.

Si l'un des axes, celui des z par exemple, coïncide avec l'un
des axes principaux d'inertie, c'est-à-dire avec l'un des axes
principaux de l'ellipsoïde, on sait que l'équation de la surface ne contient z qu'à la seconde puissance ; par suite, les
coefficients des termes en xz et en yz sont nuls. On a donc,
alors :

$$(1) \quad \left\{ \begin{array}{l} D = \iiint \rho\, yz\, dx\, dy\, dz = \Sigma m\, yz = 0, \\ E = \iiint \rho\, zx\, dx\, dy\, dz = \Sigma m\, zx = 0. \end{array} \right.$$

Réciproquement, si ces deux conditions sont satisfaites,
l'axe coordonné z coïncide avec un des axes principaux d'inertie ; on dit que cette ligne est axe principal d'inertie pour le
point O.

Si le plan des xy est un plan de symétrie du système, c'est-
à-dire si, à chaque élément situé au dessus de ce plan correspond un autre élément composé du même nombre de points
et situé à la même distance au-dessous, ces éléments ayant
mêmes coordonnées x et y et des ordonnées z égales et de signes contraires disparaîtront des sommes D et E, qui seront
ainsi identiquement nulles. Lorsqu'un système a un plan de
symétrie, toutes les droites perpendiculaires à ce plan sont
axes principaux d'inertie pour les points où elles percent le
plan. Nous savons d'ailleurs que ce plan contient le centre de
gravité du système.

Si le système a deux plans de symétrie perpendiculaires l'un sur l'autre, et si nous prenons ces plans pour deux des plans coordonnés, ceux des zx et des zy par exemple, les trois sommes D, E, F seront nulles, quelle que soit d'ailleurs la position du troisième plan coordonné perpendiculaire aux deux premiers. L'ellipsoïde d'inertie sera rapporté à son centre et à ses axes, et cela pour toutes les positions de l'origine des coordonnées sur la droite d'intersection des deux plans, qui est ainsi principal d'inertie pour tous ses points. Cette droite passe par le centre de gravité.

Enfin, si le système a trois plans de symétrie perpendiculaires l'un sur l'autre, ces trois plans, dont le point d'intersection est le centre de gravité du système, sont les plans principaux et leurs intersections les axes principaux de l'ellipsoïde central.

Si le système a deux plans de symétrie non perpendiculaires l'un sur l'autre, il en est de même de l'ellipsoïde d'inertie qui est de révolution autour de l'intersection des deux plans. Tous les moments d'inertie par rapport aux droites menées par un même point perpendiculairement à cette intersection sont alors égaux.

Dans tous les cas, alors même que le système n'a aucun plan de symétrie, on sait que l'équation de l'ellipsoïde peut toujours être transformée, par un changement convenable des axes, de manière à ne contenir que les carrés des trois coordonnées x, y, z, c'est-à-dire qu'il y a toujours un système d'axes rectangulaires pour lequel les coefficients D, E, F, c'est-à-dire les sommes correspondantes sont nulles. La recherche de la direction de ces axes se fait identiquement de la même manière que celle des axes principaux d'une surface du second degré, au moyen de la résolution d'une équation du troisième degré. Il n'y a pas lieu de s'arrêter à cette question, qui est plutôt du ressort de la géométrie analytique et que l'on trouvera traitée dans tous les ouvrages spéciaux sur ce sujet.

Si l'on suppose l'ellipsoïde d'inertie rapporté à ses axes principaux, les trois sommes D, E, F seront nulles et l'équation de cette surface sera simplement :

7

$$(2) \qquad 1 = Ax^2 + By^2 + Cz^2,$$

A, B, C étant les moments d'inertie du système par rapport aux trois axes principaux, ou les moments d'inertie principaux.

47. Axes principaux passant par le centre de gravité. — Nous avons exprimé tout à l'heure la condition pour qu'une ligne, que nous avions prise pour axe des z, fût axe principal d'inertie pour un de ses points ; nous pouvons voir que si une ligne est axe principal d'inertie pour deux de ses points, elle aura cette même propriété en tous les autres et passera par le centre de gravité du système. En effet, supposons que la droite Oz, axe d'inertie principal pour le point O, soit également axe d'inertie principal pour un autre point O' distant de a du premier. Prenons le plan des xy passant par le point O et un plan des $x'y'$ par le point O'. Si Oz est un axe d'inertie pour le point O, on a, (n° 46):

$$(1) \qquad \Sigma m\, yz = \iiint \rho\, yz\, dx\, dy\, dz = 0, \qquad \Sigma m\, zx = \iiint \rho\, zx\, dx\, dy\, dz = 0.$$

Ecrivons les mêmes conditions pour exprimer que la droite Oz est axe principal d'inertie au point O'; chaque élément $\rho dx dy dz$ a mêmes coordonnées x et y dans le second système d'axes que dans le premier, mais son ordonnée z devient $z - a$; nous aurons donc

$$(2)\ \Sigma my(z-a) = \iiint \rho y(z-a)dxdydz = 0, \quad \Sigma m(z-a)x = \iiint \rho x(z-a)dxdydz = 0.$$

Remarquons que a étant constant peut sortir des signes d'intégration et retranchons ces dernières équations des précédentes ; il restera, en divisant par a, que l'on suppose différent de zéro :

$$(3) \qquad \Sigma my = \iiint \rho y\, dx\, dy\, dz = 0. \qquad \Sigma mx = \iiint \rho x\, dx\, dy\, dz = 0.$$

Ces équations expriment bien que l'axe Oz passe par le centre de gravité du système ; en faisant le raisonnement inverse, on vérifie immédiatement que si elles sont satisfaites en même temps que celles (1), les précédentes (2) le sont quel que soit a, c'est-à-dire que l'axe Oz, passant par le centre de gravité et axe d'inertie principal en un de ses points, est axe principal en tous ses autres points.

Nous avions trouvé directement cette proposition pour le cas où l'axe dont il s'agit est l'intersection de deux plans de symétrie.

48. Détermination du moment d'inertie d'un système. — Nous pouvons maintenant résoudre le problème consistant à trouver le moment d'inertie d'un système par rapport à un axe quelconque.

En général, il sera plus facile de trouver le moment d'inertie par rapport à un axe parallèle au premier, et mené par le centre de gravité. On devra donc commencer par déterminer le centre de gravité du système. Ensuite, si le système a des plans ou des axes de symétrie, on les prendra pour plans ou axes de coordonnées et l'on déterminera les moments d'inertie par rapport à ces axes qui seront les moments d'inertie principaux. Lorsque l'on n'aura aucune donnée sur la direction des axes principaux d'inertie, on prendra trois axes rectangulaires quelconques menés par le centre de gravité et l'on déterminera, par rapport à ce système de coordonnées, les six quantités désignées plus haut par les lettres A, B, C, D, E, F. On écrira l'équation de l'ellipsoïde central d'inertie, et, par les procédés de la géométrie analytique, on déterminera la direction de ses axes principaux. Rapportant l'ellipsoïde à ces axes, les coefficients de x^2, y^2, z^2 dans son équation seront, d'après ce qui vient d'être dit à la fin du n° 46, les moments d'inertie pricipaux, et le moment d'inertie par rapport à un axe quelconque mené par l'origine sera l'inverse du carré du rayon vecteur correspondant. Cela résulte de l'équation (3) du n° 44, page 95.

Nous allons donner quelques exemples simples de la détermination des moments d'inertie principaux de divers volumes ou surfaces, et nous admettrons toujours que l'on connaît à l'avance, par des considérations de symétrie, la direction des axes principaux.

Nous supposerons aussi, pour simplifier, que la densité ρ est constante et égale à l'unité.

Cette détermination se réduit alors à celle des trois sommes

(1) $A = \iiint (y^2 + z^2) dx\, dy\, dz$, $\quad B = \iiint (z^2 + x^2) dx\, dy\, dz$, $\quad C = \iiint (x^2 + y^2) dx\, dy\, dz$.

Il est quelquefois plus simple de calculer les suivantes :

(2) $\quad A_1 = \iiint x^2\, dx\, dy\, dz$, $\quad B_1 = \iiint y^2\, dx\, dy\, dz$, $\quad C_1 = \iiint z^2\, dx\, dy\, dz$,

et si l'on a ces trois dernières, les trois précédentes sont respectivement :

(3) $\quad A = B_1 + C_1, \quad B = C_1 + A_1, \quad C = A_1 + B_1.$

Dans le calcul des sommes A_1, B_1, C_1, on peut simplifier les intégrations en prenant pour élément de volume, non pas un parallélépipède infiniment petit en tous sens $dx\, dy\, dz$, mais une tranche infiniment mince comprise entre deux plans perpendiculaires à direction de celle des coordonnées qui figure dans la somme à calculer et dont l'étendue superficielle est supposée connue ou donnée en fonction de cette coordonnée.

Par exemple, pour calculer $A_1 = \iiint x^2\, dx\, dy\, dz$, coupons le volume dont il s'agit par un plan parallèle aux yz et à une distance x de l'origine, soit Ω_x la superficie de la section transversale faite par ce plan et supposons que Ω_x soit une fonction donnée de x, nous aurons évidemment :

(4) $\qquad A_1 = \iiint x^2\, dx\, dy\, dz = \int x^2\, \Omega_x\, dx.$

On obtiendra donc A_1 par une simple quadrature, et ainsi des autres.

On peut d'ailleurs remarquer qu'un moment d'inertie étant une somme de produits tous positifs, le moment d'inertie par rapport à un certain axe d'un volume composé de plusieurs parties sera la somme des moments d'inertie de ces diverses parties par rapport au même axe. Et si le volume en question peut être considéré comme la *différence* de deux autres volumes, son moment d'inertie sera de même la différence des moments d'inertie de ces deux volumes, par rapport au même axe.

Ces considérations, ainsi que la possibilité d'exprimer le

moment d'inertie par rapport à un axe en fonction du moment d'inertie par rapport à un axe parallèle mené par le centre de gravité, ou réciproquement, simplifie dans beaucoup de cas la recherche de la valeur des moments d'inertie.

49. Recherche de moments d'inertie de volumes. — Nous allons effectuer cette recherche pour quelques cas très simples.

1. *Parallélépipède rectangle.* — Le centre de figure d'un parallélépipède rectangle est évidemment son centre de gravité et les trois plans rectangulaires menés par ce point, parallèlement aux faces, sont des plans de symétrie. Les axes principaux d'inertie sont ainsi les intersections mutuelles de ces plans, ou bien les perpendiculaires abaissées du centre de gravité sur chacune des faces. Prenons ces axes pour axes de coordonnées x, y, z et soient a, b, c les longueurs des arêtes du parallélépipède respectivement parallèles à ces trois directions. Si nous coupons le parallélépipède par un plan quelconque perpendiculaire aux x, la section obtenue sera un rectangle dont la superficie Ω_x sera égale à bc ; nous aurons donc, d'après la formule (4), page 100 :

$$A_1 = \int x^2 \, \Omega_x \, dx = \int_{-\frac{a}{2}}^{+\frac{a}{2}} bc x^2 \, dx = \frac{a^3 bc}{12} = \frac{abc}{12} \cdot a^2.$$

On aurait de même, évidemment

$$B_1 = \frac{abc}{12} \cdot b^2 \qquad \text{et} \qquad C_1 = \frac{abc}{12} \cdot c^2 ;$$

et par conséquent les moment d'inertie principaux sont

$$(1)\ A = \frac{abc}{12}(b^2 + c^2), \quad B = \frac{abc}{12}(c^2 + a^2), \quad C = \frac{abc}{12}(a^2 + b^2).$$

Et les carrés des rayons de giration ρ_x, ρ_y, ρ_z auront pour expressions :

$$(2) \qquad \rho_x^2 = \frac{b^2 + c^2}{12}, \ \rho_y^2 = \frac{c^2 + a^2}{12}, \ \rho_z^2 = \frac{a^2 + b^2}{12}.$$

Si l'on considère l'une des quatre arêtes parallèles aux x, sa distance à l'axe des x est la racine carrée de $\frac{b^2}{4} + \frac{c^2}{4}$, et par suite le moment d'inertie par rapport à cette arête sera égal à A augmenté du produit du volume abc par $\frac{b^2+c^2}{4}$; si donc on désigne par A' ce moment d'inertie et de même par B' et C' les moments d'inertie par rapport aux arêtes parallèles aux y et aux z, on aura

$$(3) \quad A' = \frac{abc}{3}(b^2+c^2), \quad B' = \frac{abc}{3}(c^2+a^2), \quad C' = \frac{abc}{3}(a^2+b^2).$$

Ces moments d'inertie, par rapport aux arêtes, sont quadruples de ceux par rapport aux axes de figure correspondants.

On reconnaît facilement que les moments d'inertie par rapport aux quatre diagonales sont égaux, car les cosinus directeurs de l'une quelconque de ces diagonales ont pour carrés :

$$\cos^2\alpha = \frac{a^2}{a^2+b^2+c^2}, \quad \cos^2\beta = \frac{b^2}{a^2+b^2+c^2}, \quad \cos^2\gamma = \frac{c^2}{a^2+b^2+c^2}$$

et ils ne diffèrent que par le signe qui disparaît dans l'élévation au carré. En substituant ces valeurs dans l'équation générale (2) du n° 44 ci-dessus, on aura, pour la valeur I_D du moment d'inertie par rapport à l'une quelconque des diagonales du parallélépipède :

$$(4) \qquad I_D = \frac{abc}{6} \cdot \frac{b^2c^2 + c^2a^2 + a^2b^2}{a^2+b^2+c^2}.$$

Ces formules s'appliquent bien entendu lorsque deux ou trois des arêtes sont égales entre elles; dans ce dernier cas, $a = b = c$, tous les moments d'inertie par rapport à tous les axes passant par le centre de gravité sont égaux, puisque l'ellipsoïde d'inertie se réduit à une sphère.

2. *Sphère.* — Trois axes rectangulaires quelconques menés par le centre d'une sphère sont évidemment axes principaux d'inertie, puisque ce volume est symétrique dans tous les sens.

De plus, les trois moments d'inertie principaux sont égaux et chacun d'eux est égal au tiers de leur somme. On a ainsi :

$$A = B = C = \frac{1}{3} \iiint [(y^2 + z^2) + (z^2 + x^2) + (x^2 + y^2)] \, dx \, dy \, dz$$

$$= \frac{2}{3} \iiint (x^2 + y^2 + z^2) \, dx \, dy \, dz = \frac{2}{3} \iiint r^2 \, dx \, dy \, dz$$

en désignant par r la distance au centre de la sphère de l'élément $dx dy dz$ considéré.

Prenons pour élément de volume la couche sphérique d'épaisseur dr comprise entre la sphère de rayon r et celle de rayon $r + dr$, cet élément aura pour volume $4\pi r^2 dr$; en substituant cette valeur à $dx dy dz$ et faisant la somme depuis $r = 0$ jusqu'à $r = a$, si a est le rayon de la sphère, nous aurons :

$$(5) \qquad A = B = C = \frac{8\pi}{3} \int_0^a r^4 \, dr = \frac{8}{15} \pi a^5 = \frac{4}{3} \pi a^3 \cdot \frac{2}{5} a^2 \, ;$$

et pour la valeur du carré du rayon de giration ρ

$$(6) \qquad \rho^2 = \frac{2}{5} a^2 \cdot$$

Si la sphère est creuse, c'est-à-dire si le volume dont on cherche le moment d'inertie est une couche sphérique comprise entre deux sphères concentriques de rayons a et a', on aura, pour le moment d'inertie, par rapport à un axe quelconque passant par le centre, d'après la remarque du bas de la page 100 :

$$A = B = C = \frac{8}{15} \pi (a^5 - a'^5)$$

et le carré du rayon de giration sera

$$\rho^2 = \frac{2}{5} \frac{a^5 - a'^5}{a^3 - a'^3}.$$

3. *Ellipsoïde.* — Soient a, b, c les longueurs des trois demi-axes principaux qui coïncident, en raison de la symétrie, avec les axes principaux d'inertie. Prenons ces directions pour axes coordonnés ; l'équation de l'ellipsoïde est

$$\frac{x^2}{a^2} + \frac{y^2}{b^2} + \frac{z^2}{c^2} = 1.$$

La section faite par un plan perpendiculaire aux x est l'ellipse

$$\frac{y^2}{b^2} + \frac{z^2}{c^2} = 1 - \frac{x^2}{a^2}$$

dont la superficie Ω_x est

$$\Omega_x = \pi\, bc \left(1 - \frac{x^2}{a^2} \right).$$

Nous en déduisons. en appliquant toujours la formule (4) du n° 48, page 100 :

$$A_1 = \int x^2\, \Omega_x\, dx = \pi\, bc \int_{-a}^{+a} x^2 \left(1 - \frac{x^2}{a^2} \right) dx = \frac{4}{15}\,\pi\, abc .\, a^2,$$

et, de même :

$$B_1 = \frac{4}{15}\,\pi\, abc .\, b^2, \quad C_1 = \frac{4}{15}\,\pi\, abc .\, c^2.$$

Par suite :

$$(7)\, A = \frac{4}{15}\pi\, abc(b^2 + c^2), \quad B = \frac{4}{15}\pi\, abc(c^2 + a^2), \quad C = \frac{4}{15}\pi\, abc(a^2 + b^2).$$

Les carrés des rayons de giration sont alors, respectivement :

$$(8)\quad \rho_x^2 = \frac{b^2 + c^2}{5} \quad , \quad \rho_y^2 = \frac{c^2 + a^2}{5} \quad , \quad \rho_z^2 = \frac{a^2 + b^2}{5}.$$

4. *Cylindre circulaire.* — Dans un cylindre droit, à base circulaire, l'axe de figure est axe principal d'inertie, et il en est de même de deux droites perpendiculaires entre elles et à cette ligne, menées par son milieu qui est le centre de gravité du volume.

Ces trois directions étant prises pour axe coordonnés, l'axe des z étant celui du cylindre, une section Ω_x faite par un plan perpendiculaire aux x sera, si h est la hauteur du cylindre et a le rayon de sa base, un rectangle $h\sqrt{a^2 - x^2}$ et l'on aura

$$A_1 = \int_{-a}^{+a} hx^2 \sqrt{a^2 - x^2}\, dx = \frac{\pi a^4 h}{4}.$$

De même, évidemment,

$$B_1 = \frac{\pi a^3 h}{4}.$$

Enfin, si nous coupons par un plan perpendiculaire aux z, la section Ω_z sera un cercle πa^2 et nous aurons :

$$C_1 = \int_{-\frac{h}{2}}^{+\frac{h}{2}} \Omega_z\, dz = \pi\, a^2 \int_{-\frac{h}{2}}^{+\frac{h}{2}} z^2\, dz = \frac{\pi a^2 h^3}{12}.$$

Nous en déduisons :

(9) $$A = B = \frac{\pi a^2 h}{4}\left(a^2 + \frac{h^2}{3}\right), \quad C = \frac{\pi a^2 h}{2}\cdot a^2.$$

Les carrés des rayons de giration ont par suite pour valeurs :

(10) $$\rho_x{}^2 = \rho_y{}^2 = \frac{1}{4}\left(a^2 + \frac{h^2}{3}\right), \quad \rho_z{}^2 = \frac{a^2}{2}.$$

Le moment d'inertie de ce même cylindre par rapport à une de ses génératrices sera, d'après ce qui précède, si on le représente par I_u :

(11) $$I_u = C + \pi a^2 h \cdot a^2 = \pi a^2 h \cdot \frac{3\,a^2}{2};$$

il est par conséquent triple du moment d'inertie par rapport à l'axe.

50. Moments d'inertie de surfaces. — Nous ne donnons pas d'exemple de la détermination du mouvement d'inertie de surfaces. La connaissance de ces moments d'inertie n'a guère d'intérêt pour la mécanique proprement dite ; elle sert surtout dans la théorie de la résistance des matériaux, et nous nous bornons à renvoyer aux traités spéciaux de cette branche de la mécanique appliquée. La détermination du moment d'inertie des surfaces s'effectue d'ailleurs absolument de la même manière que celle du moment d'inertie des volumes.

DEUXIÈME PARTIE

——

CINÉMATIQUE

——

CHAPITRE III

ÉTUDE GÉNÉRALE DU MOUVEMENT D'UN POINT

SOMMAIRE :

§ 1

DE LA VITESSE

51. Objet de la cinématique. — La *cinématique* étudie le mouvement au point de vue géométrique. Elle introduit cependant une notion nouvelle : *le temps*, dont on ne tient pas compte dans les mouvements qu'étudie la géométrie ordinaire, tels que ceux de points engendrant des lieux géométriques, de lignes engendrant des surfaces, etc.

Le temps, pas plus que l'espace, n'est susceptible de définition. Le temps, comme l'espace, est partout semblable à lui-même, et *infini*. Nous ne pouvons nous en faire une idée précise qu'en y supposant [1] des repères ou époques fixes à partir desquels nous mesurons, au moyen d'une unité arbitraire, les distances d'autres repères ou époques déterminés

L'unité de temps sera un intervalle de temps compris entre deux instants bien définis.

La notion du temps est d'ailleurs nécessairement liée à celle du mouvement : si nous supposions immobiles tous les points de l'univers, il nous serait impossible de nous faire aucune idée du temps. Nous pourrons définir un *instant* par l'époque du passage d'un certain point mobile en un lieu déterminé de l'espace.

L'unité de temps la plus généralement usitée en mécanique est la *seconde* : intervalle entre deux passages successifs, par la verticale, d'un pendule simple dont la longueur serait, à Paris, de 0ᵐ99384.

Soixante secondes font une minute ; soixante minutes font une heure, et vingt-quatre heures forment un jour solaire moyen, qui est l'unité de temps usitée en astronomie et qui contient ainsi 86,400 secondes. [2]

Un instant sera donc défini par le nombre *t* de secondes ou fractions de secondes qui séparent cet instant d'un autre, pris pour origine des temps et que l'on appelle un instant *initial*.

52. Mouvement d'un point. Trajectoire. — Nous étudierons d'abord le mouvement d'un point.

Le lieu des positions successives d'un point, dans l'espace, porte le nom de *trajectoire* de ce point. Le mouvement du point est dit *rectiligne, curviligne, circulaire, parabolique*, etc., suivant que la trajectoire est une ligne droite, une courbe quelconque, une circonférence de cercle, une parabole, etc.

Si la trajectoire d'un point est connue et si, à chaque instant, on connaît la position du point sur cette trajectoire, on

---

1. Je n'examinerai pas la question, surtout métaphysique, de savoir si cette hypothèse est ou non compatible avec la réalité. J'admets, provisoirement, qu'il puisse exister pour l'espace et pour le temps des repères fixes par rapport auxquels j'étudie les lois du mouvement que l'on appelle le mouvement absolu. Ces lois serviront à établir celles des mouvements relatifs, ou par rapport à des repères mobiles, les seuls que nous puissions réellement observer.

2. Le jour sidéral, plus court que le jour solaire moyen, n'est que de 86.164ˢ09.

connaît la *loi* du mouvement du point. La position du point mobile sur sa trajectoire peut se définir par la longueur de l'arc de cette courbe qui sépare le point mobile d'un autre point, fixe, pris pour origine.

Soit AB (fig. 55) la trajectoire d'un point mobile, O un point fixe pris arbitrairement sur cette ligne et M la position du mobile à une époque quelconque *t*. Désignons par *s* la longueur de l'arc OM, comptée positivement dans un certain sens, de O vers B par exemple, et négativement en sens contraire, de O vers A. La position du mobile sera connue lorsque l'on connaîtra l'arc *s*; et si l'on connaît, en même temps, la relation :

$$(1) \qquad s = f(t)$$

qui lie l'arc *s* au temps *t*, c'est-à-dire qui détermine *s* pour toutes les valeurs de *t*, on connaîtra la loi du mouvement. L'équation $s = f(t)$ est dite l'équation du mouvement du point.

Le mouvement est *direct* lorsqu'il s'effectue dans la direction suivant laquelle on compte les *s* positifs, c'est-à-dire de A vers B. Il est *rétrograde* dans le cas contraire, ou lorsque le point marche dans le sens BA.

53. Vitesse. — Considérons deux positions successives M, M′ du point mobile. Appelons Δ*s* la longueur de l'arc MM′ et Δ*t* l'intervalle de temps qui sépare le passage du mobile à ces deux positions. Le rapport $\frac{\Delta s}{\Delta t}$ est la *vitesse moyenne* du point pendant l'intervalle de temps Δ*t*. Et si les positions M, M′ deviennent infiniment voisines, l'intervalle Δ*t* devenant infiniment petit, la limite de ce rapport est la *vitesse* du point mobile au point M ou à l'époque correspondante. On a ainsi, en désignant par *v* la vitesse à un instant quelconque du mouvement:

$$(4) \qquad v = \frac{ds}{dt} = f'(t).$$

La vitesse est la dérivée de l'espace par rapport au temps.

Si au lieu de supposer le mouvement direct, nous l'avions supposé rétrograde, c'est-à-dire si, à l'époque $t + \Delta t$, la valeur de l'arc s était plus petite qu'à l'époque t, nous aurions eu pour Δs une valeur négative, et par suite une valeur négative pour le rapport $\frac{\Delta s}{\Delta t}$ et aussi pour sa limite $\frac{ds}{dt}$ ou v. La vitesse est donc positive lorsque le mouvement est direct, et négative lorsqu'il est rétrograde.

L'arc s étant défini en fonction de t par l'équation du mouvement $s = f(t)$, nous pouvons développer la valeur de Δs par la formule de Taylor :

$$(2) \qquad \Delta s = f'(t) . \Delta t + f''(t) . \frac{\Delta t^2}{1.2} + \cdots = v . \Delta t + m \Delta t^2,$$

en mettant, à partir du second terme, Δt^2 en facteur commun et en désignant par m l'ensemble des termes par lesquels il est multiplié. Nous en déduisons :

$$\frac{\Delta s}{\Delta t} = v + m \Delta t.$$

La limite du rapport $\frac{\Delta s}{\Delta t}$ est toujours égale à v quelles que soient les quantités infiniment petites du second ordre que l'on aurait ajoutées à Δs. Des points qui, dans un intervalle de temps infiniment petit du premier ordre, parcourent des espaces ne différant que de quantités infiniment petites du second ordre, ont donc la même vitesse au commencement de cet intervalle; et réciproquement.

Il résulte aussi du développement qui précède que si, à une époque quelconque, la vitesse s'annule, l'espace Δs parcouru, pendant l'intervalle de temps Δt qui suivra, sera un infiniment petit du second ordre, lorsque cet intervalle sera infiniment petit du premier ordre.

La réciproque est également évidente : si, pendant un intervalle de temps infiniment petit du premier ordre, l'espace parcouru est infiniment petit du second ordre, c'est que la vitesse était nulle au commencement de cet intervalle. Car puisque l'on a :

$$\Delta s = v \, \Delta t + m \, \Delta t^2$$

l'espace Δs ne peut être infiniment petit du second ordre que si $v = 0$.

Les points où la vitesse s'annule correspondent aux valeurs maximum ou minimum de la fonction $s = f(t)$. Généralement, la vitesse change de signe en passant par zéro, c'est-à-dire que le mouvement direct devient rétrograde ou inversement.

Un mouvement qui présente de pareils changements dans le signe de la vitesse s'appelle mouvement *alternatif*. Les valeurs maximum ou minimum de s marquent les points en deçà ou au-delà desquels le mobile reste pendant la période de temps considérée et qu'il ne dépasse pas. Ce sont les limites des *excursions* du mobile. Un mouvement peut présenter plusieurs alternances successives, chacune d'elles ayant une limite d'excursion distincte.

54. Représentation graphique d'un mouvement. — L'équation $s = f(t)$ qui donne la loi du mouvement peut être représentée par une courbe.

Prenons deux axes rectangulaires, OT, OS (fig. 56). Portons

Fig. 56.

sur le premier des longueurs OP proportionnelles aux temps t et, aux extrémités de ces longueurs, des ordonnées PM proportionnelles aux espaces s mesurés à partir d'une origine quelconque. Le lieu des points M est une certaine courbe AB, qui, comme l'équation $s = f(t)$ elle-même, définira la loi du mouvement.

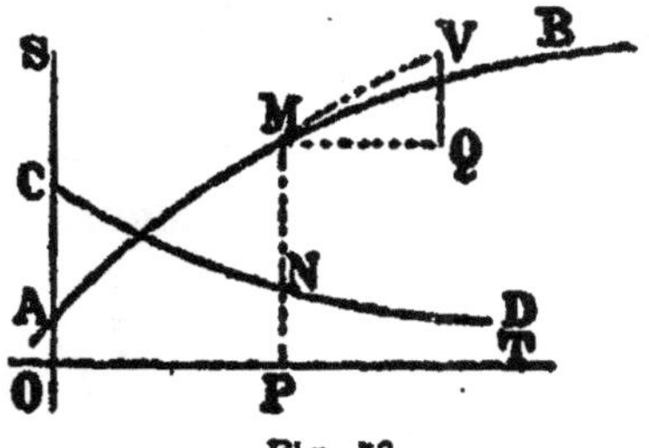

La courbe AB, ainsi construite, porte le nom de courbe des espaces ; elle n'a évidemment aucun rapport de forme avec la trajectoire du mobile.

La vitesse à l'époque t, correspondant à l'abscisse OP, dérivée de l'espace par rapport au temps, ou de l'ordonnée de

cette courbe par rapport à son abscisse, sera représentée par le
rapport des deux longueurs VQ et MQ des côtés d'un triangle
rectangle MQV, parallèles aux axes coordonnés et dont l'hypoténuse serait la tangente MV à la courbe des espaces au point
M : ces deux longueurs VQ et MQ étant d'ailleurs mesurées aux
échelles adoptées respectivement pour les temps t et pour les
espaces ou ordonnées s. La vitesse ne serait numériquement
égale au coefficient angulaire de la tangente MV que si l'on avait
pris des échelles égales pour les deux coordonnées, c'est-à-
dire si l'unité d'espace et l'unité de temps étaient représentées
par une même longueur.

La vitesse, quotient d'une longueur par un intervalle de
temps, est ainsi une quantité d'une nature particulière. Elle
pourrait être mesurée au moyen d'une vitesse-unité à laquelle
on comparerait les autres et qui pourrait être choisie arbitrairement. Mais ce n'est pas ainsi que l'on estime, en général,
les vitesses. Dans l'énonciation de leur grandeur on rappelle
toujours les deux unités de longueur et de temps qui ont servi
à les déterminer ; c'est ainsi que l'on dit qu'un certain mobile a
une vitesse de cinq mètres par seconde ; de dix-huit kilomè-
tres à l'heure ; de trois hectomètres à la minute, etc. Mais il
faut une réflexion ou un calcul pour s'apercevoir que les vitesses ainsi définies sont égales.

Si, en général, v représente la valeur numérique de la vitesse d'un mobile, exprimée au moyen d'une certaine unité de
longueur et d'une certaine unité de temps, il est facile de trouver le nombre v' exprimant la même vitesse lorsque l'on aura
pris d'autres unités.

La vitesse v est exprimée par le rapport d'une longueur L à
un temps T ; soit $v = \dfrac{L}{T}$. Si la nouvelle unité de longueur est λ
fois plus petite que celle qui a été adoptée pour mesurer la longueur L, cette même longueur sera exprimée par λL ; de même,
si la nouvelle unité de temps est τ fois plus petite que la première, le même temps, au lieu d'être exprimé par T, le sera
par τT, et par suite la nouvelle expression v' de la vitesse
sera :

(4) $$v' = \frac{\lambda L}{\tau T} = v\frac{\lambda}{\tau} = v.\lambda^1\tau^{-1}.$$

On passera donc du nombre exprimant la vitesse dans le premier système d'unités au nombre exprimant la même vitesse dans le second système, en multipliant le premier nombre par le rapport des unités de longueur et par l'inverse du rapport des unités de temps.

C'est ce que l'on exprime en disant que la vitesse est du degré 1 en longueur et du degré — 1 en temps.[1]

La vitesse, dans un mouvement quelconque, étant exprimée par une fonction $f'(t)$ du temps, on peut, comme on l'a fait pour l'espace parcouru s, la représenter par une courbe dont les abscisses seront proportionnelles aux intervalles de temps t écoulés depuis l'instant initial et dont les ordonnés en chaque point seront proportionnelles aux vitesses. On aura ainsi construit la *courbe des vitesses*. On peut la tracer sur les mêmes axes que la courbe des espaces : ce sera alors une courbe telle que CD (fig. 56) dont les ordonnées PN pourront être prises égales aux longueurs VQ interceptées, sur des ordonnées menées à une distance constante MQ d'un point quelconque M, par l'horizontale MQ de ce point et par la tangente MV à la courbe des espaces.

Si MQ est pris égal à la lo gueur qui représente l'unité de temps, l'ordonnée VQ ou PN sera, à l'échelle des espaces, la valeur de la vitesse à l'époque considérée.

1. La vitesse était autrefois considérée comme une qualité temporaire du mobile, un pouvoir dont il était doué, et l'espace parcouru n'était que l'effet de ce pouvoir ou la manifestation de cette qualité. Ainsi, on peut lire dans le Traité de Mécanique de Poisson, 2º édition, nº 112 : « Un mouvement uniforme diffère d'un autre par la grandeur de l'espace parcouru dans l'unité de temps. Dans chaque mouvement uniforme, cet espace constant est ce qu'on appelle la *vitesse* du mobile ; mais, pour parler plus exactement, cet espace n'est que la mesure de la vitesse, et non pas la vitesse elle-même. La vitesse d'un point matériel en mouvement est une chose qui réside en ce point, dont il est animé, qui le distingue actuellement d'un point matériel en repos et n'est pas susceptible d'une autre définition. »

Aujourd'hui, bien qu'on dise encore qu'un mobile est *animé* d'une certaine vitesse, on n'emploie cette expression qu'au figuré et sans y attacher aucune idée de cause occulte. On considère simplement l'effet observable, c'est à dire le déplacement du mobile et la durée de ce déplacement, et la vitesse est le rapport de ces deux quantités concrètes.

La vitesse OC à l'époque $t = 0$, ou à l'instant initial, porte le nom de *vitesse initiale*.

La représentation graphique de la loi d'un mouvement, que nous venons de faire connaître, non seulement permet d'en reconnaître les diverses particularités plus facilement qu'on ne pourrait le faire par le procédé analytique, mais elle donne aussi, dans certains cas, le moyen de trouver approximativement cette loi, lorsque les méthodes analytiques se trouvent en défaut.

Supposons, par exemple, qu'un mouvement se trouve défini par une relation entre le temps, l'espace parcouru et la vitesse, exprimée par

(1) $$F (s, v, t) = 0.$$

Il faut en déduire la loi du mouvement, c'est-à-dire l'expression de s en fonction de t, ou $s = f(t)$.

Supposons l'équation précédente résolue par rapport à v et mise sous la forme

(2) $$v = \varphi (s, t) \quad \text{ou} \quad \frac{ds}{dt} = \varphi (s, t)$$

l'expression cherchée, $s = f(t)$ est évidemment le résultat de l'intégration de cette équation différentielle, opération qui peut être impossible analytiquement. C'est alors que l'on peut arriver au résultat d'une façon approximative par le procédé graphique.

Supposons connues, outre l'équation $F (s, v, t) = 0$ ou $v = \varphi(s, t)$, la position et la vitesse du mobile à une époque quelconque de son mouvement, que nous prendrons pour instant initial. Ayant pris deux axes de coordonnées rectangulaires OS, OT (fig. 57), portons sur OS une longueur OM représentant à l'instant initial, la distance du mobile au point d'origine à partir duquel on compte les espaces sur la trajectoire, et au point M menons la ligne MV dans une direction telle qu'elle représente la vi-

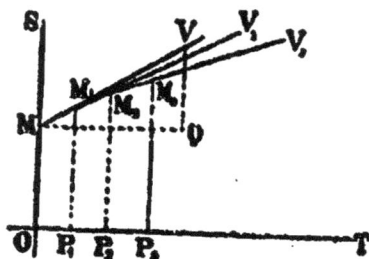

Fig. 57.

tesse initiale. En d'autres termes, à une distance horizontale MQ du point M, égale à l'unité, menons une ordonnée QV représentant la vitesse initiale et joignons MV ; nous aurons la direction de la tangente à la courbe des espaces au point M. Prenons une abscisse OP_1, représentant un intervalle de temps très petit Δt, et mesurons l'ordonnée P_1M_1 ; cette ordonnée ne différera, de l'ordonnée de la courbe inconnue, que d'une petite quantité de l'ordre de Δt^2. Nous pourrons donc, approximativement, prendre cette ordonnée P_1M_1 pour la valeur s_1 de s correspondant à la valeur Δt du temps. Cela admis, portons ces valeurs s_1 et Δt dans l'équation $v = \varphi(s, t)$, c'est-à-dire calculons la valeur

$$v_1 = \varphi(s_1, \Delta t),$$

elle ne différera aussi que d'une quantité très petite de l'ordre de Δt^2, de la valeur véritable de la vitesse à l'époque Δt. Menons par le point M_1 la ligne M_1V_1 dans une direction représentant cette vitesse, et opérons sur M_1V_1 comme nous avons opéré sur MV, nous obtiendrons ainsi, de proche en proche, une suite de lignes MV, M_1V_1, M_2V_2,.... qui ne différeront pas beaucoup des tangentes à la courbe des espaces. Nous pourrons donc, approximativement, prendre l'enveloppe de ces droites pour la courbe des espaces cherchée et nous aurons ainsi une représentation approchée de la loi du mouvement.

Il est inutile de dire que si l'équation $F(s, v, t) = 0$ peut être mise sous la forme $v = f(t)$ ou $v = \varphi(s)$, une simple quadrature donnera la loi du mouvement. On a en effet, dans le premier cas

$$(3) \qquad v = \frac{ds}{dt} = f(t), \qquad \text{d'où} \qquad s = \int_0^t f(t)\,dt ;$$

et dans le second

$$(4) \qquad v = \frac{ds}{dt} = \varphi(s) \qquad \text{d'où} \qquad t = \int_{s_0}^s \frac{\varphi(s)}{ds}.$$

Les méthodes approximatives de quadrature, celle de Simpson, par exemple, pourront être employées lorsque l'intégration ne sera pas possible analytiquement.

55. Mouvement uniforme. — Le mouvement est dit uniforme lorsque la vitesse est constante, ou que l'espace parcouru varie proportionnellement au temps. La loi du mouvement uniforme est définie par l'équation

(1) $$s = a + bt,$$

dans laquelle a et b sont des constantes. Elle donne bien

(2) $$\frac{ds}{dt} \quad \text{ou} \quad v = b.$$

La courbe des espaces est alors une ligne droite telle que

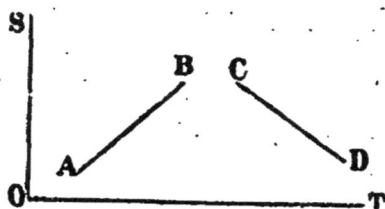

Fig. 58.

AB (fig. 58), si le mouvement est direct, et telle que CD si le mouvement est rétrograde. La vitesse étant constante ne peut ni s'annuler ni changer de signe, le mouvement uniforme ne présente donc jamais d'alternative : il est toujours direct ou toujours rétrograde.

Un mouvement uniforme est déterminé lorsque l'on connaît les positions du mobile à deux époques données ; ce qui équivaut à connaître deux points de la droite qui en représente la loi. Si s_1, s_2 sont les distances du mobile à l'origine des s aux époques t_1 et t_2, on aura, pour déterminer les constantes a et b, les deux équations :

$$s_1 = a + bt_1 \quad , \quad s_2 = a + bt_2 ;$$

D'où, ayant tiré les valeurs de ces constantes, on déduira l'équation du mouvement sous la forme :

(3) $$s - s_1 = \frac{s_2 - s_1}{t_2 - t_1} (t - t_1).$$

La vitesse étant constante est, alors, le rapport constant de l'espace parcouru $s_2 - s_1$ au temps $t_2 - t_1$ employé à le parcourir ; c'est aussi l'*espace parcouru pendant l'unité de temps.*

Cette dernière définition de la vitesse est fort usitée.

On voit d'ailleurs, par ce qui précède, que l'équation du mouvement uniforme est du premier degré, ou linéaire en *t*, et que, réciproquement, toute fonction $s = f(t)$ linéaire en *t* représente un mouvement uniforme.

Il est inutile de faire remarquer que les droites telles que AB, CD, représentant des mouvements uniformes sont d'autant plus inclinées sur l'horizontale que les mouvements sont plus rapides, ou que la vitesse est plus grande. Les graphiques de la marche des trains, usités dans les services d'exploitation des chemins de fer et bien familiers aux ingénieurs, sont la représentation des mouvements uniformes dont on suppose les trains animés entre deux points d'arrêt successifs.

86. Mouvement varié. — Tout mouvement qui n'est pas uniforme est *varié*. La variété des mouvements est infinie : une courbe quelconque rapportée à deux axes rectangulaires peut être prise comme courbe des espaces et représenter la loi d'un mouvement. Seulement, cette courbe ne peut avoir deux points sur une même ordonnée : un même mobile ne peut, à une même époque, occuper deux positions différentes. A part cette restriction, toute courbe peut être prise pour représenter un mouvement varié.

Le mouvement varié est dit *accéléré* lorsque la vitesse croît en valeur absolue avec le temps ; il est *retardé* lorsque la valeur absolue de la vitesse décroît quand le temps augmente. Le mouvement sera donc accéléré ou retardé suivant que le carré v^2 de la vitesse croîtra ou décroîtra.

Or, le caractère d'une fonction croissante ou décroissante est le signe de sa dérivée : si la dérivée de v^2, ou le produit $v \dfrac{dv}{dt}$ est positif, la fonction v^2 croîtra et le mouvement sera accéléré ; il sera retardé si ce produit est négatif. Par conséquent, on reconnaîtra, analytiquement, qu'un mouvement est accéléré quand la vitesse v et la dérivée $\dfrac{dv}{dt}$ de la vitesse par rapport au temps seront de même signe ; lorsque ces deux quantités v et $\frac{dv}{dt}$ seront de signe contraire, le mouvement sera retardé.

Graphiquement, le signe de $\frac{dv}{dt}$ est donné par le sens de la courbure de la courbe des espaces, puisque $\frac{dv}{dt} = \frac{d^2s}{dt^2}$ est la dérivée seconde de l'ordonnée par rapport à l'abscisse. Si l'on considère les quatre directions possibles de la courbure d'une branche de courbe, AA, BB, CC, DD (fig. 59), on reconnaît que, dans les deux premières, AA, BB, le mouvement est direct, la vitesse v est positive ; et qu'au contraire le mouvement est rétrograde, ou la vitesse négative dans les deux autres : CC, DD. Dans la première AA et dans la quatrième DD, la courbure est positive, ou $\frac{dv}{dt}$ est positive ; elle est au contraire négative dans la seconde BB et dans la troisième CC : il en résulte que les mouvements représentés par AA et par CC sont tous deux accélérés, l'un dans le sens direct, l'autre dans le sens rétrograde ; et que ceux que représentent les branches BB et DD sont tous deux retardés, l'un direct et l'autre rétrograde.

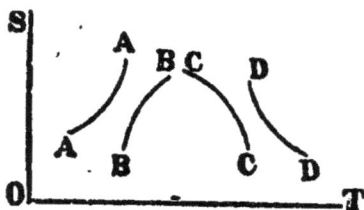

Fig. 59.

57. Mouvement uniformément varié. — De tous les mouvements variés, le plus simple, dont nous allons dire quelques mots, est le mouvement uniformément varié. Il est défini par l'équation différentielle

(1)
$$dv = c.dt,$$

c étant une constante positive ou négative ; c'est-à-dire que la vitesse croît ou décroît proportionnellement au temps. La vitesse est donc une fonction linéaire du temps : cette équation donne en effet

(2)
$$v - v_0 = c.t$$

en appelant v_0 la vitesse à l'instant $t = 0$, que l'on appelle vitesse *initiale*. Mettons pour v sa valeur $\frac{ds}{dt}$, il vient

(3)
$$\frac{ds}{dt} = v_0 + ct$$

et, par une nouvelle intégration,

(4)
$$s = a + v_0 t + \frac{1}{2} ct^2.$$

a étant une nouvelle constante, valeur de s pour $t = 0$. La courbe des espaces est ainsi une parabole du second degré à axe vertical (parallèle à l'axe des s) et dont la concavité est dirigée vers les s positifs comme BAC (fig. 60), ou vers les s négatifs, comme la courbe A', suivant que la constante c est elle-même positive ou négative.

La courbe des vitesses est, dans le premier cas une droite bc, dans le second une droite $b'c'$. Un mouvement uniformément varié présente donc toujours deux phases, l'une pendant laquelle il est direct, l'autre pendant laquelle il est rétrograde ; car la vitesse change de signe en passant par zéro, au point (a ou a') où la droite qui la représente coupe l'une des abscisses. L'instant qui sépare

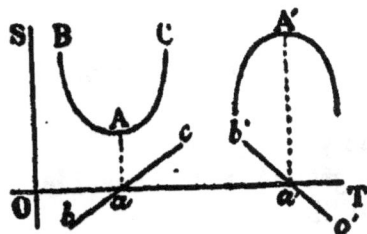

Fig. 60.

ces deux phases correspond à l'époque :

(5)
$$t = -\frac{v_0}{c}$$

et l'ordre de succession de ces deux phases est donné par le signe de c. Lorsque c est positif, le mouvement, d'abord rétrograde, devient direct après cette époque, et c'est le contraire lorsque c est négatif. Quel que soit d'ailleurs le signe de c, le mouvement est retardé dans la première phase et accéléré dans la seconde.

Nous pouvons remarquer que si, réciproquement, l'espace parcouru par un mobile est exprimé par une fonction du second degré du temps, son mouvement est uniformément varié. La vitesse s'exprime alors en effet par une fonction linéaire du temps.

Si dans l'équation (4), on remplace c par sa valeur $\dfrac{v - v_0}{t}$ tirée de (2), on obtient :

$$(6) \qquad s = a + \frac{v_0 + v}{2} . t$$

c'est-à-dire que, dans un mouvement uniformément varié, l'espace parcouru pendant un intervalle de temps quelconque est le même que si le mobile avait été animé d'une vitesse constante égale à la demi-somme des vitesses qu'il avait réellement au commencement et à la fin de cet intervalle.

Lorsque l'on mesure l'espace et le temps à partir du point où la vitesse s'annule, ce qui revient à placer l'origine des coordonnées au point A ou au point A', l'équation du mouvement devient simplement :

$$(7) \qquad s = \frac{1}{2} ct^2 \qquad \text{avec} \qquad v = ct.$$

Et alors, la vitesse est proportionnelle au temps, et l'espace au carré du temps.

On sait que ces équations, lorsqu'on y met pour c la valeur $g = 9^m 8088$ de l'accélération due à la gravité, représentent le mouvement d'un corps pesant tombant librement dans le vide. Si l'on appelle h la hauteur de chute ($h = s$), on peut, en éliminant t, exprimer la vitesse en fonction de h et l'on a :

$$v = \sqrt{2gh}$$

c'est ce que l'on appelle la *vitesse due* à la hauteur h.

L'équation générale du mouvement uniformément varié :

$$s = a + v_0 t + \frac{1}{2} ct^2,$$

renferme trois coefficients constants, a, v_0, c; il suffit, donc, lorsqu'on sait que le mouvement d'un point mobile est uniformément varié, d'avoir observé sa position à trois époques

distinctes, la trajectoire étant d'ailleurs connue, pour avoir la
loi du mouvement de ce point. Si, en effet, l'on a mesuré, aux
époques t_0, t_1, t_2, les espaces s_0, s_1, s_2 compris, à chacune de
ces époques, entre la position du point mobile et un point fixe
pris pour origine, on aura trois équations du premier degré
en a, v, et c qui permettront de déterminer ces coefficients et
par suite la loi du mouvement.

S'il s'agit du mouvement vertical d'un point pesant à la surface de la terre (abstraction faite de la résistance de l'air) mouvement uniformément varié dans lequel le coefficient c de t^2 a
une valeur connue g, il n'y a plus alors que deux coefficients
inconnus et il suffit par suite de l'observation du mobile en
deux points pour déterminer toutes les circonstances de son
mouvement.

Comme exemple ou application de ce qui précède, nous
résoudrons le problème classique de la détermination de la
profondeur d'un puits ou de la hauteur d'un édifice par le temps
qui s'écoule entre le moment où un corps pesant est abandonné
à lui-même à la partie supérieure et l'instant où le bruit de sa
chute arrive à l'oreille de l'observateur. On suppose la chute
de ce corps régie par la loi du mouvement uniformément
varié,

$$h = \frac{1}{2} g t^2 \; ;$$

équation dans laquelle g a la valeur indiquée ci-dessus, c'est-
à-dire que l'on fait abstraction de la résistance de l'air et on
suppose connue la vitesse uniforme de la propagation du son
dans l'air, que nous désignerons par v [1]. Alors, si H est la
hauteur inconnue, $\frac{H}{v}$ sera le temps que le son aura mis à venir
à l'oreille de l'observateur, et $\sqrt{\frac{2H}{g}}$ celui de la chute du corps
pesant. C'est la somme de ces durées qui a été observée et que
nous désignerons par T, nous aurons alors :

1. La vitesse du son dans l'air, à la température 0° est d'environ $330^m,7$
par seconde. Elle s'accroît de $0^m,626$ par chaque degré d'élévation de
température. A 15° elle est donc d'environ 340 mètres par seconde.

$$\frac{H}{v} + \sqrt{\frac{2H}{g}} = T.$$

La hauteur H inconnue se déterminera par la résolution de cette équation qui est du second degré par rapport à $\sqrt{H}$. Les deux racines sont de signe contraire et l'on reconnaîtra facilement que la racine positive, seule, répond à la question.

On aura ainsi :

$$\sqrt{H} = \sqrt{\frac{v^2}{2g}} \left(\sqrt{1 + \frac{2gT}{v}} - 1 \right),$$

ou, en élevant au carré :

$$H = \frac{v^2}{2g} \left(\sqrt{1 + \frac{2gT}{v}} - 1 \right)^2.$$

59. Mouvement périodique. — Un autre mouvement varié dont nous dirons quelques mots est le mouvement *périodique*. A des intervalles de temps égaux, le point mobile repasse par les mêmes positions de l'espace et y reprend les mêmes vitesses. Chacun de ces intervalles est la *période* du mouvement. Le type le plus simple est le mouvement défini par l'équation :

(1) $$s = A \sin \alpha t,$$

A et α étant deux constantes. Lorsque l'angle αt augmente de 2π, c'est-à-dire lorsque t augmente de $\frac{2\pi}{\alpha}$, le sinus de cet angle reprend la même valeur et par suite le mobile repasse au même point de sa trajectoire. La vitesse, exprimée par :

(2) $$v = \frac{ds}{dt} = A \alpha \cos \alpha t$$

reprend aussi les mêmes valeurs après des intervalles tels que αt soit augmenté de 2π, de sorte que la période de ce mouvement est :

(3) $$T = \frac{2\pi}{\alpha}.$$

L'espace s atteint son maximum A pour $t = \frac{\pi}{2\alpha} + \frac{2n\pi}{\alpha}$ et son minimum, — A, pour $t = \frac{3\pi}{2\alpha} + \frac{2n\pi}{\alpha}$. A ces deux instants, la vitesse s'annule et change de signe : le mouvement, de direct, devient rétrograde ou inversement. Le mobile exécute donc, de part et d'autre de l'origine, des oscillations dont l'amplitude totale est 2A.

La courbe du mouvement est alors la sinusoïde représentée par l'équation :

$$(4) \qquad s = A \sin \frac{2\pi t}{T}.$$

Une courbe quelconque, coupant l'axe des abscisses en deux points donnés, peut, comme on le sait, être reproduite entre ces deux points par la superposition d'une infinité de sinusoïdes de même amplitude, de sorte que l'équation d'un mouvement périodique quelconque, de période T, peut, quel que soit ce mouvement dans l'étendue de chaque période, être mise sous la forme :

$$(5) \quad s = A_0 + A_1 \cos \frac{2\pi t}{T} + A_2 \cos \frac{4\pi t}{T} + \dots A_n \cos \frac{2n\pi t}{T} + \dots$$
$$+ B_1 \sin \frac{2\pi t}{T} + B_2 \sin \frac{4\pi t}{T} + \dots + B_n \sin \frac{2n\pi t}{T} + \dots$$

et si la courbe, dans l'étendue d'une période T, peut être représentée par une équation connue $s = \varphi(t)$, les coefficients $A_1, A_2 \dots B_1, B_2 \dots$ se déterminent par la règle ordinaire de Fourier, c'est-à-dire que l'on a, quel que soit n :

$$(6) \quad \begin{cases} A_n = \dfrac{2}{T} \displaystyle\int_{-\frac{T}{2}}^{\frac{T}{2}} \varphi(t) \cos \dfrac{2n\pi t}{T}\, dt. \\[2em] B_n = \dfrac{2}{T} \displaystyle\int_{-\frac{T}{2}}^{\frac{T}{2}} \varphi(t) \sin \dfrac{2n\pi t}{T}\, dt. \end{cases}$$

59. Mouvement périodiquement uniforme. — Désignons pour abréger par $f(t)$ l'expression qui forme le second membre de l'équation (5) ci-dessus (n° 58), et considérons le mouvement représenté par :

$$(1) \qquad s = a + bt + f(t),$$

a et *b* étant deux constantès. A la fin de chaque période T, le point mobile se trouvera dans la position qu'il aurait occupée si, pendant la période considérée, il s'était déplacé d'un mouvement uniforme, $s = a + bt$. Le mouvement, ainsi défini, est dit *périodiquement uniforme*. Il est représenté par une ligne sinusoïdale telle que ABA_1B_1 (fig. 61), tracée de part et d'autre d'une droite inclinée MN, dont l'équation est

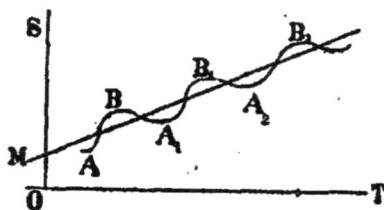

$$s = a + bt.$$

Fig. 61.

Ce mouvement uniforme, dont le mouvement réel s'approche d'autant plus qu'on le considère sur une étendue plus grande, porte le nom de *moyen mouvement* du mobile.

Le mouvement périodiquement uniforme est extrèmement fréquent : c'est presque le seul mouvement uniforme qu'il soit possible d'observer ou de réaliser. Les mouvements des corps célestes, à l'exception peut-être de leur rotation sur eux-mêmes, et tous ceux que l'on produit au moyen des machines les plus parfaites. ne sont pas rigoureusement uniformes ; ils ne sont que *périodiquement* uniformes, c'est-à-dire qu'ils s'écartent de l'uniformité de quantités souvent très petites et négligeables, mais presque toujours appréciables.

60. Représentation géométrique de la vitesse. — Revenons au mouvement quelconque, uniforme ou varié, d'un point mobile M parcourant une trajectoire OS (fig. 62). Sa

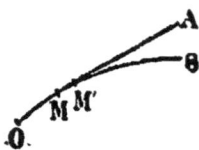

Fig. 62.

vitesse, au point M, est la limite du rapport de l'espace MM' au temps infiniment petit employé à le parcourir, ou c'est l'espace infiniment petit MM' rapporté à l'unité de temps. Elle est donc dirigée suivant MM', c'est-à-dire, à la limite, suivant la tangente à la trajectoire au point M, et elle a une grandeur finie, que l'on représente à une échelle déterminée par une ligne MA portée sur cette tangente dans la direction du mouvement. La ligne MA, ainsi définie en grandeur, direction et sens, est la vitesse du mobile au point M de sa trajectoire.

Si, à chaque instant, on projette le point mobile sur un plan ou sur une droite, la projection pourra être considérée comme un autre point mobile parcourant une trajectoire qui sera la projection de celle que parcourt le premier point. La tangente à cette trajectoire de la projection sera la projection de la tangente à la première trajectoire. Si l'on projette en même temps les lignes MM' et MA, le rapport des projections sera égal à celui des lignes elles-mêmes, c'est-à-dire à l'espace de temps infiniment petit employé à parcourir soit MM', soit sa projection. La projection de MA représentera donc en grandeur, comme en direction et sens, la vitesse de la projection du point mobile, et cela, que la projection soit orthogonale ou oblique, qu'elle se fasse sur un plan ou sur une droite. C'est ce que l'on exprime en disant que :

La vitesse de la projection d'un point mobile est égale à la projection de sa vitesse.

61. Définition d'un mouvement par ses projections. Mouvements simultanés. Une ligne droite quelconque étant la résultante de ses projections sur les axes coordonnés, il s'en suit que la vitesse d'un point mobile dans l'espace est la résultante des vitesses de ses projections sur trois axes rectangulaires ou obliques.

Prenons, par exemple et pour simplifier, trois axes de coordonnées rectangulaires fixes Ox, Oy, Oz. La position M d'un point dans l'espace sera déterminée par ses trois coordonnées x, y, z, et son mouvement sera défini si l'on connaît, à chaque instant, les valeurs de ces trois coordonnées, c'est-à-dire si l'on connaît les fonctions :

$$(1) \qquad x = f(t) , \qquad y = f_1(t) , \qquad z = f_2(t)$$

qui expriment ces coordonnées pour les différentes valeurs du temps t.

Mais ces trois équations peuvent être considérées comme définissant le mouvement rectiligne, sur chacun des axes, de trois points mobiles qui seraient les projections de M ; les vitesses de ces trois points mobiles que nous désignerons respectivement par v_x, v_y, v_z auront pour valeurs :

$$(2) \quad v_x = \frac{dx}{dt} = f'(t) \ , \quad v = \frac{dy}{dt} = f'_1(t) \ , \quad v^z = \frac{dz}{dt} = f'_2(t);$$

et. d'après ce qui vient d'être dit, ces vitesses sont les projections, sur les trois axes, de la vitesse v du point M, laquelle a par conséquent pour valeur :

$$(3) \quad v = \sqrt{v^{z^2} + v_y^2 + v^{z^2}} = \sqrt{\left(\frac{dx}{dt}\right)^2 + \left(\frac{dy}{dt}\right)^2 + \left(\frac{dz}{dt}\right)^2} \, .$$

La direction de cette vitesse est d'ailleurs déterminée puisque c'est celle de la diagonale d'un parallélépipède construit sur ses trois projections.

Ce mode de définition du mouvement d'un point, par celle du mouvement de ses projections, est de beaucoup la plus usitée en mécanique.

Très souvent même on emploie, en vue de généraliser davantage, une dénomination différente : celle de *mouvements simultanés*. C'est évidemment une pure abstraction puisqu'un point n'a jamais en réalité qu'un seul mouvement ; mais voici comment on peut imaginer des mouvements simultanés.

Soient mm_1, mm_2 $m m_3$, mm_4, (fig. 63) un certain nombre de lignes issues d'un même point m, et mm' leur résultante. Imaginons que du point m partent simultanément autant de points mobiles qu'il y a de lignes divergentes, chacun d'eux se déplaçant de manière à arriver à

Fig. 63.

l'extrémité de la ligne correspondante au bout du même intervalle de temps Δt. On dit que le point m qui est venu en m' a été animé *simultanément* des mouvements des points qui sont venus en m_1, m_2, ... m_4, et que l'on appelle les mouvements composants. On voit bien que si le point dont il s'agit avait été animé *successivement* de mouvements équipollents à ceux des autres points, il serait effectivement venu en m' comme dans son mouvement réel ; en vertu du déplacement du premier point, il serait venu de m en m_1 ; par suite du déplacement du second, venu de m en m_2, il serait venu de m_1 en *m'*, et ainsi de suite. Si l'on suppose qu'il en soit de même pendant chacun des intervalles de temps consécutifs, au bout de chacun de ces intervalles, le déplacement réel de l'un des points sera la somme géométrique ou la résultante des déplacements des autres; la succession des mouvements composants s'effectuant ainsi pendant des périodes que l'on fait tendre vers zéro, l'on dit pour simplifier le langage que ces mouvements sont *simultanés*.

La notion de la simultanéité se substitue d'ailleurs naturellement à celle de la succession lorsque l'on en vient à considérer les vitesses. Si l'on veut en effet comparer les vitesses dans le mouvement réel de *m* en *m'* et dans les mouvements composants, il faut que chacun des espaces parcourus mm', mm_1, ... mm_i le soit pendant le même intervalle de temps Δt, ce qui serait impossible si les déplacements étaient successifs; si au contraire on suppose que les mouvements soient simultanés, les vitesses sont respectivement égales aux déplacements divisés par Δt, et par suite la vitesse dans le mouvement réel est la résultante des vitesses dans les mouvements composants.

Lorsque l'on considère les projections d'un point mobile sur trois axes rectangulaires, par exemple, ces projections peuvent être considérées comme des points mobiles animés de mouvements simultanés dont les vitesses sont les projections sur les mêmes axes de la vitesse du point en mouvement, laquelle est bien, par conséquent, la résultante des vitesses dans les mouvements composants.

La substitution de la notion de mouvements simultanés à celle de mouvements projetés permet une généralisation plus grande, puisque l'on peut considérer un grand nombre de mouvements simultanés tandis que l'on ne peut projeter au plus que sur trois directions. Lorsqu'il s'agira de projections, nous emploierons indifféremment les deux dénominations : mouvements simultanés, mouvements projetés, qui sont alors tout à fait équivalentes.

Nous résumons ce qui précède en disant que la vitesse du mouvement réel d'un point est la résultante des vitesses des projections de ce point sur les trois axes. Nous compléterons

9

d'ailleurs cette étude des mouvements simultanés dans un chapitre spécial (chapitre VI).

Les trois équations qui définissent les mouvements rectilignes de ces projections suffisent donc pour déterminer le mouvement du point dans l'espace et si, entre ces trois équations,
en élimine la variable t, il restera deux équations entre x, y, z
qui seront celles de la trajectoire du point mobile.

De même si, les vitesses des projections étant connues, on
en construit la résultante, on aura la vitesse du point dans l'espace ; et la direction de cette vitesse sera celle de la tangente
à la trajectoire.

On peut souvent, par ce procédé, tracer la tangente à une
courbe définie par le mouvement d'un point.

Ce qui précède s'applique, bien entendu, au cas particulier où
le mouvement, s'effectuant dans un plan, peut être rapporté à
deux axes de coordonnées rectangulaires dans ce plan. Il suffit
de faire, dans les formules précédentes, z, et v_z, ou $\frac{dz}{dt}$ égaux à
zéro.

**62. Mouvement plan rapporté à des coordonnées po-
laires.** — La position d'un point M dans un plan, peut aussi
être définie par des coordonnées polaires : la distance r de ce
point à un point fixe pris pour pôle et l'angle θ fait par cette
distance avec une direction fixe prise pour axe polaire ; et le
mouvement de ce point, dans le plan, pourra être défini par
deux équations :

(1) $\qquad r = f(t) \quad , \quad \theta = \varphi(t) \quad ,$

exprimant les valeurs de ces deux coordonnées en fonction du
temps et entre lesquelles il suffira d'éliminer t pour avoir l'é-
quation de la trajectoire. Un arc infiniment petit MM' de cette

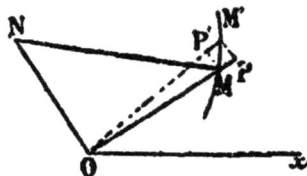

Fig. 64.

trajectoire (fig. 64) est la somme géométrique de sa projection MP, ou
M'P' sur l'un des rayons vecteurs qui
joignent ses extrémités au pôle, et de
l'arc infiniment petit MP' (ou M'P qui
n'en diffère que d'un infiniment petit

du second ordre) décrit du pôle comme centre. Si r et $r + dr$ sont les rayons vecteurs OM et OM' et si $d\theta$ est l'angle infiniment petit M'OM, on aura MP $=$ M'P' $= dr$, et M'P ou MP' $= rd\theta$. L'arc MM', ou ds, a donc pour expression :

(2)
$$ds \,(=)\, dr \,(+)\, rd\theta\,;$$

ou, en divisant par dt,

(3)
$$\frac{ds}{dt} \,(=)\, \frac{dr}{dt} \,(+)\, \frac{rd\theta}{dt}\,.$$

La vitesse du point mobile est donc la somme géométrique des deux quantités $\frac{dr}{dt}$, et $\frac{rd\theta}{dt}$. La première s'appelle la *vitesse de glissement*, c'est la vitesse de la projection du point sur le rayon vecteur ; nous la représentons par v_r ; la seconde s'appelle la *vitesse de circulation* ou de rotation. c'est la vitesse de la projection du mobile sur une perpendiculaire au rayon vecteur ; représentons-la par v_θ, nous aurons, puisque ces deux projections sont rectangulaires :

(4)
$$v = \sqrt{v_r{}^2 + v_\theta{}^2} = \sqrt{\left(\frac{dr}{dt}\right)^2 + r^2\left(\frac{d\theta}{dt}\right)^2}\,.$$

La connaissance de ces deux projections v_r et v_θ donnera la grandeur et la direction de la vitesse, et en particulier la direction de la tangente à la trajectoire.

Le rapport $\frac{d\theta}{dt}$ porte le nom de *vitesse angulaire* c'est l'accroissement de l'angle θ rapporté à l'unité de temps, nous le représenterons souvent, pour abréger, par la lettre ω. Enfin l'accroissement de l'aire engendrée par le rayon vecteur, rapporté à l'unité de temps, s'appelle *vitesse aréolaire*. L'aire MOM' est égale, à une quantité infiniment petite près, à l'aire MOP' ou à $\frac{1}{2} r^2 d\theta$. La vitesse aréolaire que nous représenterons par v_A, a pour expression :

(5)
$$v_A = \frac{1}{2} r^2 \frac{d\theta}{dt} = \frac{1}{2}\omega r^2\,.$$

Si au point M on mène la normale MN à la trajectoire et au

point O la perpendiculaire ON au rayon vecteur, cette ligne ON s'appelle, comme on sait, la *sous-normale* et l'on a, à cause de la similitude des triangles rectangles OMN, PM'M :

$$\frac{ON}{ON} = \frac{MP}{PM'}$$

ou bien :

$$\frac{ON}{r} = \frac{dr}{rd\theta},$$

ou enfin :

$$ON = \frac{dr}{d\theta} = \frac{\dfrac{dr}{dt}}{\dfrac{d\theta}{dt}}.$$

La sous-normale, en coordonnées polaires, est donc égale au rapport de la vitesse de glissement à la vitesse angulaire.

63. Méthode de Roberval pour le tracé des tangentes. — Lorsqu'on se propose simplement de tracer la tangente à une courbe décrite par un point dont le mouvement est défini, il suffit de connaître le rapport des deux vitesses composantes. A défaut de ce rapport on peut quelquefois avoir celui des projections de la vitesse sur deux directions données, ce qui permet encore de construire la direction de cette vitesse, c'est-à-dire celle de la tangente à la trajectoire.

Cette méthode, pour la construction des tangentes aux courbes, porte le nom de méthode de Roberval ; nous allons en donner quelques exemples.

I. *Conique définie par un foyer et la directrice correspondante.* — Soit une courbe engendrée par le mouvement d'un point M (fig. 65), assujetti à se mouvoir dans un plan de telle manière que le rapport de ses distances à une droite fixe DD' et à un point fixe F soit constant, c'est-à-dire que l'on ait, k désignant une constante

$$\frac{MP}{MF} = k.$$

Si nous supposons la courbe rapportée à des axes de coordonnées rectangulaires, la ligne DD' étant prise pour axe des y, la

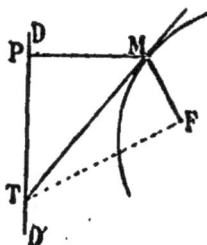
Fig. 65.

distance MP sera l'x du point M et les projections de la vitesse de ce point, sur les deux axes, seront $\frac{dx}{dt}$ et $\frac{dy}{dt}$.

Si nous rapportons la courbe à des coordonnées polaires dont F serait le pôle, la ligne MF sera le rayon vecteur r, et la projection de la vitesse sur le rayon vecteur sera $\frac{dr}{dt}$. Or, puisque nous avons, entre x et r la relation :

(1)
$$x = kr,$$

nous avons aussi :

(2)
$$\frac{dx}{dt} = k \frac{dr}{dt} \cdot$$

Le rapport des projections de la vitesse sur MP et sur MF est donc égal à k, c'est-à-dire au rapport même de ces deux lignes : si la vitesse est représentée par une ligne ayant pour projection sur MP une longueur égale à MP, sa projection sur MF sera égale à MF. Il suffira, pour avoir la direction de cette vitesse, d'élever aux points P et F des perpendiculaires à MP et à MF (la première de ces deux lignes étant la droite DD'), de les prolonger jusqu'à leur point d'intersection T et de joindre TM qui sera la tangente à la trajectoire du point M.

II. *Ellipse définie par ses foyers.* — Le mouvement d'un point M (fig. 66) étant défini par la condition que la somme de ses distances MF et MF' à deux points fixes F et F' soit constante, on aura si l'on représente respectivement ces distances par r et r' :

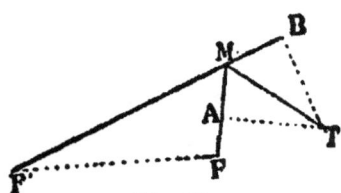

Fig. 66.

(3)
$$r + r' = 2a,$$

en appelant $2a$ une constante. La courbe décrite par le point M étant rapportée à des coordonnées polaires dont le pôle serait F, la projection de la vitesse de ce point sur le rayon vecteur FM aurait pour valeur $\frac{dr}{dt}$ De même si cette courbe est rapportée à des coordonnées polaires dont le pôle soit F', la projection de la vitesse du point M sur le rayon vecteur F'M sera $\frac{dr}{dt}$. Or l'expression précédente, différentiée, donne :

$$(4) \qquad \frac{dr}{dt} + \frac{dr'}{dt} = 0 \qquad \text{ou} \qquad \frac{dr}{dt} = -\frac{dr'}{dt} \, ;$$

c'est-à-dire que les projections de la vitesse du point M sur les rayons vecteurs FM et F'M sont égales et de signes contraires; si donc l'on prend, sur l'un de ces rayons, une longueur positive MB pour représenter la projection de la vitesse, la projection de la même vitesse sur l'autre rayon sera une longueur négative MA, égale en valeur absolue à MB, et par suite la direction de la vitesse passera par le point d'intersection des deux perpendiculaires BT, AT élevées aux points A et B sur les deux rayons vecteurs. On vérifie ainsi que la tangente fait des angles égaux avec les rayons menés au point de contact.

Ce qui précède s'applique, bien entendu, à l'hyperbole définie par la condition :

$$(5) \qquad r - r' = 2a.$$

Cela s'appliquerait également à une courbe quelconque définie par une équation :

$$(6) \qquad f(r, r') = 0,$$

entre les distances d'un quelconque de ses points à deux pôles fixes F et F'. Cette équation donne :

$$(7) \qquad \frac{df}{dr}\frac{dr}{dt} + \frac{df}{dr'}\frac{dr}{dt} = 0 \, ;$$

on connaît donc le rapport des deux projections $\frac{dr}{dt}$ et $\frac{dr'}{dt}$ de la vitesse sur les deux rayons vecteurs; ce rapport est égal à l'inverse, changé de signe, de celui des deux dérivées partielles de la fonction f par rapport à ses deux variables r et r'. Ce rapport étant connu, si l'on prend sur l'un des rayons vecteurs

une certaine longueur arbitraire pour représenter la projection
de la vitesse, on pourra calculer la projection de la même vitesse sur l'autre rayon vecteur et par conséquent avoir la direction de la tangente à la courbe.

Une généralisation analogue serait applicable à l'exemple
précédent, si une courbe était définie par une relation :

$$(8) \qquad\qquad f(r, x) = 0$$

entre l'abscisse d'un de ses points et la distance de ce point à
un point fixe.

III. *Conchoïde.* — Une courbe quelconque CA (fig. 67) étant
donnée, ainsi qu'un point O dans
son plan, on mène par ce point
un rayon vecteur quelconque OA
que l'on prolonge d'une quantité constante AM = a. Le point
M décrit une conchoïde de la
courbe donnée. Si l'on suppose
ces deux courbes rapportées à
des coordonnées polaires ayant
le point O pour pôle et si on désigne par r et r' leurs rayons vecteurs respectifs OA et OM, on

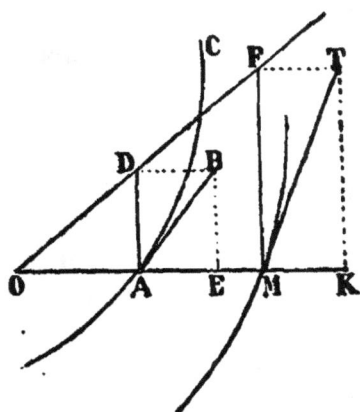

Fig. 67.

aura, par définition :

$$(9) \qquad\qquad r' = r + a,$$

et l'angle θ sera le même pour les deux courbes, ou θ' = θ.
Les composantes suivant le rayon vecteur des vitesses des
deux points A et M, ou ce que l'on appelle les vitesses de glis-
sement de ces deux points, sont respectivement $\frac{dr}{dt}$ et $\frac{dr'}{dt}$ et ces
quantités sont égales d'après l'expression précédente (9).
Les vitesses de circulation, ou les composantes perpendiculai-
res au rayon vecteur sont respectivement $r\frac{d\theta}{dt}$ et $r'\frac{d\theta'}{dt}$ et leur
rapport est le même que celui des rayons vecteurs r et r'. Si
donc, sur la tangente AB, supposée connue, de la courbe CC',

on porte une longueur quelconque AB représentant la vitesse du point A et si l'on construit ses deux composantes AE, AD, les composantes MK, MF de la vitosse du point M seront $MK = AE$ et $MF = AD \frac{r'}{r} = AD \frac{MO}{AO}$. Il suffira, pour avoir cette dernière, de mener la droite OD que l'on prolongera jusqu'à sa rencontre avec MF. La direction de la tangente MT à la conchoïde sera celle de la diagonale du rectangle construit sur MK et sur MF. On peut d'ailleurs remarquer que la vitesse de glissement $\frac{dr}{dt}$ et la vitesse angulaire $\frac{d\theta}{dt}$ étant les mêmes pour les deux courbes, la sous-normale, qui est le rapport de ces deux vitesses, est aussi la même, ce qui conduit à une construction plus simple de la tangente.

64. Relation entre les vitesses de tous les points d'une droite. — La propriété que nous venons de reconnaître, dans ce dernier exemple, de l'égalité des projections, sur la droite OM, des vitesses de deux de ses points A et M, se rattache à une autre, plus générale, que nous allons faire connaître.

Soient deux points mobiles A, B, (fig. 68), parcourant deux

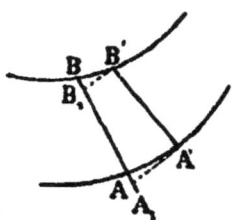

Fig. 68.

trajectoires quelconques AA', BB' : soient A', B' leurs positions et $ds = AA'$, $ds' = BB'$ les espaces parcourus après un instant infiniment petit dt. Représentons par $r = f(t)$ la distance variable AB. la distance A' B' sera $r + dr$. Projetons en A_1, B_1 sur AB les nouvelles positions A', B' et désignons par α, α' les angles formés avec AB par les deux arcs infiniment petits AA', BB'.

Nous aurons $AA_1 = ds \cos \alpha$ et $BB_1 = ds' \cos \alpha'$. L'angle de A'B' avec AB étant infiniment petit, son cosinus ne diffère de l'unité que d'un infiniment petit du second ordre, négligeable, et l'on a :

$$A_1 B_1 = A'B' = r + dr.$$

Mais l'on a aussi :

$$AA_1 - BB_1 = A_1B_1 - AB,$$

c'est-à-dire :

$$ds \cos\alpha - ds' \cos\alpha' = r + dr - r = dr ;$$

ou, en divisant par dt et désignant par v et v' les vitesses $\frac{ds}{dt}$, $\frac{ds'}{dt}$ des points A et B :

$$(1) \qquad \frac{dr}{dt} = v \cos\alpha - v' \cos\alpha'$$

Si la distance des points A et B est invariable, r est constant, $\frac{dr}{dt}$ est nul, et alors

$$(2) \qquad v \cos\alpha = v' \cos\alpha',$$

c'est-à-dire que *les vitesses de tous les points d'une droite ont même projection sur sa direction;* ce que l'on exprime autrement en disant que les vitesses de tous les points d'une droite *estimées suivant sa direction* sont égales; en appelant vitesse estimée suivant une direction donnée, la projection de cette vitesse sur la direction dont il s'agit.

Cette propriété peut quelquefois, comme on l'a vu par l'exemple de la conchoïde, être utilisée pour déterminer la grandeur de la projection de la vitesse sur une certaine direction, et par suite pour tracer la tangente à une courbe par la méthode de Roberval.

§ 2

DE L'ACCÉLÉRATION

95. Accélération. — Lorsqu'un point se meut dans l'espace, sa vitesse peut changer, à chaque instant, en grandeur et en direction. Considérons ce point dans deux de ses positions M et M' (fig. 69) distantes de $MM' = \Delta s$ et appelons Δt l'intervalle de temps correspondant. Soient $MV = v$ et $M'V' = v' + \Delta v$ les vitesses du mobile dans ces deux positions. Si par un point A quelconque nous menons deux droites AB, AB' respectivement équipollentes à MV et M'V', la ligne AB' sera la somme géométrique de AB et de BB', cette ligne BB' sera donc la vitesse qu'il faudra ajouter géométriquement à v pour obtenir v'; ce sera le *gain* géométrique de la vitesse, ou la vitesse gagnée ou acquise par le mobile en passant de M en M'. Cette vitesse gagnée ou acquise, rapportée à l'unité de temps, c'est-à-dire le rapport de BB' à Δt est ce que l'on appelle l'*accélération moyenne* du mobile pendant le temps Δt, et la limite de ce rapport lorsque Δt décroît indéfiniment est l'*accélération* du mobile au point M.

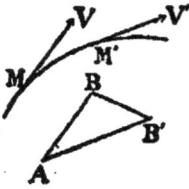

Fig. 69.

L'accélération est donc une vitesse acquise rapportée à l'unité de temps, de même que la vitesse est un espace parcouru, ou acquis, rapporté à l'unité de temps.

L'accélération, quotient d'une vitesse par un temps, est une quantité d'une nature particulière qu'il y aurait avantage à exprimer au moyen d'une accélération-unité que l'on pourrait choisir arbitrairement. Mais à défaut de cette unité spéciale, on estime l'accélération en indiquant les unités de longueur et de temps qui ont servi à la déterminer : c'est ainsi que l'on dit que l'accélération due à la pesanteur est à Paris de $9^m,8088$, la seconde étant prise pour unité de temps.

Si, en général, j représente la valeur numérique d'une accélération exprimée avec certaines unités de longueur et de temps, et si on prend de nouvelles unités respectivement λ fois et τ fois plus petites, le nombre j' exprimant la même accélération, dans ce nouveau système d'unités, sera comme il est facile de le voir en raisonnant comme au n° 54 :

$$j' = j \cdot \frac{\lambda}{\tau^2} = j\,\lambda^1\,\tau^{-2}.$$

C'est ce que l'on exprime en disant que l'accélération est de degré 1 en longueur et de degré -2 en temps.

66. Accélération tangentielle. Accélération normale. — Si nous supposons connues la trajectoire du mobile et la loi de son mouvement, exprimée par l'équation $s = f(t)$, nous pourrons exprimer facilement son accélération en un point M quelconque.

Pour cela, reprenons la figure précédente et transportons le triangle ABB', qui peut être placé en un point quelconque de l'espace, de manière que le côté AB (fig. 69) soit placé en AM (fig. 70) dans le prolongement de MV, c'est-à-dire menons à

Fig. 70.

partir du point M une ligne MA égale et opposée à MV, puis à partir du point A une ligne AM_1 égale et parallèle à M'V'. Sur la direction MM_1, prenons MD égal au rapport $\dfrac{MM_1}{\Delta t}$; la limite de la ligne MD, lorsque Δt tendra vers zéro, représentera l'accélération j du mobile au point M.

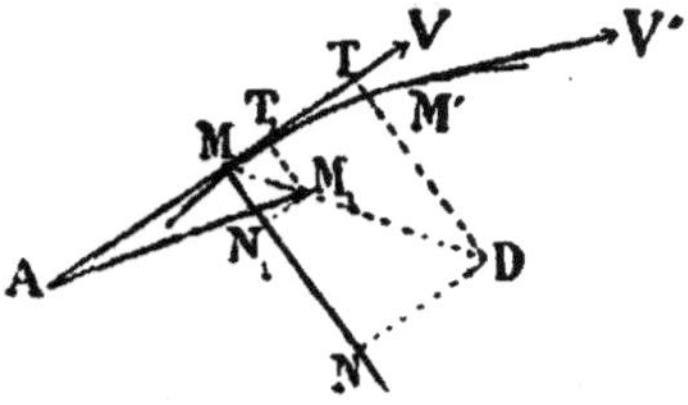

Remarquons d'abord que la ligne MM_1 ou MD se trouve dans le plan mené par la tangente MV à la trajectoire parallèlement à la tangente infiniment voisine M'V' : *l'accélération est donc contenue dans le plan osculateur de la trajectoire.*

Menons, dans ce plan, à la trajectoire, la normale MN, qui sera ainsi la *normale principale* et projetons, sur MV et sur MN, l'accélération MD et la ligne MM_1 ; les projections MT, MN de l'accélération sur ces deux lignes s'appellent respectivement l'accélération *tangentielle* et l'accélération *normale* du point M, et pour éviter toute confusion on donne à l'accélération MD le nom d'accélération *totale*. L'accélération totale sera connue si l'on connaît ses deux projections ou composantes MT et MN, qui sont respectivement, en vertu de la similitude des triangles, les limites des rapports, à Δt, des projections MT_1, MN_1 de la ligne infiniment petite MM_1. Si nous désignons respectivement l'accélération tangentielle MT et l'accélération normale MN par j_t et j_n et si nous appelons ε l'angle de contingence MAM_1, nous aurons

$$j_t = \lim \frac{MT_1}{\Delta t} = \lim \frac{AT_1 - AM}{\Delta t} = \lim \frac{AM_1 \cos \varepsilon - AM}{\Delta t} = \lim \frac{(v + \Delta v) \cos \varepsilon - v}{\Delta t}$$

et par suite

$$(1) \qquad\qquad j_t = \frac{dv}{dt}.$$

$$j_n = \lim \frac{MN_t}{\Delta t} = \lim \frac{M_t T_t}{\Delta t} = \lim \frac{(v + \Delta v)\sin\varepsilon}{\Delta t} = \lim \frac{v + \Delta v}{v} \cdot v \cdot \frac{\sin\varepsilon}{\varepsilon} \cdot \frac{\varepsilon}{\Delta s} \cdot \frac{\Delta s}{\Delta t}$$

et, en observant que la limite de $\frac{\varepsilon}{\Delta s}$ est l'inverse du rayon de courbure ρ de la trajectoire et que celle de $\frac{\Delta s}{\Delta t}$ n'est autre que $\frac{ds}{dt}$ ou v :

$$(2) \qquad\qquad j_n = \frac{v^2}{\rho}.$$

L'accélération tangentielle j_t est la dérivée de la vitesse ou la dérivée seconde $\frac{d^2 s}{dt^2}$ de l'espace s par rapport au temps ; elle peut être positive ou négative et l'accélération totale se trouve alors soit en avant, soit en arrière de la normale MN par rapport au sens du mouvement.

L'accélération normale $\frac{v^2}{\rho}$ est essentiellement positive et elle est dirigée vers le centre de courbure. On l'appelle quelquefois, pour cette raison, accélération *centripète*.

Lorsque le mouvement est rectiligne, le rayon de courbure ρ est constamment infini, l'accélération normale est nulle et l'accélération totale se réduit à l'accélération tangentielle $\frac{dv}{dt}$ ou $\frac{d^2 s}{dt^2}$.

Lorsque le mouvement s'effectue sur une trajectoire courbe avec une vitesse constante, c'est-à-dire lorsque le mouvement est uniforme, l'accélération tangentielle est constamment nulle et l'accélération totale se réduit à l'accélération normale $\frac{v^2}{\rho}$ et varie en raison inverse du rayon de courbure. Si, en particulier, la trajectoire est une circonférence de cercle de rayon r, parcourue d'un mouvement uniforme, l'accélération totale est constante, égale à $\frac{v^2}{r}$ et dirigée vers le centre de cette courbe.

67. Accélération dans les mouvements projetés ou simultanés. — Si l'on projette sur un plan ou sur un axe la figure précédente en considérant la projection du point M comme un nouveau mobile, les projections des lignes MV, M'V' seront les vitesses de ce mobile aux points correspondants à M et à M', et si l'on en construit l'accélération, de la même manière que sur cette figure, la ligne représentant l'accélération totale sera la projection de la ligne MD, et cela aura lieu que la projection soit orthogonale ou oblique. On exprime ce résultat en disant que l'accélération de la projection d'un point mobile est la projection de l'accélération de ce point.

On en déduit, comme on l'a fait pour les vitesses, que l'accélération d'un point mobile dans l'espace est la résultante des accélérations de ses projections sur trois axes coordonnés.

Prenons encore trois axes rectangulaires et supposons le mouvement du point mobile M défini par les valeurs, à chaque instant, de ses trois coordonnées, c'est-à-dire par les équations

$$(1) \qquad x = f(t), \qquad y = f_1(t), \qquad z = f_2(t)$$

qui peuvent être considérées comme définissant le mouvement rectiligne, sur chacun des axes, des projections du point M. Les accélérations totales de ces trois projections seront, en les désignant respectivement par j_x, j_y, j , puisque les mouvements sont rectilignes

$$(2)\; j_x = \frac{d^2 x}{dt^2} = f''(t), \quad j_y = \frac{d^2 y}{dt^2} = f''_1(t), \quad j_z = \frac{d^2 z}{dt^2} = f''_2(t);$$

et l'accélération totale du point M dans l'espace aura pour valeur

$$(3) \quad j = \sqrt{j_x^2 + j_y^2 + j_z^2} = \sqrt{\left(\frac{d^2 x}{dt^2}\right)^2 + \left(\frac{d^2 y}{dt^2}\right)^2 + \left(\frac{d^2 z}{dt^2}\right)^2} \cdot$$

La direction de cette accélération sera déterminée par ses trois cosinus directeurs qui sont respectivement $\frac{j_x}{j}$, $\frac{j_y}{j}$, $\frac{j_z}{j}$.

Ceci s'applique, bien entendu, au cas d'un mouvement plan rapporté à deux axes rectangulaires. Il suffit de faire z et j_z ou $\frac{d^2z}{dt^2}$ égaux à zéro.

Si, comme au n° 61, nous considérons un point mobile comme animé de plusieurs mouvements simultanés, la vitesse réelle sera, au commencement et à la fin d'un certain intervalle de temps Δt, la résultante des vitesses dans les mouvements composants, au commencement et à la fin du même intervalle. Or, dans chacun de ces mouvements, la vitesse finale est la somme géométrique de la vitesse initiale et du produit, par Δt, de l'accélération du mouvement.

La vitesse finale dans le mouvement réel, qui est la résultante de toutes ces vitesses finales, comprendra donc la somme géométrique de toutes les vitesses initiales, c'est-à-dire la vitesse initiale du mouvement réel, augmentée géométriquement de la somme géométrique des produits par Δt de toutes les accélérations des mouvements composants. Or la différence géométrique entre la vitesse finale et la vitesse initiale dans le mouvement réel, n'est autre chose que le produit par Δt de l'accélération dans ce mouvement, laquelle est ainsi égale à la somme géométrique des accélérations dans les mouvements composants.

C'est ce qu'on exprime quelquefois en disant que *les accélérations se composent comme les vitesses*. C'est ce que nous venons du reste de vérifier pour le cas de mouvements projetés.

68. Usage de l'accélération pour déterminer le rayon de courbure. — Les propriétés de l'accélération peuvent servir quelquefois à déterminer le rayon de courbure des courbes. Si en effet l'on connaît, en un point de la trajectoire d'un mobile, sa vitesse v et son accélération normale j_n, on en déduira immédiatement la valeur du rayon de courbure ρ de la trajectoire par l'équation $\rho = \dfrac{v^2}{j_n}$.

Soit, par exemple, le mouvement d'un point, dans un plan vertical, rapporté à deux axes coordonnés Ox et Oy (fig. 71), l'un horizontal et l'autre vertical, défini par les deux équations :

(1)
$$x = at, \qquad y = bt - \frac{1}{2} gt^2.$$

Ce mouvement est, comme nous le verrons, celui qu'aurait un point pesant lancé dans le vide à la surface de la terre, avec une vitesse initiale $OV = \sqrt{a^2 + b^2}$. La trajectoire de ce point,

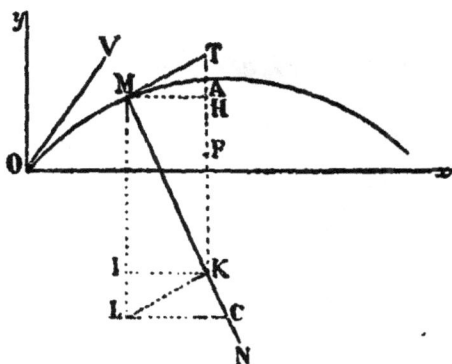

Fig. 71

obtenue par l'élimination de t entre les deux équations, est la parabole :

(2)
$$y = \frac{b}{a} x - \frac{g}{2 a^2} x^2$$

dont le paramètre est $\frac{a^2}{g}$. La distance AF, du sommet A au foyer F est donc égale à $\frac{a^2}{2g}$. Désignons par α l'angle variable de la tangente MT avec l'horizontale MH, ou de la normale MN avec la verticale MI ; nous avons :

(3)
$$v_x = \frac{dx}{dt} = a ,$$

et par suite, $\cos \alpha = \frac{v_x}{v} = \frac{a}{v}$; d'où $v = \frac{a}{\cos \alpha}$.

La projection de la vitesse sur l'axe des x est constante et égale à a.

Les composantes j_x, j_y de l'accélération sont :

(4) $$j^x = 0, \qquad j_y = -g.$$

L'accélération totale se réduit donc à sa composante parallèle aux y ; elle est constante en grandeur et en direction.

L'accélération normale j_n s'obtiendra en projetant l'accélération totale dirigée suivant MI, sur la normale MN ; nous aurons ainsi :

$$j_n = j \cos \alpha = j_y \cos \alpha = -g \cos \alpha,$$

et par suite, le rayon de courbure $\rho = \dfrac{v^2}{j_n}$ sera, en valeur absolue, en mettant pour v et pour j_n leurs valeurs en fonction de α :

(5) $$\rho = \frac{a^2}{g} \cdot \frac{1}{\cos^3 \alpha} ;$$

or, la sous-normale HK est égale au paramètre ou à $\dfrac{a^2}{g}$. Donc

(6) $$\rho = \frac{HK}{\cos^3 \alpha} .$$

De là, une construction facile : menons KL perpendiculaire à MK, jusqu'à la rencontre de l'ordonnée MI, puis par le point L l'horizontale LC ; le point C sera le centre de courbure.

69. Exemple de l'application des lois des mouvements projetés. — Les propriétés des mouvements projetés sur un plan permettent quelquefois de déterminer facilement les lois de certains mouvements.

Nous avons dit plus haut (p 140) que si un point M parcourt, d'un mouvement uniforme, une circonférence de cercle (fig. 72) son accélération totale est constamment dirigée vers le centre et égale à $\dfrac{V^2}{a}$, en appelant V la vitesse du mobile et a le rayon de la circonférence. Si nous désignons par ω la vitesse angulaire, qui sera constante, ainsi que V, la vitesse V sera égale à ωa et

l'accélération totale J aura pour expression $\omega^2 a$. La vitesse aréolaire $\frac{1}{2} \omega a^2$ sera également constante.

Projetons ce mouvement sur un plan quelconque, et soit m

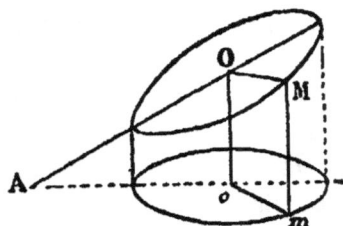

Fig. 72.

la projection du point M. Ce
point m parcourra une ellipse.
Les aires décrites par le rayon
vecteur om, joignant le point m
au centre de l'ellipse, seront les
projections de celles décrites dans
le même temps par le rayon vecteur OM ; si donc ces dernières
sont proportionnelles aux temps, les autres le seront aussi et,
par suite, la vitesse aréolaire du point m sera constante et
égale au produit de $\frac{1}{2} \omega a^2$ par le cosinus de l'angle des deux
plans.

L'accélération du point m est en grandeur, direction et sens, la
projection de celle du point M, aquelle est égale à $\omega^2 MO$. L'accélération du point m est donc dirigée suivant mo et a pour
valeur $\omega^2 . mo = \omega^2 r$, en désignant par r le rayon vecteur variable om.

Si donc un point mobile parcourt une ellipse, de telle manière que les aires décrites par le rayon vecteur joignant ce
point au centre de l'ellipse soient proportionnelles au temps (ce
qui suffit pour définir le mouvement), l'accélération totale du
mobile sera constamment dirigée vers le centre de l'ellipse et
proportionnelle au rayon vecteur.

On verrait de même, en remontant du mouvement projeté
au mouvement circulaire, que si un mobile parcourt une ellipse
et si son accélération est constamment dirigée vers le centre
de cette courbe, cette accélération est nécessairement proportionnelle au rayon vecteur correspondant, et les aires décrites
par le rayon vecteur sont proportionnelles au temps.

Cette dernière propriété n'est d'ailleurs qu'un cas particulier
d'une loi plus générale que nous allons établir.

**70. Cas où l'accélération d'un point mobile passe
constamment par un point fixe.** — Lorsque l'accélération

10

totale d'un point mobile est constamment dirigée vers un point fixe, les aires décrites par le rayon vecteur joignant le point mobile au point fixe sont proportionnelles aux temps, et réciproquement.

Remarquons, tout d'abord, que le mouvement s'effectue dans un plan passant par le point fixe. Si nous considérons en effet sa vitesse à un instant quelconque et le plan mené par cette vitesse et le point fixe, l'accélération totale étant contenue dans ce plan, il en sera de même de la vitesse à l'instant suivant. Le mobile ne sortira pas de ce plan.

Remarquons encore que l'aire décrite par le rayon vecteur OM (fig. 73) pendant un temps infiniment petit dt est égale à $\frac{1}{2}$ MM' $\times$ OP $= \frac{1}{2}$ OP.vdt, et par conséquent la vitesse aréolaire est $\frac{1}{2} vp$ en désignant par p la longueur OP de la perpendiculaire abaissée du point de concours O des rayons vecteurs sur la direction de la vitesse.

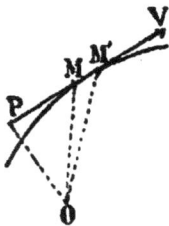

Fig. 73.

Si la vitesse aréolaire est constante, le produit vp l'est aussi, et réciproquement.

Cela posé, soit O le pôle (fig. 74), OM, OM' deux rayons vecteurs infiniment voisins, MA, M'B les tangentes à la trajec-

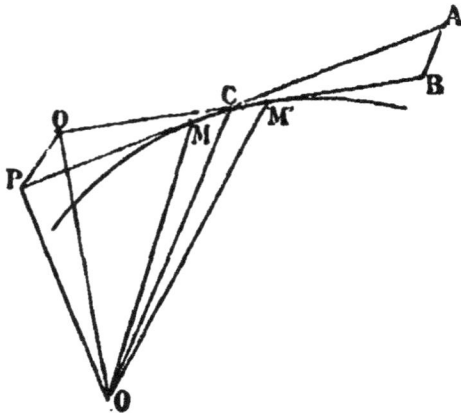

Fig. 74.

toire aux points M, M'. A partir de leur point d'intersection C, prenons deux longueurs CA, CB, respectivement égales aux vitesses correspondantes ; l'accélération totale sera représentée, en direction, par la limite de la direction de la droite AB. Abaissons du pôle O deux perpendiculaires OP, OQ sur les directions des vitesses, les deux points P et Q se trouvent sur la demi-circonférence décrite sur CO comme diamètre et l'on en déduit l'égalité des angles QCP = QOP et PQO = PCO.

Donc, *si* AB *est, à la limite, parallèle à* OM, sa direction ne diffère de OC que d'un infiniment petit, on peut considérer l'angle CAB comme égal à PCO ou à PQO ; l'angle ACB étant d'ailleurs égal à QCP ou à QOP, les deux triangles QPO et ABC sont semblables à la limite, et l'on en déduit $\dfrac{CA}{OQ} = \dfrac{CB}{OP}$ ou bien $CA \times OP = CB \times OQ$, c'est-à-dire que *les aires décrites sont proportionnelles aux temps*.

Réciproquement, *si les aires décrites sont proportionnelles aux temps*, l'on a $CA \times OP = CB \times OQ$ ou bien $\dfrac{CA}{OQ} = \dfrac{CB}{OP}$, les triangles BCA et POQ sont semblables, par suite l'angle CAB est égal à l'angle PQO ou à PCO, et AB est parallèle à CO ; la limite de AB est parallèle à OM ; *l'accélération* est dirigée suivant la ligne OM, c'est-à-dire *passe constamment par le point fixe* O.

Ce théorème, très important en mécanique, est un cas particulier du théorème des aires que nous démontrerons plus loin. Il a de très nombreuses applications.

71. Application au mouvement des planètes autour du soleil. — On sait, par exemple, que les planètes décrivent autour du soleil des ellipses dont le soleil occupe un des foyers et que les aires décrites par les rayons vecteurs menés de chaque planète au soleil sont proportionnelles aux temps. On sait, de plus, que les carrés des durées totales des révolutions sont proportionnels aux cubes des grands axes de ces ellipses (Lois de Keppler).

On peut en déduire la loi suivant laquelle varie l'accélération. D'abord, d'après ce qui vient d'être démontré, l'accélération totale est constamment dirigée vers le foyer de l'ellipse occupé par le soleil.

Soit T la durée de la révolution complète d'une planète, a le grand axe et b le petit axe de son orbite; d'après la dernière loi qui vient d'être rappelée, le rapport $\frac{a^3}{T^2}$ est constant. La surface de l'ellipse étant πab, la vitesse aréolaire est $\frac{\pi ab}{T}$, et si, comme plus haut, on appelle v la vitesse à une époque quelconque, p la distance du soleil à la direction de cette vitesse, on aura $\frac{1}{2} vp = \frac{\pi ab}{T}$, car la vitesse aréolaire s'exprime par $\frac{1}{2} vp$.

Elle s'exprime aussi par $\frac{1}{2} \omega r^2$ si ω représente la vitesse angulaire du rayon vecteur; on aura donc

$$(1) \qquad v = \frac{2\pi ab}{Tp} \quad \text{et} \quad \omega = \frac{2\pi ab}{Tr^2};$$

ce qui fera connaître la vitesse linéaire ou la vitesse angulaire en chaque point. La vitesse v étant inversement proportionnelle à p, si l'on désigne par p' la distance, à sa direction, de l'autre foyer de l'ellipse, on sait, d'après les propriétés de cette courbe, que l'on a $pp' = b^2$ et par suite

$$(2) \qquad v = \frac{2\pi ab}{Tp} = \frac{2\pi ab}{Tb^2} p' = \frac{2\pi}{T} \cdot \frac{a}{b} \cdot p',$$

c'est-à-dire que la vitesse est proportionnelle à la distance du second foyer de l'ellipse à sa direction.

Si l'on considère deux points m, m' infiniment voisins (fig. 75), F étant le foyer occupé par le soleil et F' l'autre foyer de l'ellipse, les vitesses aux points m, m' seront respectivement proportionnelles aux distances F'p, F'p' de l'autre foyer à leurs directions. Prolongeons ces longueurs de quantités égales jusqu'en n, n', c'est-à-dire prenons $pn=pF'$, $p'n'=p'F'$; nous savons que les points n, n' sont sur la circonférence décrite du point F comme centre avec $2a$ pour rayon; et, par construction, nous avons

$$(3) \qquad F'n = 2F'p = 2p' = \frac{bT}{\pi a} \cdot v;$$

on aurait de même, en appelant v' la vitesse au point m',

$$(4) \qquad \qquad F'n' = \frac{bT}{\pi a} \cdot v'.$$

Les deux lignes $F'n$, $F'n'$, qui font entre elles le même angle que les vitesses v et v', leur sont aussi proportionnelles ; elles

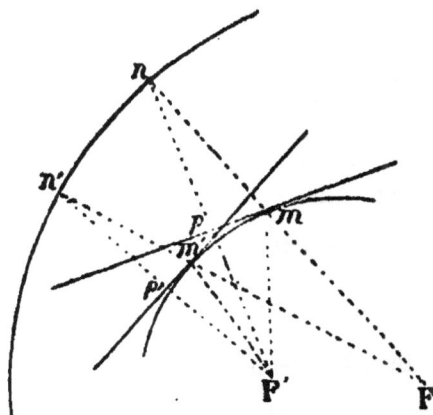

Fig. 75.

peuvent, à la direction près, servir à trouver l'accélération qui sera le rapport au temps dt de la ligne nn' réduite dans le même rapport que les vitesses elles-mêmes ; en d'autres termes, l'accélération j du mouvement de la planète aura pour expression

$$(5) \qquad \qquad j = \frac{1}{dt} \cdot nn' \cdot \frac{\pi a}{Tb} \cdot$$

Or, ω étant la vitesse angulaire du rayon vecteur autour du foyer F, $nn' = \omega . Fn . dt$ ou bien, en substituant, mettant pour Fn sa valeur $2a$, puis, pour ω sa valeur (1) :

$$(6) \qquad j = \omega . 2a . \frac{\pi a}{Tb} = \frac{2\pi ab}{Tr^2} . 2a \frac{\pi a}{Tb} = 4 \pi^2 . \frac{a^3}{T^2} . \frac{1}{r^2} \cdot$$

Ainsi l'accélération de la planète, dirigée vers le soleil, varie en raison inverse du carré de sa distance à cet astre, et, puisque le rapport $\frac{a^3}{T^2}$ est le même pour toutes, les accélérations de deux planètes quelconques sont en raison inverse des carrés de leurs distances respectives, c'est-à-dire que la loi qui régit ces accélérations est la même pour toutes les planètes.

72. Autre définition de l'accélération.

— L'accélération, ou la vitesse acquise rapportée à l'unité de temps, peut recevoir une autre définition ou expression, qu'il est quelquefois plus commode d'employer.

Remarquons d'abord qu'un point mobile, partant du repos, c'est-à-dire sans vitesse initiale et soumis à une accélération j constante en grandeur et en direction, aura parcouru, au bout d'un temps t, un espace égal à $\frac{1}{2}jt^2$; par conséquent l'accélération peut être mesurée par cet espace, divisé par $\frac{t^2}{2}$, ou multiplié par $\frac{2}{t^2}$. Et si l'accélération est variable, on pourra encore, en considérant un intervalle de temps infiniment petit dt, définir l'accélération par le rapport, à $\frac{dt^2}{2}$, de l'espace infiniment petit parcouru, en admettant toujours que le point mobile soit parti du repos, sans vitesse initiale.

Considérons maintenant un point mobile, parcourant une certaine trajectoire. Soit $v = $ MV sa vitesse au point M, et soit M' le point où il est parvenu après le temps infiniment petit Δt. Si, à partir du point M (fig. 76), il avait conservé la

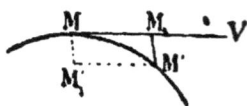

Fig. 76.

même vitesse v en grandeur et en direction, il serait venu en M, à une distance MM$_1 = v\Delta t$. La distance M$_1$M' de sa position réelle à la position qu'il aurait occupée s'il avait conservé la même vitesse, porte le nom de *déviation* du mobile.

Or, s'il était parti du point M sans vitesse initiale, il aurait, en vertu de l'accélération seule, parcouru un espace MM'$_1$; on peut admettre que cet espace MM'$_1$ est égal à la déviation M$_1$M' en grandeur, direction et sens; et alors l'accélération, d'après ce qui vient d'être dit, est la limite de $\frac{2M_1M'}{\Delta t^2}$.

Cette démonstration, toutefois, n'est pas rigoureuse.

Pour en vérifier l'exactitude, projetons, sur trois axes rectangulaires, les trois lignes MM₁ ou $v\Delta t$, MM' ou Δs et la déviation M₁M' dont la projection sera égale à la différence des deux autres. Si le mouvement du point M est défini par trois équations :

$$(1) \qquad x = f(t) \ , \quad y = f_1(t) \ , \quad z = f_2(t) \ ,$$

nous pourrons exprimer, au moyen de la formule de Taylor les projections Δx, Δy, Δz de MM' sur les trois axes; nous aurons :

$$\Delta x = \Delta t \cdot f'(t) + \frac{\Delta t^2}{1.2} \cdot f''(t) + A \Delta t^3,$$

en mettant, dans les derniers termes, Δt^3 en facteur commun et désignant par A l'ensemble des termes qui le multiplient, avec deux expressions analogues pour Δy et Δz.

Or, $f'(t)$ est la projection de la vitesse v sur l'axe des x, par suite, $\Delta t \cdot f'(t)$ est la projection de MM₁ sur cet axe. La projection de l'accélération j sur le même axe est $f''(t)$, le second terme $\frac{\Delta t^2}{2} \cdot f''(t)$ est ainsi la projection de $j \frac{\Delta t^2}{2}$. La projection de M₁M' ne diffère donc de celle de $j \frac{\Delta t^2}{2}$ que d'infiniment petits du 3e ordre, et comme cela est vrai pour les trois axes, on en conclut qu'on a bien exactement :

$$(2) \qquad j = \lim \frac{2 \, M_1 M'}{\Delta t^2} \cdot$$

La nouvelle définition de l'accélération se trouve ainsi justifiée.

CHAPITRE IV

DÉTERMINATION DU MOUVEMENT D'UN POINT

§ 1

LOIS GÉNÉRALES

73. Problème général de la détermination du mouvement d'un point. — La *position* d'un point dans l'espace est déterminée par ses trois coordonnées x, y, z par rapport à trois axes par exemple ou par tout autre système de coordonnées par rapport à des repères fixes. Le point qui occupe, à un certain moment, la position M ainsi définie, peut y être en repos ou en mouvement ; sa vitesse peut être plus ou moins grande et avoir telle ou telle direction. L'*état* du point que nous considérons et qui se trouve en M à l'époque *t* est donc déterminé par la grandeur et la direction de sa vitesse, ou, ce qui revient au même, si nous supposons le point rapporté à trois axes de coordonnées rectangulaires, par les valeurs des trois dérivées

$$\frac{dx}{dt} \quad , \quad \frac{dy}{dt} \quad , \quad \frac{dz}{dt}$$

de ses coordonnées par rapport au temps. En effet, sa vitesse V a pour valeur

$$V = \sqrt{\left(\frac{dx}{dt}\right)^2 + \left(\frac{dy}{dt}\right) + \left(\frac{dz}{dt}\right)^2}$$

et pour direction celle de la diagonale d'un parallélépipède construit sur ses trois projections.

Ces six quantités, x, y, z, $\frac{dx}{dt}$, $\frac{dy}{dt}$, $\frac{dz}{dt}$ qui définissent la position et l'état d'un point à une époque quelconque *t* sont dites éléments *statiques*. Elles sont, par exemple, les conditions *initiales* données du mouvement d'un point, c'est-à-dire la définition de sa position et de son état à l'époque prise pour origine du temps.

Si la vitesse reste la même, c'est-à-dire s'il n'y a pas d'accélération, la position du point changera ; il décrira une ligne droite d'un mouvement uniforme, mais son *état* ne changera pas : dans chacune de ses positions, il sera animé d'une vitesse égale en grandeur et en direction à sa vitesse initiale.

L'état du point considéré ne change que lorsqu'il a une *accélération* qui modifie sa vitesse. L'accélération constitue ainsi l'élément *dynamique* du mouvement. Sa connaissance résulte de celle de ses trois projections sur les trois axes, dérivées secondes par rapport au temps des trois coordonnées :

$$\frac{d^2x}{dt^2} \quad , \quad \frac{d^2y}{dt^2} \quad , \quad \frac{d^2z}{dt^2} .$$

Le problème du mouvement d'un point consiste donc, étant donnée à chaque instant son accélération, à déterminer comment varient avec le temps sa position et son état, à partir d'une position initiale et d'un état initial également donnés.

Envisagé sous sa forme la plus générale, le problème de la détermination du mouvement d'un point, étant donnée son accélération, peut se mettre en équation de la manière suivante. L'accélération peut être fonction du temps, des coordonnées du point, et quelquefois aussi, de sa vitesse, c'est-à-dire des quantités que nous avons appelés $t, x, y, z, \dfrac{dx}{dt}, \dfrac{dy}{dt}, \dfrac{dz}{dt}$. Il en est de même, par conséquent de ses projections sur les trois axes qui sont exprimées par $\dfrac{d^2x}{dt^2}, \dfrac{d^2y}{dt^2}, \dfrac{d^2z}{dt^2}$. Les équations différentielles du problème sont ainsi :

$$\frac{d^2x}{dt^2} = \varphi\left(t, x, y, z, \frac{dx}{dt}, \frac{dy}{dt}, \frac{dz}{dt}\right),$$

$$\frac{d^2y}{dt^2} = \varphi_1\left(t, x, y, z, \frac{dx}{dt}, \frac{dy}{dt}, \frac{dz}{dt}\right),$$

$$\frac{d^2z}{dt^2} = \varphi_2\left(t, x, y, z, \frac{dx}{dt}, \frac{dy}{dt}, \frac{dz}{dt}\right).$$

Les fonctions $\varphi, \varphi_1, \varphi_2$ étant supposées données, le problème consiste à intégrer ces trois équations du second ordre, ce qui introduira six constantes arbitraires à déterminer par les conditions initiales, c'est-à-dire en exprimant que pour $t = 0$, les quantités $x, y, z, \dfrac{dx}{dt}, \dfrac{dy}{dt}, \dfrac{dz}{dt}$ ont des valeurs données.

Sous cette forme générale, le problème est compliqué, mais les théorèmes généraux que nous allons démontrer, par leurs conséquences immédiates, en facilitent souvent la solution et permettent de poser des équations plus simples.

74. Premier théorème général. — La première et la plus ordinaire définition de l'accélération (la vitesse acquise rapportée à l'unité de temps) permet d'établir des relations importantes entre la vitesse du point mobile, aux divers points de sa trajectoire, et l'accélération.

On a démontré d'abord la relation :

(1) $$\frac{dv}{dt} = j_s \quad , \quad \text{ou} \quad dv = j_s\, dt.$$

j_s étant la composante tangentielle de l'accélération. Si l'on intègre cette équation entre deux époques quelconques t_0 et t et si l'on appelle v_0 et v les vitesses correspondantes, on aura :

(2) $$v - v_0 = \int_{t_0}^{t} j_s dt.$$

Le gain de vitesse est dû uniquement à l'accélération tangentielle et l'on voit que *l'accroissement de la vitesse d'un point mobile est égal à la somme intégrale des produits de l'accélération tangentielle par les éléments du temps.*

75. Exemple d'un mouvement périodique. — On déduit de là une conséquence importante : quelle que soit la forme de la trajectoire d'un point mobile, si son accélération tangentielle est exprimée par une même fonction du temps, il en sera de même de sa vitesse, à une constante près, et par suite la loi de son mouvement restera la même.

Considérons, p   xemple, un point mobile sur une droite Ox (fig. 77), de telle manière que son accélération soit constamment dirigée vers un point fixe O et proportionnelle à la

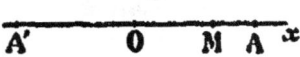

A'   O   M   A x

Fig. 77.

distance $OM = x$ du point mobile au point fixe. Représentons, en conséquence, l'accélération j du point mobile en M par $-k^2x$, le signe $-$ exprimant que cette accélération est dirigée de M vers O et k^2 étant une constante positive ; nous aurons, pour la loi du mouvement :

(1) $$\frac{d^2x}{dt^2} = -k^2x,$$

équation dont l'intégrale générale est :

(2) $$x = A \sin kt + B \cos kt,$$

A et B étant des constantes arbitraires à déterminer d'après les conditions initiales.

Si nous supposons, par exemple, que le point mobile soit parti sans vitesse d'un point A situé à une distance $OA = a$, nous devrons avoir, pour $t = 0$, $x = a$ et $\frac{dx}{dt} = 0$, ce qui donne $A = 0$ et $B = a$; la loi du mouvement devient alors

$$(3) \qquad\qquad x = a \cos kt.$$

Le mouvement du mobile est oscillatoire ou périodique et s'effectue entre les deux points A et Λ' placés symétriquement par rapport au point O ; ce mouvement est celui de la projection d'un point qui parcourrait avec une vitesse constante la circonférence décrite sur AA' comme diamètre. La durée de la période T du mouvement, c'est-à-dire le temps nécessaire au mobile parti du point A pour y revenir, sera donnée par $\cos kT = 1$ ou

$$(4) \qquad\qquad T = \frac{2\pi}{k} \cdot$$

La même loi du mouvement s'observera pour tout point mobile dont l'accélération variera proportionnellement à la longueur de l'arc s compris entre ce point et un point fixe O de sa trajectoire, quelle que soit la forme ou la courbure de celle-ci.

Le caractère principal de cette loi est l'isochronisme ou l'égalité de durée des oscillations ; cette durée, indépendante de l'amplitude a, ne dépend que de la valeur du coefficient k exprimant le rapport entre l'accélération et la distance du point mobile au point fixe.

76. Second théorème général. — Si l'on considère le mouvement projeté sur un axe quelconque, pris pour axe des x, la projection de l'accélération j_x est exprimée par $\frac{d^2x}{dt^2}$; par conséquent :

$$(1) \qquad \frac{d^2x}{dt^2} = j_x, \qquad \text{ou} \qquad \frac{d.v_x}{dt}\,dt = j_x dt.$$

La projection de l'accélération d'un point mobile sur un axe quelconque est égale à la dérivée, par rapport au temps, de la projection de la vitesse de ce point sur le même axe.

Intégrant entre les époques t_0 et t, le premier membre a, comme intégrale générale, v_x ou $\frac{dx}{dt}$ et l'on a

$$(2) \qquad \left(\frac{dx}{dt}\right) - \left(\frac{dx}{dt}\right)_0 \quad \text{ou} \quad v_x - (v_x)_0 = \int_{t_0}^{t} j_x\, dt,$$

en affectant de l'indice 0 la valeur de $\frac{dx}{dt}$ pour $t = 0$. Donc, *l'accroissement de la vitesse projetée sur un axe est égal à la somme intégrale des produits, par les éléments du temps, de la projection de l'accélération totale sur le même axe.*

Nous pouvons déduire, de ce théorème les conséquences suivantes :

Lorsque l'accélération est constamment parallèle à un plan fixe, la projection de la vitesse du point sur une normale au plan fixe est constante, et par conséquent *le mouvement estimé suivant cette normale est uniforme.* Et si la vitesse elle-même est, à un instant quelconque, contenue dans un plan parallèle au plan donné, sa projection sur la normale est nulle, et le point reste constamment dans ce plan.

Lorsque l'accélération est constamment parallèle à une droite fixe, le mouvement est plan. Si nous considérons, en effet, le plan mené par la vitesse à un instant quelconque, et parallèlement à la direction constante donnée de l'accélération, la projection de la vitesse sur la normale à ce plan sera constamment nulle.

Si, dans ce dernier cas, la vitesse initiale est parallèle à la direction constante de l'accélération, *le mouvement est rectiligne.*

Nous avons déjà dit que *lorsque l'accélération passe constamment par un point fixe,* le mouvement est plan.

77. Troisième théorème général. — Prenons maintenant les composantes de l'accélération sur deux des axes coordonnés rectangulaires, soit

$$(4) \qquad \frac{d^2x}{dt^2} = j_x \quad , \qquad \frac{d^2y}{dt^2} = j_y.$$

Multiplions respectivement par $-y$ et par x ces deux équations et ajoutons-les, nous aurons :

$$(2) \quad x . j_y - y . j_x = x \frac{d^2y}{dt^2} - y \frac{d^2x}{dt^2} = \frac{d}{dt} \cdot \left(x \frac{dy}{dt} - y \frac{dx}{dt} \right).$$

Or, le premier membre est le moment, par rapport à l'axe des z, de l'accélération totale j ou $\mathbf{M}_z . j$; la parenthèse du dernier membre est le moment, par rapport au même axe, de la vitesse v, ou $\mathbf{M}_z . v$. L'équation précédente peut donc s'écrire

$$(3) \quad \mathbf{M}_z j = \frac{d}{dt} \mathbf{M}_z v \quad \text{ou} \quad d . \mathbf{M}_z . v = \mathbf{M}_z . j \, dt.$$

Elle nous donne cet important théorème :

Le moment de l'accélération d'un point par rapport à un axe quelconque est la dérivée, par rapport au temps, du moment de la vitesse de ce point par rapport au même axe.

Intégrons encore entre les mêmes limites, nous aurons

$$(4) \quad \mathbf{M}_z v - \mathbf{M}_z v_0 = \int_{t_0}^{t} \mathbf{M}_z j \, dt.$$

L'accroissement du moment de la vitesse d'un point par rapport à un axe quelconque est égal à la somme intégrale des moments, par rapport aux mêmes axes, des produits de l'accélération totale par les éléments du temps.

Ce troisième théorème général peut s'énoncer autrement. Si nous portons sur l'axe Oz, à partir du point fixe O, une ligne Om_z égale au moment de la vitesse $\mathbf{M}_z v$, et si nous considérons l'extrémité m_z de cette ligne comme un point mobile, la vitesse de ce point sera $\frac{d . Om_z}{dt} = \frac{d . \mathbf{M}_z v}{dt}$, c'est-à-dire le moment, par rapport à l'axe des z, de l'accélération j. Ainsi, *le moment de l'accélération d'un point, par rapport à un axe, est représenté par la vitesse de l'extrémité de la ligne qui représente le moment, par rapport au même axe, de la vitesse de ce point.*

Considérons trois axes rectangulaires menés par le point O (fig. 78), et portons sur chacun de ces axes Ox, Oy, Oz, le

moment de la vitesse du point mobile par rapport à cet axe.
Le moment de cette vitesse par rapport au point O sera,
comme nous le savons (n° 15), la résultante de ces trois moments par rapport aux axes ; et si nous construisons l'axe Om
de ce moment, le point m, extrémité
de cette ligne, considéré comme mobile dans l'espace lorsque la vitesse v
variera, aura toujours pour projections les extrémités m_x, m_y, m_z des
lignes représentant les moments par
rapport aux trois axes ; et la vitesse
du point m dans l'espace sera, à chaque instant, la résultante des vitesses
des points m_x, m_y, m_z, c'est-à-dire,

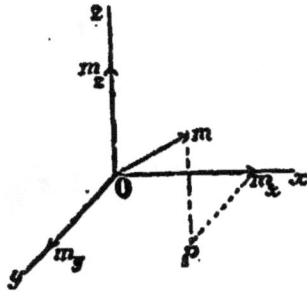

Fig. 78.

d'après ce qui précède, la résultante des moments par rapport
aux trois axes de l'accélération j. Or cette résultante n'est
autre chose que le moment de l'accélération j par rapport au
point O.

Par conséquent :

*Le moment de l'accélération d'un point mobile par rapport
à un point fixe quelconque est égal en grandeur, direction et
sens, à la vitesse de l'extrémité de la ligne qui représente le
moment, par rapport au même point fixe, de la vitesse du
point mobile.*

74. Théorème des aires. — Remarquons que le moment
de la vitesse d'un point, par rapport à un axe, est égal au double de la vitesse aréolaire de la projection de ce point sur un
plan perpendiculaire. En effet,
par définition (n° 13) le moment de la ligne MV (fig. 79)
par rapport à l'axe Oz est égal
au moment de la projection
mv de cette ligne sur un plan
perpendiculaire à l'axe, par
rapport au pied O de celui-ci,
c'est-à-dire au produit $mv \times$
Op. Si M et M' sont deux posi-

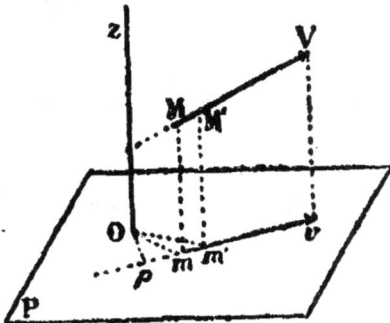

Fig. 79.

tions infiniment voisines du point mobile, m, m' les positions correspondantes de sa projection, mv est égal à $\frac{mm'}{dt}$, et la surface du triangle mOm', aire décrite par la projection du point sur un plan perpendiculaire à l'axe, est égale à $\frac{1}{2}\,mm' \times Op$. Et si nous appelons $v_{A,z}$ la vitesse aréolaire de la projection du point, c'est-à-dire le rapport de l'aire mOm' au temps employé à la décrire, nous aurons :

$$v_{A,z} = \frac{1}{2}\,\frac{mm'}{dt} \times op = \frac{1}{2}\,mv \times op\,;$$

ou bien, conformément à ce que nous avons énoncé

$$\mathbf{M}_z v = 2\,v_{A,z}.$$

On peut donc mettre $2v_{A,z}$ au lieu de $\mathbf{M}_z v$ dans l'équation précédente, et modifier l'énoncé en conséquence. Cette modification n'a d'intérêt que lorsque l'accélération j rencontre constamment l'axe des z, par rapport auquel on prend les moments. On aura alors constamment

$$\mathbf{M}_z j = 0$$

et par suite

$$v_{A,z} = \text{const.}$$

Lorsque l'accélération d'un point mobile rencontre constamment un axe fixe, les aires décrites par le rayon vecteur, joignant le pied de cet axe à la projection du point mobile sur un plan perpendiculaire à l'axe, sont proportionnelles aux temps.

Le théorème des aires que nous avons démontré plus haut, dans le cas du mouvement plan, n'est qu'un cas particulier de celui-ci.

70. Quatrième théorème général. — Nous avons encore

(1)
$$j_s = \frac{dv}{dt},$$

$$j_t \, ds = \frac{dx . do}{dt} = v \, dv$$

et en intégrant de même entre t_0 et t :

$$(2) \quad \frac{v^2}{2} - \frac{v_0^2}{2} = \int_{t_0}^{t} j_t \, ds = \int_{s_0}^{s} j . \, ds (\cos j, ds) = \int_{s_0}^{s} j (\times) \, ds$$

car l'accélération tangentielle j_t n'est autre chose que la projection de j sur ds ou $j \cos (j, ds)$.

Le demi-accroissement du carré de la vitesse d'un point mobile est égal à la somme intégrale des produits géométriques de l'accélération totale par les déplacements élémentaires.

Si le mouvement est rapporté à trois axes de coordonnées rectangulaires et si dx, dy, dz sont les projections du déplacement élémentaire ds sur ces trois axes, le produit géométrique $j (\times) ds$ peut d'après l'équation (4) du n° 5, page 11, s'exprimer par la somme des produits deux à deux des projections de j et de ds sur ces axes et l'on aura

$$(3) \quad \frac{v^2}{2} - \frac{v_0^2}{2} = \int_{s_0}^{s} (j_x dx + j_y dy + j_z dz).$$

80. Application au mouvement parabolique des corps pesants. — Soit à déterminer la loi du mouvement d'un point dont l'accélération serait verticale, constante, et représentée par $g = 9^m,8088$, c'est-à-dire égale à l'accélération des corps pesants à la surface de la terre ; le mouvement de ce point sera celui d'un corps pesant rapporté à la terre supposée immobile et en faisant abstraction de la résistance de l'air. D'après ce qui vient d'être dit, le mouvement de ce point s'effectue dans un plan mené par la vitesse initiale parallèlement à la direction de l'accélération, c'est-à-dire vertical. Prenons ce plan pour plan des xy (fig. 80), l'axe des x étant horizontal et l'axe des y vertical de bas en haut.

L'accélération du point mobile M étant verticale, dirigée de haut en bas et égale à g, ses projections

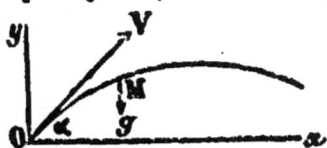

Fig. 80.

11

sur les deux axes sont respectivement 0 et $-g$, et les équations générales du mouvement du point mobile sont :

$$(1) \qquad \frac{d^2x}{dt^2} = 0 \quad , \quad \frac{d^2y}{dt^2} = -g.$$

Intégrons une première fois, et désignons par C, C₁ deux constantes à déterminer, nous aurons :

$$(2) \qquad \frac{dx}{dt} = C \quad , \quad \frac{dy}{dt} = C_1 - gt.$$

La première de ces équations montre que la projection, sur l'axe des x, de la vitesse du mobile est constante, et que la projection sur l'axe de y diminue proportionnellement à l'accroissement du temps, ce que nous aurions pu déduire immédiatement du second des théorèmes généraux (nº 76). Il en résulte que les constantes C et C₁ sont les projections sur les axes de la vitesse initiale, ou bien ont pour valeurs, si v_0 est cette vitesse et α l'angle que forme sa direction avec l'horizontale, $v_0 \cos \alpha$ et $v_0 \sin \alpha$.

Les équations précédentes s'écrivent donc:

$$(2) \qquad \frac{dx}{dt} = v_0 \cos \alpha \quad , \quad \frac{dy}{dt} = v_0 \sin \alpha - gt.$$

Intégrons encore une fois et remarquons que si nous avons pris pour origine des coordonnées la position initiale du mobile, il n'y a pas lieu d'ajouter de nouvelles constantes, nous obtiendrons :

$$(3) \qquad x = v_0 t \cos \alpha \quad , \quad y = v_0 t \sin \alpha - \frac{1}{2} gt^2 ;$$

équations qui donnent la loi du mouvement, et entre lesquelles l'élimination de t fournit celle de la trajectoire:

$$(4) \qquad y = x \tan \alpha - \frac{1}{2} g \frac{x^2}{v_0^2 \cos^2 \alpha}.$$

On peut, au moyen de ces équations, résoudre divers problèmes. On peut, par exemple, trouver la *portée du jet*, c'est-à-dire la distance à laquelle le point mobile rencontrera l'horizontale du point de départ; il suffit de faire $y = 0$, ce qui donne :

$$(5) \qquad x = 0 \quad \text{et} \quad x = \frac{2 v_0^2}{g} \sin \alpha \cos \alpha = \frac{v_0^2}{g} \sin 2 \alpha,$$

et montre que la portée est maximum pour $\alpha = 45°$.

On peut aussi se proposer de déterminer une relation entre la grandeur et la direction de la vitesse initiale pour que le point mobile passe par un point dont les coordonnées a, b sont données; il suffit d'exprimer que l'équation de la trajectoire est satisfaite par ces coordonnées, c'est-à-dire écrire :

$$(6) \qquad b = a \tang \alpha - \frac{1}{2} g \frac{a^2}{v_0^2 \cos^2 \alpha}$$

ou bien, en exprimant $\cos \alpha$ en fonction $\tang \alpha$ et résolvant par rapport à $\tang \alpha$:

$$(7) \qquad \tang \alpha = \frac{v_0^2}{ag} \left[1 \pm \sqrt{1 - \frac{2g}{v_0^2} \left(b + \frac{ga^2}{2 v_0^2} \right)} \right].$$

ce qui donne, en général, pour l'angle α, deux valeurs pour une valeur donnée de v_0.

Pour que $\tang \alpha$ soit réelle, il faut que la quantité sous le radical soit positive, ou que les coordonnées a, b satisfassent à la condition :

$$1 - \frac{2g}{v_0^2} \left(b + \frac{ga^2}{2 v_0^2} \right) > 0.$$

L'équation :

$$(8) \qquad 1 - \frac{2g}{v_0^2} \left(y - \frac{gx^2}{2 v_0^2} \right) = 0$$

obtenue en égalant à zéro cette quantité est celle d'une parabole ayant pour axe la verticale Oy et qui limite les points du plan susceptibles d'être atteints par le mobile animé d'une vitesse initiale v_0. On l'appelle *parabole de sécurité*. Il est facile de vérifier qu'elle est l'enveloppe des paraboles trajectoires du mobile lancé avec la même vitesse initiale v_0 et dans toutes les directions, c'est-à-dire pour toutes les valeurs possibles de l'angle α.

Les équations précédentes comprennent, comme cas particulier, celui où la vitesse initiale est verticale, c'est-à-dire où $\alpha = 90°$ ou $270°$. On a alors $v_0 \cos \alpha = 0$ et $v_0 \sin \alpha = \pm v_0$. Le mouvement est rectiligne suivant la verticale Oy et son équation est :

$$(9) \qquad y = \pm v_0 t - \frac{1}{2} g t^2.$$

Nous croyons inutile d'insister sur cet exemple ; la solution des problèmes auxquels il peut donner lieu étant, une fois connues les équations du mouvement, affaire d'analyse plutôt que de mécanique.

81. Cas général du mouvement rectiligne. — Étudions maintenant le mouvement rectiligne qui se produit lorsque, l'accélération étant constamment parallèle à une droite fixe, la vitesse initiale elle-même est parallèle à la direction fixe de l'accélération. Supposons que l'accélération soit une fonction ou bien du temps seul, ou bien de la position variable du mobile, ou bien de sa vitesse. Nous aurons à résoudre l'une ou l'autre des trois équations :

$$(1) \qquad \frac{d^2x}{dt^2} = f(t),$$

$$(2) \qquad \frac{d^2x}{dt^2} = f_1(x),$$

$$(3) \qquad \frac{d^2x}{dt^2} = f_2(v).$$

La première (1) donne successivement :

$$\frac{dx}{dt} \text{ ou } v = v_0 + \int_0^t f(t)\,dt = \varphi(t),$$

$$(4) \qquad x = x_0 + \int_0^t \varphi(t)\,dt.$$

La seconde (2) :

$$2 \frac{d^2 x}{dt^2} \cdot \frac{dx}{dt} \, dt = 2 f_1 (x) \, dx,$$

(5)
$$\left(\frac{dx}{dt}\right)^2 - \left(\frac{dx}{dt}\right)_0^2 = 2 \int_{x_0}^{x} f_1 (x) \, dx,$$

ou

$$\frac{1}{2} \left(v^2 - v_0^2\right) = \int_{x_0}^{x} f_1 (x) \, dx,$$

équation que l'on aurait pu poser immédiatement, d'après le quatrième des théorèmes généraux, et qui devient :

$$\frac{dx}{dt} = \sqrt{v_0^2 + 2 \int_{x_0}^{x} f_1 (x) \, dx} = \varphi_1 (x),$$

(6)
$$dt = \frac{dx}{\varphi_1 (x)},$$

(7)
$$t = \int_{x_0}^{x} \frac{dx}{\varphi_1 (x)}.$$

Enfin, la troisième (3) n'est autre chose que :

(8)
$$\frac{dv}{dt} = f_3 (v) \qquad \text{ou} \qquad dt = \frac{dv}{f_3 (v)},$$

qui donne :

(9)
$$t = \int_{v_0}^{v} \frac{dv}{f_3 (v)} = \varphi_3 (v),$$

d'où :

$$v = \psi (t),$$

c'est-à-dire :

$$\frac{dx}{dt} = \psi (t),$$

ou bien :

$$x = \int_0^t \psi (t) \, dt + x_0.$$

On voit que, dans les trois hypothèses, le problème se résout par des quadratures.

82. Mouvement vertical d'un corps pesant dans un milieu résistant. — Comme exemple de ce dernier cas, étudions le mouvement d'un point dont l'accélération serait verticale et égale à g, comme celle des corps pesants à la surface de la terre; mais serait, en outre, augmentée ou diminuée d'une accélération aussi verticale, dirigée en sens contraire du mouvement et proportionnelle au carré de la vitesse du mobile, la vitesse initiale de celui-ci étant supposée verticale.

Cet exemple est celui du mouvement des corps pesants dans un milieu résistant, comme l'atmosphère.

Considérons d'abord le mouvement ascendant, et soit v_0 la vitesse initiale; k désignant un coefficient supposé donné et v la vitesse à une époque quelconque, l'accélération à cette même époque sera $g\left(1 + \dfrac{v^2}{k^2}\right)$ et l'équation du mouvement, si les x sont comptés de bas en haut à partir du point de départ :

(1)
$$\frac{d^2x}{dt^2} = \frac{dv}{dt} = -g\left(1 + \frac{v^2}{k^2}\right),$$

qui donne :

$$g\,dt = -k\,\frac{d.\dfrac{v}{k}}{1 + \left(\dfrac{v}{k}\right)^2} \; ;$$

ou, en intégrant et observant que pour $t = 0$, on a $v = v_0$:

(2)
$$\frac{gt}{k} = \text{arc tang.}\,\frac{v_0}{k} - \text{arc tang.}\,\frac{v}{k}\,.$$

D'où :

(3)
$$v = k\,\text{tang.}\left(\text{arc tang.}\,\frac{v_0}{k} - \frac{gt}{k}\right),$$

$$= k\,\frac{v_0\cos\dfrac{gt}{k} - k\sin\dfrac{gt}{k}}{v_0\sin\dfrac{gt}{k} + k\sin\dfrac{gt}{k}}.$$

Remplaçant v par $\frac{dx}{dt}$ et intégrant une seconde fois, on trouve, eu égard à ce que $x = 0$ pour $t = 0$:

$$(4) \qquad x = \frac{k^2}{g} \text{Log.} \left(\frac{v_0}{k} \sin \frac{gt}{k} + \cos \frac{gt}{k} \right).$$

On voit que, $\frac{dv}{dt}$ étant toujours négative, le mouvement se ralentit de plus en plus et la vitesse s'annule au bout du temps t_1 donné en égalant à zéro l'expression (3) de la vitesse :

$$(5) \qquad t_1 = \frac{k}{g} \text{ arc tang } \frac{v_0}{k},$$

et si l'on porte cette valeur de t_1 dans l'expression de x, on aura la hauteur h atteinte par le mobile :

$$(6) \qquad h = \frac{k^2}{2g} \text{Log} \left(1 + \frac{v_0^2}{k^2} \right).$$

À partir de cet instant t_1, l'accélération de la pesanteur continuant de se produire, la vitesse devient négative, le mouvement change de sens, et il en est de même aussi de la quantité dont est accrue l'accélération et qui représente la résistance du fluide.

Si nous considérons alors le mouvement descendant, en prenant toujours l'origine au point de départ, les x positifs de haut en bas et la vitesse initiale égale à v_0 mais dirigée de haut en bas, l'équation du mouvement sera :

$$(7) \qquad \frac{d^2x}{dt^2} = \frac{dv}{dt} = g \left(1 - \frac{v^2}{k^2} \right),$$

ou

$$g\,dt = \frac{k}{2} \left(\frac{dv}{k+v} + \frac{dv}{k-v} \right).$$

ou en intégrant et remarquant que pour $t = 0$ on a $v = v_0$:

$$(8) \qquad \frac{2gt}{k} = \text{Log.} \frac{(k+v)(k-v_0)}{(k-v)(k+v_0)},$$

ou bien, en résolvant par rapport à v :

$$(9) \qquad v = \frac{dx}{dt} = k . \frac{v_0 \operatorname{coh} \frac{gt}{k} + k \operatorname{sih} \frac{gt}{k}}{v_0 \operatorname{sih} \frac{gt}{k} + k \operatorname{coh} \frac{gt}{k}} .$$

Remarquons que le numérateur de cette expression est, à un facteur constant près, la dérivée de son dénominateur ; nous aurons, en intégrant une seconde fois :

$$(10) \qquad x = \frac{k^2}{g} \operatorname{Log} \left(\frac{v_0}{k} \operatorname{sih} \frac{gt}{k} + \operatorname{coh} \frac{gt}{k} \right)$$

c'est-à-dire une formule identique à la précédente (4), avec cette seule différence que les fonctions trigonométriques sont remplacées par les fonctions hyperboliques.

Il suffira de faire $v_0 = 0$ dans l'équation (10) pour l'appliquer à la continuation du mouvement étudié dans le premier cas.

Lorsque t devient très grand, $\operatorname{sih} \frac{gt}{k}$ et $\operatorname{coh} \frac{gt}{k}$ tendent tous deux vers $\frac{1}{2} e^{\frac{gt}{k}}$, et alors, v tend vers k et x vers $kt + \frac{k^2}{g} \operatorname{Log} \left(\frac{k + v_0}{2k} \right)$. La vitesse tend, comme on voit, vers la valeur fixe k dont elle s'approche, en augmentant ou en diminuant suivant qu'elle était d'abord plus petite ou plus grande. Quant au point mobile, sa position tend vers celle d'un autre point placé à une distance constante $\frac{k^2}{g} \operatorname{Log} \left(\frac{k + v_0}{2k} \right)$ d'un troisième mobile, parti de l'origine en même temps que le premier et animé d'une vitesse constante égale à k.

83. Cas d'une accélération centrale. — Si l'accélération passe constamment par un point fixe, et si, de plus, elle est *fonction de la seule distance* du point mobile au point fixe, on l'appelle souvent alors accélération *centrale* et le problème se traite aussi facilement.

Si O est le point fixe (fig. 84), M le point mobile et $MM' = ds$

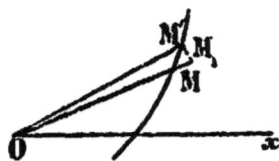

un élément de la trajectoire, l'accélération j étant dirigée suivant la droite
OM, le produit géométrique $j (\times) ds$ ou
$j. ds \cos (j, ds)$, qui figure dans le second
membre de l'équation (2) du n° 79, a
pour expression $j. dr$, en appelant r le
rayon vecteur OM et dr son accroissement MM_1; en effet,
$ds \cos (j, ds)$ n'est autre chose que MM_1 ou dr. Et alors, si l'accélération j est exprimée en fonction de la seule distance r,

$$(1) \qquad j = \varphi'(r)$$

en désignant par φ' cette fonction qui peut toujours être considérée comme la dérivée d'une certaine fonction φ, l'équation (2) du n° 79 devient

$$\frac{1}{2}(v^2 - v_0^2) = \int_{r_0}^{r} \varphi'(r)\, dr = \varphi(r) - \varphi(r_0),$$

ou bien

$$(2) \qquad v^2 - 2\varphi(r) = v_0^2 - 2\varphi(r_0) = \text{une constante } h.$$

D'un autre côté, l'accélération passant constamment par un
point fixe, la vitesse aréolaire est constante, c'est-à-dire que
si θ désigne l'angle variable formé par le rayon vecteur OM
avec une direction fixe Ox, on aura

$$(3) \qquad \frac{r^2 \, d\theta}{dt} = \text{une autre constante } c.$$

Ces deux équations (2) et (3) vont nous donner la solution
du problème.

La première (2) peut s'écrire

$$(4) \qquad v^2 = h + 2\varphi(r) = \left(\frac{ds}{dt}\right)^2 = \frac{dr^2 + r^2 \, d\theta^2}{dt^2},$$

ou bien, en éliminant dt au moyen de (3),

$$(5) \qquad \frac{dr^2 + r^2 \, d\theta^2}{r^4 \, d\theta^2} c^2 = h + 2\varphi(r);$$

équation différentielle de la trajectoire du mobile. On peut l'écrire

$$\frac{dr^2}{r^4 d\theta^2} + \frac{1}{r^2} = \frac{h + 2\varphi(r)}{c^2},$$

ou

(6)
$$\left[\frac{d\left(\frac{1}{r}\right)}{d\theta}\right]^2 + \left(\frac{1}{r}\right)^2 = \frac{h + 2\varphi(r)}{c^2}.$$

Afin de retrouver la fonction donnée $\varphi'(r)$, différentions cette dernière équation par rapport à θ, en considérant dans le premier membre $\frac{1}{r}$ comme la variable, nous aurons

(7)
$$2\frac{d\left(\frac{1}{r}\right)}{d\theta}\frac{d^2\left(\frac{1}{r}\right)}{d\theta^2} + 2\frac{1}{r}\frac{d\left(\frac{1}{r}\right)}{d\theta} = \frac{2\varphi'(r)}{c^2}\frac{dr}{d\theta};$$

ou bien, en remplaçant, dans le premier membre, $\dfrac{d\left(\frac{1}{r}\right)}{d\theta}$ par sa valeur $-\dfrac{1}{r^2}\dfrac{dr}{d\theta}$ et la mettant en facteur commun :

$$-\frac{2}{r^2}\frac{dr}{d\theta}\left(\frac{1}{r} + \frac{d^2\left(\frac{1}{r}\right)}{d\theta^2}\right) = \frac{2\varphi'(r)}{c^2}\frac{dr}{d\theta}.$$

Supprimant le facteur $\dfrac{2dr}{d\theta}$ commun aux deux membres et multipliant par $-\dfrac{1}{r^2}$ on a enfin

(8)
$$\frac{1}{r} + \frac{d^2\left(\frac{1}{r}\right)}{d\theta^2} = \frac{-r^2\varphi'(r)}{c^2}.$$

équation qui, intégrée, donnera celle de la trajectoire du mobile ou inversement.

84. Application au mouvement des corps célestes. — Si, par exemple, ainsi que l'observation l'a montré pour les corps célestes, un mobile parcourt une ellipse de manière que les aires décrites par le rayon vecteur mené à l'un des foyers soient proportionnelles aux temps, c'est-à-dire que l'accélération totale soit constamment dirigée vers ce foyer, l'équation de la trajectoire étant, en désignant par e l'excentricité et par p le paramètre de l'ellipse

$$(1) \qquad r = \frac{p}{1-e\cos\theta} \qquad \text{ou} \qquad \frac{1}{r} = \frac{1-e\cos\theta}{p},$$

On a :

$$(2) \qquad \frac{d^2\left(\frac{1}{r}\right)}{d\theta^2} = \frac{e\cos\theta}{p};$$

et par suite, le premier membre de l'équation précédente

$$(3) \qquad \frac{1}{r} + \frac{d^2\left(\frac{1}{r}\right)}{d\theta^2} = \frac{1}{p} = \frac{-r^2\varphi'(r)}{c^2}.$$

D'où,

$$(4) \qquad \varphi'(r) = -\frac{1}{r^2}\frac{c^2}{p}.$$

L'accélération est donc dirigée vers le foyer (à cause de son signe —) et elle est inversement proportionnelle au carré de la distance.

Si a et b sont les axes de l'ellipse, on a $p = \frac{b^2}{a}$, l'aire de l'ellipse est πab et si T représente la durée totale d'une révolution, la vitesse aréolaire dont nous avons représenté le double par c sera $\frac{\pi ab}{T}$ et nous aurons :

$$(5) \qquad c = \frac{r^2 d\theta}{dt} = \frac{2\pi ab}{T}.$$

Mettant dans l'expression précédente, pour p et c ces valeurs, il viendra

$$(6) \qquad \varphi'(r) = -\frac{1}{r^2}\cdot\frac{4\pi^2 a^3}{T^2}$$

comme nous l'avions déjà trouvé par des considérations purement géométriques au numéro 71.

Inversement, on déduirait facilement de la loi $\varphi'(r) = \mp\frac{K}{r^2}$;

que le mobile dont l'accélération varie en raison inverse du carré de sa distance à un point fixe parcourt une conique dont ce point est le foyer.

L'équation différentielle de la trajectoire est alors

$$(7) \qquad \frac{1}{r} + \frac{d^2\left(\frac{1}{r}\right)}{d\theta^2} = \pm \frac{K}{c^2},$$

et son équation finie est

$$(8) \qquad \frac{1}{r} = \pm \frac{K}{c^2} + A \sin\theta + B \cos\theta,$$

qui représente une conique rapportée à son foyer. Les constantes A et B sont à déterminer par les conditions initiales.

§ 2

DU MOUVEMENT D'UN POINT ASSUJETTI A CERTAINES CONDITIONS.

85. Définition des conditions auxquelles on suppose assujetti le mouvement. — Lorsqu'un point, animé d'un certain mouvement, parcourt une trajectoire déterminée, c'est que l'ensemble des conditions auxquelles il est assujetti l'astreint à la décrire, et, dans son mouvement, son accélération dépend, à chaque instant, et de la variation de sa vitesse et de la forme de cette trajectoire. Sans chercher, pour le moment, à nous rendre compte des circonstances dans lesquelles se produit ou se modifie le mouvement (étude réservée à la troisième partie de cet ouvrage), puisqu'il existe une corrélation entre le fait qu'un point mobile suit une trajectoire déterminée et la valeur de son accélération, nous pouvons, pour simplifier le langage, attribuer à la courbe elle-même la modification d'accélération que subit le point en passant d'une trajectoire à une autre.

Un point *libre* sera alors celui dont le mouvement sera défini par une certaine accélération donnée et supposée inhérente aux conditions dans lesquelles se trouve ce point.

Si, ces conditions restant les mêmes, le point *est astreint* à parcourir une trajectoire déterminée, à rester sur une surface donnée, nous dirons que l'accélération qu'il est nécessaire d'ajouter géométriquement à la précédente, pour obtenir celle qu'il a dans son mouvement réel, est produite par la courbe ou par la surface ; ou bien, ce qui revient au même, nous admettrons que le point dont il s'agit conserve l'accélération donnée, inhérente aux conditions dans lesquelles il se trouverait si son mouvement n'était assujetti à aucune restriction, mais que la courbe ou la surface sur laquelle il est astreint à se mouvoir donne naissance à une autre accélération qui, composée avec la première, a précisément pour résultante l'accélération réelle qu'il possède dans son mouvement sur cette surface ou sur cette courbe.

Prenons par exemple un point que nous imaginerons être dans les mêmes conditions qu'un corps pesant à la surface de la terre, c'est-à-dire tel que son accélération soit constante en grandeur et en direction. Nous avons vu plus haut qu'un pareil point décrit, lorsqu'il est libre, une parabole à axe vertical dont nous avons déterminé les éléments. De même que le corps pesant peut, à la surface de la terre, sans cesser d'être soumis à l'action de la pesanteur, être astreint à décrire des trajectoires diverses, nous pourrons admettre que le point mobile décrive une courbe quelconque sans cesser d'avoir une accélération *extérieure*, constante en grandeur et en direction ; mais comme son accélération réelle sera alors différente, nous attribuerons à l'obligation de parcourir la courbe donnée, ou plus simplement à cette courbe elle-même, la composante qui représente la différence.

Cette hypothèse, comme il vient d'être dit, ne préjuge rien sur les causes réelles de la production ou de la modification du mouvement, il faut y voir, moins une supposition formelle, qu'une forme de langage destinée à simplifier certains énoncés et la solution de certains problèmes.

Voici, en effet, comment on peut encore envisager cette question.

Deux po: : mobiles A, B, partant d'un même état initial (même po...on et même vitesse initiale) ont des mouvements différents : l'un d'eux, A, a une accélération exprimée par une fonction simple du temps ou des coordonnées, il a, par exemple, une accélération constante en grandeur et en direction, l'autre, B, parcourt une trajectoire connue ou donnée, suivant une loi à déterminer d'après certaines autres conditions. On peut, dans bien des circonstances, simplifier la résolution de ce problème en comparant le mouvement du second point à celui du premier. Que l'on imagine, à chaque instant, l'accélération *j* de ce second point décomposée en deux, l'une J égale à celle qu'aurait le premier et que nous venons d'appeler *extérieure* ou inhérente aux conditions dans lesquelles se trouve ce point, l'autre L dépendant seule de la loi inconnue de son mouvement et de la forme connue de sa trajectoire, l'on pourra considérer le mouvement du second point comme étant celui du premier modifié par l'adjonction de cette nouvelle accélération L, et l'on conçoit que par cet artifice on puisse, par la superposition de deux mouvements relativement simples, obtenir la loi cherchée du mouvement qui, sans cela, se présenterait sous une forme plus compliquée.

Cette décomposition de l'accélération dans le mouvement à déterminer est d'ailleurs souvent une conséquence naturelle de la façon dont le problème est posé lorsque, par exemple, l'on connait l'une des composantes de l'accélération du point et la trajectoire de ce mobile.

Quelle que soit, d'ailleurs, la raison qui nous déterminera à faire cette décomposition, le *point libre* que nous avons défini plus haut est le point A dont l'accélération est exprimée par une fonction simple et dont le mouvement nous sert à étudier celui de l'autre.

Nous dirons que ce second point B est *assujetti à se mouvoir sur une courbe fixe* donnée, sa trajectoire, que nous supposons connue.

Nous attribuons alors à cette obligation hypothétique, que nous considérons comme imposée au second point, la composante L de son accélération par laquelle son mouvement diffère de celui du point libre et nous dirons que lorsqu'un point est assujetti à se mouvoir sur une courbe fixe, cette obligation équivaut à une certaine accélération qui s'ajoute à celle qu'aurait le point s'il était libre, et que nous regardons comme due à la courbe fixe.

88. Point assujetti à se mouvoir sur une courbe donnée. — Cela posé, considérons un point qui parcourt une courbe donnée par ses deux équations :

(1) $f(x, y, z) = 0$, $f_1(x, y, z) = 0$.

Désignons par J_x, J_y, J_z les composantes, parallèles aux trois axes, de l'accélération J *extérieure* ou inhérente aux conditions dans lesquelles se trouverait le point si son mouvement était libre, et par L_x, L_y, L_z les composantes, parallèles aux axes, de l'accélération L que nous attribuons à la courbe. Les composantes de l'accélération réelle du mouvement sont toujours $\frac{d^2x}{dt^2}$, $\frac{d^2y}{dt^2}$, $\frac{d^2z}{dt^2}$ et, d'après ce que nous venons de dire, cette accélération réelle est la somme géométrique de l'accélération J et de l'accélération L due à la courbe ; nous avons ainsi les trois équations :

(2) $\frac{d^2x}{dt^2} = J_x + L_x$, $\frac{d^2y}{dt^2} = J_y + L_y$, $\frac{d^2z}{dt^2} = J_z + L_z.$

La détermination de la loi du mouvement comporte toujours la connaissance de trois relations entre x, y, z et t, et pour y arriver, nous avons les cinq équations (1) et (2) qui comprennent, outre les trois inconnues x, y, z, les trois quantités L_x, L_y, L_z également inconnues. Il y a donc indétermination et suivant que l'on attribuera à l'une de ces trois dernières quantités une valeur arbitraire quelconque, on obtiendra des mouvements différents pour le point mobile.

Ordinairement, on fait disparaître cette indétermination en admettant que l'accélération L attribuée à la courbe fait avec la tangente à cette courbe un angle donné Θ. Si *ds* est un élément de la courbe dont les projections sur les trois axes sont *dx, dy, dz*, les cosinus directeurs de la tangente au point considéré sont $\frac{dx}{ds}, \frac{dy}{ds}, \frac{dz}{ds}$, et la condition qui vient d'être énoncée s'exprimera par l'équation :

(3)
$$L_x\, dx + L_y\, dy + L_z\, dz = L\, ds \cos \Theta.$$

Au moyen des six équations (1), (2) et (3) on peut alors déterminer x, y, z, L_x, L_y, L_z en fonction du temps, c'est-à-dire trouver la loi du mouvement et la manière dont varie à chaque instant l'accélération due à la courbe.

Très souvent on admet que l'accélération attribuée à la courbe est contenue dans son plan normal, c'est-à-dire que l'on fait $\cos \Theta = 0$, et alors l'équation (3) devient :

(4)
$$L_x\, dx + L_y\, dy + L_z\, dz = 0,$$

ou, plus simplement, d'après (4) du n° 5, page 11,

(5)
$$L\, (\times)\, ds = 0.$$

Considérons alors la composante normale J_n de l'accélération J, c'est-à-dire la projection de cette accélération sur le plan normal à la courbe décrite par le point mobile. La composante normale de l'accélération du point dans son mouvement réel est $\frac{v^2}{\rho}$ en désignant par v sa vitesse et par ρ le rayon de courbure de la trajectoire. Les trois accélérations J_n, L et $\frac{v^2}{\rho}$ sont situées dans le plan normal à la courbe et la dernière est la résultante des deux autres, on a alors :

(6)
$$L\, (=)\, \frac{v^2}{\rho}\, (-)\, J_n,$$

ce qui donne immédiatement la valeur de L.

Lorsque J_n est nulle, on a $L\, (=)\, \frac{v^2}{\rho}$, la courbe produit sur le point mobile une accélération centripète égale à $\frac{v^2}{\rho}$; elle tend à l'empêcher de s'écarter de son centre de courbure, ce que ferait ce point s'il était libre. Cette tendance *centrifuge* d'un point que l'on astreint à parcourir une courbe donnée est un phénomène bien connu sur lequel nous reviendrons d'ailleurs dans la troisième partie.

87. Point assujetti à se mouvoir sur une surface donnée. — Ce que nous venons de dire s'applique avec quelques modifications au cas d'un point assujetti à se mouvoir sur une surface donnée. Soit :

$$(1) \qquad f(x, y, z) = 0$$

l'équation de la surface. Conservons aux lettres J et L les mêmes significations que précédemment ; nous aurons encore les trois équations :

$$(2) \quad \frac{d^2x}{dt^2} = J_x + L_x \, , \qquad \frac{d^2y}{dt^2} = J_y + L_y \, , \qquad \frac{d^2z}{dt^2} = J_z + L_z.$$

et nous n'aurons entre les six quantités inconnues que ces quatre relations nécessaires. Deux autres conditions sont donc indispensables pour faire cesser toute indétermination. On les trouve ordinairement en exprimant que l'accélération L est contenue dans le plan renfermant la normale à la surface et la tangente à la trajectoire et qu'elle fait avec la normale un angle déterminé.

Les cosinus directeurs de la normale à la surface sont $\frac{df}{dx}$, $\frac{df}{dy}$, $\frac{df}{dz}$, ceux de la tangente à la trajectoire sont comme tout à l'heure $\frac{dx}{ds}$, $\frac{dy}{ds}$, $\frac{dz}{ds}$. Pour exprimer que la droite L est située dans le même plan que ces deux lignes, il faut, comme on le sait, annuler le déterminant :

$$(3) \qquad \begin{vmatrix} \dfrac{df}{dx} & \dfrac{df}{dy} & \dfrac{df}{dz} \\[2mm] \dfrac{dx}{ds} & \dfrac{dy}{ds} & \dfrac{dz}{ds} \\[2mm] \dfrac{L_x}{L} & \dfrac{L_y}{L} & \dfrac{L_z}{L} \end{vmatrix} = 0.$$

A cette condition, on ajoutera celle qui exprime que la direction de L fait un angle donné avec la normale à la surface ou avec la tangente à la trajectoire

$$(4) \qquad L_x dx + L_y dy + L_z dz = L ds \cos \Theta.$$

On a alors six équations (1), (2), (3) et (4) qui suffisent à déterminer les six inconnues x, y, z, L_x, L_y, L_z en fonction du temps.

Pour la surface comme pour la courbe, on admet très souvent que l'accélération L ne peut être que normale ; alors les deux conditions (3), (4) se réduisent aux suivantes, exprimant qu'il y a égalité entre les cosinus directeurs de L et ceux de la normale à la surface :

$$(5) \qquad \frac{L_x}{\left(\frac{df}{dx}\right)} = \frac{L_y}{\left(\frac{df}{dy}\right)} = \frac{L_z}{\left(\frac{df}{dz}\right)} = \frac{L}{\sqrt{\left(\frac{df}{dx}\right)^2 + \left(\frac{df}{dy}\right)^2 + \left(\frac{df}{dz}\right)^2}}.$$

L'accélération réelle du point mobile est toujours, par définition, égale à la somme géométrique de J et de L. Projetons ces lignes sur la direction de la normale à la surface, appelons J_n la projection de J. L'accélération du point, projetée sur la normale principale à la trajectoire, a pour valeur $\frac{v^2}{\rho}$, et par suite, sa projection sur la normale à la surface sera égale à $\frac{v^2}{\rho}$ multipliée par le cosinus de l'angle des deux normales que nous désignerons par $\cos(\rho, n)$, car la projection sur cette direction de l'accélération tangentielle est nulle.

Nous aurons ainsi

$$(6) \qquad \frac{v^2}{\rho} \cos(\rho, n) = J_n + L,$$

ou

$$(7) \qquad L = \frac{v^2}{\rho} \cos(\rho, n) - J_n,$$

ce qui donne encore la valeur de L.

Si, dans cette dernière hypothèse la plus ordinaire, où L est normale à la surface, nous supposons que l'accélération désignée par J soit nulle, c'est-à-dire que par suite des conditions extérieures dans lesquelles se trouve le point mobile il

ne reçoive aucune accélération, les équations (2) dans lesquelles les composantes de J seront nulles, exprimeront que l'accélération réelle du point, dans son mouvement, coïncide avec L,
ou qu'elle est due uniquement à l'obligation imposée au point
de parcourir la surface, c'est-à-dire qu'elle est normale à la
surface. Or cette accélération est contenue, (n° 65, page 139)
dans le plan osculateur de la trajectoire, lequel contient ainsi
la normale à la surface. La trajectoire est donc alors une *ligne
géodésique* de la surface donnée et le point mobile suit la ligne
la plus courte que l'on puisse tracer, sur la surface, entre deux
quelconques de ses positions. Comme d'ailleurs l'accélération
est toujours normale à la trajectoire, sa composante tangentielle est constamment nulle et la vitesse du point mobile est
constante.

Le mouvement de ce point présente ainsi la plus grande
analogie avec celui d'un point libre qui n'a aucune accélération,
et qui, conservant la même vitesse, parcourt une ligne
droite.

88. Application au pendule simple. — Appliquons les
formules précédentes à la détermination de la loi du mouvement du *pendule simple*.

Pour simplifier, nous désignerons par *point pesant* un point
qui prendrait l'accélération que prennent tous les corps pesants à la surface de la terre.

Considérons donc un point pesant M (fig. 82) ayant une accélération extérieure constante en grandeur et en direction,
verticale et dirigée de haut en
bas, et que nous désignons par
g, assujetti à rester à une distance invariable d'un point fixe
O. Appelons l la distance OM
qui est *la longueur* du pendule,
et supposons pour simplifier
que le point mobile ait été abandonné, sans vitesse initiale, à
partir de son point de départ

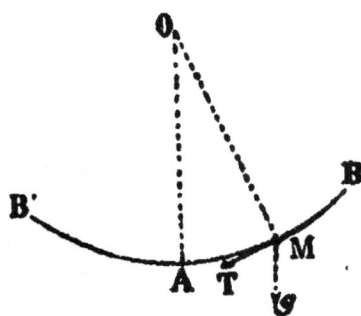

Fig. 82.

B, défini par l'angle $AOB = \alpha_0$ que forme le rayon OB avec la verticale OA. Soit M la position du mobile à l'époque t, cette position étant définie de même par l'angle AOM $= \alpha$.

Le point mobile assujetti à rester à une distance constante du point O se trouve, en fait, assujetti à rester sur une sphère dont ce point est le centre. Si nous supposons que l'accélération L, corrélative à cette obligation, soit constamment normale à la sphère, c'est-à-dire passe toujours par le point O, l'accélération du mobile, résultante de L et de g, rencontrera constamment la verticale OA; et, puisque la vitesse initiale est nulle, le mouvement s'effectuera dans un plan vertical passant par OA et le point de départ B. Le mobile décrira un arc de cercle, et la loi du mouvement sera définie si nous arrivons à exprimer α en fonction de t.

Soit v la vitesse du mobile au point M. Son accélération réelle a une composante tangentielle, dirigée suivant MT et égale à $\frac{dv}{dt}$, et une accélération normale dirigée suivant MO et égale à $\frac{v^2}{l}$. La résultante de ces deux accélérations doit être la même que celle des deux accélérations g et L. Nous exprimerons cette égalité par l'équipollence :

$$(1) \qquad \frac{dv}{dt} \; (+) \; \frac{v^2}{l} \; (=) \; g \; (+) \; L,$$

laquelle équivaut à deux égalités algébriques que l'on obtiendra en projetant les lignes dont il s'agit sur deux directions rectangulaires. Choisissons les directions MO, MT et effectuons les projections, nous aurons :

$$(2) \qquad \frac{dv}{dt} = g \sin \alpha \qquad , \qquad \frac{v^2}{l} = - g \cos \alpha + L.$$

La dernière équation nous donnera L en fonction de α et de v, c'est-à-dire de t lorsque nous connaîtrons la loi du mouvement, qui nous sera donnée par la première quand nous y aurons exprimé v en fonction de α.

Or la vitesse v est toujours la dérivée, par rapport au temps, de l'espace parcouru par le mobile, et cet espace a pour expression $l(\alpha_o - \alpha)$; nous avons alors

$$(3) \qquad v = - l \frac{d\alpha}{dt}, \qquad \text{et} \qquad \frac{dv}{dt} = - l \frac{d^2\alpha}{dt^2}.$$

ou bien, en substituant :

(4)
$$\frac{d^2\alpha}{dt^2} = -\frac{g}{l} \sin \alpha ;$$

équation cherchée entre α et t et qu'il suffit d'intégrer pour avoir la loi du mouvement. Elle donne d'abord, en multipliant le premier membre par $2\frac{d\alpha}{dt} dt$, le second par $2d\alpha$ et intégrant :

(5)
$$\left(\frac{d\alpha}{dt}\right)^2 = \frac{2g}{l} (\cos \alpha - \cos \alpha_0),$$

ce qui montre que l'angle α ne peut jamais dépasser α_0. Extrayant la racine carrée des deux membres, séparant les variables et remarquant que $d\alpha$ est de signe contraire à dt puisque α décroit quand t augmente, nous avons :

(6)
$$dt = -\sqrt{\frac{l}{2g}} \cdot \frac{d\alpha}{\sqrt{\cos \alpha - \cos \alpha_0}}.$$

L'intégrale du second membre ne peut pas s'obtenir en termes finis. Si l'on suppose que les angles α et α_0 soient assez petits pour que l'on puisse remplacer leurs cosinus respectivement par $1 - \frac{\alpha^2}{2}$, et $1 - \frac{\alpha_0^2}{2}$, l'intégration devient facile. On a:

(7)
$$dt = -\sqrt{\frac{l}{g}} \frac{d\alpha}{\sqrt{\alpha_0^2 - \alpha^2}}$$

et par suite :

(8)
$$t = \sqrt{\frac{l}{g}} \text{ arc cos } \frac{\alpha}{\alpha_0} \qquad \text{ou} \quad \alpha = \alpha_0 \cos \sqrt{\frac{g}{l}} \cdot t.$$

La valeur de l'angle α varie périodiquement de α_0 à $-\alpha_0$, c'est-à-dire que le point mobile oscille du point B au point symétrique B', et que la durée T d'une demi-oscillation, ou le temps nécessaire pour que le mobile passe de B en B' ou inversement, est donnée par $\cos\sqrt{\dfrac{g}{l}}.T = -1$ ou :

(9)
$$T = \pi\sqrt{\dfrac{l}{g}}.$$

Elle est indépendante de l'angle α; les oscillations de ce mobile sont donc isochrones, ou de même durée quelle que soit leur amplitude, à la condition bien entendu que cette amplitude soit assez petite pour que l'on puisse en négliger les puissances supérieures à la seconde.

Ce résultat aurait pu être déduit immédiatement de celui qui a été énoncé au n° 75 ci-dessus, en remarquant que l'accélération tangentielle $\dfrac{dv}{dt}$ du point mobile est, si l'on néglige les puissances de α supérieures à la seconde, exprimée par $-g\alpha$, c'est-à-dire proportionnelle à la longueur de l'arc de la trajectoire compris entre le point A et la position du point mobile.

Il s'en suit que la loi du mouvement du point, dans l'étendue où les puissances supérieures de α sont négligeables, est celle du mouvement périodique ou oscillatoire défini au n° 75, qu'il est, comme celui-là, isochrone, c'est-à-dire que la durée de ses oscillations est indépendante de leur amplitude.

Puisque l'on a :
$$\frac{dv}{dt} = -g\alpha = -\frac{g}{l}.l\alpha.$$

la constante k des équations de ce n° 75 est alors égale à $\sqrt{\dfrac{g}{l}}$ et la durée d'une demi-oscillation est bien égale à :

$$\frac{\pi}{k} = \pi\sqrt{\frac{l}{g}}.$$

On trouvera dans les traités d'analyse le calcul de la durée de l'oscillation lorsque l'angle initial α_0 n'est pas très petit. Nous ne donnerons pas ces calculs qui sont des exercices d'analyse; nous nous bornerons à dire que lorsque l'amplitude initiale α_0 est assez petite pour qu'on puisse négliger seulement les puissances supérieures à la troisième la durée des oscillations s'exprime par la formule [1] :

$$(10) \qquad T = \pi \sqrt{\frac{l}{g}} \left(1 + \frac{\alpha_o^2}{16} \right).$$

89. Pendule conique. — A la même approximation nous déterminerons le mouvement du même point pesant, supposé s'écarter très peu de la verticale, mais animé d'une vitesse initiale quelconque, tangente à la sphère sur laquelle il doit se mouvoir.

Soit comme plus haut O (fig. 83) le point fixe à distance invariable duquel est assujetti à se mouvoir le point mobile M, soit B la position initiale et BV la vitesse initiale de ce point. Menons la verticale OA et projetons le mouvement sur un plan horizontal. Soit a la projection de la verticale OA, m et b les projections des points M, B. L'accélération du point M, résultante d'une accélération verticale g et d'une accélération variable en grandeur, mais passant constamment par le point O, sera toujours contenue dans le plan vertical passant par M et par OA. La projection de cette accélération, qui est l'accélération du mouvement projeté, sera constamment dirigée vers le point a. Il en résulte que les aires décrites par le rayon vecteur am sont proportionnelles aux temps.

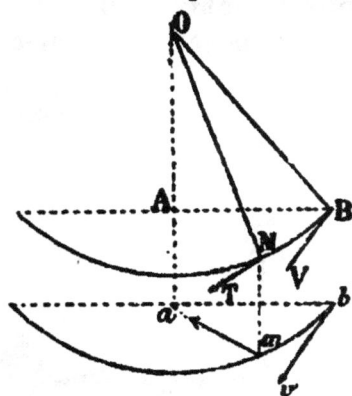

Fig. 83.

Si nous supposons, en outre, que le point mobile M s'écarte assez peu de la verticale pour que sa vitesse à chaque instant puisse être considérée comme horizontale, ou ce qui est la même chose, pour que sa trajectoire puisse être considérée

---

1. On trouvera, en particulier, dans le traité de Résistance des Matériaux qui fait partie de l'*Encyclopédie*, page 437, la démonstration de cette formule (10) lorsque l'on peut négliger les puissances de α supérieures à la troisième.

comme égale à sa projection horizontale, il en sera de même à chaque instant de son accélération. Or, si à un instant quelconque nous opérons, comme plus haut, la composition des accélérations g et L dans le plan contenant à cet instant la verticale AO et le point mobile M, c'est-à-dire si nous projetons ces deux accélérations sur la tangente MT menée à la sphère dans ce plan, nous aurons, pour la composante de l'accélération dirigée suivant MT, et par suite pour sa projection horizontale dirigée suivant ma, la valeur $g \sin \alpha = \frac{g}{l} \cdot ma$.

Ainsi l'accélération dans le mouvement projeté est constamment dirigée vers un centre fixe a et elle est proportionnelle à la distance du point mobile à ce centre. Nous avons vu, n° 69, page 145, que dans ce cas le point m décrit une ellipse, dont le point a est le centre.

Le mouvement de la projection du point M étant ainsi déterminé, celui de ce point lui-même l'est aussi.

90. Pendule cycloïdal.— Supposons qu'au lieu d'être astreint à se mouvoir sur un arc de cercle, comme au n° 88, le point mobile considéré soit assujetti à parcourir une cycloïde contenue dans un plan vertical. Soit AB (fig. 84) cette cycloïde engendrée par un point M d'une circonférence EF roulant sur l'horizontale AB. Prenons le point le plus bas C de la courbe pour origine des coordonnées, l'axe des x horizontal et l'axe des y vertical. Si nous appelons a le diamètre EF du cercle générateur, l'équation différentielle de la cycloïde sera (n37 ; 4°):

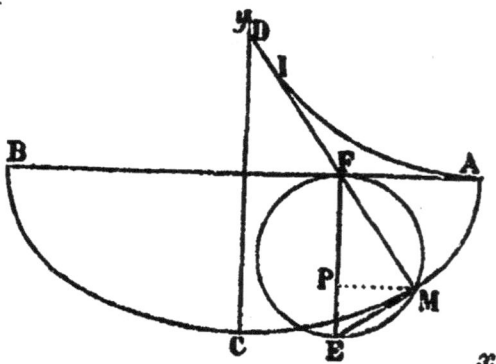
Fig. 84.

$$(1) \qquad \frac{dy}{dx} = \sqrt{\frac{y}{a-y}} \qquad \text{ou} \qquad ds = \sqrt{a}\,\frac{dy}{\sqrt{y}},$$

ou bien :

(2)
$$s = 2\sqrt{ay}, \qquad s^2 = 4ay,$$

en appelant s la longueur de l'arc CM.

L'accélération du point mobile se compose de l'accélération constante g, parallèle aux y, dirigée vers les y négatifs, et de l'accélération L, inconnue, dirigée suivant la normale MI à la courbe ; d'autre part, en appelant v la vitesse du point, ρ le rayon de courbure de la trajectoire, les composantes de l'accélération totale sont $\frac{dv}{dt}$ suivant ME et $\frac{v^2}{\rho}$ suivant MI, nous avons donc, comme précédemment, l'équipollence

(3)
$$\frac{dv}{dt}\,(+)\,\frac{v^2}{\rho}\,(=)\,g\,(+)\,\mathrm{L}.$$

Projetons encore sur les deux directions rectangulaires ME, MI ; nous aurons :

(4)
$$-\frac{dv}{dt} = g\sin \mathrm{ME}x, \qquad \frac{v^2}{\rho} = -g\cos \mathrm{ME}x + \mathrm{L}.$$

La dernière équation nous donnera L en fonction de α et de v lorsque nous connaîtrons la loi du mouvement qui nous sera fournie par la première. En mettant pour $\sin \mathrm{ME}x$ sa valeur, celle-ci devient

(5)
$$-\frac{dv}{dt} = g\sqrt{\frac{y}{a}} ;$$

multipliant le premier membre par $v\,dt$, le second par $ds = \sqrt{\frac{a}{y}}\,dy$ qui lui est égal, il vient, en changeant les signes :

(6)
$$v\,dv = -g\,dy,$$

ou, en intégrant, et désignant par y_0 l'ordonnée du point de départ du mobile :

(7)
$$v^2 = 2g\,(y_0 - y).$$

On aurait pu écrire immédiatement cette équation en appliquant le théorème du n° 79, puisque la somme intégrale de 0 à t des produits géométriques des accélérations par les éléments ds du chemin parcouru se réduit à $g(y_0 - y)$, l'accélération L étant constamment normale à ds et donnant toujours un produit géométrique nul.

Mettons dans cette équation, au lieu de y et y_0, leurs valeurs en s et s_0; nous aurons

$$(8) \qquad v^2 = 2g \cdot \left(\frac{s_0^2}{4a} - \frac{s^2}{4a} \right) = \frac{g}{2a} (s_0^2 - s^2),$$

ou bien

$$v = -\frac{ds}{dt} = \sqrt{\frac{g}{2a}} \sqrt{s_0^2 - s^2},$$

$$(9) \qquad dt = -\sqrt{\frac{2a}{g}} \frac{ds}{\sqrt{s_0^2 - s^2}}.$$

Intégrant et remarquant qu'il n'y a pas à ajouter de constante puisque $s = s_0$ pour $t = 0$, il vient

$$(10) \qquad t = \sqrt{\frac{2a}{g}} \, \text{arc cos} \, \frac{s}{s_0}.$$

D'où

$$(11) \qquad s = s_0 \cos t \sqrt{\frac{g}{2a}}.$$

La durée totale de la demi-oscillation s'obtiendra en faisant $s = -s_0$ ou le cosinus égal à π, ce qui donne

$$(12) \qquad T = \pi \sqrt{\frac{2a}{g}},$$

et cette durée est indépendante de s_0. Toutes les oscillations du point mobile s'effectuent dans le même temps que celles d'un pendule simple dont la longueur serait le double du diamètre du cercle générateur.

Cette propriété de la cycloïde lui a valu le nom de courbe *tautochrone*.

Nous aurions pu, comme plus haut, déduire cette propriété de la valeur de la composante tangentielle de l'accélération, laquelle exprimée par $g\sqrt{\frac{y}{a}}$ est égale, en remplaçant y par sa valeur $\frac{s^2}{4a}$, à $\frac{g}{2a} \cdot s$.

L'accélération tangentielle est donc proportionnelle aux arcs de la trajectoire comptés à partir du point C ; il en résulte (n° 75) que le point mobile exécutera, de part et d'autre du point C, des oscillations isochrones dont la durée sera

$$T = \pi \sqrt{\frac{2a}{g}}$$

pour chaque demi-oscillation, et que l'équation du mouvement sera

$$s = s_0 \cos t \sqrt{\frac{g}{2a}},$$

ce qui est précisément ce que nous avons trouvé autrement.

81. Mouvement d'un point pesant sur une droite inclinée. — Etudions encore le mouvement d'un point pesant sur une droite inclinée faisant un angle α avec la verticale (fig. 85), et supposons, comme nous l'avons fait d'ailleurs dans les deux exemples qui précèdent, que l'accélération qui équivaut à l'obligation pour le point de parcourir la droite donnée soit toujours normale à cette trajectoire. Le rayon de courbure de celle-ci étant infini, l'accélération normale $\frac{v^2}{\rho}$ sera toujours nulle, et l'équipollence que nous avons déjà écrite plusieurs fois se réduira à

(1) $$\frac{dv}{dt} \ (=) \ g \ (+) \ \mathbf{L};$$

ou, en projetant sur la direction de la trajectoire AM et sur la direction normale MN :

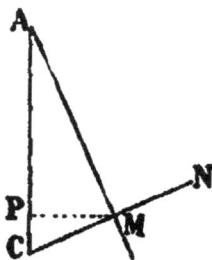

Fig. 85.

$$(2) \quad \frac{dv}{dt} = g \cos \alpha ; \qquad L = -g \sin \alpha.$$

La dernière donne L, qui est constante.

La première, intégrée, devient en appelant v_0 la vitesse initiale :

$$(3) \qquad v = v_0 + gt \cos \alpha.$$

Et, en appelant x la longueur parcourue AM, à partir d'un point donné A où le mobile est supposé se trouver à l'époque $t = 0$, et en remarquant que $v = \frac{dx}{dt}$:

$$(4) \qquad x = vt + \frac{1}{2} gt^2 \cos \alpha.$$

Supposons que l'on ait $v_0 = 0$, ou que le mobile ait été abandonné sans vitesse au point A, ces équations deviennent :

$$(5) \qquad v = gt \cos \alpha \quad , \quad x = \frac{1}{2} gt^2 \cos \alpha.$$

D'où

$$(6) \qquad v = \sqrt{2gx \cos \alpha}.$$

Si le point, au lieu de parcourir la droite inclinée AM avait suivi la verticale AC, sa vitesse au point P, situé à une hauteur $h = x \cos \alpha$, c'est-à-dire dans le même plan horizontal que M, aurait été égale à $\sqrt{2gh} = \sqrt{2gx \cos \alpha}$.

La vitesse du point mobile est donc la même que s'il était tombé librement de la même hauteur verticale, et cela quelle que soit l'inclinaison de la droite qu'il a été astreint à suivre.

Ce résultat est une conséquence évidente du théorème du nº 79 exprimé par l'équation

$$(7) \qquad \frac{1}{2} (v^2 - v_0^2) = \int_0^t j \, (\times) \, ds.$$

L'accélération L, étant normale à la trajectoire, ne donne rien dans le produit géométrique du second membre qui se réduit ainsi à la somme des produits $g \, (\times) \, dx$ ou $g dx \cos \alpha$, laquelle est bien égale à gh quel que soit l'angle α.

Au point M élevons MC perpendiculaire à AM, et soit C son point d'intersection avec la verticale ; nous avons $x = AC \cos \alpha$; donc $AC = \frac{1}{2} g t^2$, ou encore

(8)
$$ t = \sqrt{\frac{2AC}{g}}. $$

Cette expression ne dépendant que de AC montre que *le mobile partant du repos en A mettra le même temps à parcourir toutes les cordes issues de ce point et limitées* aux pieds des perpendiculaires abaissées du point C, c'est-à-dire *à la circonférence de cercle décrite sur la verticale AC comme diamètre.*

Il est facile de vérifier que le temps nécessaire au mobile pour parcourir la droite inclinée AM est le même que celui qu'il mettrait à parcourir la droite perpendiculaire MC en partant du repos en M ; et cela, quel que soit l'angle α.

Supposons maintenant, contrairement à ce que nous avons fait jusqu'ici, que l'accélération due à la droite AM soit oblique à cette droite, et fasse, du côté opposé au sens du mouvement, avec la normale à cette ligne, un angle que nous désignerons par φ. Le problème se traite toujours de la même manière et l'équipollence

$$ \frac{dv}{dt} (=) g (+) L $$

donne, en remarquant que L fait alors l'angle φ avec la normale MN :

$$ \frac{dv}{dt} = g \cos \alpha + L \sin \varphi \quad , \quad 0 = g \sin \alpha + L \cos \varphi. $$

D'où, en éliminant L :

$$ \frac{dv}{dt} = g \, \frac{\cos (\alpha + \varphi)}{\cos \varphi}. $$

Le mouvement du point est encore uniformément accéléré ; seulement l'accélération, au lieu d'être comme dans le cas précédent égale à $g \cos \alpha$, n'est plus que $g \, \frac{\cos (\alpha + \varphi)}{\cos \varphi} = g \cos \alpha - g \sin \alpha \, \tan \varphi$. Elle est donc diminuée si, comme nous le supposons, les angles α et φ sont inférieurs à 90 degrés.

Lorsque $\alpha + \varphi = \frac{\pi}{2}$ on a $\cos(\alpha + \varphi) = 0$ et par suite $\frac{dv}{dt} = 0$, le mouvement est uniforme, ou bien, si la vitesse initiale v_0 était nulle, le point resterait immobile.

Si l'on avait $\alpha + \varphi > \frac{\pi}{2}$, le cosinus deviendrait négatif ainsi que $\frac{dv}{dt}$. La vitesse initiale irait donc en diminuant jusqu'à zéro et alors le point s'arrêterait. Il ne se remettrait pas en mouvement ensuite, puisque par hypothèse l'accélération L, étant dirigée en sens contraire du mouvement, changerait de sens avec le mouvement lui-même.

89. Brachistochrone d'un point pesant. — Revenons à l'hypothèse la plus simple où l'accélération attribuée à la courbe que doit suivre le point pesant dans son mouvement est constamment normale à cette courbe, et proposons-nous alors de déterminer la forme que doit avoir cette trajectoire pour que la durée du trajet du point mobile partant du repos entre deux points fixes donnés A, B (fig. 86), soit minimum.

Remarquons d'abord que, quelle que soit la forme de la trajectoire, la vitesse du point, lorsqu'il arrivera à un plan horizontal MC à une hauteur verticale AC au-dessous du point A, sera toujours la même. En effet, le théorème du n° 79 nous donnera toujours :

$$\frac{1}{2}(v^2 - v_0^2) = \int_0^t g\,(\times)\,ds.$$

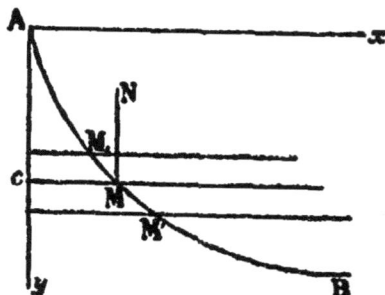

Fig. 86.

et le produit géométrique du second membre de cette équation est, quelle que soit la forme de la trajectoire AM entre les points A et M, égale au produit de l'accélération constante g en grandeur et en direction par la projection AC de l'espace parcouru.

Supposons nulle la vitesse initiale v_0, nous aurons toujours

$$v^2 = 2g \times AC$$

quel que soit le chemin suivi entre le point A et le plan horizontal CM.

Il résulte d'abord de là que la courbe cherchée, dite brachistochrone du point pesant, sera contenue dans le plan vertical passant par les deux points donnés A et B. En effet, une courbe quelconque, joignant ces deux points, est plus longue que sa projection sur ce plan et comme chacun de ses éléments sera parcouru avec la même vitesse que l'élément correspondant de sa projection, celle-ci exigera une durée totale moindre pour le parcours entre les deux extrémités communes.

Prenons donc le plan vertical mené par les points A et B pour plan de la figure, le point le plus haut A pour origine, l'axe des x horizontal et l'axe des y vertical dirigé de haut en bas. Divisons la courbe par des lignes horizontales équidistantes dont l'intervalle sera dy, considérons trois points consécutifs M_1, M, M' de la courbe cherchée, désignons par v la vitesse du point mobile dans le premier intervalle, de M_1 à M, $v + dv$ cette vitesse dans le second, de M à M', et par i et $i + di$ les angles formés avec la verticale MN par les éléments MM_1 et MM'. D'après le théorème de Fermat [1] nous devons avoir :

1. Ce théorème peut s'énoncer ainsi : si un point doit aller de A en B, fig. 87, en traversant un plan MM', et s'il se meut de chaque côté de ce plan avec des vitesses constantes v, v', le trajet exigeant le moins de temps est composé de deux droites AC, CB contenues dans le plan normal à MM' et faisant avec la normale NN' des angles i et i' tels que $\dfrac{\sin i}{v} = \dfrac{\sin i'}{v'}$.

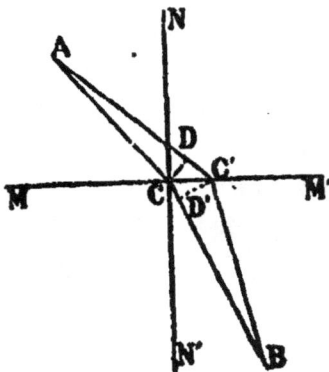

Fig. 87

On voit d'abord, en raisonnant comme plus haut, que le trajet exigeant le moins de temps se trouve dans le plan mené par AB, normalement au plan MM'. Soit alors ACB ce trajet cherché. Prenons un point C' à une distance infiniment petite dx du point C et considérons le trajet AC'B, menons CD, C'D' perpendiculaires à AC et CB ; la durée du trajet de A en C' dépasse celle du trajet de A en C de $\dfrac{dx \sin i}{v}$; au contraire, celle de C' en B est moindre que celle de C en B de la quantité $\dfrac{dx \sin i'}{v'}$. Par conséquent, la durée du trajet total, de A

$$\frac{\sin i}{v} = \frac{\sin (i + di)}{v + dv} = \text{const.}$$

ou bien, puisque nous avons $v = \sqrt{2gy}$, $\qquad \sin i = \frac{dx}{ds}$,

$$\frac{dx}{ds} \frac{1}{\sqrt{2gy}} = \text{const.}$$

ou bien encore, en désignant par a une longueur constante à déterminer

$$\frac{dx}{ds} = \sqrt{\frac{a}{y}}.$$

Equation différentielle d'une cycloïde comme on peut le voir en la comparant à celle du n° 37, 4°. Elle donne d'ailleurs, en mettant pour dx sa valeur $\sqrt{ds^2 - dy^2}$:

$$ds = \frac{dy}{\sqrt{1 - \dfrac{y}{a}}}$$

et en intégrant et remarquant, pour déterminer la constante d'intégration, que s et y s'annulent en même temps :

$$s = 2a - 2\sqrt{a(a - y)}$$
$$(2a - s)^2 = 4a(a - y),$$

ou bien, en transportant l'origine au point $s = 2a$, $y = a$:

$$s^2 = 4ay,$$

équation, dans sa forme ordinaire, d'une cycloïde dont le cercle générateur a pour diamètre la constante inconnue a.

On détermine cette constante en exprimant que la courbe passe au point B, dont les coordonnées sont supposées connues.

en B, en passant par le point C', diffère de celle du trajet passant par le point C de la quantité $dx \left(\dfrac{\sin i}{v} - \dfrac{\sin i'}{v'} \right)$.

Si le point C correspond à un minimum, cette différentielle de la durée du trajet doit être nulle, ce qui démontre le théorème énoncé.

CHAPITRE V

DES SYSTÈMES INVARIABLES A L'ÉTAT DE MOUVEMENT

SOMMAIRE :

§ 1er.

MOUVEMENTS ÉLÉMENTAIRES OU INSTANTANÉS.

93. Définition des systèmes invariables. — Le titre de ce chapitre indique que nous étudions le mouvement des systèmes invariables non pas dans ses lois, c'est-à-dire dans la manière dont il se modifie avec le temps, mais simplement dans les propriétés de ses éléments *statiques*. En d'autres termes, nous nous bornerons à comparer les *vitesses* des divers points sans nous occuper de leurs accélérations.

13

On appelle *système invariable* un système de points assujettis à rester à des distances invariables les uns des autres. Il résulte de cette définition que les angles formés par les différentes lignes droites réunissant deux à deux les points du système sont également invariables et que, par suite, la forme du système est toujours la même. C'est ce qui justifie son nom.

La position d'un système invariable, dans l'espace, est déterminée quand on connaît celle de trois de ses points non en ligne droite. En effet, la position d'un quatrième point quelconque sera déterminée par l'intersection des trois sphères décrites des trois points donnés comme centres avec des rayons égaux à leurs distances à ce quatrième point. Ces trois sphères ont deux points communs ; mais il ne peut y avoir d'ambiguïté sur celui de ces deux points qu'il convient de choisir, si l'on considère que des deux tétraèdres formés en joignant ces deux points aux trois autres, l'un seulement est superposable à celui qui serait obtenu de la même manière avec les positions primitives des points ; l'autre, symétrique, ne saurait convenir à la question.

Analytiquement, la position de trois points dans l'espace exige la connaissance des neuf coordonnées de ces points ; mais comme il y a, entre ces quantités, trois relations données exprimant que les distances de ces trois points sont invariables, il suffira de six relations entre les coordonnées des points du système pour déterminer sa position. Si donc n est le nombre de ces points, la condition d'invariabilité de forme équivaut à $3n - 6$ relations entre leurs $3n$ coordonnées.

Le mouvement d'un système invariable dans l'espace sera donc défini par six équations de la forme x, ou y, ou $z = f(t)$, donnant à chaque époque les valeurs de six des $3n$ coordonnées des points de ce système. Nous allons en donner des exemples.

94. Mouvement de translation. — On dit qu'une droite est animée d'un mouvement de *translation* lorsqu'elle se déplace en restant constamment parallèle à elle-même. *Tous ses points* restant à des distances invariables les uns des autres, *ont à chaque instant même vitesse et même accélération et* *décrivent des trajectoires géométriquement égales ou super-posables.* Si, en effet, A,B (fig. 88) sont deux points quelconques de la droite mobile, A_1, A_2, A_3..... B_1, B_2... leurs positions successives, les droites A_1B_1, A_2B_2,.... sont égales et parallèles à AB, les figures qu'elles forment avec AB sont des parallélogrammes, et les côtés AA_1, A_1A_2... sont respectivement égaux et parallèles à BB_1, B_1B_2,...... ce qui, en passant à la limite, démontre la proposition qui vient d'être énoncée.

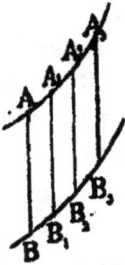
Fig. 88.

Si deux droites concourantes, menées dans un système invariable, ont un mouvement de translation, il en est de même de toute autre droite du système qui est dit, lui-même, animé d'un mouvement de translation. Cela est évident pour toute droite rencontrant les deux premières ; en effet, chacun des points de celles-ci a même vitesse et même trajectoire que leur point commun, et cette troisième droite ayant deux de ses points qui ont même vitesse et même trajectoire a un mouvement de translation. S'il s'agit d'une droite ne rencontrant pas les deux premières, en la projetant sur le plan de celles-ci, sa projection les rencontrera et sera par suite animée d'un mouvement de translation, et il en sera de même de la droite dont elle est la projection qui fait avec elle un angle constant.

Lors donc qu'un système invariable a un mouvement de translation, tous ses points décrivent des trajectoires égales et ont à chaque instant même vitesse et même accélération. Il en est de même, par conséquent, du centre de gravité du système.

95. Mouvement de rotation. — Lorsqu'un système invariable se déplace de manière que deux de ses points restent fixes, il est dit animé d'un mouvement de *rotation.* Il est évident, d'abord, que tous les points de la droite qui joint les deux points fixes sont également fixes ; en effet, ils ne pourraient s'écarter de la droite qui les joint sans s'écarter de l'un d'eux au moins, ce qui est impossible puisque le système est invariable. Cette droite immobile porte le nom d'*axe* de la rotation.

Si l'on considère un point M quelconque en dehors de l'axe, et si, de ce point, on abaisse une perpendiculaire sur l'axe, cette ligne, dans le mouvement du système, restera perpendiculaire à l'axe et de longueur constante. Le point M quelconque décrira donc une circonférence de cercle dont le plan sera perpendiculaire à l'axe et dont le rayon est la distance de ce point à l'axe. Le plan mené par ce point et par l'axe porte le nom de *méridien* du point M. Tous les points situés dans un même plan méridien restent dans ce même plan pendant le mouvement; l'angle de deux plans méridiens restant invariable, chacun de ces plans décrit des angles égaux dans le même temps.

La position d'un point du système définit alors celle du système entier, et cette position d'un point est déterminée si l'on connaît, à chaque instant, l'angle θ que fait son plan méridien avec la position initiale de ce même plan. Cet angle θ est le même pour tous les plans méridiens. Une équation de la forme

$$\theta = \varphi(t)$$

définit donc le mouvement de rotation d'un système invariable. Un point quelconque, à une distance r de l'axe, a son mouvement défini par l'équation $s = s_0 + r\theta = s_0 + r\varphi(t)$, puisque sa trajectoire est déterminée. Sa vitesse est $\dfrac{ds}{dt} = r\dfrac{d\theta}{dt}$ et elle est dirigée suivant la tangente à la trajectoire, c'est-à-dire normalement au plan méridien. La vitesse angulaire $\dfrac{d\theta}{dt} = \varphi'(t)$ étant la même pour tous les points, on voit que les vitesses des points sont proportionnelles aux distances de ces points à l'axe.

Quant à l'accélération, sa composante tangentielle $\dfrac{dv}{dt}$ a pour valeur $r\dfrac{d^2\theta}{dt^2} = r\varphi''(t)$, et sa composante normale est $\dfrac{v^2}{r}$ ou $r\left(\dfrac{d\theta}{dt}\right)^2$. La dérivée seconde, $\varphi''(t) = \dfrac{d^2\theta}{dt^2}$, est l'accélération angulaire, la même pour tous les points.

96. Mouvement d'une figure plane dans son plan.
— L'étude du mouvement des systèmes invariables est facilitée par celle du mouvement d'une figure plane dans son plan, dont nous allons nous occuper.

Une figure plane est un système invariable, et si elle se meut dans son plan, sa position est déterminée lorsque l'on connaît celle de deux de ses points. Si l'on rapporte ces points à deux axes de coordonnées rectangulaires dans le plan, la connaissance de la position de deux points exigera celle de leurs quatre coordonnées ; mais comme il y a, entre ces quantités, une relation nécessaire, exprimant que la distance de deux points est invariable, il suffira de trois équations de la forme x ou $y = f(t)$ pour définir à chaque instant la position de la figure plane dans son plan. Si, en général, n est le nombre de points de la figure, les $2n$ coordonnées de ces points pourront être calculées lorsque l'on connaîtra trois d'entre elles ; la condition d'invariabilité de la forme de la figure équivaut donc à $2n - 3$ relations entre les coordonnées de ses points.

97. Centre instantané de rotation. — Une figure plane peut être amenée d'une position à une autre quelconque, dans son plan, au moyen d'une rotation autour d'un point du plan.

La position de la figure dans le plan, étant définie par celle de deux de ses points, soient A, B (fig. 89) ces deux points dans leur position initiale, A_1, B_1 leur position finale. Menons AA_1, BB_1 et, aux milieux I et K de ces deux lignes, élevons des perpendiculaires IC, KC, qui se rencontrent en C. Le point C est celui autour duquel la figure doit tourner pour passer de la position définie par AB, à celle définie par A_1 B_1. Joignons-le, en effet, aux quatre points A, B, A_1, B_1 ; les deux triangles ABC, A_1B_1C étant égaux comme ayant leurs trois côtés égaux et ayant un sommet C commun, si l'on fait tourner le triangle ABC autour de ce sommet jusqu'à ce que l'un des côtés CA, par exemple, vienne coïncider avec CA_1, AB coïncidera alors avec $A_1 B_1$;

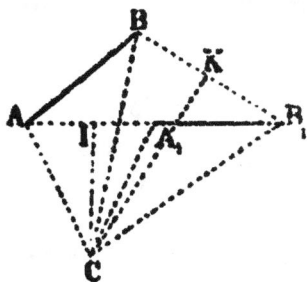

Fig. 89.

c'est-à-dire que la figure plane aura été amenée de sa première à sa seconde position au moyen d'une rotation autour du point C.

Cette rotation peut différer et diffère en général du mouvement réel dont la figure a pu être animée pour passer d'une position à l'autre, et les trajectoires de ses divers points qui, dans le mouvement de rotation, sont des arcs de cercle décrits du point C comme centre, diffèrent en général des trajectoires réelles de ces mêmes points ; mais si l'on ne considère que les cordes AA_1, BB_1, ... elles sont les mêmes dans le mouvement de rotation et dans le mouvement réel.

Cela est vrai quel que soit le déplacement de la figure et subsiste lorsque le déplacement devient infiniment petit. Les cordes AA_1, BB_1,... deviennent alors les tangentes aux arcs de cercle du mouvement de rotation et aux trajectoires du mouvement réel, et les quotients des longueurs de ces cordes par le temps infiniment petit pendant lequel s'effectue le déplacement deviennent les vitesses dans les deux mouvements ; et l'on voit quelles sont les mêmes. On en déduit immédiatement les conséquences suivantes :

Les normales aux trajectoires de tous les points d'une figure plane qui se déplace d'une manière quelconque dans son plan passent à chaque instant par un même point.

Les vitesses de ces différents points sont, à chaque instant, proportionnelles à leurs distances au point de concours des normales.

Ce point porte de nom de *centre instantané de rotation.* Cette dénomination rappelle que le point dont il s'agit ne joue le rôle de centre de rotation que pendant un intervalle de temps infiniment petit, après lequel le centre de rotation prend une autre position dans le plan, et ainsi de suite.

Il n'est pas inutile de faire remarquer que les cercles décrits du centre instantané comme centre et tangents aux trajectoires des différents points de la figure n'ont, en général, avec ces trajectoires, qu'un contact ordinaire ou du premier ordre, c'est-à-dire qu'ils s'en écartent, au bout d'un temps infiniment petit du premier ordre, d'un infiniment petit du second ordre. Telle est la valeur de l'approximation que l'on fait, en substituant au mouvement réel le mouvement de rotation autour du centre instantané.

On peut d'ailleurs vérifier facilement que si, à une certaine époque, deux points mobiles coïncident et s'ils ont même vitesse en grandeur, direction et sens, ils ne se sont écartés, après un temps infiniment petit du premier ordre, que d'un espace infiniment petit du second ordre. Il est inutile d'insister sur la démonstration.

Lorsque la figure plane, qui se déplace dans son plan, est une courbe, il existe toujours, comme on sait, une courbe enveloppe de ses positions successives, et cette enveloppe, lieu des intersections de deux courbes infiniment voisines, est tangente à chacune des courbes.

La normale à la courbe mobile à son point de contact avec l'enveloppe, c'est-à-dire *la normale commune à l'enveloppe et à l'enveloppée passe, à chaque instant, par le centre instantané de rotation.*

Si en effet MN (fig. 90) est la courbe mobile dans une de ses positions, C le centre instantané de rotation correspondant, CP la normale abaissée de ce point sur la courbe MN, considérons deux points A et B situés sur la courbe de part et d'autre du point P; dans le mouvement de rotation autour du point C ces deux points viendront respectivement en A′ et en B′, de part et d'autre de la courbe MN; le

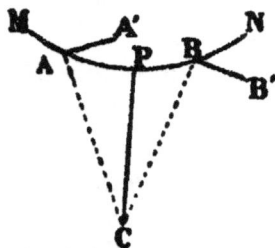

Fig. 90.

point d'intersection de cette courbe et de sa nouvelle position passant par A′B′ sera donc situé entre A′ et B′, c'est-à-dire, à la limite, lorsque AA′, BB′ sont infiniment petits, au point P, puisque l'on peut prendre les points A et B aussi voisins de ce point qu'on le veut. Ce point P, intersection de deux positions successives de la courbe mobile est donc un point de l'enveloppe qui y est tangente à la courbe MN et par suite normale à CP. Ce qui démontre le théorème énoncé.

Les propriétés du centre instantané de rotation permettent de résoudre divers problèmes; en particulier celui qui consiste, étant données les vitesses de deux points de la figure mobile,

à trouver celle d'un autre point quelconque. AA', BB' (fig. 91)
étant les vitesses données des deux points A,
B, il suffit évidemment d'élever en A, B, sur
leurs directions, les perpendiculaires AC, BC
pour avoir, au point C d'intersection de ces lignes, le centre instantané de rotation correspondant ; et alors la vitesse d'un autre point
quelconque M s'obtiendra en joignant ce point
au point C, et en portant sur la perpendiculaire à MC une ligne MM' telle que l'on ait

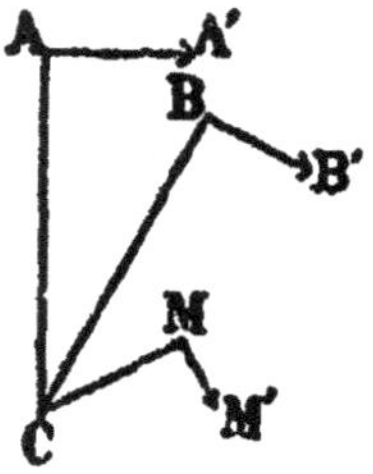

Fig. 91.

$$\frac{MM'}{MC} = \frac{AA'}{AC} = \frac{BB'}{BC}.$$ La ligne MM' sera la vitesse du point M.

On voit que les vitesses AA' et BB' des deux points A et B ne
peuvent être quelconques : elles doivent satisfaire à la condition qui vient d'être écrite, c'est-à-dire qu'elles doivent être
proportionnelles à leurs distances au point C. Nous avons vu,
d'un autre côté, que les vitesses des divers points d'une droite
AB avaient même projection sur cette droite ; il est facile de
vérifier que ces deux conditions sont équivalentes.

Il suffit, comme nous l'avons dit, de trois conditions pour définir la position de la figure dans le plan, ou de trois équations
pour définir son mouvement ; or, donner les grandeurs et les
directions des vitesses de deux points, c'est donner *quatre* conditions qui ne peuvent, par conséquent, être choisies arbitrairement. On ne peut se donner que la grandeur et la direction
de l'une des deux vitesses avec la grandeur ou la direction de
l'autre, et ces trois données suffisent pour résoudre le problème.

**98. Usage du centre instantané de rotation pour
tracer les tangentes aux courbes.** — Chaque vitesse
AA', BB', MM'... étant tangente à la trajectoire du point correspondant, on voit que la connaissance des tangentes aux trajectoires de deux points de la figure permet de construire la
tangente à la trajectoire d'un autre point quelconque. Nous
allons en donner des exemples.

Une droite de longueur constante se meut, dans un plan, de
manière que ses extrémités A et B (fig. 92) se trouvent cons-

tamment sur deux courbes données. Si l'on mène les normales à ces deux courbes, elles concourront au centre instantané de rotation qui sera ainsi en C, et si un point quelconque M est lié d'une manière invariable à la droite AB, la normale à sa trajectoire passera par le point C, c'est-à-dire que la tangente au lieu géométrique décrit par le point M sera la ligne MT, perpendiculaire à CM.

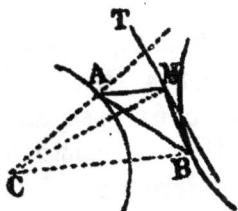

Fig. 92.

On sait, par exemple, que si les deux courbes données sont des lignes droites et si le point M se trouve sur la droite AB, le lieu dont il s'agit est une ellipse, à laquelle on peut ainsi construire la tangente.

Une droite se déplace dans un plan de manière à ce qu'un de ses points A parcoure une courbe donnée et qu'elle reste toujours tangente à une autre courbe donnée (fig. 93). Cette seconde courbe peut être considérée comme l'enveloppe des positions de la droite, et alors la normale au point de contact B de l'enveloppe et de l'enveloppée passe au centre instantané de rotation, lequel se trouve aussi sur la normale à la

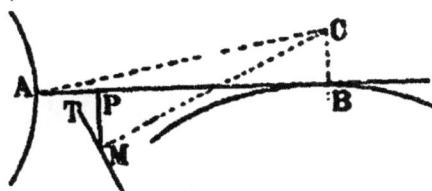

Fig. 93.

trajectoire connue du point A. Il se trouve donc en C, au point de concours de ces deux normales, et la normale à la trajectoire d'un point quelconque M, invariablement lié à la droite mobile, sera la droite CM, ce qui donne la tangente MT à cette trajectoire.

Ce dernier exemple comprend, comme cas particulier, le cas où la droite mobile, au lieu d'être constamment tangente à une courbe fixe, passe constamment par un point fixe que l'on peut considérer comme un cercle d'un rayon infiniment petit. L'une des deux normales, servant à déterminer le centre instantané de rotation, est alors la perpendiculaire élevée à la droite mobile par le point fixe par lequel elle est astreinte à passer. On retrouve ainsi, en particulier, l'une des deux constructions que nous avons données plus haut pour la tangente à la conchoïde.

99. Application à la détermination du rapport des vitesses de divers points. — Les propriétés du centre instantané de rotation permettent aussi de trouver les rapports entre les vitesses des différents points d'une figure mobile. Considérons, par exemple, deux manivelles OA, O'A' tournant autour d'axes parallèles O, O' et reliées par une bielle AA'. On se propose de trouver la relation qui existe, à un instant quelconque, entre les vitesses angulaires ω, ω' de rotation de ces deux manivelles.

La bielle AA', de longueur constante, se meut de manière que ses extrémités parcourent les circonférences O et O', le centre instantané de rotation de cette bielle est donc au point C, intersection des rayons OA, O'A' prolongés. Les vitesses v

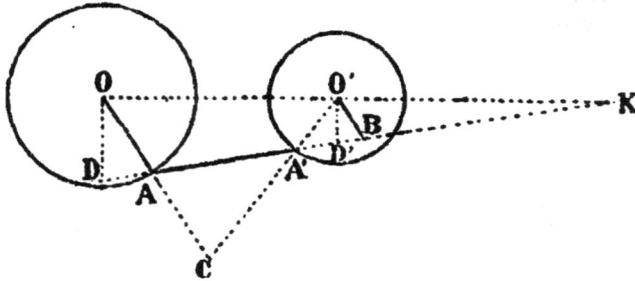

Fig. 94.

et v' des deux points A et A' sont proportionnelles à leurs distances à ce point et, d'autre part, ces vitesses sont égales aux vitesses angulaires de rotation des manivelles, multipliées par le rayon correspondant. Si r et r' représentent les rayons de ces manivelles, on a ainsi :

$$v = r\omega, \qquad v' = r'\omega', \qquad \text{et} \qquad \frac{v}{v'} = \frac{CA}{CA'} = \frac{r\omega}{r'\omega'}.$$

Par l'un des deux centres O', par exemple, menons une parallèle O'B à l'autre manivelle OA jusqu'à son intersection en B avec la bielle prolongée, les deux triangles semblables CAA', O'BA' nous donneront :

$$\frac{CA}{CA'} = \frac{O'B}{O'A'} \qquad \text{ou bien} \qquad \frac{r\omega}{r'\omega'} = \frac{O'B}{r'} \; ;$$

d'où
$$\frac{\omega}{\omega'} = \frac{O'B}{OA}$$

et comme OA est constant, le rapport des vitesses varie proportionnellement à O'B.

Si, en particulier, les deux rayons deviennent égaux et parallèles, les longueurs O'B, OA sont constamment les mêmes : les vitesses angulaires sont égales.

Et si l'on prolonge la ligne AA' jusqu'à sa rencontre en K avec la ligne des centres OO', on aura :

$$\frac{\omega}{\omega'} = \frac{O'B}{OA} = \frac{O'K}{OK}.$$

Les vitesses angulaires des deux manivelles sont, à chaque instant, en rapport inverse des distances des axes au point K.

On trouverait, de même, la relation entre la vitesse angulaire d'une manivelle OA (fig. 95) reliée par une bielle AB à la tige BB' d'un piston animé d'un mouvement rectiligne. Le centre instantané de rotation de la bielle AB

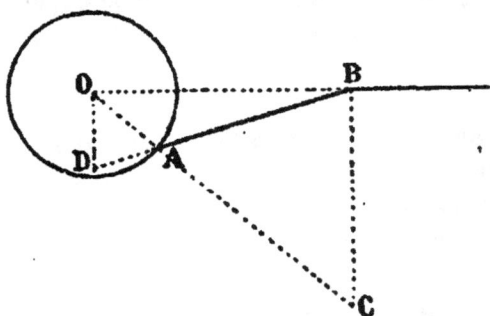

Fig. 95.

est au point C, intersection du rayon OA prolongé et de la perpendiculaire élevée au point B à la direction BB'. Si cette direction prolongée passe par le point O, on a, en menant OD parallèle à CB jusqu'à la rencontre de BA prolongée, et en désignant par r le rayon OA, par ω sa vitesse angulaire et par v la vitesse linéaire du point B :

$$\frac{v}{r\omega} = \frac{CB}{CA} = \frac{OD}{OA} = \frac{OD}{r} ;$$

D'où $v = \omega.OD.$

On voit que pour une valeur donnée de ω la vitesse v devient maximum lorsque la manivelle OA coïncide avec OD, c'est-à-dire est perpendiculaire à OB ; elle s'annule, au contraire, lorsque la manivelle se trouve dans la direction même de OB.

100. Mouvement d'un système invariable parallèlement à un plan fixe. — Un système invariable se meut pa-

rallèlement à un plan fixe lorsque tous ses points décrivent des
trajectoires parallèles à ce plan fixe. Tous les points situés dans
ce plan ou dans un plan parallèle restent donc dans le même
plan, et comme la position du système est définie par la position de trois points non en ligne droite, on voit que le déplacement d'un système invariable parallèlement à un plan fixe peut
être obtenu par une rotation autour d'un axe perpendiculaire
à ce plan. S'il s'agit d'un déplacement infiniment petit, l'axe de
rotation porte le nom d'axe instantané ; les vitesses des divers
points sont proportionnelles aux distances de ces points à l'axe,
etc. Tout ce qui a été dit du mouvement d'une figure plane dans
son plan s'applique au mouvement d'un système parallèlement
à un plan.

**101. Mouvement d'une figure sphérique sur une
sphère.** — Considérons une figure invariable, tracée sur une
sphère et se déplaçant sur cette sphère. Le système invariable formé par cette figure et par le centre de la sphère a sa position définie par celle de trois de ses points, c'est-à-dire, puisque le centre est fixe, que la position de la figure sphérique
sur la sphère sera définie par celle de deux de ses points ; ces
deux points étant d'ailleurs à distance invariable l'un de l'autre et du centre, il existe entre leurs six coordonnées trois relations nécessaires.

En d'autres termes, trois conditions sont nécessaires et suffisantes pour déterminer les coordonnées des points de la figure
sphérique.

En raisonnant absolument de la même manière que plus
haut, pour le déplacement d'une figure plane dans son plan, on
reconnaîtra que :

Une figure sphérique peut être amenée d'une position quelconque à une autre, sur la surface de la sphère, par une rotation autour d'un pôle convenablement choisi ;

Le mouvement élémentaire le plus général est une rotation
autour d'un pôle instantané de rotation. Les vitesses des divers points sont proportionnelles aux distances de ces points à
l'axe passant par le pôle et par le centre de la sphère.

102. Mouvement d'un système invariable qui a un point fixe. — Si l'on considère le déplacement d'un système invariable qui a un point fixe, si l'on coupe ce système par une sphère ayant son centre au point fixe, et si sur cette sphère on prend deux points invariablement liés au système mobile, la position de ces deux points définira celle du système. Ces deux points déterminent un arc de grand cercle qui se déplace sur la surface de la sphère; par conséquent :

Un système invariable qui a un point fixe peut être amené d'une position à une autre quelconque, au moyen d'une rotation autour d'un axe passant par le point fixe.

Le mouvement élémentaire le plus général d'un système invariable dont un point est fixe, est une rotation autour d'un axe instantané de rotation.

Il y a donc, à chaque instant, dans le mouvement continu d'un système invariable qui a un point fixe, une infinité de points en ligne droite dont les vitesses sont nulles.

103. Mouvement le plus général d'un système invariable. — Étudions maintenant le mouvement le plus général d'un système invariable dans l'espace.

On peut toujours amener ce système d'une position à une autre au moyen d'une translation et d'une rotation.

Les positions de ce système sont définies par celles de trois de ses points : soient A, B, C (fig. 96) les positions initiales, A', B', C' les positions finales de trois points quelconques. Joignons AA' et imprimons au système une translation égale et

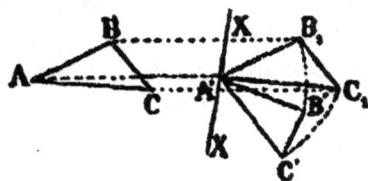

Fig. 96.

parallèle à AA', c'est-à-dire telle que tous ses points décrivent des trajectoires égales et parallèles à AA' : le point A viendra en A', B viendra en B_1, et C en C_1. Et pour passer de la position A'$B_1$$C_1$ à la position définitive A'B'C' le système devra se déplacer de manière à conserver un de ses points A' fixe, c'est-à-dire que son déplacement pourra être obtenu par une rotation autour d'un axe A'X passant par A'; ce qui démontre le théorème énoncé. On reconnaît d'ailleurs que la translation peut être suivie ou précédée de la rotation ou que ces deux mouvements peuvent être simultanés.

Projetons les déplacements AA′, BB′, CC′ etc. des divers points du système, sur la direction A′X de l'axe de la rotation. La projection BB′ du déplacement d'un point quelconque B sera la somme des projections des lignes BB_1 et $B_1B′$. Or cette dernière, arc de cercle décrit dans la rotation autour de A′X, est située dans un plan perpendiculaire à cet axe et a une projection nulle ; la projection de BB′ se réduit ainsi à la projection de BB_1 égale et parallèle à AA′. Les déplacements de tous les points ont donc même projection sur l'axe A′X. Remarquons d'ailleurs que cette direction est la seule pour laquelle cette propriété subsiste, car pour toute autre, la projection du déplacement BB′ se composerait toujours de la projection de BB_1, égale à celle de AA′ et de la projection de $B_1B′$ qui n'est nulle que sur la direction A′X.

Comme on peut faire le même raisonnement en partant de tout autre point, B, C,... au lieu du point A, on reconnaît que quel que soit le point duquel on est parti pour effectuer la translation, la direction de l'axe de la rotation est la même.

On peut voir aussi que l'angle de la rotation est le même quelle que soit la translation que l'on aura faite d'abord.

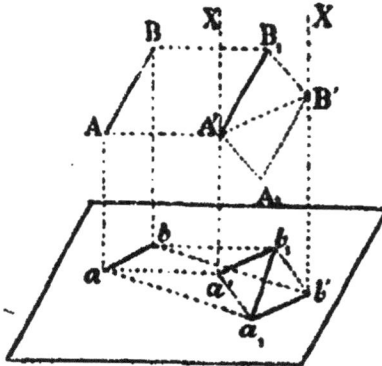

Fig. 97.

Projetons les mouvements sur un plan perpendiculaire à la direction de l'axe A′X (fig. 97). Dans la translation AA′, le point B vient d'abord en B_1 puis en B′ par une rotation autour de A′X ; les projections a, b, viennent respectivement en $a′$, b_1, $b′$. Si l'on imprime au système une translation parallèle à BB′, amenant le point B à sa position définitive, A viendra en A_1 et devra être amené en A′ par une rotation autour d'un axe B′X′ parallèle à AX ; les projections a, b viendront respectivement en a_1, $a′$ et en $b′$. Or, $b′a_1$ est égal et parallèle à ba, et il en est de même de $b_1a′$, la figure $b_1b′a_1a′$ est un parallélogramme et les angles $b_1 a'b'$, $a'b'a_1$ qui mesurent les rotations effectuées dans les deux cas sont égaux, ce qu'il fallait démontrer. On voit aussi que le sens de la rotation est toujours le même.

104. Axe instantané de rotation et de glissement. — Parmi toutes les translations qui peuvent accompagner la rotation pour amener le système invariable dans sa position définitive, il y en a une qui est parallèle à la direction de l'axe de la rotation.

Imprimons en effet au système une translation, parallèle à l'axe de la rotation et égale à la projection, égale pour tous les points, de leurs déplacements sur cet axe. Dans le mouvement qui restera à effectuer pour amener le système à sa position définitive, les déplacements à attribuer aux divers points devront avoir une projection nulle sur l'axe, c'est-à-dire qu'ils devront se mouvoir dans des plans perpendiculaires à l'axe. Ce second mouvement sera, par conséquent, parallèle à un plan fixe et pourra être obtenu par une rotation perpendiculaire à ce plan fixe, ou parallèle à la direction de la translation. On voit en même temps que la position de l'axe de la rotation qui accompagne la translation parallèle à sa direction est déterminée dans l'espace.

Cet axe porte le nom d'axe de rotation et de glissement.

Si, au lieu de considérer des déplacements finis. on considère des déplacements infiniment petits, les trajectoires des divers points dans le mouvement qui vient d'être décrit auront toujours mêmes cordes que les trajectoires dans le mouvement réel et par suite, à la limite, mêmes vitesses. Or, dans le mouvement de rotation et de glissement, la vitesse d'un point quelconque est la somme géométrique des vitesses dans les deux mouvements simultanés ou successifs dont il se compose. Dans le mouvement de glissement, c'est-à-dire dans la translation parallèle à l'axe, les vitesses de tous les points sont égales et si γ est le glissement, ou le déplacement parallèle à l'axe, cette vitesse a pour expression $\frac{d\gamma}{dt}$. Dans le mouvement de rotation, la vitesse de chaque point est égale à la vitesse angulaire, la même pour tous les points et que l'on peut écrire $\frac{d\theta}{dt}$ en appelant θ l'angle de la rotation, multipliée par la distance r du point à l'axe instantané. C'est donc $r\frac{d\theta}{dt}$. La vitesse d'un point quelconque a ainsi pour expression $\sqrt{\left(\frac{d\gamma}{dt}\right)^2 + r^2\left(\frac{d\theta}{dt}\right)^2}$, car ces deux vitesses simultanées sont rectangulaires. La direction de cette vitesse, diagonale du rectangle construit sur les deux vitesses composantes, est celle de la tangente à une hélice tracée sur un cylindre circulaire de rayon r et dont le pas est le même pour tous les points du système en mouvement.

On exprime ce résultat en disant que le mouvement le plus général d'un système invariable est un mouvement hélicoïdal autour d'un axe instantané de rotation et de glissement.

Il est facile, d'après cela, de résoudre le problème suivant :

Étant données les vitesses de trois points d'un système invariable, trouver celle d'un quatrième point quelconque.

Observons d'abord que les trois vitesses données ne peuvent être arbitraires : deux quelconques d'entre elles doivent avoir même projection sur la droite qui joint leurs points d'application. Cela posé, soient A_1B_1, A_2B_2, A_3B_3 (fig. 98) les vitesses données des trois points A_1, A_2, A_3. Ces trois vitesses ont même projection sur l'axe instantané de rotation et de glissement. Si donc par un point O quelconque on mène trois lignes Oa_1, Oa_2, Oa_3 respectivement équipollentes aux trois lignes représentant les vitesses, et si du point O on abaisse la perpendiculaire OP sur le plan déterminé par les trois points a_1, a_2, a_3, la direction OP sera celle de l'axe instantané, et la projection sur cette direction de la vitesse cherchée d'un quatrième point A quelconque sera égale à OP. Si, par les trois points A_1, A_2,

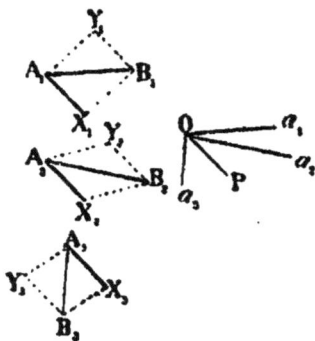

Fig. 98.

A_3, nous menons des parallèles à OP, ces lignes A_1X_1, A_2X_2,

A_3X_3, déterminent, avec les trois vitesses correspondantes, trois plans qui sont tangents aux cylindres ayant pour axe l'axe instantané, qui se trouvera par conséquent à l'intersection des trois plans menés par A_1X_1, A_2X_2, A_3X_3 perpendiculairement aux trois plans $B_1A_1X_1$,.... et ces trois plans doivent se couper suivant une même ligne droite parallèle à A_1X_1..... L'axe instantané étant déterminé en position, les composantes des vitesses suivant les lignes A_1Y_1, A_2Y_2,... menées par A_1, A_2... dans les plans $B_1A_1X_1$,... devront être proportionnelles aux distances à cet axe des points A_1, A_2, A_3. Le rapport commun de ces composantes aux distances correspondantes donnera la vitesse angulaire de la rotation qui, multipliée par la distance du point A à l'axe, fera connaître la vitesse de ce point dans le mouvement de rotation. En composant cette vitesse avec celle de glissement, représentée par OP, on aura la vitesse du point A dans le mouvement du système.

§ 2.

MOUVEMENTS CONTINUS

105. Glissement de deux courbes l'une sur l'autre.
— On dit que deux courbes *glissent* l'une sur l'autre lorsqu'elles se déplacent d'une façon quelconque, mais de manière à avoir toujours un point commun. Le glissement est *angulaire* si les deux courbes font entre elles un angle quelconque à leur point d'intersection ; il est *tangentiel* lorsqu'elles sont tangentes l'une à l'autre. Le glissement est *simple* lorsque le point commun reste le même sur l'une des courbes ; il est *mixte* dans le cas contraire.

On appelle *glissement élémentaire* la distance dont se sont écartés, au bout d'un temps infiniment petit, les deux points qui étaient en coïncidence au commencement de cet intervalle, et *vitesse de glissement* le rapport du glissement élémentaire à l'élément de temps.

Considérons le glissement d'une courbe mobile sur une courbe fixe. Le glissement élémentaire est encore la distance à laquelle se trouvent l'un de l'autre, au commencement d'un

intervalle de temps infiniment petit, les deux points qui viendront en coïncidence à la fin de cet intervalle. Soit (A) (fig. 99)
la courbe fixe, (B) la courbe mobile qui est venue en (B') après
un intervalle de temps infiniment petit. On peut l'amener à
cette nouvelle position par une trans-
lation de (B) en (B₁) et une rotation autour du nouveau point commun b. Si b' est la position du point
qui était primitivement en coïncidence avec A, le glissement élémentaire sera Ab'. Prenons sur la courbe
(B) la longueur BB' = $b'b$, le point
B' sera celui qui, après le déplacement, viendra au point b, en coïnci-
dence avec le point a de la courbe (A); et je dis que le glissement élémentaire peut être représenté par B'a. On voit, en effet,
que les deux longueurs B'a, Ab' ne diffèrent, géométriquement, que du petit arc b_1b', infiniment petit du second ordre
puisque le rayon et l'angle, dont le produit mesure sa grandeur, sont tous deux infiniment petits. Le glissement élémentaire peut donc être représenté en grandeur, direction et sens
par B'a et la vitesse de glissement par la limite du rapport de
B'a à Δt. Mais la ligne B'a est dans le plan des deux cordes
BB' et Aa, c'est-à-dire que *la vitesse de glissement est située
dans le plan tangent commun aux deux courbes.*

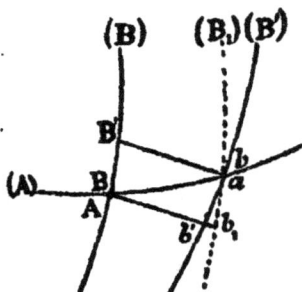

Fig. 99.

D'ailleurs la ligne B'a est, à chaque instant, la différence
géométrique de Aa et de BB'. Si donc la loi du mouvement du
point commun sur les deux courbes est connue, ou si l'on sait
que le point A se déplace sur la courbe (A) suivant la loi définie
par l'équation $s = f(t)$, et si de même la loi du déplacement
du point B sur la courbe (B) est exprimée par $s_1 = f_1(t)$ les
vitesses $v = \dfrac{ds}{dt} = f'(t)$ et $v_1 = \dfrac{ds_1}{dt} = f_1'(t)$ seront connues et
l'on aura, en désignant par v_g la vitesse de glissement :

$$v_g \, (=) \, v \, (-) \, v_1.$$

La vitesse de glissement est la différence géométrique des

vitesses du déplacement du point commun sur chacune des des deux courbes.

Si le glissement est tangentiel, simple ou mixte, les deux vitesses v et v_1 ont la même direction et la différence géométrique devient une différence algébrique :

$$v_g = v - v_1.$$

166. Roulement de deux courbes l'une sur l'autre. — Lorsque la vitesse de glissement est nulle $v_g = 0$, il faut que l'on ait v (=) v_1, c'est-à-dire que les deux courbes doivent être tangentes et que les arcs décrits pendant le même temps par le point de contact doivent être égaux sur les deux courbes.

Il n'y a plus alors de glissement : on dit que les deux courbes *roulent* l'une sur l'autre.

Le roulement de deux courbes l'une sur l'autre est donc caractérisé par ce fait que les courbes restent tangentes et que le point de contact s'y déplace de longueurs égales dans le même temps. Si l'une des deux courbes est fixe, et l'autre mobile, celle-ci porte le nom de *roulante* et la première s'appelle la *base* de la roulante, la trajectoire décrite par un point quelconque invariablement lié à la roulante s'appelle la *roulette* de ce point et le mouvement porte souvent le nom de mouvement épicycloïdal.

Si l'on considère le point B de la courbe mobile qui était en contact avec la courbe fixe, lorsque le point de contact s'est déplacé d'un arc infiniment petit, de même longueur sur les deux courbes, ce point B ne s'est déplacé que d'une quantité infiniment petite du second ordre ; par conséquent sa vitesse, au commencement de l'intervalle de temps considéré, était identiquement nulle, d'après ce que nous avons dit au n° 53, page 112-113. Le mouvement du système constitué par la courbe mobile, tel que la vitesse d'un des points de ce système soit nulle, ne peut donc être qu'une rotation autour d'un axe passant par ce point.

Si, en particulier il s'agit de deux courbes planes roulant l'une sur l'autre, le point de contact est le centre instantané de rotation autour duquel tourne la courbe mobile.

107. Problème de Savary. — Les propriétés du centre instantané de rotation permettent de déterminer facilement, dans le mouvement de roulement d'une courbe sur une autre, le rayon de courbure de la trajectoire d'un point quelconque lié à la courbe mobile. C'est le problème de Savary.

On suppose données, bien entendu, les deux courbes qui roulent l'une sur l'autre, c'est-à-dire connus leurs rayons de courbure.

Soient (C) (fig. 100) la courbe fixe, (C′) la roulante, C et C′ leurs centres de courbure situés sur la normale commune au point de contact A. Appelons R et R′ les rayons de courbure AC et AC′ et proposons nous de trouver le centre de courbure O de la trajectoire d'un point quelconque M invariablement lié à la courbe C′. La normale à la trajectoire du point M passe par le centre instantané de rotation A, c'est donc sur la ligne MA prolongée que se trouve le centre de courbure cherché O. Désignons par m la distance connue AM et par m' la distance inconnue AO ; le problème sera résolu si nous déterminons m'. Appelons encore i l'angle connu MAC′ qui, avec m, définit la position du point M, et ds l'arc infiniment petit AB = AB′ décrit par le point de contact sur chacune des deux courbes, lorsque le contact aura lieu au point B. Alors le point M aura décrit un arc infiniment petit MM′, par une rotation autour du point A comme centre, et l'angle de cette rotation, dont la courbe mobile aura tourné, aura pour valeur l'angle que forment actuellement les deux normales CB, C′B′ qui seront venues en prolongement l'une de l'autre. Or l'angle de ces deux normales est égal à la somme des angles en C et en C′, lesquels ont respectivement pour

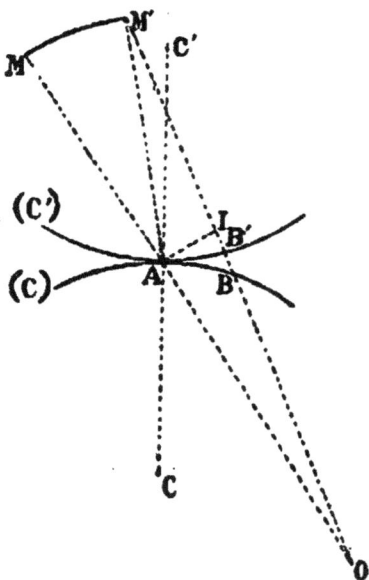

Fig. 100.

mesure $\frac{ds}{R}$ et $\frac{ds}{R'}$; l'angle de la rotation est donc $ds\left(\frac{1}{R}+\frac{1}{R'}\right)$; c'est l'angle MAM', lequel, extérieur au triangle OAM', est égal à la somme des angles en O et en M'. Abaissons du point A une perpendiculaire AI sur OM', nous aurons :

$$AI = AB \cos BAI = ds \cos i \; ;$$

les deux angles en O et en M' auront respectivement pour mesure $\frac{AI}{m}$ et $\frac{AI}{m'}$, leur somme sera $ds \cos i \left(\frac{1}{m}+\frac{1}{m'}\right)$; en égalant cette somme à la précédente et supprimant le facteur commun ds, on a la formule :

$$(1) \qquad \cos i \left(\frac{1}{m}+\frac{1}{m'}\right) = \frac{1}{R}+\frac{1}{R'},$$

dans laquelle tout est connu à l'exception de m'.

Cette formule est susceptible d'une construction géométrique simple. M étant le point donné (fig. 101), lié à la courbe mobile C', et A le point de contact, menons MA sur laquelle devra se trouver le centre de courbure cherché. Joignons M au centre de courbure C' de la courbe roulante, prolongeons MC' jusqu'à sa rencontre en S avec la perpendiculaire AS élevée en A à la droite AM, et joignons le point S, ainsi déterminé, au centre de courbure C de la courbe fixe. Le point O, intersection de CS et de AM prolongé sera le centre de courbure de la roulette du point M. Conservons en effet les notations précédentes et prenant les deux droites rectangulaires AM, AS pour axes des x et des y, écrivons les équations des droites MS, SO, en exprimant qu'elles rencontrent les axes aux points M, S, O, ces équations seront :

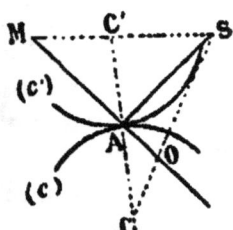

$$\frac{x}{AM} + \frac{y}{AS} = 1 \qquad \text{et} \qquad -\frac{x}{AO} + \frac{y}{AS} = 1.$$

Écrivons maintenant que la première droite passe par le

point C' dont les coordonnées sont R' cos i et R' sin i, et que la seconde passe par le point C dont les coordonnées sont — R cos i et — R sin i, nous aurons :

$$\frac{R'\cos i}{m} + \frac{R'\sin i}{AS} = 1 \qquad \text{et} \qquad \frac{R\cos i}{AO} - \frac{R\sin i}{AS} = 1.$$

Divisant la première de ces équations par R', la seconde par R et ajoutant membre à membre, nous obtenons :

$$\cos i \left(\frac{1}{m} + \frac{1}{AO} \right) = \frac{1}{R} + \frac{1}{R'};$$

ce qui, comparé à la formule (1) montre que AO = m'.

La formule de Savary (1) est générale et s'applique au cas où les centres de courbure C et C' seraient du même côté des points de contact A, c'est-à-dire au cas où les deux courbes seraient intérieures l'une à l'autre. Il faudrait alors changer le signe de R', mais la construction graphique pourrait toujours s'appliquer sans modification.

108. Application à la cycloïde et à l'épicycloïde. — Appliquons cette construction à trouver le rayon, le centre de courbure et la développée d'une cycloïde engendrée par un point M (fig. 102) d'une circonférence de cercle qui roule sur une droite XX. Joignons le point M au centre instantané de rotation A, ce qui nous donnera la normale MA à la cycloïde, lieu du point M. Joignons MC que nous prolongerons jusqu'à sa rencontre en S avec la perpendiculaire AS élevée en A à la normale AM ; puis joignons le point S ainsi déterminé au centre de courbure de la base de la roulante. Comme cette ligne est droite, son centre de courbure est à l'infini sur une quelconque de ses normales, et en menant SO perpendiculaire à XX,

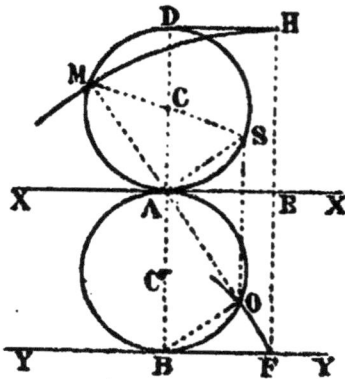

Fig. 102.

nous aurons en O le centre de courbure cherché. Le rayon de

courbure MO est double de la normale MA, car les deux angles en M et en O étant égaux, le triangle MSO est isoscèle et la perpendiculaire SA abaissée du sommet sur la base partage celle-ci en deux parties égales. Si, au-dessous de XX, nous construisons une nouvelle circonférence égale à la première et dont le centre, C', soit placé symétriquement à C par rapport à XX, le point O se trouvera sur cette circonférence.

Si l'on considère le sommet H de la cycloïde, c'est-à-dire le point où sera arrivé le point M lorsque la circonférence mobile C aura son point de contact en E, à une distance AE du point A égale à l'arc AS ou à MD, et si l'on prend le point F situé sur la ligne YY et sur la même perpendiculaire HE à XX, l'arc BO sera égal à la longueur BF, c'est-à-dire que le point O se trouvera sur la cycloïde décrite par le point O du cercle C' roulant sur la ligne YY. La développée de la cycloïde est donc une cycloïde égale.

Cherchons maintenant le rayon de courbure et la développée d'une épicycloïde engendrée par un point d'une circonférence de rayon r qui roule à l'extérieur d'une autre circonférence de rayon R. Soient C et C' (fig. 103) les centres de ces deux circonférences, A leur point de contact et M le point qui décrit l'épicycloïde. Pour appliquer la construction de Savary, on mènera la normale MA à cette courbe au point M, c'est-à-dire que l'on joindra le point M au centre instantané de rotation A de la figure mobile; on élèvera AS perpendiculaire à AM et l'on joindra MC que l'on prolongera jusqu'à son intersection en S avec AS. On mènera ensuite SC' qui, par son intersection avec MA prolongée, donnera en O le centre de courbure de l'épicycloïde au point M.

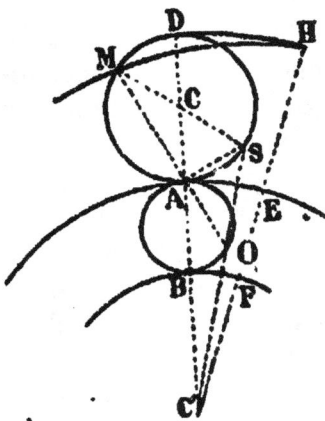

Fig. 103.

Construisons, à l'intérieur de la circonférence C', une autre circonférence, tangente en A aux deux premières et passant

par le point O ; soit AB le diamètre de cette circonférence,
menons BO qui sera perpendiculaire à MO et par suite parallèle à AS. Les arcs AS, BO de ces deux circonférences sont entre eux comme les distances AC', BC' des points A et B au
point C'. Et si, du point C' comme centre, on décrit une nouvelle circonférence avec C'B pour rayon ; si, sur les deux circonférences C'A, C'B, on prend les deux points E, F, situés
sur le rayon C'H joignant le point C' au sommet H de l'épicycloïde, l'arc AS étant égal à l'arc AE, l'on aura de même l'é-
galité des arcs BO et BF. Il en résulte que le point O se trouve
sur une épicycloïde engendrée par un point O de la circonférence AB, roulant sur la circonférence de rayon C'B. La développée de l'épicycloïde est donc une autre épicycloïde. On a
de plus, entre les rayons r et R des circonférences engendrant
la première et ceux r' et R' des circonférences engendrant la
seconde, les relations évidentes :

$$\frac{R'}{R} = \frac{r'}{r} \qquad \text{et} \qquad R' + 2r' = R.$$

109. Glissement et roulement des surfaces. — Tout
ce qui vient d'être dit du glissement et du roulement de deux
courbes l'une sur l'autre s'applique au glissement et au roulement de deux surfaces. On dit que deux surfaces glissent
l'une sur l'autre lorsqu'elles se déplacent en restant constamment tangentes en un point commun. Si l'on considère le lieu
du point de contact sur les deux surfaces, on a deux courbes
qui glissent l'une sur l'autre, et suivant que le glissement de
ces courbes est angulaire, tangentiel, simple ou mixte, il en
est de même du glissement des deux surfaces. Le glissement
élémentaire et la vitesse de glissement ont la même définition
que dans le cas de deux courbes. Les deux surfaces roulent
l'une sur l'autre lorsque les deux courbes dont il s'agit roulent
elles-mêmes l'une sur l'autre. Le roulement d'une surface sur
une autre est ainsi une rotation autour d'un axe instantané
passant par le point de contact.

Si les surfaces se touchent en deux points, l'axe instantané
doit passer par ces deux points et tous les points qui se trou-
veraient sur la même ligne droite devraient, au même ins-

tant, avoir une vitesse nulle. Cela peut se présenter, en particulier, dans le roulement de deux surfaces réglées et dévelop-
pables l'une sur l'autre : un cylindre ou un cône roulant sur
un plan; deux cônes de même sommet roulant l'un sur l'autre, etc.

**110. Mouvement continu d'une figure plane dans
son plan.** — Un mouvement continu quelconque d'une figure
plane dans son plan peut être obtenu par le roulement d'une
courbe mobile sur une courbe fixe : celle-ci étant le lieu des
centres instantanés de rotation dans le plan, et la courbe mobile étant le lieu des mêmes centres rapportés à une position
particulière de la figure.

Soient, en effet, A_1B_1, A_2B_2... (fig. 104) les positions successives infiniment voisines de la ligne droite qui suffit pour représenter la figure mobile; C_1, C_2, C_3...les centres de rotation autour
desquels elle a tourné successivement. Rapportons ces centres à

la position A_1B_1 de la figure, c'est-à-dire prenons des points $\gamma_2, \gamma_3, \gamma_4$....placés par rapport
à A_1B_1 comme C_2 l'est par rapport à A_2B_2, C_3
par rapport à A_3B_3..; lorsque la figure mobile
A_1B_1 viendra occuper une position quelconque, A_3B_3 par exemple, si l'on suppose
la courbe des γ liée invariablement avec
elle, le point γ_3 viendra coïncider avec le
point correspondant C_3 de la courbe des

Fig. 104.   C. Ces deux courbes rouleront donc l'une
sur l'autre pendant le mouvement de la figure mobile, et réciproquement leur roulement produira le mouvement dont il s'agit.

Un exemple bien connu est celui du
mouvement d'une droite de longueur
constante AB (fig. 105) dont les deux
extrémités parcourent les deux côtés
d'un angle droit YOX. Si AB est une
position quelconque de la droite, le
centre instantané de rotation C corres-

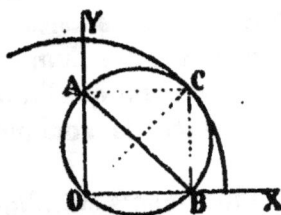

Fig. 105.   pondant à cette position s'obtient en
élevant aux points A et B des normales aux trajectoires de ces

points. Il en résulte que, la figure OACB étant un rectangle, ses deux diagonales sont égales, OC = AB: le lieu du point C dans le plan est une circonférence de cercle décrite du point O comme centre avec AB pour rayon.

Si, au contraire, nous considérons le point C dans sa position relative à la droite AB, nous voyons que l'angle ACB étant toujours droit, le point C se trouve toujours sur la circonférence décrite sur AB comme diamètre. Et le mouvement de la droite AB s'obtiendra en faisant rouler la petite circonférence à l'intérieur de la grande.

111. Mouvement continu d'un système invariable. — On reconnaîtrait de la même manière que le mouvement continu d'un système invariable, parallèlement à un plan fixe, peut être obtenu par le roulement de deux surfaces cylindriques l'une sur l'autre; et le mouvement continu d'un système invariable, qui a un point fixe, par le roulement de deux cônes l'un sur l'autre; la surface fixe étant le lieu dans l'espace des axes instantanés de rotation, et la surface mobile étant le lieu de ces mêmes axes dans le système invariable.

Enfin, le mouvement continu quelconque, ou le plus général, d'un système invariable, qui peut toujours être obtenu par une translation et une rotation, pourra être produit par le roulement d'un cône sur un autre, accompagné d'une translation des deux cônes; ou bien, en assimilant ce mouvement le plus général à une succession de mouvements hélicoïdaux élémentaires, il pourra être obtenu par le roulement d'une surface réglée sur une autre surface réglée, accompagné d'un glissement le long de la génératrice de contact.

Le premier mode consistant à obtenir ce mouvement par une translation et une rotation est de beaucoup le plus usité en mécanique. Ces deux mouvements pour reproduire absolument le mouvement réel, doivent être *simultanés*: pendant que l'une des surfaces coniques roule sur sa conjuguée, le sommet commun des deux cônes se déplace.

Cela nous conduit à nous occuper des mouvements simultanés et des mouvements relatifs qui y sont étroitement liés.

CHAPITRE VI

DES MOUVEMENTS SIMULTANÉS ET RELATIFS

§ 1ᵉʳ

DE LA VITESSE.

112. Mouvement absolu, relatif, d'entraînement. — Supposons que le système d'axes auquel on rapporte le mouvement d'un point mobile soit lui-même en mouvement dans l'espace ; le mouvement *réel* ou *absolu* de ce point, tel qu'on le déterminerait par rapport à des axes fixes, différera nécessairement de celui qui sera défini par rapport aux axes mobiles et que l'on appelle mouvement *relatif* du point dont il s'agit. Le mouvement des axes mobiles est appelé mouvement *d'entraînement*.

Le point mobile peut alors être considéré comme animé si-

multanément de ces deux mouvements, relatif et d'entraînement, car son mouvement réel *résulte* de la coexistence de ces
deux mouvements composants.

On voit en effet que le déplacement de ce point, pendant un
temps infiniment petit, est toujours la somme géométrique des
déplacements qu'il aurait subis s'il s'était déplacé dans l'espace, par rapport à des axes fixes, comme il l'a fait par rapport
aux axes mobiles, et s'il s'était déplacé en restant invariablement lié à ces axes ; c'est-à-dire s'il avait été animé simultanément du mouvement relatif et du mouvement d'entraînement.

Soit M (fig. 106) la position du point mobile à une certaine
époque, M_1 la position qu'il aurait occupée après un intervalle
de temps Δt s'il avait été animé seulement du mouvement re-

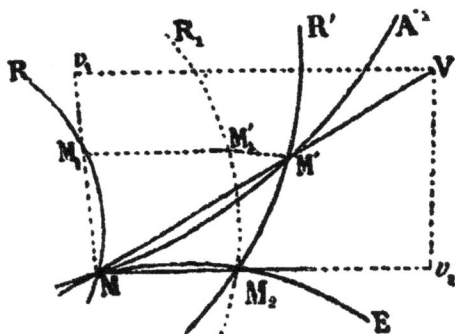

Fig. 106.

latif, c'est-à-dire s'il s'était déplacé, par rapport à des axes fixes,
comme il l'a fait par rapport aux axes mobiles, la trajectoire
MR qu'il parcourrait ainsi est la trajectoire relative. Si, au
contraire, il avait été lié invariablement aux axes mobiles, il se
serait déplacé, dans l'espace, suivant une certaine trajectoire
ME qui est la trajectoire d'entraînement ; au bout du temps Δt,
il serait venu en M_2 sur cette trajectoire. En réalité, il a parcouru la trajectoire MA, et il est venu, après le temps Δt, en
un certain point M'. Si nous supposons que la trajectoire relative, MR, elle-même, soit liée aux axes mobiles et se déplace
avec eux, elle sera venue à la même époque dans une nouvelle

position M_2R', passant par les points M_2 et M'; et la distance M_2M' de ces deux points, sur cette trajectoire, sera égale à celle des deux points MM_1 sur la trajectoire MR, puisque les points M_2, M' ne sont autres que les points M, M_1 déplacés en même temps que les axes mobiles et la trajectoire relative qu'on y suppose invariablement liée.

Pour venir de sa position initiale MR à sa position définitive M_2R', la trajectoire relative peut avoir été animée de deux mouvements successifs : une translation parallèle à MM_2, par suite de laquelle elle serait venue prendre la position M_2R_1, le point M_1 venant en M_1' ; et une rotation autour du point M_2 dans laquelle le point M_1' aurait décrit le petit arc de cercle M'_1M'. La corde MM' du déplacement réel est ainsi la somme géométrique de la corde MM_1 du déplacement relatif, de la corde M_1M_1', équipollente à MM_2, et de la corde $M_1'M'$, laquelle est infiniment petite du second ordre et négligeable par rapport aux deux autres, car l'arc qu'elle soustend a son rayon et son angle au centre infiniment petits du même ordre que MM_1; on peut donc, en négligeant les infiniment petits d'ordre supérieur, dire qu'à chaque instant le déplacement infiniment petit réel du point mobile est la somme géométrique des déplacements infiniment petits qu'il aurait eus dans les mouvements composants.

113. Composition et décomposition des vitesses. — Si, sur les directions de MM_1, MM_2, MM' on porte des longueurs Mv_1, Mv_2, MV, respectivement égales aux quotients des premières par Δt, on aura toujours l'équipollence

$$\frac{MM'}{\Delta t} \; (=) \; \frac{MM_1}{\Delta t} \; (+) \; \frac{MM_2}{\Delta t} \; (+) \; \frac{M_1'M'}{\Delta t}$$

et si l'on désigne par V la vitesse dans le mouvement réel, par v_R la vitesse dans le mouvement relatif et par v_E la vitesse dans le mouvement d'entraînement, on pourra écrire rigoureusement, puisque les limites des quatre termes de cette équipollente sont respectivement v, v_R, v_E et zéro :

$$V \; (=) \; v_R \; (+) \; v_E.$$

On peut imaginer que le premier système d'axes mobiles soit rapporté à un second système d'axes également mobiles, rapporté lui-même à un troisième, et ainsi de suite; le dernier seul étant toujours supposé rapporté à des axes fixes. Le mouvement qui résulte du mouvement relatif du point par rapport aux premiers axes et du mouvement d'entraînement de ceux-ci étant rapporté au second système d'axes, constitue un mouvement relatif par rapport à ce nouveau système dont le mouvement est le mouvement d'entraînement, et ainsi de suite Le point est dit alors animé de plusieurs mouvements simultanés. En raisonnant de proche en proche, on voit que *la vitesse absolue ou réelle du point mobile dans l'espace est à chaque instant la somme géométrique des vitesses dans les divers mouvements composants ;* quels que soient le nombre et la nature de ces divers mouvements.

C'est ce que nous avons déjà énoncé au numéro 61,page 129.

Il y a toutefois une différence capitale entre les mouvements simultanés que nous avons considérés alors et ceux que nous étudions maintenant. Les premiers étaient des mouvements fictifs, de pures abstractions, en vertu desquelles on considérait à chaque instant le déplacement du point mobile comme la somme géométrique des déplacements d'un certain nombre d'autres points imaginés se mouvoir simultanément. Aussi y avait-il naturellement égalité rigoureuse entre le déplacement réel et la résultante des déplacements fictifs composants, puisque ceux-ci avaient été choisis pour cela. Au contraire, les mouvements simultanés qui font l'objet de ce chapitre ont quelque chose de réel ; le rôle de l'imagination consiste simplement à les isoler l'un de l'autre et à les envisager séparément. De plus, le mouvement d'entraînement n'est plus simplement le mouvement d'un point, c'est celui d'un système invariable, de sorte que le point qui y participe ne subit pas le même déplacement, n'a pas la même vitesse (à moins que ce mouvement ne soit une simple translation) suivant la position qu'il occupe par rapport à ce système. Il en résulte que l'égalité entre le déplacement réel et la résultante des déplacements composants n'est plus exacte qu'aux infiniment petits du second ordre près, et que si cette approximation laisse subsister le théorème relatif à la composition des vitesses, il n'en sera plus de même, comme nous le verrons, pour l'accélération, dans l'évaluation de laquelle entrent précisément des quantités infiniment petites du second ordre.

Réciproquement : un point animé dans l'espace d'un mouvement réel ou absolu quelconque, peut être rapporté à un système quelconque d'axes mobiles et sa vitesse réelle sera, à chaque instant, la somme géométrique de sa vitesse *relative* par rapport à ces axes, et de la vitesse d'*entraînement* qu'il aurait s'il se déplaçait en leur restant invariablement lié. On peut ainsi *décomposer* un mouvement réel quelconque en un certain nombre de mouvements simultanés, la vitesse dans le mouvement absolu étant, à chaque instant, la somme géométrique des vitesses dans les mouvements composants.

Nous avons déjà fait remarquer l'analogie évidente entre cette *décomposition* d'un mouvement réel en plusieurs mouvements simultanés et la *projection* de ce mouvement sur diverses directions fixes ou mobiles. Un point mobile, dont le mouvement par rapport à trois axes fixes est représenté par trois équations :

$$x = f(t), \qquad y = f_1(t), \qquad z = f_2(t),$$

peut être considéré comme animé simultanément de trois mouvements : un mouvement relatif sur une parallèle à l'axe des z, par exemple, exprimé par $z = f_2(t)$; cette trajectoire rectiligne étant entraînée parallèlement à l'axe des y suivant la loi $y = f_1(t)$, décrivant aussi un plan des zy, entraîné lui-même parallèlement à l'axe des x suivant la loi $x = f(t)$.

Un point rapporté, dans un plan, à des coordonnées polaires r, θ, peut être considéré comme animé simultanément de deux mouvements : un mouvement relatif, rectiligne, le long du rayon vecteur, exprimé par $r = \varphi(t)$, et un mouvement d'entraînement qui est alors une rotation du rayon vecteur autour du pôle ; rotation dont la loi est $\theta = \varphi_1(t)$.

Tout ce que nous avons dit de la projection des mouvements et des vitesses s'applique donc à la composition des mouvements simultanés d'un point.

On peut imaginer, de même, un système de points animé de plusieurs mouvements simultanés. Il suffit d'appliquer à chacun des points du système ce qui vient d'être dit pour l'un d'eux.

114. Composition des mouvements simultanés des systèmes invariables.

— La composition des mouvements simultanés des systèmes de points ne présente d'intérêt que lorsqu'il s'agit de systèmes invariables. D'ailleurs, les mouvements d'entrainement sont toujours des mouvements de systèmes invariables, puisque l'on y suppose les points invariablement liés aux axes mobiles.

Lorsque tous les mouvements composants sont des translations, le mouvement résultant du système invariable est lui-même une translation. En effet, les vitesses de tous les points, dans chacun des mouvements composants, sont équipollentes; il en sera de même dans le mouvement résultant, puisque pour obtenir la vitesse réelle de chaque point on devra faire la somme géométrique de lignes équipollentes. Toutes ces sommes géométriques seront donc elles-mêmes équipollentes, c'est-à-dire que le mouvement résultant sera une translation.

Pour composer les rotations, soit entre elles, soit avec les translations, nous conviendrons de représenter ces divers mouvements par des lignes. Une translation sera représentée par une ligne égale en grandeur, direction et sens à la vitesse de l'un quelconque des points du système, cette ligne étant d'ailleurs en une position quelconque de l'espace.

Une rotation sera représentée par une ligne droite OA (fig. 107) proportionnelle à la vitesse angulaire, portée sur la direc-

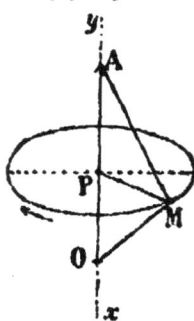

Fig. 107.

tion même de l'axe xy de la rotation dans un sens tel que l'observateur placé sur cette ligne, de manière qu'elle le traverse des pieds à la tête, voie la rotation s'effectuer de sa gauche vers sa droite, c'est-à-dire dans le sens des aiguilles d'une montre. La ligne qui représente une rotation est donc définie, non-seulement en grandeur, direction et sens, mais encore en position dans l'espace, puisqu'elle doit coïncider avec l'axe de la rotation.

D'après cela, la vitesse linéaire d'un point quelconque M du système, étant égale à la vitesse angulaire ω multipliée par la distance MP de ce point à l'axe, sera représentée puisque OA représente ω, par le double de la surface du triangle OMA obtenu en joignant ce point M aux deux extrémités de la ligne qui représente la rotation.

Elle sera en grandeur, direction et sens, le moment, par rapport au point mobile, de la ligne qui représente la rotation.

Ce mode de représentation permet de simplifier la composition des mouvements en l'assimilant à la composition des systèmes de lignes. Il suffit, pour cela, de démontrer les deux propositions suivantes, 115 et 116 :

115. Mouvements de rotation autour d'axes concourants. — Le mouvement résultant de deux rotations autour d'axes concourants est un mouvement de rotation représenté par la somme géométrique des lignes représentant les deux rotations composantes.

Soit un système invariable animé simultanément de deux mouvements de rotation autour d'axes OA, OB (fig. 108), concourants en O, et soient OA, OB les lignes représentant ces rotations, d'après la convention précédente. Formons le parallélogramme OABC et menons la diagonale OC, qui sera la somme géométrique des deux lignes OA, OB. D'abord, le mouvement du système est un mouvement de rotation ; en effet, la vitesse du point O, somme géométrique des vitesses de ce point dans les deux mouvements composants, est nulle comme ces deux vitesses elles-mêmes. Dans le mouvement de rotation OA, la vitesse du point C, représentée par le double de la surface du triangle COA, est perpendiculaire au plan de ce triangle et dirigée en arrière du plan de la figure. Dans la rotation OB, la vitesse du même point C, représentée par le double de la surface du triangle COB, est perpendiculaire au plan de ce triangle et dirigée en avant de ce plan. Le point C, animé simultanément de deux vitesses dont la somme géométrique est nulle, est donc en repos ; il en est de même de

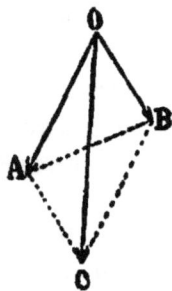

Fig. 108.

15

tout autre point de la ligne OC ; le mouvement résultant est ainsi une rotation autour de OC. Quant à la vitesse angulaire de cette rotation, nous l'obtiendrons en considérant la vitesse d'un quelconque des points du système, du point A par exemple. Dans la rotation OA, la vitesse de ce point est nulle. Dans la rotation OB, la vitesse du point A est représentée par le double du triangle AOB, elle est perpendiculaire au plan de ce triangle et dirigée en avant. La vitesse résultante ou absolue de ce point est ainsi celle due à la rotation OB, et elle doit être obtenue par une rotation autour de OC. La vitesse angulaire de cette rotation devra donc être telle que, portée sur OC, la surface du triangle obtenu en joignant le point A à ses deux extrémités soit égale à celle du triangle OAB ou à la moitié du parallélogramme OABC. Il faut. pour cela, que la grandeur de cette vitesse angulaire soit représentée par OC, et l'on voit de même que le sens de la rotation sera bien celui qu'indique la direction OC. Ce qui démontre la proposition énoncée.

116. Couple de rotations. — Le mouvement résultant de deux rotations égales et de sens contraires autour d'axes parallèles est une translation représentée par l'axe du couple des lignes qui représentent les rotations.

Soient deux rotations égales et de sens contraires, autour d'axes parallèles, projetés en O, O' (fig 109); la vitesse d'un point quelconque A, situé dans le plan des deux axes, sera la somme géométrique des vitesses de ce point dans les deux mouvements composants. Sa vitesse,

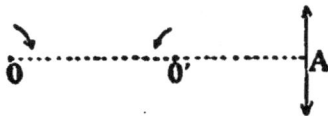

Fig. 109.

dans la rotation O, est égale à la vitesse angulaire ω multipliée par la distance AO, et elle est dirigée perpendiculairement au plan OO' de haut en bas ; sa vitesse, dans la rotation O', est égale à la même vitesse angulaire ω multipliée par la distance AO' et elle est dirigée, comme la première, perpendiculairement au plan OO', mais de bas en haut. La somme géométrique de ces deux vitesses sera donc la différence $\omega \times OA$ — $\omega \times O'A$; c'est-à-dire $\omega \times OO'$ et elle sera dirigée perpendi-

culairement au plan des deux rotations. Cette vitesse sera la
même en grandeur, direction et sens pour tous les points,
tels que A, contenus dans le plan OO', elle sera donc aussi la
même pour tous les autres points du système qui sera ainsi
animé d'un mouvement de translation.

La vitesse de cette translation, égale à $\omega \times OO'$ et perpendiculaire au plan des deux axes, est bien égale au moment du couple des deux lignes qui représentent les rotations, et il est facile
de vérifier que son sens est aussi celui de l'axe de ce couple.

La translation, dont nous représenterons la vitesse par $v =
\omega \times OO'$, est donc, au point de vue du mouvement du système,
identique ou équivalente au couple des rotations. Si à ce mouvement, exprimé de l'une ou de l'autre manière, nous ajoutons
un nouveau mouvement, c'est-à-dire si nous considérons le
système comme animé simultanément de ce premier mouvement et d'un autre mouvement quelconque, le mouvement résultant sera le même quel que soit le mode de définition du premier. Or, attribuons au système, en même temps que le premier mouvement, une rotation autour de l'axe O', égale mais
de sens contraire à celle que nous avions supposée autour de
cet axe, c'est-à-dire égale et de même sens que celle qui s'effectue autour de l'axe O. Le mouvement résultant se composera,
dans le premier cas, de la seule rotation O puisque les deux rotations égales et de sens contraire autour de l'axe O' donnent, à
chaque instant et pour chaque point, une vitesse résultante
nulle ; et, dans le second cas, de la translation v et de la rotation
ω autour de l'axe O'.

Ainsi, au point de vue du mouvement du système, la rotation ω autour de l'axe O est équivalente à une rotation égale et
de même sens autour d'un axe parallèle O' accompagnée d'une
translation égale à la vitesse angulaire ω multipliée par la distance des deux axes, dans une direction perpendiculaire au plan
des deux axes et dans un sens tel que l'observateur, placé sur
le premier axe et regardant le second, la voie dirigée de sa gauche vers sa droite.

**117. Composition d'un nombre quelconque de rota-
tions et de translations.** — On peut donc toujours trans-

porter l'axe d'une rotation parallèlement à lui-même en un point quelconque de l'espace, à la condition d'ajouter à la nouvelle rotation une translation définie comme il vient d'être fait, c'est-à-dire un couple de rotations. En nous reportant au chapitre Ier, n° 21, nous reconnaîtrons que tout ce que nous avons dit de l'équivalence des systèmes de lignes s'applique lorsque ces lignes représentent des rotations, les axes des couples représentant des translations. Remarquons aussi que toute translation pouvant être remplacée par deux rotations, il suffit de s'occuper de la composition des rotations.

Pour composer un ensemble de rotations quelconques, on pourra transporter tous les axes parallèlement à eux-mêmes en un certain point de l'espace et le mouvement résultant sera une rotation exprimée par la somme géométrique des lignes qui représentent les rotations composantes, accompagnée d'une translation qui sera elle-même la somme géométrique de toutes les translations que l'on aura dû ajouter aux rotations pour transporter leurs axes.

Tout ce qui a été dit au chapitre Ier de la composition des systèmes de lignes s'applique à la composition des rotations ; ainsi, par exemple, les résultats de la composition des rotations de même sens ou de sens contraire autour d'axes parallèles s'obtiendront en composant, d'après les règles qui ont été données, les lignes qui représentent ces rotations.

On reconnaîtra aussi, sans qu'il soit nécessaire de reproduire les raisonnements du chapitre Ier, que le mouvement résultant d'un nombre quelconque de translations et de rotations pourra toujours être réduit à une rotation et à une translation dirigée suivant l'axe même de la rotation, c'est-à-dire à un mouvement hélicoïdal ; que de toutes les manières de composer le mouvement en une rotation et une translation, c'est celle-ci, pour laquelle la translation est dirigée suivant l'axe de la rotation, qui correspond à la translation la plus faible ; et que dans toutes les solutions du problème de la composition des mouvements, la rotation résultante reste la même.

118 Expressions les plus générales des projections sur les trois axes de la vitesse d'un point apparte-

nant à un système invariable. — L'analogie que nous avons constatée entre les mouvements simultanés et les mouvements projetés nous permet d'établir les formules suivantes exprimant les composantes, suivant trois axes rectangulaires, de la vitesse d'un point appartenant à un système invariable animé simultanément d'une translation et d'une rotation autour d'un axe passant par l'origine des coordonnées.

Soient $u = v_x$, $v = v_y$, $w = v_z$, les trois composantes de la vitesse du point M (fig. 110), dont les coordonnées sont x, y, z, ou, ce qui est la même chose, les trois projections de la vitesse de ce point sur les trois axes coordonnés. Désignons par a, b, c, les projections, sur les mêmes axes, de la vitesse de la translation du système, supposée connue, et par $\omega_x = p$, $\omega_y = q$, $\omega_z = r$ les trois projections de la ligne qui représente la rotation, ou les composantes de la rotation suivant les trois axes, ou encore les trois rotations simultanées qui sont équivalentes à la rotation unique donnée.

La vitesse dans le mouvement résultant sera la somme géométrique des vitesses dans la translation et les trois rotations composantes, c'est-à-dire que ses trois projections seront les sommes algébriques des projections de ces vitesses.

La projection sur l'axe des x de la translation est représentée par a. La projection sur l'axe des x de la vitesse due à

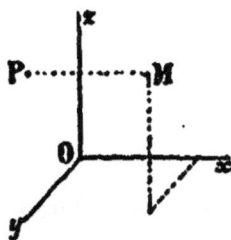

Fig. 110.

la rotation ω_x autour de l'axe des x est nulle, puisque cette vitesse est contenue dans un plan parallèle aux yz. La projection sur l'axe des x de la vitesse due à la rotation ω_y pourra s'évaluer en remarquant que cette vitesse est le moment par rapport au point M de la ligne ω_y et que, par conséquent, sa projection sur l'axe des x, ou sur une parallèle MP à cet axe menée par le point M, est le moment, par rapport à cette parallèle MP, de la ligne ω_y, c'est-à-dire $\omega_y z = qz$.

La projection sur l'axe des x de la vitesse due à la rotation ω_z est, de même, le moment, par rapport à la ligne MP de la ligne ω_z, c'est-à-dire $-\omega_z . y . = -ry$.

La projection $u = v_r$, sur l'axe des x, de la vitesse dans le mouvement résultant sera ainsi la somme des quatre projections.

On aura, en faisant cette somme et les sommes semblables pour les projections sur les deux autres axes :

$$(1) \quad \begin{cases} u = a + qz - ry, \\ v = b + rx - pz, \\ w = c + py - qx. \end{cases}$$

Si l'on connaît, à une époque quelconque, les valeurs de a, b, c, p, q, r, ou bien si l'on connaît les expressions de ces six quantités en fonction du temps, on pourra connaître à chaque instant la vitesse d'un point quelconque (x, y, z) du système invariable en mouvement, c'est-à-dire la loi de ce mouvement.

Six fonctions du temps, exprimant les trois projections de la vitesse de translation et les trois projections de la rotation sur trois axes rectangulaires, sont donc nécessaires et suffisantes pour définir le mouvement d'un système invariable dans l'espace.

Lorsque ce système a un point fixe, et qu'on prend ce point pour origine des coordonnées, les composantes a, b, c de la vitesse de translation sont constamment nulles et les formules se réduisent simplement à :

$$(2) \quad \begin{cases} u = qz - ry = z\omega_y - y\omega_z, \\ v = rx - pz = x\omega_z - z\omega_x, \\ w = py - qx = y\omega_x - x\omega_y. \end{cases}$$

Binômes analogues à ceux qui expriment les moments d'une ligne par rapport aux trois axes.

119. Expression de la vitesse relative d'un point. — Nous avons vu qu'à chaque instant la vitesse, dans le mouvement réel ou absolu d'un point ou d'un système, était la somme géométrique des vitesses dans le mouvement relatif et dans le mouvement d'entraînement, en nous plaçant dans l'hypothèse la plus simple de deux mouvements simultanés seulement. Il arrive parfois que l'on connaît le mouvement réel et le mouvement d'entraînement et que l'on veut en déduire le mouvement relatif : de l'équipollence

$$v \ (\!=\!) \ v_{\text{a}} \ (\!+\!) \ v_{\text{e}}$$

on déduit évidemment

$$v_{\text{e}} \ (\!=\!) \ v \ (\!-\!) \ v_{\text{a}},$$

que l'on peut écrire :

$$v_{\text{n}} \ (\!=\!) \ v \ (\!+\!) \ (\!-\! \ v_{\text{e}}).$$

c'est-à-dire que la vitesse dans le mouvement relatif est la somme géométrique de la vitesse dans le mouvement absolu et d'une vitesse égale et contraire à la vitesse d'entraînement.

C'est un résultat dont on peut se rendre compte facilement par la remarque suivante. Le mouvement relatif d'un point ou d'un système, par rapport à des axes mobiles, est défini uniquement par les coordonnées du point ou du système par rapport à ces axes, coordonnées qui restent les mêmes si l'on attribue en même temps, aux axes et au système qui y est rapporté, un mouvement commun quelconque. Si nous attribuons aux axes mobiles un mouvement égal et directement contraire à leur mouvement d'entraînement, et si nous attribuons ce même mouvement au système mobile, le mouvement relatif du système par rapport aux axes ne sera pas modifié.

Mais, alors, les axes seront ramenés au repos et le mouvement du système, relativement à ces axes, n'aura pas cessé d'être ce que nous avons appelé son mouvement relatif. Ce mouvement relatif, qui se trouve alors défini par rapport à des axes rendus fixes, est ainsi la résultante du mouvement absolu et d'un mouvement égal et directement contraire au mouvement d'entraînement. D'où résulte le théorème qui vient d'être énoncé pour la valeur de la vitesse relative.

Il est inutile de rappeler que, lorsque les vitesses relative et d'entraînement sont dirigées suivant la même droite, ou simplement parallèles, la somme géométrique qui précède devient une somme algébrique.

Nous avons défini et étudié plus haut le glissement et le roulement de deux courbes et de deux surfaces l'une sur l'autre, et, dans le but de simplifier cette étude, nous avons supposé fixe l'une des deux courbes ou surfaces. D'après ce que l'on vient de dire, le mouvement relatif d'une courbe ou d'une surface par rapport à l'autre sera obtenu, lorsque les deux seront mobiles, en attribuant à l'ensemble des deux systèmes un mouvement égal et directement contraire à celui de l'un d'eux, et on ne changera pas ainsi le mouvement relatif, lequel sera, par conséquent, la résultante du mouvement réel de l'une des deux courbes ou surfaces et d'un mouvement égal et directement contraire à celui de l'autre.

La vitesse de glissement que nous avons exprimée (page 210) par

$$v_g \,(=)\, v \,(-)\, v_1.$$

sera, si l'une des deux courbes est rendue fixe, la somme géométrique des deux vitesses v et $(-v_1)$, dont se trouvera ainsi animée simultanément l'autre courbe. C'est la vitesse relative du point commun de l'une des courbes par rapport à l'autre. Tout ce qui a été dit du glissement et du roulement des courbes ou des surfaces, dans l'hypothèse où l'une d'elles est fixe, s'applique donc au cas où elles sont toutes deux mobiles, à la condition de considérer leur mouvement relatif.

§ 2

DE L'ACCÉLÉRATION

120. Composition des accélérations. — En ce qui concerne l'accélération, la composition ne se fait pas comme pour les vitesses : l'accélération dans le mouvement réel n'est pas la somme géométrique des accélérations dans les mouvements relatif et d'entraînement. Nous avons déjà fait prévoir ce résultat au n° 113 en remarquant que nous négligions les infiniment petits du second ordre, quantités dont il faut tenir compte lorsqu'on s'occupe des accélérations.

Soit M (fig. 111) un point mobile, MR sa trajectoire relative, et D le point où il serait parvenu sur cette trajectoire après un temps infiniment petit Δt. Portons sur la tangente MA à cette

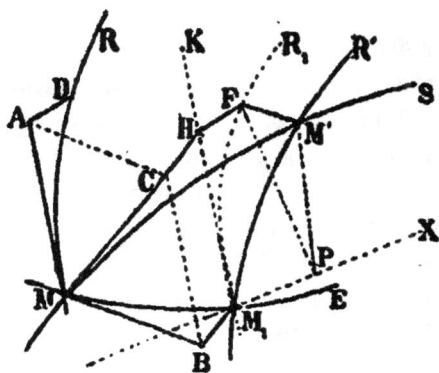

Fig. 111.

trajectoire une longueur $MA = v_R . \Delta t$, en désignant par v_R la vitesse relative; l'accélération, dans le mouvement relatif, sera en la représentant par j_R : $j_R = \lim \dfrac{2 . AD}{\Delta t^2}$.

Soit, de même, ME la trajectoire d'entraînement, MB sa tangente en M : au bout du temps Δt, le point mobile sera venu en M_1, et si, v_E étant la vitesse et j_E l'accélération dans le mouvement d'entraînement, nous prenons $MB = v_E . \Delta t$, nous aurons $j_E = \lim \dfrac{2 BM_1}{\Delta t^2}$. Construisons sur MA et MB le parallélogramme MABC, la diagonale MC sera la direction de la vitesse absolue du point M ; elle sera tangente à la trajectoire réelle MS, la longueur MC sera égale à $v . \Delta t$ si v est la vitesse absolue du point M; et si M' est la position de ce point sur sa trajectoire au bout du temps Δt, l'accélération j dans le mouvement réel aura pour expression $j = \lim \dfrac{2 CM'}{\Delta t^2}$.

Menons par le point M_1 une ligne $M_1 R_1$ parallèle à la trajectoire relative MR, qui représentera la position qu'aurait prise cette trajectoire si le mouvement d'entraînement avait été une simple translation ; puis une autre ligne $M_1 R'$ représentant cette trajectoire relative ayant participé au mouvement d'entraînement. Nous pouvons amener la trajectoire MR de sa position initiale MR à sa position M₁R′ après le temps Δt en la faisant passer par la position intermédiaire M₁R₁, c'est-à-dire en lui attribuant d'abord une translation parallèle à MM₁, puis une rotation autour du point M₁.

Menons M₁H égal et parallèle à MA et par suite à BC ; prenons M₁F égal à MD et par suite à M₁M′, puisque les trois points D, F, M′ représentent la position du point mobile sur sa trajectoire relative dans les trois positions de cette courbe. De cette construction, nous déduisons CH équipollent à BM₁, et HF à AD.

Mais CM′ est la somme géométrique des trois lignes CH, HF et FM′. Cette dernière est la corde du petit arc de cercle décrit par le point F dans le mouvement de rotation de la trajectoire relative autour du point M₁, ou plus exactement autour d'un axe M₁X mené par ce point. Si ω est la vitesse angulaire de cette rotation, l'arc FM′ ou la corde qui lui est égale a pour valeur ω . Δt × PF si P est le pied de la perpendiculaire abaissée du point F sur l'axe de la rotation M₁X. Cette ligne FP est égale à M₁F multiplié par le sinus de l'angle FM₁X ; or, à la limite, M₁F est v_a . Δt, et l'angle FM₁X devient l'angle de M₁H avec M₁X, c'est-à-dire de la vitesse relative avec le direction de l'axe autour duquel s'effectue la rotation ω. Nous aurons ainsi :

$$\lim FM' = \lim \omega . \Delta t . v_a . \Delta t \sin (\omega, v_a),$$

et par suite

$$\lim \frac{2FM'}{\Delta t^2} = 2 \omega v_a \sin (\omega, v_a).$$

Ecrivons maintenant l'équipollence

$$CM' (=) CH (+) HF (+) FM',$$

multiplions chacun de ses termes par $\frac{2}{\Delta t^2}$ et passons à la limite en rendant Δt infiniment petit, nous aurons

$$j (=) j_e (+) j_R (+) 2\omega v_a \sin (\omega, v_a).$$

Le dernier terme de cette équipollence s'appelle l'accélération complémentaire ; désignons-le par j_c en écrivant

$$j_c = 2\omega v_{\text{R}} \sin(\omega, v_{\text{R}}),$$

nous obtiendrons définitivement

$$j \,(=)\, j_{\text{R}} \,(+)\, j_{\text{E}} \,(+)\, j_c;$$

ce que l'on exprime en disant que l'accélération dans le mouvement réel est égale à la somme géométrique de trois accélérations : l'accélération du mouvement relatif, l'accélération du mouvement d'entraînement et l'accélération complémentaire. Cette dernière est égale au double produit de la vitesse relative par la vitesse angulaire du mouvement de rotation d'entraînement et par le sinus de l'angle formé par la vitesse relative avec l'axe de cette rotation. On voit d'ailleurs que pour l'observateur placé sur l'axe de la rotation d'entraînement dans le sens conventionnel ordinaire, cette dernière accélération complémentaire, perpendiculaire au plan de cet axe et de la vitesse relative, est dirigée vers la droite.

121. Représentation et expression de l'accélération complémentaire. — On peut donner, de cette accélération complémentaire, un autre mode de représentation quelquefois plus simple. Sur la direction M_1E de la vitesse relative, portons une longueur $M_1K = 2v_{\text{R}}$ égale au double de cette vitesse, et attribuons à cette ligne M_1E le mouvement de rotation d'entraînement autour de l'axe M_1X. La vitesse linéaire du point K sera perpendiculaire au plan KM_1X, c'est-à-dire parallèle à l'accélération complémentaire ; elle sera dirigée dans le même sens, et sa valeur sera égale à $\omega \cdot M_1K \cdot \sin(KM_1X) = 2\omega v_{\text{R}} \sin(\omega, v_{\text{R}})$, c'est-à-dire précisément à l'accélération complémentaire.

Ainsi cette accélération s'obtiendra en grandeur, direction et sens en portant sur la direction de la vitesse relative une longueur égale au double de cette vitesse, et en attribuant à cette ligne le mouvement de rotation d'entraînement. La vitesse linéaire de l'extrémité de cette ligne sera, en grandeur, direction et sens égale à l'accélération complémentaire.

On voit que lorsque le mouvement d'entraînement est une simple translation, l'accélération complémentaire est nulle, puisqu'alors $\omega = 0$. Il en est de même lorsque l'on considère le repos relatif d'un point, c'est alors la vitesse relative v_R qui est nulle.

Si le mouvement du point M considéré est rapporté à un système d'axes de coordonnées rectangulaires Ox, Oy, Oz participant au mouvement d'entraînement, et si x, y, z sont les coordonnées de ce point à une époque quelconque, $\frac{dx}{dt}$, $\frac{dy}{dt}$, $\frac{dz}{dt}$ seront les composantes suivant les trois axes de sa vitesse par rapport à ces axes, c'est-à-dire de sa vitesse relative. Si l'on imagine, menés par le point mobile M, trois nouveaux axes Mx', My', Mz' parallèles aux premiers et une ligne égale au double de la vitesse relative, les coordonnées de l'extrémité de cette ligne, par rapport à ces nouveaux axes, seront $2\frac{dx}{dt}$, $2\frac{dy}{dt}$, $2\frac{dz}{dt}$.

Menons par le même point une parallèle à l'axe de la rotation d'entraînement ω, et soient p, q, r les projections de cette rotation sur les trois axes x, y, z, ou x', y', z'. En vertu des équations (2) du n° 118, les composantes, suivant les trois axes x, y, z de la vitesse, due à la rotation ω, du point dont les coordonnées viennent d'être écrites, c'est-à-dire les composantes de l'accélération complémentaire seront :

$$(1)\ j_{c,\,x} = 2\left(q\frac{dz}{dt} - r\frac{dy}{dt}\right),\ j_{c,\,y} = 2\left(r\frac{dx}{dt} - p\frac{dz}{dt}\right),\ j_{c,\,z} = 2\left(p\frac{dy}{dt} - q\frac{dx}{dt}\right),$$

122. Accélération dans le mouvement relatif. — Accélérations apparentes. — Si l'on connaît le mouvement absolu d'un point, et le mouvement d'entraînement des axes mobiles auxquels ce mouvement est rapporté, on peut déterminer l'accélération dans le mouvement relatif. On a en effet

$$j_R \ (=) \ j \ (-) \ j_E \ (-) \ j_c,$$

ou bien

$$j_R \ (=) \ j \ (+) \ (-j_E) \ (+) \ (-j_c).$$

L'accélération dans le mouvement relatif est la somme géométrique de l'accélération dans le mouvement absolu, d'une accélération égale et contraire à celle du mouvement d'entraînement, et d'une accélération égale et contraire à l'accélération complémentaire. Cette dernière accélération s'appelait autrefois et s'appelle encore souvent *accélération centrifuge composée*. On peut la représenter par j_{cc} ou écrire $j_{cc} (=) - j_{c}$.

L'accélération centrifuge composée a ainsi la grandeur et la direction de l'accélération complémentaire ; mais elle est de sens contraire, c'est-à-dire qu'elle est dirigée vers la gauche de la vitesse relative, tandis que l'accélération complémentaire est dirigée vers la droite.

Les deux accélérations $(- j_{\text{E}})$ et j_{cc}, que l'on doit ainsi ajouter géométriquement à l'accélération réelle pour obtenir l'accélération dans le mouvement relatif, portent souvent le nom d'*accélérations apparentes*.

Les accélérations apparentes sont ainsi l'accélération du mouvement d'entraînement prise en sens contraire et l'accélération centrifuge opposée.

183. Accélération d'un point rapporté à des coordonnées polaires dans un plan. — Cherchons, au moyen ce qui précède, à exprimer l'accélération d'un point M, fig. 112, rapporté à des coordonnées polaires r, θ dans un plan, en regardant le mouvement de ce point comme résultant de deux mouvements simultanés : le mouvement relatif $r = f(t)$ sur le rayon vecteur et le mouvement d'entraînement $\theta = \varphi(t)$ de rotation de ce rayon vecteur autour du pôle.

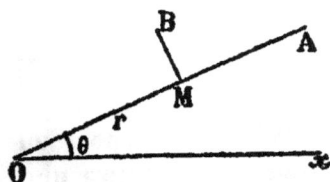

Fig. 112.

La vitesse relative v_{R} est ici $\dfrac{dr}{dt}$ et, puisque le mouvement relatif est rectiligne, l'accélération relative j_{R} est $\dfrac{d^2r}{dt^2}$, et toutes deux sont dirigées suivant MA.

L'accélération dans le mouvement d'entraînement est la résultante de deux accélérations, l'accélération tangentielle $r\dfrac{d^2\theta}{dt^2}$ dirigée suivant MB et l'accélération normale ou centripète dirigée suivant MO et dont la valeur absolue est $r \left(\frac{d\theta}{dt}\right)^2$, mais que nous affecterons du signe — si nous convenons de compter les accélérations positives dans le sens MA.

Enfin, l'accélération complémentaire s'obtiendra en prenant MA $= 2v_\text{n}$, en attribuant à cette ligne un mouvement de rotation égal au mouvement d'entraînement, c'est-à-dire d'une vitesse angulaire $\frac{d\theta}{dt}$, et en prenant la vitesse du point A dans ce mouvement. Cette vitesse sera $2v_\text{n} \frac{d\theta}{dt}$ et elle sera dirigée dans le sens de MB.

Les composantes de l'accélération dans le mouvement absolu, dans le sens du rayon ou suivant MA, et dans le sens perpendiculaire ou suivant MB, seront respectivement les sommes des composantes que nous venons de trouver dans les mêmes directions pour les trois accélérations. Nous aurons ainsi :
pour la composante suivant le rayon

$$j_r = \frac{d^2 r}{dt^2} - r \left(\frac{d\theta}{dt}\right)^2 ;$$

pour la composante suivant MB

$$j_\theta = r \frac{d^2\theta}{dt^2} + 2 \frac{dr}{dt} \frac{d\theta}{dt} .$$

Cette dernière composante, j_θ, peut se mettre sous une autre forme plus simple. On a

$$j_\theta = r \frac{d^2\theta}{dt^2} + 2 \frac{dr}{dt} \frac{d\theta}{dt} = \frac{1}{r} \left(r^2 \frac{d^2\theta}{dt^2} + 2r \frac{dr}{dt} \frac{d\theta}{dt}\right) = \frac{1}{r} \frac{d}{dt}\left(r^2 \frac{d\theta}{dt}\right).$$

Comme nous l'avons vu plus haut (n° 62) la quantité $r^2 \frac{d\theta}{dt}$ est le double de la vitesse aréolaire.

Si cette vitesse est constante, sa dérivée par rapport au temps est nulle; j_θ est constamment nulle, c'est-à-dire que l'accélération du point mobile est dirigée suivant le rayon, et réciproquement. Nous retrouvons ici le théorème des aires que nous avons démontré plus haut d'une façon toute différente. Si l'accélération d'un point mobile passe constamment par un point fixe, les aires décrites par le rayon vecteur joignant le point mobile au point fixe sont proportionnelles au temps et réciproquement.

124. Repos relatif d'un point pesant à la surface de la terre. — Appliquons encore les considérations précédentes à l'étude du repos relatif d'un point pesant à la surface de la terre.

Nous appelons point pesant un point qui, à la surface de la terre, prendrait l'accélération que prennent tous les corps pesants abandonnés librement à eux-mêmes, par rapport à des points de repère invariablement liés à la terre : l'expérience montre que cette accélération est de $9^m,8088$ par seconde à la latitude de Paris et au niveau de la mer, et nous la représentons par g suivant l'usage. C'est l'accélération du point dans son mouvement relatif par rapport à la terre, ou l'accélération relative j_R d'après les notations précédentes. Nous supposons, pour simplifier, que la terre est rigoureusement sphérique.

Nous faisons également abstraction de son mouvement autour du soleil et nous supposons qu'elle tourne sur elle-même autour d'un axe fixe dans l'espace.

Cela posé, désignons par G l'accélération encore inconnue que prend le point pesant que nous considérons, dans son mouvement réel, accélération que l'on observerait par rapport à des axes immobiles dans l'espace. Supposons que cette accélération soit dirigée exactement vers le centre de la sphère à laquelle nous assimilons la terre. C'est l'accélération réelle j.

Soit M (fig. 113) le point considéré, PP' la ligne des pôles, O le centre de la terre. L'accélération G dans le mouvement absolu étant supposée passer par le centre de la terre, représentons-la par MG. D'après ce qui précède, l'accélération relative g est égale à la somme géométrique de l'accélération absolue G et des accélérations

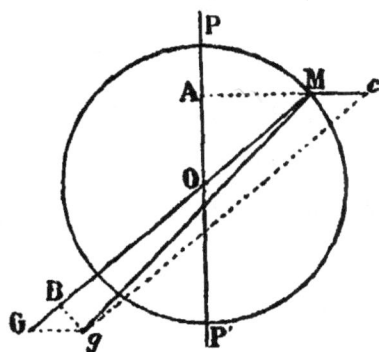

Fig. 113

apparentes. Or, si nous considérons un point en repos relatif, sa vitesse relative est nulle et il en est de même de l'accélération centrifuge composée ; nous avons donc simplement alors :

$$j_{\text{R}} \;(=)\; j\;(+)\;(-j_{\text{E}}),$$

ou bien

$$g \;(=)\; G\;(+)\;(-j_{\text{E}}).$$

Nous devons ajouter géométriquement à l'accélération absolue G une accélération égale et directement opposée à celle du mouvement d'entraînement. Pour le point M, ce mouvement est une rotation autour de l'axe PP′ avec une vitesse angulaire uniforme $\omega = \dfrac{2\pi}{86\,164} = 0{,}0000729$. L'accélération dans le mouvement d'entraînement, dans lequel le point M décrit une circonférence de cercle ayant le point A pour centre, est dirigée de M vers A et a pour valeur $\omega^2 \times$ MA ; ou bien, si R désigne le rayon de la sphère et λ la latitude du point M ou le complément de l'angle MOP, cette accélération sera $\omega^2 R \cos\lambda$. Portons en sens contraire, c'est-à-dire de M vers c, une longueur égale à $\omega^2 R \cos\lambda$; nous aurons représenté l'accélération apparente qui doit être ajoutée géométriquement à l'accélération réelle G. pour donner l'accélération relative g. Construisons donc le parallélogramme M$c$$g$G, sa diagonale M$g$ sera précisément l'accélération relative g qui est connue. Nous allons en déduire la valeur de G.

Abaissons du point g la perpendiculaire gB sur GM ; les deux lignes MG, Mg étant très voisines l'une de l'autre, la ligne M$g = g$ peut être considérée comme égale à sa projection MB et l'on a alors simplement :

$$G = g + M c \cos\lambda = g + \omega^2 R \cos^2\lambda ;$$

et, par suite :

$$g = G - \omega^2 R \cos^2\lambda.$$

La première de ces équations donnera la valeur de G, étant connues g et la latitude du lieu correspondant. Nous avons dit, par exemple, qu'à Paris, où $\lambda = 48° 50' 13''$, $g = 9^m,8088$, on en déduit $G = 9^m,8234$.

Si, en conséquence des hypothèses simplificatives que nous avons faites, nous supposons que G soit constant en tous les points de la terre, la seconde équation servira à calculer la valeur de g dans un lieu déterminé.

Par suite de la forme aplatie de la terre, la loi réelle de la variation de g est un peu différente de celle que donne cette formule, ou du moins les constantes y ont des valeurs qui s'écartent un peu de celles que nous venons de trouver. Les recherches de Laplace montrent que l'on a, à peu près :

$$g = 9^m, 8301 — 0,05074 \cos^2 \lambda.$$

La direction de g, qui est celle de la *verticale apparente*, ne passe pas par le centre de la terre supposée sphérique. L'écart, mesuré par l'angle gMB, a pour expression $\dfrac{g\text{B}}{g\text{M}} = \dfrac{\omega^2 \text{R} \cos \lambda \sin \lambda}{g}$ $= \dfrac{\omega^2 \text{R}}{2g} \sin 2\lambda$; il a son maximum, en supposant g constant, pour $\lambda = 45°$; il est nul pour $\lambda = 0$ et $\lambda = 90°$, c'est-à-dire à l'équateur et aux pôles. Le maximum est inférieur à $0°13'$ en supposant la terre sphérique. Il est, en réalité, un peu plus considérable, et la différence est due à la forme aplatie du sphéroïde.

125. Déviation vers l'est des corps qui tombent librement à la surface de la terre. — Étudions le mouvement relatif ou apparent du même point pesant à la surface de la terre, et considérons d'abord le mouvement de ce point abandonné à lui-même sans vitesse initiale. Appelons v_{R} sa vitesse relative au bout du temps t, son accélération relative à cette époque se composera de la somme géométrique de l'accélération réelle G, de l'accélération égale et contraire à celle d'entraînement, et de l'accélération centrifuge composée. Nous avons désigné par g la somme géométrique des deux premières et il suffit d'y ajouter géométriquement l'accélération centrifuge composée pour avoir l'accélération relative.

L'accélération centrifuge composée est représentée par la vitesse prise en sens contraire de l'extrémité d'une ligne égale au double de la vitesse relative supposée animée du mouvement de rotation d'entraînement. Nous pouvons, pour la calculer, admettre à une première approximation que la vitesse relative est dirigée suivant la verticale apparente et qu'elle est égale à gt, ce qui aurait lieu si l'on faisait abstraction du mouvement de rotation dont il s'agit d'évaluer l'influence. Alors, si l'on considère une ligne égale à $2gt$, menée à partir du point M (fig. 114) dans la direction Mg, et si l'on suppose que cette ligne MF tourne autour d'un axe mené par le point M parallèlement à l'axe polaire, d'un mouvement de rotation uniforme égal à ω, son extrémité F prendra une vitesse qui sera égale et directement opposée à l'accélération centrifuge composée cherchée. Si le point M est dans l'hémisphère nord, le mouvement de rotation ayant lieu de l'ouest à l'est, on voit que le point F, supposé situé dans le plan de la figure 114, viendra en avant de ce plan et que la vitesse lui sera perpendiculaire ; l'accélération centrifuge composée, dans les limites de l'approximation que nous avons admise, sera horizontale et dirigée de l'ouest vers l'est ; sa grandeur sera la vitesse du point F, qui décrit avec la vitesse angulaire ω un cercle dont le centre est sur la ligne parallèle à l'axe polaire menée par le point M. Cette vitesse est donc $2\omega gt \cos \lambda$.

Si maintenant nous rapportons le mouvement relatif du point mobile à trois axes rectangulaires, la position initiale de ce point étant prise pour origine, l'axe des z étant dirigé suivant la verticale apparente Mg, l'axe des x suivant l'horizontale, de l'ouest à l'est, et l'axe des y perpendiculaire aux deux premiers, on voit que les deux accélérations, dont la somme géométrique doit donner l'accélération relative, étant toujours parallèles aux axes des z et des x, leur projection sur celui des y sera toujours nulle ; par conséquent, le mou-

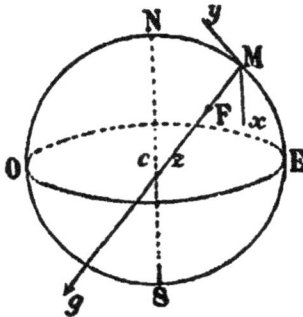

Fig. 114.

vement s'effectuera dans le plan des zx. Nous avons, d'ailleurs,
pour ces deux composantes de l'accélération relative :

$$\frac{d^2z}{dt^2}=g \qquad , \qquad \frac{d^2x}{dt^2}=2\,\omega\,gt\cos\lambda.$$

Intégrant deux fois et remarquant qu'il n'y a pas de constante à ajouter, puisque le point part de l'origine sans vitesse
initiale, nous obtenons :

$$z=\frac{1}{2}\,gt^2 \qquad , \qquad x=\frac{1}{3}\,\omega\,g\cos\lambda\,.\,t^3.$$

Telles sont les équations du mouvement relatif. La trajectoire, obtenue en éliminant t, a pour équation :

$$x=\frac{2}{3}\,\omega\cos\lambda\,.\,z\,\sqrt{\frac{2z}{g}};$$

c'est une parabole du degré $\frac{2}{3}$. Cette même équation permet
de calculer la *déviation vers l'est* du point qui tombe, c'est-à-
dire la quantité x dont il s'écarte de la verticale apparente
prise pour axe des z.

En faisant $z=158^m,5$, $\lambda=51^\circ$, on trouve $x=0^m,0276$; dans
les expériences faites avec ces données à Freyberg, M. Reech
a trouvé $0^m,0283$.

Il serait d'ailleurs facile, au moyen des formules (1) du
n° 121 qui donnent les composantes de l'accélération complémentaire, d'écrire les équations exactes du mouvement du
point considéré, quel que soit d'ailleurs ce mouvement.

Si l'on représente par x, y, z ses coordonnées à une époque
quelconque t, et par $\frac{dx}{dt}$, $\frac{dy}{dt}$, $\frac{dz}{dt}$ les composantes suivant les
trois axes de sa vitesse relative à cet instant, il suffit de re-
marquer que si l'on mène par l'origine des coordonnées une
ligne parallèle à l'axe polaire et d'une longueur ω, les projections de cette ligne sur les trois axes coordonnés que nous
avons choisis, c'est-à-dire les trois composantes de la rotation
ω suivant ces axes, sont :

$$p=0 \quad , \quad q=-\omega\cos\lambda \quad , \quad r=\omega\sin\lambda,$$

et que, par suite, les composantes de l'accélération centrifuge composée, égales et de signe contraire à celles de l'accélération complémentaire dont les valeurs sont données au n° 121 sont :

$$2\,\omega\sin\lambda\,\frac{dy}{dt} + 2\omega\cos\lambda\,\frac{dz}{dt}, \qquad -2\,\dot{\omega}\sin\lambda\,\frac{dx}{dt}, \qquad -2\,\omega\cos\lambda\,\frac{dx}{dt}$$

et si l'on appelle toujours g la résultante de l'accélération réelle et de l'accélération apparente due au mouvement d'entraînement, cette accélération g étant parallèle à l'axe des z, le mouvement du point par rapport aux axes x, y, z entraînés dans le mouvement de rotation de la terre, à laquelle ils sont supposés invariablement liés, sera défini par les équations :

$$\frac{d^2x}{dt^2} = 2\,\omega\sin\lambda\,\frac{dy}{dt} + \omega\cos\lambda\,\frac{dz}{dt}\,,$$

$$\frac{d^2y}{dt^2} = -2\,\omega\sin\lambda\,\frac{dx}{dt}\,,$$

$$\frac{d^2z}{dt^2} = g - 2\,\omega\cos\lambda\,\frac{dx}{dt}\,.$$

La comparaison de ces équations exactes avec les précédentes, approximatives, montre que l'on a négligé $\frac{dx}{dt}$ et $\frac{dy}{dt}$, c'est-à-dire les composantes horizontales de la vitesse du point mobile.

Ces équations pourront servir à déterminer la loi du mouvement d'un point mobile dans des conditions quelconques à la surface de la terre, il suffira de les intégrer en tenant compte des conditions initiales du mouvement du point. Elles pourront, en y ajoutant les composantes des autres accélérations dont serait animé le point pesant, servir à déterminer son mouvement dans les circonstances les plus variées. Si, par exemple, le point était assujetti à parcourir une courbe ou une surface donnée, nous avons vu que cette obligation se traduisait, analytiquement, par l'addition d'une certaine accélération, dont on ajouterait les composantes aux seconds membres des équations précédentes.

126. Pendule de Foucault. — Appliquons ces équations à l'étude du mouvement relatif du pendule simple par rapport à la terre supposée animée seulement de son mouvement diurne.

L'obligation, pour le point mobile, de rester toujours à une distance l d'un point fixe, que nous pouvons prendre pour origine des coordonnées, équivaut à l'addition d'une accélération L, dirigée du point mobile vers le point fixe et dont les projections sur les trois axes sont par conséquent

$$-\,\text{L}\,\frac{x}{l}, \; -\,\text{L}\,\frac{y}{l}, \; -\,\text{L}\,\frac{z}{l}\,;$$

ces composantes ajoutées aux premiers membres des équations précédentes donneront les équations différentielles du mouvement du point :

$$(1) \quad \begin{cases} \dfrac{d^2x}{dt^2} = -\,\text{L}\,\dfrac{x}{l} + 2\,\omega\sin\lambda\,\dfrac{dy}{dt} + 2\,\omega\cos\lambda\,\dfrac{dz}{dt}\,, \\[2ex] \dfrac{d^2y}{dt^2} = -\,\text{L}\,\dfrac{x}{l} - 2\,\omega\sin\lambda\,\dfrac{dx}{dt}\,, \\[2ex] \dfrac{d^2z}{dt^2} = -\,\text{L}\,\dfrac{x}{l} + g - 2\,\omega\cos\lambda\,\dfrac{dx}{dt}\,; \end{cases}$$

auxquelles nous joindrons la suivante

$$(2) \qquad x^2 + y^2 + z^2 = l^2\,,$$

exprimant que le point mobile reste à une distance l de l'origine. Ces quatre équations détermineront en fonction du temps, les quatre inconnues x, y, z et L.

Leur résolution exacte n'a guère qu'un intérêt analytique.

Si nous supposons, comme nous l'avons déjà fait, que les oscillations du pendule soient assez petites pour qu'il puisse être considéré comme ne s'écartant pas sensiblement du plan horizontal, on pourra négliger $\frac{dz}{dt}$, et alors l'élimination de L entre les deux premières équations donnera

$$(3) \qquad y\,\frac{d^2x}{dt^2} - x\,\frac{d^2y}{dt^2} = 2\,\omega\sin\lambda\left(x\,\frac{dx}{dt} + y\,\frac{dy}{dt}\right).$$

ou bien

$$\frac{d}{dt}\left(y\,\frac{dx}{dt} - x\,\frac{dy}{dt}\right) = \omega \sin \lambda \frac{d}{dt}(x^2 + y^2),$$

ou encore, en intégrant et désignant par C une constante

(4)
$$y\,\frac{dx}{dt} - x\,\frac{dy}{dt} = \omega \sin \lambda\,(x^2 + y^2) + C.$$

Cette équation donne la loi du mouvement de la projection du pendule sur le plan des xy. En effet, si m (fig. 115) est cette projection, rapportons-la à des coordonnées polaires $Om = r$ et $mOx = \theta$; nous aurons

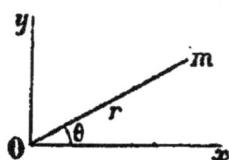

Fig. 115.

$$x = r\cos\theta, \quad y = r\sin\theta, \quad x^2 + y^2 = r^2,$$

et
$$y\,\frac{dx}{dt} - x\,\frac{dy}{dt} = - r^2\,\frac{d\theta}{dt},$$

et par suite, l'équation (4) devient

(5)
$$- r^2\,\frac{d\theta}{dt} = r^2\,\omega \sin \lambda + C.$$

Si l'on suppose qu'à une certaine époque r soit nul, c'est-à-dire que le point mobile passe par la verticale du point fixe, on a alors $C = 0$ et l'équation, en la divisant par r^2, se réduit à

(6)
$$- \frac{d\theta}{dt} = \omega \sin \lambda$$
ou
$$\theta = - \omega \sin \lambda.\,t + \text{const.}$$

Le plan d'oscillation du pendule tourne autour de la verticale avec une vitesse angulaire égale à $\omega \sin \lambda$.

On peut arriver, d'une manière plus directe, à démontrer l'équation (5) sans la déduire des formules générales.

Si nous considérons la vitesse relative du point m dans le plan des xy, le moment de cette vitesse, par rapport au point O ou par rapport à l'axe Oz, a pour valeur $- r^2\,\frac{d\theta}{dt}$, et la dérivée par rapport au temps de ce moment doit être égale au moment, par rapport au même axe, de l'accélération du point. L'accélération g, parallèle à l'axe, donne un moment nul. Si l'on décompose la vitesse relative en deux composantes : l'une $\frac{dr}{dt}$, suivant le rayon Om ; l'autre $r \frac{d\theta}{dt}$ perpendiculaire à ce rayon, l'accélération centrifuge composée due à cette dernière composante, lui étant perpendiculaire, aura un moment nul par rapport à Oz, et le moment de l'accélération se réduira ainsi à celui de l'accélération centrifuge composée due à la première composante $\frac{dr}{dt}$, laquelle a pour valeur $2\omega \frac{dr}{dt} \sin \lambda$ et pour bras de levier r. On aura ainsi l'équation

$$(8) \qquad -\frac{d}{dt}\left(r^2 \frac{d\theta}{dt} \right) = 2\,\omega\, r \frac{dr}{dt} \sin \lambda.$$

qui, intégrée, donne bien l'équation (5).

La dernière forme (8) de cette équation nous permet d'ailleurs, avec ce que nous avons appris précédemment, de trouver quelque chose de plus pour la loi du mouvement de la projection du pendule sur le plan horizontal, pour le cas plus général où le mobile ne passerait pas par la verticale du point fixe. Cette équation (8) peut se mettre sous la forme

$$(9) \qquad r^2 \frac{d^2\theta}{dt^2} + 2r \frac{dr}{dt} \frac{d\theta}{dt} + 2\,\omega\, r \frac{dr}{dt} \sin \lambda = 0$$

ou bien, en posant

$$(10) \qquad \varphi = \theta + \omega t \sin \lambda$$

ce qui donne

$$\frac{d^2\theta}{dt^2} = \frac{d^2\varphi}{dt^2} \qquad \text{et} \qquad \frac{d\varphi}{dt} = \frac{d\theta}{dt} + \omega \sin \lambda \;,$$

$$(11) \qquad r^2 \frac{d^2\varphi}{dt^2} + 2r \frac{dr}{dt} \frac{d\varphi}{dt} = 0 \quad,$$

ou encore

$$(12) \qquad \frac{d}{dt}\left(r^2 \frac{d\varphi}{dt} \right) = 0 \;,$$

soit

$$(13) \qquad r^2 \frac{d\varphi}{dt} = \text{constante.}$$

Si donc, au lieu de rapporter le point m, dans le plan xy, aux coordonnées r, θ, on le rapporte aux coordonnées r, φ qui sont des coordonnées polaires dont l'axe pris pour origine des angles φ est animé d'un mouvement de rotation avec une vitesse angulaire ω sin λ. autour du point O, on voit que la vitesse aréolaire du point m dans ce système de coordonnées mobiles est constante, c'est-à-dire que l'accélération du point m passera constamment par le point O.

Mais nous savons, d'autre part (n° 89), que la composante de l'accélération dirigée vers le point O est proportionnelle à la distance du point m à ce point fixe, ou proportionnelle à r ; il en résulte que le point mobile, rapporté au système de coordonnées mobiles r et φ, décrit une ellipse dont le centre est au point O. En d'autres termes, le point mobile décrit, dans le plan horizontal, une ellipse dont l'axe tourne autour du centre O avec une vitesse angulaire ω sin λ.

La détermination de la grandeur des axes de cette ellipse en fonction des conditions initiales est une pure question d'analyse, à laquelle nous ne nous arrêterons pas.

On sait que les résultats précédents ont été vérifiés expérimentalement par Foucault, au Panthéon. A la latitude de Paris, la durée de la révolution complète du plan d'oscillation du pendule, égale à $\dfrac{2\pi}{\omega \sin \lambda}$, est de 31 heures 47 minutes 30 secondes, et le sens de la rotation est est-sud-ouest-nord, c'est-à-dire celui des aiguilles d'une montre.

127. Mouvement d'un point pesant sur une courbe animée d'un mouvement de rotation. — Par les exemples précédents et principalement par celui du n° 125, on voit le peu d'influence du mouvement de rotation de la terre sur les points qui se meuvent à sa surface : le mouvement relatif par rapport à des axes mobiles entraînés dans la rotation de la terre, le seul que nous puissions observer, diffère extrêmement peu du mouvement qu'auraient les mêmes points si ces axes étaient fixes ou la terre immobile sur son axe. Cela tient à la faible valeur de la vitesse angulaire de cette rotation qui n'est, comme nous l'avons vu, que de $\omega = 0,0000729$. A plus forte raison l'influence de la rotation de la terre autour du soleil est encore négligeable et l'on peut, sans erreur appréciable, considérer tous les mouvements qui se produisent à la surface de la terre comme si celle-ci était absolument fixe dans l'espace.

Nous pouvons, dès lors, étudier le mouvement relatif d'un point pesant par rapport à des axes mobiles suivant une loi déterminée, le mouvement de ces axes étant rapporté à la terre supposée fixe.

Soit, par exemple, un point pesant M (fig. 116), c'est-à-dire animé d'une accélération g constante et verticale, astreint à rester sur une courbe donnée AB, entraînée dans un mouvement de rotation autour d'un axe vertical Oz que nous prendrons pour axe des coordonnées z. Par un point O de cet axe, nous mènerons deux horizontales Ox, Oy, perpendiculaires l'une à l'autre, qui seront les axes des coordon-

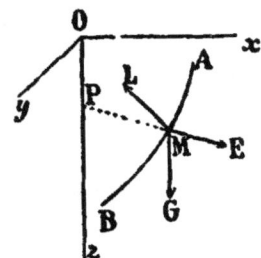

Fig. 116.

nées x et y entraînés avec la courbe dans le mouvement de rotation. Appelons ω la vitesse angulaire de ce mouvement que nous supposons uniforme, et soit M la position du point sur la courbe. Nous admettrons, comme nous l'avons fait aux nos 88 et suivants, que la condition imposée au point de suivre la courbe AB est équivalente à une accélération constamment normale à cette courbe ; nous désignerons cette accélération par L et ses projections sur les axes par L_x, L_y, L_z.

Alors l'accélération j_a dans le mouvement du point par rapport aux axes mobiles sera, d'après le n° 122, la somme géométrique des accélérations réelles g et L et des accélérations apparentes : savoir une accélération égale et contraire à celle du mouvement d'entraînement, et l'accélération centrifuge composée. Le mouvement d'entraînement est une rotation uniforme ω autour de l'axe Oz ; l'accélération du point M dans ce mouvement est dirigée de M vers P ; elle a pour valeur $\omega^2 MP$. La première des accélérations apparentes est donc dirigée de M vers E et elle a cette valeur $\omega^2 MP = \omega \sqrt{x^2 + y^2}$. Ses projections sur les axes des x et des y sont respectivement $\omega^2 x$ et $\omega^2 y$, et sa projection sur l'axe des z est nulle. Quant à l'accélération centrifuge composée, ses projections sur les axes

nous seront données par les formules (1) du n° 121, changées
de signe, en y faisant $p = r = 0$ et $q = \omega$. Et, alors, les trois
projections $j_{\text{R},x}$, $j_{\text{R},y}$, $j_{\text{R},z}$ de l'accélération relative sur les trois
axes, qui sont les sommes des projections, sur les mêmes axes,
des accélérations tant réelles qu'apparentes dont la somme
géométrique constitue l'accélération relative, auront pour valeurs :

$$(1) \begin{cases} j_{\text{R},x} = \dfrac{d^2x}{dt^2} = \omega^2 x + \text{L}_x - 2\omega\,\dfrac{dz}{dt}, \\[2mm] j_{\text{R},y} = \dfrac{d^2y}{dt^2} = \omega^2 y + \text{L}_y, \\[2mm] j_{\text{R},z} = \dfrac{d^2z}{dt^2} = g + \text{L}_z + 2\omega\,\dfrac{dx}{dt}. \end{cases}$$

Si nous joignons à ces trois équations celles qui définissent
la forme de la courbe :

$$(2) \qquad f(x, y, z) = 0, \qquad f_1(x, y, z) = 0,$$

et celle qui exprime que L est contenue dans son plan normal :

$$(3) \qquad \text{L}_x\,dx + \text{L}_y\,dy + \text{L}_z\,dz = 0,$$

nous obtenons six équations qui nous suffiront pour exprimer,
en fonction du temps, les six quantités variables x, y, z, L_x,
L_y, L_z, dont les trois premières définissent la loi du mouvement, et les dernières donnent la valeur de l'accélération L.

Ce qui précède s'applique, bien entendu, au cas où la courbe
est plane ; il suffit, dans les équations (1) et (3) d'annuler y et
ses dérivées, ainsi que L_y. Les deux équations (2) se réduisent
à une seule entre x et z, et l'on a ainsi les quatre équations :

$$(4) \quad \dfrac{d^2x}{dt^2} = \omega^2 x + \text{L}_x - 2\omega\,\dfrac{dz}{dt} \quad, \qquad \dfrac{d^2z}{dt^2} = g + \text{L}_z + 2\omega\,\dfrac{dx}{dt},$$

$$(5) \qquad f(x, z) = 0 \quad, \qquad \text{L}_x\,dx + \text{L}_z\,dz = 0.$$

Proposons-nous, par exemple, de déterminer une courbe
telle que le point dont il s'agit puisse y être placé partout sans
vitesse et y reste en repos, c'est-à-dire ne prenne aucune accé-

lération ; les composantes $\frac{dx}{dt}$, $\frac{dz}{dt}$ de la vitesse relative sont nulles ainsi que celles de l'accélération relative, et l'on a alors :

(6) $\quad \omega^2 x + \mathbf{L}_x = 0$, $\qquad g + \mathbf{L}_z = 0$, $\qquad \mathbf{L}_x \, dx + \mathbf{L}_z \, dz = 0$,

ou bien, en éliminant $\mathbf{L}_x$ et $\mathbf{L}_z$:

(7) $$\omega^2 x \, dx + g \, dz = 0 ;$$

ce qui donne, en appelant C une constante arbitraire :

(8) $$z = C - \frac{\omega^2}{2g} x^2,$$

équation d'une parabole dont l'axe coïncide avec l'axe de la rotation. Cette propriété de la parabole a été utilisée, notamment dans le régulateur Farcot.

Les théorèmes généraux des numéros 74 à 79 sont d'ailleurs applicables à la détermination du mouvement relatif d'un point, à la condition, si l'on considère la vitesse ou l'accélération relative, d'ajouter toujours aux accélérations réelles les accélérations apparentes. Ainsi, par exemple, pour appliquer au mouvement que nous venons d'étudier le théorème du n° 79, qui s'exprime par l'équation :

(9) $$\frac{1}{2} (v^2 - v_0^2) = \int_0^t j\,(\times)\, ds,$$

il faudrait, en désignant par v_n et $v_{n,0}$ les valeurs de la vitesse relative en deux points (x, y, z), (x_0, y_0, z_0) de la position du mobile, mettre dans le second membre, pour j, l'accélération relative ou toutes les accélérations réelles ou apparentes dont elle est la somme géométrique. Le produit géométrique $j\,(\times)\,ds$ est, d'ailleurs, égal à la somme des produits algébriques :

$$j_x \, dx + j_y \, dy + j_z \, dz,$$

et il suffira, pour évaluer le second membre, d'y remplacer j_x, j_y, j_z par leurs valeurs (1). Remarquons que dans le produit j ($\times$) ds l'accélération L ne donne rien, puisqu'elle est constamment perpendiculaire à ds, ce qui se vérifie, d'ailleurs, la somme des trois termes provenant de L étant nulle d'après (3). De même, l'accélération centrifuge composée ne donne rien puisque sa direction est perpendiculaire à celle de la vitesse relative ou de ds ; on le vérifie aussi en constatant que la somme des deux termes qui proviennent des composantes de cette accélération est nulle. Toutes ces réductions faites, il reste :

$$\frac{1}{2}(v_R^2 - v_{R,0}^2) = \int_0^1 (\omega^2 x\, dx + \omega^2 y\, dy + g\, dz)$$

$$= \frac{\omega^2}{2}(x^2 + y^2) - \frac{\omega^2}{2}(x_0^2 + y_0^2) + g(z - z_0)$$

ou bien, en appelant respectivement r et r_0 les distances $\sqrt{x^2 + y^2}$, $\sqrt{x_0^2 + y_0^2}$ du point mobile à l'axe dans les deux positions considérées :

$$v_R^2 - v_{R,0}^2 = 2g(z - z_0) + \omega^2(r^2 - r_0^2).$$

ωr et ωr_0 sont les valeurs de la vitesse d'entraînement dans ces deux positions ; on peut les représenter par v_E, $v_{E,0}$, et alors cette équation devient :

$$v_R^2 - v_{R,0}^2 = 2g(z - z_0) + v_E^2 - v_{E,0}^2 .$$

Sous cette forme, elle est employée dans la théorie des turbines hydrauliques.

CHAPITRE VII

LOIS GÉNÉRALES DU MOUVEMENT DES SYSTÈMES

SOMMAIRE :

§ 1

SYSTÈMES QUELCONQUES

128. Généralités. — La position dans l'espace d'un système de points est déterminée, si l'on suppose trois axes rectangulaires fixes, par les trois coordonnées x, y, z de chacun de ces points. Si le système est au repos, ces coordonnées suffisent pour en faire connaître l'état.

Si le système est en mouvement, il y a à connaître, outre la position de chaque point, la direction et le sens de son déplacement ainsi que la rapidité avec laquelle ce déplacement s'effectue, c'est-à-dire la *vitesse* de ce point, laquelle est déterminée pour chacun par ses trois composantes ou projections $\frac{dx}{dt}$, $\frac{dy}{dt}$, $\frac{dz}{dt}$.

Si n est le nombre des points, la connaissance des $3n$ coordonnées x, y, z, et des $3n$ composantes des vitesses constitue la définition de l'*état* du système à l'époque considérée.

Les $6n$ quantités, savoir : $3n$ coordonnées x, y, z, et $3n$ composantes de vitesses $\frac{dx}{dt}$, $\frac{dy}{dt}$, $\frac{dz}{dt}$, s'appellent les éléments *statiques*. Leur connaissance est nécessaire pour déterminer l'état du système à chaque instant.

Si nous cherchons à envisager la manière dont ces éléments varient avec le temps, c'est-à-dire à trouver la loi du mouvement, il est nécessaire que nous connaissions les *accélérations* de chacun des points ou, ce qui est la même chose, leurs composantes suivant les trois axes exprimées par les dérivées secondes $\frac{d^2x}{dt^2}$, $\frac{d^2y}{dt^2}$, $\frac{d^2z}{dt^2}$ des coordonnées par rapport au temps.

De même que, pour un point isolé, la connaissance de l'accélération en fonction du temps, jointe à celle de la position et de la vitesse initiales de ce point, nous a suffi à déterminer la loi du mouvement de ce point, de même. pour un système de n points, la détermination du mouvement exigera, outre la connaissance des $6n$ éléments statiques, à une époque quelconque considérée comme initiale, celle des $3n$ composantes de l'accélération en fonction du temps.

Ces $3n$ quantités définissant le *mouvement* du système en sont appelés les *éléments dynamiques*.

Le problème à résoudre consiste donc, connaissant l'*état initial* d'un système et ses éléments dynamiques, à exprimer en fonction du temps les $6n$ éléments statiques, de manière à ce que l'état du système soit connu à chaque instant. Ce problème n'est pas susceptible d'être traité d'une manière géné-

rale ou, plutôt, sous sa forme générale il n'est que la répétition de n problèmes analogues pour chacun des points.

Nous nous bornerons à établir, entre les diverses quantités
entrant dans les calculs, des relations utiles destinées à le simplifier.

180. Vitesse et accélération du centre de gravité. —
Considérons un système d'un nombre quelconque, n, de points
m_1, m_2, m_3 (fig. 117) qui se sont déplacés
d'une manière quelconque dans l'espace,
m_1 étant venu en m'_1, m_2 en m'_2, etc. Soit
O le centre des moyennes distances de ces
points dans leur position primitive et O' ce
même centre après leur déplacement. Si
nous considérons, d'une part, la somme
géométrique $Om_1 (+) m_1 m'_1$ de la ligne
Om_1 joignant le centre des moyennes distances primitif O à
l'un quelconque m_1 des points et du déplacement $m_1 m'_1$ de ce
point ; d'autre part, la somme géométrique $OO' (+) O' m'_1$ du
déplacement OO' du centre des moyennes distances et de la
ligne $O' m'$ joignant ce centre, dans sa nouvelle position, au
point déplacé, ces deux sommes géométriques sont évidemment égales et représentées toutes deux par la ligne Om'_1, joignant le centre primitif des moyennes distances à la position
définitive du point. Écrivons cette égalité pour tous les points
du système :

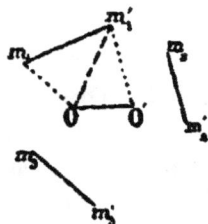

$$(1) \left\{ \begin{array}{l} Om_1 (+) m_1 m'_1 (=) OO' (+) O' m'_1 \quad , \\ Om_2 (+) m_2 m'_2 (=) OO' (+) O' m'_2 \quad , \\ \cdots \cdots \cdots \cdots \cdots \cdots \cdots \end{array} \right.$$

additionnons géométriquement membre à membre ces équipollences et observons que, par la définition même du centre
des moyennes distances, les sommes $Om_1 (+) Om_2 (+) Om_3 (+) \ldots$
et $O'm'_1 (+) O'm'_2 (+) \ldots$ sont identiquement nulles, il viendra

$$(2) \qquad m_1 m'_1 (+) m_2 m'_2 (+) m_3 m'_3 (+) \ldots = n. OO'.$$

Par conséquent, *le déplacement du centre des moyennes dis-*

tances d'un système de points est égal à la somme géométrique des déplacements de ces points, divisée par leur nombre, ou *à la moyenne des déplacements des points du système.*

La démonstration analytique de ce théorème se fait immédiatement en écrivant les valeurs des coordonnées du centre des moyennes distances avant et après le déplacement.

Le centre de gravité d'un système jouit de la même propriété, d'après ce que nous avons dit de son assimilation au centre des moyennes distances.

Ce qui précède est vrai quel que soit le déplacement des divers points et l'est encore lorsque les déplacements deviennent infiniment petits et qu'on les rapporte à l'unité de temps, c'est-à-dire qu'on les divise par le temps infiniment petit pendant lequel ils se sont effectués. Il en résulte que *la vitesse du centre de gravité d'un système de points est égale à la moyenne des vitesses de tous les points*, c'est-à-dire à la somme géométrique des vitesses de tous les points divisée par leur nombre.

L'accélération d'un point n'est autre chose que la vitesse gagnée par ce point, rapportée à l'unité de temps. Si l'on considère les vitesses de tous les points, et celle du centre de gravité à deux époques infiniment voisines, la vitesse du centre de gravité, à la fin de cet intervalle de temps sera, d'après ce qui vient d'être dit, égale à la n^e partie de la somme géométrique des vitesses de tous les points au même instant, vitesses dont chacune se compose de la vitesse à l'instant précédent et de la vitesse gagnée pendant l'intervalle de temps. La vitesse considérée, du centre de gravité, sera ainsi la n^e partie de la somme géométrique des vitesses des points au commencement de l'intervalle de temps, et des vitesses gagnées, c'est-à-dire qu'elle sera égale à la vitesse primitive du centre de gravité augmentée de la n^e partie de la somme géométrique des vitesses gagnées. *L'accélération du centre de gravité est donc égale à la n^e partie, ou à la moyenne des accélérations de tous les points.*

Il est d'ailleurs superflu de faire remarquer que, si le système de points peut se diviser en plusieurs groupes, on pourra, dans l'évaluation de la vitesse ou de l'accélération du centre de gravité de l'ensemble du système, remplacer chacun des groupes partiels par son centre de gravité, à la condition d'affecter la vitesse ou l'accélération de ce centre de gravité partiel d'un coefficient proportionnel au nombre de points que renferme le groupe auquel il appartient; ou bien, s'il s'agit d'espaces continus, volumes, surfaces ou lignes, comme ceux que l'on a considérés aux n°° 32 et suivants, d'un coefficient proportionnel à l'étendue de l'espace partiel dont le point considéré est le centre de gravité, ou plus généralement au nombre de points que contient cet espace.

Si, par exemple, v_1, v_2, v_3.... sont les vitesses, j_1, j_2, j_3.. les accélérations des centres de gravité de ces groupes partiels composés respectivement de n_1, n_2, n_3... points, on aura, en appelant $N = n_1 + n_2 + n_3 + ...$ le nombre total des points du système, V et J la vitesse et l'accélération de son centre de gravité :

(3) $$N V (=) n_1 v_1 (+) n_2 v_2 (+) n_3 v_3 (+) . .$$

(4) $$N J (=) n_1 j_1 (+) n_2 j_2 (+) n_3 j_3 (+)....$$

ou bien en projetant sur trois axes rectangulaires Ox, Oy, Oz et en appelant X, Y, Z les coordonnées du centre de gravité de l'ensemble, x_1, y_1, z_1, x_2, y_2,.... ou en général x, y, z celles des centres de gravité des divers groupes partiels :

(5) $$N \frac{dX}{dt} = \Sigma n \frac{dx}{dt} \ , \quad N \frac{dY}{dt} = \Sigma n \frac{dy}{dt} \ , \quad N \frac{dZ}{dt} = \Sigma n \frac{dz}{dt} \ ,$$

(6) $$N \frac{d^2X}{dt^2} = \Sigma n \frac{d^2x}{dt^2} \ , \quad N \frac{d^2Y}{dt^2} = \Sigma n \frac{d^2y}{dt^2} \ , \quad N \frac{d^2Z}{dt^2} = \Sigma n \frac{d^2z}{dt^2} \cdot$$

Ces formules pourraient être déduites de celles qui expriment les coordonnées du centre de gravité du système, qui sont :

(7) $$NX = \Sigma n x, \quad NY = \Sigma n y, \quad NZ = \Sigma n z,$$

et qu'il suffit de différentier une ou deux fois par rapport au temps pour trouver celles qui viennent d'être écrites.

130. Déplacements et vitesses translatoires et non translatoires. — Ce qui précède est susceptible d'une autre

17

interprétation. Si $m_1, m_2, m_3,\ldots$ (fig. 118) sont toujours les positions initiales des points du système, O, celle de son centre de gravité et $m'_1, m'_2, m'_3,\ldots$, O' les positions de ces points après le déplacement, menons, par chacune des positions initiales des points, des lignes m_1m_1'', m_2m_2'', m_3m_3'',... équipollentes au déplacement OO' du centre de gravité et joignons les extrémités de ces lignes aux posi-

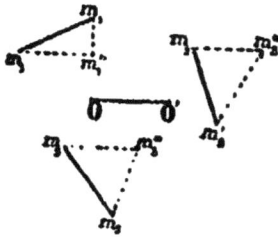

Fig. 118.

tions finales des points; c'est-à-dire amenons chacun des points de sa position initiale à sa position définitive en lui attribuant d'abord un déplacement équipollent à celui du centre de gravité que nous appellerons *translatoire* et qui serait celui que prendrait le point si le système tout entier était animé d'un mouvement de translation, puis un déplacement spécial à chaque point destiné à l'amener à sa position définitive et qui sera son déplacement *non translatoire*. Chacun des déplacements totaux, $m_1m'_1$, par exemple, sera la somme géométrique du déplacement translatoire m_1m_1'', (=) OO' et du déplacement non translatoire $m_1''m'_1$. On a ainsi :

$$m_1m'_1 \;(=)\; OO' \;(+)\; m''_1m'_1$$
$$m_2m'_2 \;(=)\; OO' \;(+)\; m''_2m'_2$$
$$\cdot\;\cdot\;\cdot\;\cdot\;\cdot\;\cdot\;\cdot\;\cdot\;\cdot\;\cdot\;\cdot\;\cdot\;\cdot$$

Faisons la somme géométrique de toutes ces équipollences, nous aurons :

(8) $\quad m_1m'_1(+)m_2m'_2(+)\ldots(=)n.OO'(+)m''_1m'_1(+)m''_2m'_2(+)\ldots$

ou bien, puisque d'après (2) le premier membre est égal au premier terme du second :

(9) $\qquad m''_1m'_1(+)m''_2m'_2(+)\ldots \qquad (=)\; 0.$

La somme géométrique des déplacements non-translatoires des points d'un système est nulle.

Par un raisonnement analogue à celui qui précède, nous démontrerions de même que :

La somme géométrique des vitesses non-translatoires des points d'un système est nulle ;

La somme géométrique des accélérations non-translatoires des points d'un système est nulle ; en appelant vitesse ou accélération non-translatoire d'un point la différence géométrique de la vitesse ou de l'accélération de ce point et de la vitesse ou de l'accélération du centre de gravité.

Rapportons le système de points à trois axes de coordonnées rectangulaires, appelons $x_1, y_1, z_1, x_2, y_2,\ldots$ les coordonnées de ces points, X, Y, Z celles de son centre de gravité, $v_1, v_2, v_3\ldots$ V leurs vitesses, et $v'_1, v'_2, v'_3\ldots$ leurs vitesses non-translatoires, c'est-à-dire les différences géométriques $v'_1(=)v_1(-)V, v'_2(=)v_2 (-)V\ldots$ Représentons de même les projections de ces vitesses sur les trois axes par $\dfrac{dx_1}{dt}, \dfrac{dy_1}{dt}, \dfrac{dz_1}{dt}$ pour la vitesse v_1 ; $\dfrac{dx'_1}{dt}, \dfrac{dy'_1}{dt}, \dfrac{dz'_1}{dt}$ pour la vitesse v'_1, et ainsi de suite, les quantités $dx'_1, dy'_1, dz'_1\ldots$ sont les projections, sur les trois axes, des déplacements infiniment petits non-translatoires, et l'on a, évidemment :

$$\frac{dx_1}{dt} = \frac{dX}{dt} + \frac{dx'_1}{dt} \quad , \quad \frac{dy_1}{dt} = \frac{dY}{dt} + \frac{dy'_1}{dt} \quad , \quad \frac{dz_1}{dt} = \frac{dZ}{dt} + \frac{dz'_1}{dt}$$

et de même pour tous les autres points.

Elevons au carré toutes ces équations, et additionnons-les membre à membre ; nous aurons, dans le premier membre la somme de termes tels que $\left(\dfrac{dx_1}{dt}\right)^2 + \left(\dfrac{dy_1}{dt}\right)^2 + \left(\dfrac{dz_1}{dt}\right)^2$, c'est-à-dire la sommes des carrés des vitesses $v_1^2 + v_2^2 + v_3^2 + \ldots$ des divers points. Dans le second membre nous aurons d'abord les sommes analogues

$$\left(\frac{dX}{dt}\right)^2 + \left(\frac{dY}{dt}\right)^2 + \left(\frac{dZ}{dt}\right)^2 \text{ et } \left(\frac{dx'_1}{dt}\right)^2 + \left(\frac{dy'_1}{dt}\right)^2 + \left(\frac{dz'_1}{dt}\right)^2,$$

ou bien V^2 pour la première, v'^2_1 pour la seconde, et, au total, $nV^2 + v'^2_1 + v'^2_2 + v'^2_3 + \ldots$; et ensuite la somme des doubles produits $2\dfrac{dX}{dt}\left(\dfrac{dx'_1}{dt} + \dfrac{dx'_2}{dt} + \ldots\right) + 2\dfrac{dY}{dt}\left(\dfrac{dy'_1}{dt} + \dfrac{dy'_2}{dt} + \ldots\right) +$ $2\dfrac{dZ}{dt}\left(\dfrac{dz'_1}{dt} + \dfrac{dz'_2}{dt} + \ldots\right).$

Or la somme géométrique des vitesses $v'_1(+)v'_2(+)$... étant nulle, d'après ce que nous venons de dire, il en est de même des sommes algébriques des projections de ces vitesses sur les trois axes ; les parenthèses telles que $\left(\dfrac{dx'_1}{dt} + \dfrac{dx'_2}{dt} +....\right)$ sont donc égales à zéro, et disparaissent de la somme des seconds membres. Il reste ainsi

$$v_1^2 + v_2^2 + v_3^2 + ... = nV^2 + v'^2_1 + v'^2_2 + v'^2_3 + ...$$

ou bien

$$\Sigma v^2 = nV^2 + \Sigma v'^2.$$

La somme des carrés des vitesses de tous les points du système est égale à n fois le carré de la vitesse du centre de gravité plus a somme des carrés des vitesses non translatoires de ces points.

Cela peut se démontrer d'une façon beaucoup plus simple : Dans chacun des triangles comme $m_1 m'_1 m''_1$ nous avons

$$v_1^2 = V^2 + v_1'^2 - 2V(\times)v'_1.$$

Écrivons toutes les autres égalités semblables et ajoutons membre à membre; la somme des produits géométriques $- 2\Sigma V(\times)v'$ est identiquement nulle, d'après ce que nous avons dit plus haut (n° 5) des produits géométriques, puisque la somme géométrique des vitesses v' est nulle. La somme de toutes ces équations se réduit ainsi à

$$\Sigma v^2 = nV^2 + \Sigma v'^2.$$

c'est-à-dire à celle que nous venons de trouver autrement.

181. Accélérations réciproques. — Si le système de points se réduit à deux, se mouvant sur une même droite, la vitesse moyenne ou l'accélération moyenne est la demi-somme algébrique des deux vitesses ou des deux accélérations individuelles des deux points, c'est-à-dire leur demi-somme ou leur demi-différence selon qu'elles ont le même sens ou des sens opposés.

Si les deux accélérations individuelles sont *réciproques*, c'est-à-dire égales et directement opposées, l'accélération moyenne est nulle.

Imaginons un système d'un nombre quelconque de points dont les accélérations soient, pour chacun d'eux, la résultante d'accélérations réciproques à celles des autres points du système ; c'est-à-dire que si l'on considère l'accélération de chacun des points comme décomposée suivant toutes les directions joignant ce point à tous les autres, les composantes des accélérations des points suivant les lignes qui les joignent deux à deux soient égales et directement opposées. Nous dirons que le système n'a que des accélérations *intérieures réciproques*, et que par conséquent son accélération moyenne est nulle.

La vitesse moyenne d'un pareil système est donc ou nulle, ou constante en grandeur et en direction. Cette vitesse moyenne est toujours celle du centre de gravité du système, comme nous l'avons démontré plus haut.

Considérons maintenant deux systèmes de points n'ayant dans leur ensemble que des accélérations réciproques. Ce sera, par exemple, le système précédent divisé en deux groupes de points par une surface idéale quelconque. Désignons par A et B ces deux systèmes. Si l'on prend un point quelconque du système A, toutes les droites qui le joignent à tous les autres points peuvent être partagées en deux groupes : celles qui le joignent aux autres points du même système A, et celles qui le joignent aux points de l'autre système B. Toutes les composantes de l'accélération de ce point, dirigées suivant ces droites et à chacune desquelles correspond, sur la même droite et à son autre extrémité, une autre composante d'accélération réciproque, seront de même divisées naturellement en deux groupes : les composantes dont les réciproques sont celles des points du même système, et les composantes dont les réciproques sont celles des points du système B. Nous appellerons les premières *intérieures* et les autres *extérieures ;* et cette définition s'appliquera à chacun des deux systèmes.

Nous avons donc, en totalité, trois groupes de composantes d'accélérations : les accélérations intérieures du système A, les accélérations intérieures du système B et les accélérations extérieures à chacun des deux systèmes. Chacun de ces groupes se compose d'accélérations réciproques, c'est-à-dire dont la somme totale est nulle.

Il en résulte, d'abord, que l'accélération moyenne de chacun des systèmes, A ou B, est la même que si les accélérations extérieures existaient seules. Et ensuite, que les *accélérations moyennes de ces deux systèmes sont directement opposées et en raison inverse du nombre de leurs points.*

Nous appellerons accélération moyenne de A vers B l'accélération moyenne du système A, due aux composantes d'accélération réciproques aux points du système B, et inversement. Il est bien entendu que cette dénomination : accélération de A *vers* B, ne préjuge en rien le sens réel de l'accélération dont il s'agit, qui peut être dirigée de A vers B ou dans le sens directement opposé.

132. Expressions des composantes de l'accélération moyenne. — Considérons maintenant, abstraction faite du système B, le premier de ces deux systèmes A. Les composantes d'accélération de ses divers points se divisent en deux groupes, les accélérations intérieures et les accélérations extérieures. Désignons par J_x, J_y, J_z, les composantes, suivant les trois axes, de l'accélération moyenne J de ce système, c'est-à-dire les quotients, par le nombre des points du système, des sommes algébriques des projections sur les trois axes de chacune des composantes extérieures des accélérations de ses points. Soient x, y, z les coordonnées de l'un quelconque des points; $\frac{dx}{dt}$, $\frac{dy}{dt}$, $\frac{dz}{dt}$ les projections sur les trois axes de la vitesse v de ce point, $\frac{d^2x}{dt^2}$, $\frac{d^2y}{dt^2}$, $\frac{d^2z}{dt^2}$ les projections de son accélération j, et soit N le nombre total des points. D'après ce qui vient d'être dit, l'accélération moyenne du système est la même que si les accélérations extérieures existaient seules, ce qui nous donne les trois équations

$$(1) \quad \Sigma \frac{d^2x}{dt^2} = NJ_x , \qquad \Sigma \frac{d^2y}{dt^2} = NJ_y , \qquad \Sigma \frac{d^2z}{dt^2} = NJ_z ;$$

lesquelles résultent d'ailleurs évidemment de ce que les composantes intérieures d'accélération étant réciproques, leurs projections sur une axe quelconque sont égales et de signe contraire et disparaissent des sommes qui constituent les premiers membres; sommes qui se réduisent ainsi à celles des projections des composantes extérieures d'accélération, c'est-à-dire aux projections de l'accélération moyenne du système multipliées par le nombre des points.

Si d'ailleurs, dans le système A, on prend un groupe d'un nombre n_1 de points et le centre de gravité de ce groupe dont les coordonnées seront x_1, y_1, z_1, puis un autre groupe de n_2 points dont le centre de gravité aura les coordonnées x_2, y_2, z_2, etc., de manière que le nombre total N des points du système soit égal à la somme $n_1 + n_2 + ...$; la somme des projections $\frac{d^2x}{dt^2}$ sur l'axe des x des accélérations des points du premier groupe sera, d'après ce qui a été démontré plus haut, égal à $n_1 \frac{d^2x_1}{dt^2}$; de même, la somme des projections des accélérations des points du second groupe sera $n_2 \frac{d^2x_2}{dt^2}$, et ainsi de suite; de sorte que si, en général, on désigne par x, y, z, non plus les coordonnées d'un point, mais celle du centre de gravité d'un groupe de n points, on aura les trois équations :

$$(2) \quad \Sigma \, n \frac{d^2x}{dt^2} = NJ_x \, , \qquad \Sigma \, n \frac{d^2y}{dt^2} = NJ_y \, , \qquad \Sigma \, n \frac{d^2z}{dt^2} = NJ_z .$$

Appelons j_e la résultante, pour un point quelconque, de ses composantes extérieures d'accélération, cette résultante, ajoutée géométriquement à celle des composantes intérieures d'accélération du même point, donnant son accélération j; nous venons de dire que l'accélération moyenne J était la même que si les composantes d'accélération extérieures existaient seules, nous avons donc l'équipollence NJ(=)$\mathbf{S}$gj_e qui équivaut aux trois équations suivantes dans lesquelles $j_{e.x}$ $j_{e.y}$ $j_{e.z}$ désignent les projections, sur les trois axes, de l'accélération j_e :

$$(3) \qquad NJ_x = \Sigma j_{e.x} \, , \quad NJ_y = \Sigma j_{e.y} \, , \quad NJ_z = \Sigma j_{e.z} \, .$$

ou, en substituant :

$$(4) \quad \Sigma\, n \frac{d^2x}{dt^2} = \Sigma j_{e,x} \;, \quad \Sigma\, n \frac{d^2y}{dt^2} = \Sigma j_{e,y} \;, \quad \Sigma\, n \frac{d^2z}{dt^2} = \Sigma j_{e,z}$$

133. Relations entre les vitesses et les accélérations. Premier théorème général. — Évaluons maintenant la vitesse moyenne V du système à une époque quelconque, V_0 étant cette vitesse à l'époque $t = 0$. L'accélération moyenne, qui est celle du centre de gravité du système, étant désignée par J, représentons par J_s la projection de J sur la direction de V, ou sur la tangente à la trajectoire du centre de gravité, nous aurons, en appliquant le théorème du n° 74 au mouvement du centre de gravité, dont la vitesse est V, et l'accélération tangentielle J_s :

$$(1) \qquad\qquad V - V_0 = \int_0^t J_s\, dt \,.$$

mais J_s, projection sur la direction de V de l'accélération moyenne, est égale au quotient, par le nombre N de points du système, de la somme des projections, sur la même direction, de toutes les accélérations j, ou, ce qui est la même chose, des accélérations extérieures j_e. Si donc, pour chaque point, nous appelons $j_{e,s}$ la projection, sur la direction de V de l'accélération extérieure j_e, nous aurons $N J_s = \Sigma j_{e,s}$ ce qui, en substituant dans l'équation précédente, donne

$$(2) \qquad V - V_0 = \frac{1}{N} \int_0^t \Sigma j_{e,s}\, dt = \frac{1}{N} \Sigma \int_0^t j_{e,s}\, dt \,.$$

Si, pour un intervalle de temps quelconque, on fait, pour chacun des points du système, la somme intégrale des produits, par les éléments du temps, de la projection de son accélération extérieure sur la direction de la vitesse moyenne, la moyenne de ces sommes, pour tous les points du système, sera égale à l'accroissement, pendant le même intervalle de temps, de la vitesse du centre de gravité.

134. Second théorème général. — Au lieu de projeter

sur la direction de la vitesse moyenne V, projetons sur un axe
Ox quelconque et appelons V_x, $V_{0,x}$ les projections, sur cet axe,
des vitesses moyennes V et V_0, et de même J_x, $j_{e,x}$ celles des accélérations J et j_e. Nous aurons toujours $NJ_x = \Sigma j_{e,x}$, et si nous
appliquons, au mouvement du centre de gravité, le second
théorème général du n° 76, nous aurons

$$(1) \qquad V_x - V_{0,x} = \int_0^t J_x \, dt = \frac{1}{N} \Sigma \int_0^t j_{e,x} \, dt$$

*L'accroissement, pendant un temps quelconque, de la projec-
tion sur un axe quelconque de la vitesse du centre de gravité
d'un système est égal à la moyenne des sommes intégrales, pendant le même temps, des produits, par les éléments du temps, des
projections, sur le même axe, des composantes extérieures des
accélérations des points.*

Le théorème précédent peut être rattaché à celui-ci, en prenant, à chaque instant, pour axe de projection, la direction
même de la vitesse moyenne du système.

Appelons v la vitesse d'un point quelconque, v_x, $v_{0,x}$ les projections sur l'axe des x de cette vitesse v et de sa valeur v_0 à
l'instant initial, nous avons, d'après le n° 129 :

$$NV_x = \Sigma v_x \quad , \qquad NV_0 = \Sigma v_{0,x}$$

ou bien, en substituant dans l'équation précédente, multipliée
par N :

$$(2) \qquad \Sigma v_x - \Sigma v_{0,x} = \Sigma \int_0^t j_{e,x} \, dt \; .$$

Si, comme plus haut, nous avons divisé le système en groupes contenant respectivement n_1, n_2, n_3..... points et si nous
appelons x_1, x_2, x_3..... les abscisses des centres de gravité de
ces groupes respectifs, les projections sur l'axe x, des vitesses
de ces centres étant $\frac{dx_1}{dt}$, $\frac{dx_2}{dt}$, $\frac{dx_3}{dt}$,.... nous avons aussi :

$$\Sigma v_x = n_1 \frac{dx_1}{dt} + n_2 \frac{dx_2}{dt} + n_3 \frac{dx_3}{dt} + ... = \Sigma n \frac{dx}{dt}$$

et, en appelant en général $\left(\dfrac{dx}{dt}\right)_0$ la valeur de $\dfrac{dx}{dt}$ pour $t = 0$, nous pourrons écrire

$$(3) \qquad \Sigma n \frac{dx}{dt} - \Sigma n \left(\frac{dx}{dt}\right)_0 = \Sigma \int_0^t j_{e,x}\, dt$$

L'accroissement, pendant un temps quelconque, des produits, par leurs nombres de points respectifs, des projections sur un axe quelconque des vitesses des centres de gravité des divers groupes qui composent le système, est égal à la somme des intégrales, pendant le même temps, des produits, par les éléments du temps, des projections, sur le même axe, des accélérations extérieures de tous les points.

On aurait pu déduire cette dernière équation de celle (2) du n° 76 en l'écrivant pour chacun des points du système,

$$v_x - v_{0,x} = \int_0^t j_x\, dt$$

et en additionnant toutes ces équations. Le premier membre aurait donné $\Sigma v_x - \Sigma v_{0,x}$, c'est-à-dire, sous une autre forme, le premier membre de (3) ; en faisant la somme des seconds membres, on aurait eu la somme des produits, par les éléments du temps, des projections j_x, qui se réduit bien, puisque les accélérations intérieures, réciproques, ont des projections deux à deux égales et directement opposées, à la somme des produits, par les mêmes éléments, des projections $j_{e,x}$ des accélérations extérieures.

135. Troisième théorème général. — Raisonnons de la même manière en écrivant, pour chacun des points du système en mouvement, l'équation (4) du n° 77 :

$$(1) \qquad \mathbf{M}_z v - \mathbf{M}_z v_0 = \int_0^t \mathbf{M}_z j\, dt\,,$$

et additionnant toutes ces équations. Nous aurons, dans le premier membre, les sommes algébriques des moments des vitesses, par rapport à l'axe z, à la fin et au commencement de l'intervalle de temps considéré. Dans le second membre, nous aurons la somme des moments des produits $j dt$; or, pour un point quelconque, le moment de son accélération j est la somme des moments de ses composantes, c'est-à-dire la somme des moments des composantes intérieures et des composantes extérieures. Lorsque nous ferons la somme de ces moments pour tous les points, les composantes intérieures, deux à deux égales et opposées, auront des moments égaux et de signe contraire et disparaîtront du total qui se réduira à la somme des moments des composantes extérieures. Nous aurons ainsi :

$$(2) \qquad \Sigma \mathbf{M}_z v - \Sigma \mathbf{M}_z v_0 = \Sigma \int_0^t \mathbf{M}_z j_0 \, dt.$$

Si, pour un intervalle de temps quelconque, on fait, pour chacun des points du système, la somme intégrale des moments par rapport à un axe des produits, par les éléments du temps, des composantes extérieures de l'accélération de ce point, la somme de toutes ces intégrales sera l'accroissement, pendant le même temps, de la somme des moments, par rapport au même axe, des vitesses de tous les points du système.

La direction z étant quelconque, si l'on écrit la même équation pour deux autres directions rectangulaires x, y, concourant en un point O, le système des trois équations ainsi obtenues pourra être résumé par l'équipollence :

$$(3) \qquad \mathbf{Sg M}_0 v \, (\!-\!) \, \mathbf{Sg M}_0 v_0 \, (\!=\!) \, \mathbf{Sg} \int_0^t \mathbf{M}_0 j_0 \, dt$$

qui pourrait être également traduite en langage ordinaire.

Prenons l'équation (2)

$$\Sigma \mathbf{M}_z v - \Sigma \mathbf{M}_z v_0 = \Sigma \int_0^t \mathbf{M}_z j_0 \, dt$$

et appliquons-la à un intervalle de temps infiniment petit dt, ce qui revient à différentier ses deux membres par rapport au temps, elle deviendra :

$$(4) \qquad \frac{d}{dt} \Sigma \mathbf{M}_z v = \Sigma \mathbf{M}_z j_0.$$

Portons, sur l'axe des z, à partir d'un point O pris pour origine, une ligne Om_z représentant $\Sigma \mathbf{M}_z v$ ou la somme des moments des vitesses par rapport à cet axe, la vitesse de l'extrémité de cette ligne représentera la somme des moments, par rapport au même axe, des accélérations extérieures au système. Et en raisonnant comme nous l'avons fait au n° 77, prenant le moment résultant des vitesses par rapport au point O, et le moment résultant des accélérations extérieures par rapport au même point, nous aurons, entre ces deux lignes, la relation suivante :

Le moment résultant, par rapport à un point fixe quelconque, des accélérations extérieures d'un système de points en mouvement est équipollent à la vitesse de l'extrémité de la ligne qui représente le moment résultant, par rapport au même point, des vitesses de tous les points du système.

Ce théorème pourrait être déduit, simplement, de la différentiation, par rapport au temps, de l'équipollence (3).

186. Principe de la conservation des aires. — Nous pouvons aussi, conformément à ce que nous avons fait au n° 78, désigner par $v_{A,z}$ la vitesse aréolaire de la projection d'un point quelconque sur un plan perpendiculaire à la direction z, puis, dans les équations qui précèdent, mettre $2v_{A,z}$ au lieu de $\mathbf{M}_z v$, et modifier en conséquence l'énoncé des résultats.

Supposons que le système en mouvement soit tel que la somme des moments des composantes *extérieures* des accélérations de ses points soit constamment nulle par rapport à un point déterminé C de l'espace. Cela veut dire que toutes ces composantes extérieures ont une résultante nulle ou passant par le point C, et ce fait se produira, en particulier, lorsqu'il n'y aura que des accélérations *intérieures* au système. Nous aurons alors, le second membre de l'équipollence (3) étant nul :

$$\mathbf{S_g M}_c \, v \; (=) \; \mathbf{S_g M}_c \, v_o \; (=) \; \text{const.}$$

Le moment résultant des vitesses de tous les points du

système par rapport au point C sera constant en grandeur, direction et sens.

Si l'on considère un axe quelconque passant par le point C, le moment résultant des vitesses par rapport à cet axe sera la projection, sur sa direction, du moment résultant par rapport au point C, il sera donc aussi constant. Et de tous les axes passant par le point C, celui dont la direction coïncidera avec celle du moment résultant par rapport à ce point sera celui par rapport auquel la somme des moments des vitesses sera la plus grande.

Si la somme des moments des vitesses par rapport à un axe est constante, il en sera de même, d'après ce qui vient d'être dit, de la somme des vitesses aréolaires, ou, ce qui revient au même, la somme des aires décrites par les projections des points sur un plan perpendiculaire à cet axe croîtra proportionnellement au temps. C'est le principe de la *conservation des aires*, et l'on peut l'énoncer ainsi :

Lorsqu'un système de points est en mouvement de telle manière que les composantes extérieures de leurs accélérations aient une résultante unique passant constamment par un point fixe, la somme des aires décrites dans l'unité de temps par les projections sur un plan quelconque des rayons vecteurs joignant les points mobiles au point fixe est constante.

140. Plan du maximum des aires. — Parmi tous les plans que l'on peut mener dans toutes les directions de l'espace, celui qui serait perpendiculaire à la direction du moment résultant des vitesses par rapport au point C donnerait, à la somme des vitesses aréolaires, une valeur plus grande que tout autre, puisque l'axe perpendiculaire à ce plan serait celui par rapport auquel la somme des moments des vitesses serait la plus grande.

Ce plan porte le nom de plan du *maximum des aires*. Il existe, et sa direction perpendiculaire à celle du moment résultant des vitesses, qui est constante, est *invariable*, dans tout système en mouvement satisfaisant à la condition qui vient d'être énoncée en ce qui concerne les composantes extérieures des accélérations de ses points.

Le système solaire, dont les dimensions sont relativement petites par rapport aux distances qui le séparent des autres astres, peut être considéré comme tel : les composantes extérieures des accélérations de ses points, sensiblement égales et parallèles entre elles, ont une résultante qui passe toujours à très peu près par son centre de gravité. Pour ce système, le plan *invariable* ou du *maximum des aires* prend le nom de plan de Laplace.

137. Systèmes à liaisons. — On dit qu'un système de points est à *liaisons* lorsque quelques-uns de ces points sont astreints à certaines conditions géométriques, qui sont ordinairement les suivantes :

1° Un ou plusieurs points peuvent être assujettis à rester absolument fixes, alors que les autres se meuvent.

2° Deux ou plusieurs points peuvent être astreints à rester à une distance invariable les uns des autres.

3° Un point peut être assujetti à parcourir une trajectoire déterminée, ou, comme on dit, à se mouvoir sur une courbe fixe.

4° Ou bien sur une surface fixe.

Ces quatre genres de liaisons étant de beaucoup les plus usités, c'est à eux que nous bornerons notre étude.

138. Équations de liaisons. — Chaque liaison se traduit géométriquement au moyen d'équations où figurent les coordonnées du point assujetti à la liaison, où peuvent figurer aussi celles d'autres points du système, et que l'on nomme équations de liaison.

Pour exprimer qu'un point reste fixe, il faut écrire que ses trois coordonnées x, y, z, sont constamment égales à trois quantités données a, b, c. Ce premier genre de liaison fournit donc autant de fois trois équations de liaisons qu'il y a de points assujettis à rester fixes.

Si deux points sont astreints à rester à une distance invaria-

ble l'un de l'autre, cette condition s'exprime par une seule
équation entre leurs coordonnées :

$$(x_2 - x_1)^2 + (y_2 - y_1)^2 + (z_2 - z_1)^2 = \text{constante.}$$

il y aura donc autant d'équations de liaisons qu'il y aura de
groupes de deux points assujettis à rester à une distance constante l'un de l'autre.

Pour exprimer qu'un point doit se mouvoir sur une courbe
fixe, on écrira que ses coordonnées x, y, z satisfont aux deux
équations de la courbe, ce qui donnera autant de fois deux
équations de liaisons qu'il y aura de points assujettis à parcourir une trajectoire donnée.

Enfin, si un point doit rester sur une surfaxe fixe, les coordonnées de ce point doivent vérifier l'équation de la surface,
ce qui fera autant d'équations qu'il y aura de points assujettis
à cette dernière condition.

Nous avons vu plus haut, en étudiant le mouvement d'un
point, que ce mouvement est complètement défini lorsque l'on
connaît, exprimées en fonction du temps, des coordonnées de
ce point ou des composantes de sa vitesse, les trois composantes, suivant les trois axes, de son accélération. Les trois
équations ainsi obtenues déterminent, par leur intégration,
les coordonnées x, y, z du point en fonction du temps, c'est-à-
dire la loi du mouvement.

S'il s'agit donc d'un système de n points entièrement libres,
c'est-à-dire pouvant se mouvoir dans toutes les directions et
indépendamment les uns des autres, il faudra (n° 128), pour
en déterminer le mouvement, $3n$ équations entre les $3n$ composantes de l'accélération, les coordonnées, les composantes
des vitesses et le temps.

Mais si le système comporte k équations de liaisons, c'est-à-
dire k relations nécessaires entre ces coordonnées, il suffira de
$3n - k$ relations entre les composantes d'accélérations et les
mêmes quantités.

Il est facile de voir que, dans un pareil système, les déplacements de tous les points ne sont pas arbitraires et qu'entre
les $3n$ projections, sur les trois axes, des déplacements des

points, il existe, comme entre les coordonnées elles-mêmes, k relations nécessaires.

Soient, en effet,

$$N_1 = 0 \ , \quad N_2 = 0 \ , \ \ldots\ldots \quad N_k = 0 \ ,$$

les k équations de liaisons d'un système, ou les k équations nécessaires entre les $3n$ coordonnées de ses points, dont les coordonnées sont désignées par (x_1, y_1, z_1), (x_2, y_2, z_2),..... (x_n, y_n, z_n). Prenons les différentielles totales des fonctions N, lesquelles doivent être nulles, puisque ces fonctions sont elles-mêmes constamment nulles, nous aurons k équations

$$\frac{dN_1}{dx_1} dx_1 + \frac{dN_1}{dy_1} dy_1 + \frac{dN_1}{dz_1} dz_1 + \frac{dN_1}{dx_2} dx_2 + \cdots + \frac{dN_1}{dx_2} dz_n = 0 \ ,$$

$$\frac{dN_2}{dx_1} dx_1 + \frac{dN_2}{dy_1} dy_1 + \frac{dN_2}{dz_1} dz_1 + \frac{dN_2}{dx_2} dx_2 + \cdots + \frac{dN_2}{dz_n} dz_n = 0 \ ,$$

$$\cdot \ \cdot \ \cdot \ \cdot \ \cdot \ \cdot \ \cdot \ , \ \cdot \ \cdot \ \cdot \ \cdot \ \cdot \ \cdot$$

$$\frac{dN_k}{dx_1} dx_1 + \frac{dN_k}{dy_1} dy_1 + \frac{dN_k}{dz_1} dz_1 + \frac{dN_k}{dx_2} dx + \cdots + \frac{dN_k}{dz_n} dz_n = 0 \ ,$$

entre les $3n$ projections $dx_1, dy_1, dz_1, dx_2,\ldots.. dz_n$ des déplacements des points du système, de sorte qu'il n'y en aura que $3n - k$ d'arbitraires.

Si, en particulier, il s'agit d'un système *invariable*, nous avons vu que la condition d'invariabilité de forme équivalait à $3n - 6$ relations entre les coordonnées de ses points ; k est alors égal à $3n - 6$ ou $3n - k = 6$. Il suffit donc, pour déterminer le mouvement d'un système invariable, de six équations entre les composantes d'accélération de ses points et leurs coordonnées.

189. Accélérations de liaisons. — Nous avons étudié, dans le chapitre IV, (n° 85 et suivants), quelques exemples de mouvements de points assujettis à des liaisons : par exemple astreints à rester sur une courbe ou une surface fixe. Nous avons imaginé, pour ramener cette étude à celle d'un point libre, d'ajouter à l'accélération qu'aurait le point s'il était libre, une nouvelle accélération que nous avons considérée comme due à la présence de la courbe ou de la surface. Et nous avons vu que les trois composantes de cette nouvelle accélération, que nous avons appeleé L_x, L_y, L_z, ne pouvaient être arbitraires ; il faut, pour que le mouvement du point soit déterminé, une relation entre ces composantes lorsque le point doit parcourir une courbe donnée, et deux relations lorsqu'il doit se mouvoir sur une surface donnée.

Nous avons dit aussi, qu'en général, ces relations étaient définies par la direction relative de *l'accélération de liaison* L avec la courbe ou la surface. L'on admet souvent que l'accélération L due à la courbe ou à la surface fait un angle droit avec l'une ou l'autre, mais quelle que soit l'hypothèse faite sur la grandeur de cet angle, il y a, dans le cas où le point parcourt une courbe fixe *une seule* relation, et lorsqu'il se meut sur une surface *deux* relations entre les composantes L_x, L_y, L_z, de l'accélération de liaison ; il reste donc, dans le premier cas, deux composantes, dans le second, une seule de ces composantes à déterminer.

Remarquons que le nombre de ces composantes restant à trouver est, dans chaque cas, égal au nombre des équations de liaison N, pour un point assujetti à se mouvoir sur une courbe ou sur une surface.

Lorsqu'un point est assujetti à rester fixe, on peut de même considérer que cette condition sera satisfaite si l'on ajoute, à l'accélération que prendrait le point s'il était libre, une accélération de liaison L égale et directement opposée. Nous n'avons alors aucune indication sur ce que peut être cette accélération L, et ses trois composantes L_x, L_y, L_z sont inconnues sans que nous puissions établir *à priori* entre elles aucune relation.

Or, l'obligation pour un point de rester fixe s'exprime par trois équations de liaisons, il y a donc encore égalité entre le nombre des composantes d'accélération inconnues et celui des équations de liaisons.

Enfin, pour deux points assujettis à rester à distance invariable, ce qui s'exprime par une seule équation de liaison, nous n'aurons aussi à introduire qu'une seule composante indéterminée de l'accélération de liaison. Supposons en effet que ces deux points, s'ils avaient été libres, se fussent déplacés l'un par rapport à l'autre d'une façon quelconque, leur distance sera

restée la même si leurs accélérations, projetées sur la droite
qui les joint, sont égales, et par conséquent il suffira, pour assurer l'invariabilité de la distance, d'ajouter géométriquement,
à l'accélération de l'un d'eux, une accélération égale et directement opposée à la différence de ces projections, c'est-à-dire
une accélération dont la grandeur reste à déterminer, mais
dont la direction est celle de la droite qui joint les deux points.
La connaissance de cette direction équivaut à la connaissance
de deux relations entre les composantes L_x, L_y, L_z de l'accélération de liaison, dont une seule, par suite, reste indéterminée.

140. Assimilation à un système libre.—Ainsi, quelles
que soient les conditions, désignées sous le nom de liaisons,
imposées aux points du système, si on les remplace par des
composantes d'accélération qui en tiennent lieu et qui restent
à déterminer, le nombre de ces composantes inconnues, ou
indépendantes les unes des autres, sera précisément égal au
nombre des équations de liaisons, c'est-à-dire à k. Le système
pourra alors être considéré comme libre ; et si l'on écrit, pour
chacun de ses n points, les trois équations qui en définissent
le mouvement, en ajoutant, aux composantes de l'accélération
que prendrait ce point s'il était libre, les composantes inconnues de l'accélération de liaison, l'on introduira ainsi k inconnues nouvelles ; mais si, aux $3n$ équations ainsi écrites,
l'on ajoute les k équations de liaisons, l'on aura $3n+k$ équations, suffisantes pour déterminer, non seulement le mouvement du système par les valeurs, en fonction du temps, des $3n$
coordonnées de ses points, mais encore les k composantes de
l'accélération qui y figurent comme inconnues auxiliaires. Il
est facile de reconnaître que k de ces équations sont des iden-
tités, de sorte que le nombre réel d'équations distinctes n'est
que de $3n$.

La résolution de ces équations, sous leur forme générale,
n'a guère qu'un intérêt analytique.

Dans chaque cas particulier, on adoptera la méthode de résolution qui paraîtra la plus appropriée, à défaut de la méthode générale que nous ne développerons pas ici.

On peut imaginer d'autres liaisons que celles que nous avons définies ; ainsi on peut astreindre deux surfaces données à rouler ou à glisser l'une sur l'autre, etc. La mise en équation de ces liaisons peut être un peu plus compliquée, mais la conclusion reste toujours la même.

§ 2.

SYSTÈMES INVARIABLES

141. Translation. — Nous allons appliquer les considérations des n°° 129 à 136, et les équations que nous y avons démontrées pour les systèmes quelconques de points, à certains cas particuliers du mouvement des systèmes invariables.

Dans ces systèmes, les points étant toujours à des distances constantes les uns des autres, les accélérations intérieures réciproques sont toujours nulles et il n'y a que des accélérations extérieures au système.

Le mouvement le plus simple d'un système invariable est celui que nous avons défini plus haut (n° 94) sous le nom de *translation :* tous les points décrivent des trajectoires égales et leurs vitesses à chaque instant sont aussi égales. Il en est de même, par suite, de leurs accélérations ; et l'étude de ce mouvement est complète lorsque l'on a fait celle de l'un des points. En particulier, le centre de gravité du système décrit une trajectoire identique à celle de tous les autres points et son accélération à chaque instant, qui est l'accélération moyenne du système, est la même que celle d'un point quelconque. Nous n'avons, pour ce cas très simple, rien à ajouter à ce que nous avons dit plus haut (chap. IV) au sujet du mouvement d'un point. La connaissance de l'accélération moyenne servira, d'après les règles qui ont été indiquées alors, à trouver la loi du mouvement du centre de gravité et par suite d'un point quelconque du système.

142. Rotation autour d'un axe fixe. — Étudions maintenant le mouvement de rotation autour d'un axe fixe, et pour cela, rapportons les positions des points du système à des coordonnées cylindriques, définies de la manière suivante :

Prenons pour axe des z (fig. 119) l'axe de rotation ; un plan quelconque xOy, perpendiculaire à cet axe, sera celui à partir duquel nous mesurerons les coordonnées z d'un point M du système, dont la position sera définie par la longueur $z = MP$ de cette coordonnée et par la position du point P dans le plan xOy, laquelle sera elle-même déterminée par les coordonnées polaires $r = OP$, distance du point P au point O ou du point M à l'axe Oz, et l'angle $\theta = POx$ formé par le rayon vecteur OP avec une direction quelconque Ox tracée dans le plan xOy. L'avantage de ces coordonnées sur le système rectangulaire x, y, z, dans le cas dont il s'agit, est que, pour un point quelconque M, deux coordonnées, r et z, sont constantes pendant toute la durée du mouvement, et que la seule coordonnée variable, θ, varie de la même manière pour tous les points, c'est-à-dire que pour tous les points la vitesse angulaire $\frac{d\theta}{dt}$, que nous désignerons par ω, est la même à chaque instant et par suite aussi l'accélération angulaire $\frac{d^2\theta}{dt^2} = \frac{d\omega}{dt}$. La loi du mouvement sera donc définie par une seule relation entre θ et t et nous n'avons à déterminer que cette seule relation, c'est-à-dire à trouver une seule équation entre θ et t.

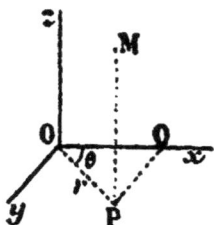

143. Expressions des projections et des moments de la vitesse et de l'accélération d'un point quelconque. — Pour cela, nous allons établir, au moyen des formules générales de transformation des coordonnées, les valeurs des diverses quantités que nous aurons à considérer.

Nous avons d'abord, entre les coordonnées rectangulaires ordinaires x, y, z et les coordonnées r, θ, z, les relations :

$$x = r \cos\theta, \qquad y = r \sin\theta, \qquad z = z;$$

r et z étant constants ou indépendants du temps, nous en déduisons, pour les composantes de la vitesse d'un point suivant les trois axes rectangulaires :

$$(1) \qquad v_x = \frac{dx}{dt} = -\omega y \quad , \quad v_y = \frac{dy}{dt} = \omega x \quad , \quad v_z = \frac{dz}{dt} = 0,$$

et pour les composantes de l'accélération

$$(2) \quad \begin{cases} j_x = \dfrac{d^2x}{dt^2} = -\omega^2 x - y\,\dfrac{d\omega}{dt}, \\[2ex] j_y = \dfrac{d^2y}{dt^2} = -\omega^2 y + x\,\dfrac{d\omega}{dt}, \\[2ex] j_z = \dfrac{d^2z}{dt^2} = 0. \end{cases}$$

Ces valeurs des projections de la vitesse et de l'accélération nous permettent d'écrire les moments, par rapport aux trois axes, de la vitesse et de l'accélération d'un point quelconque :

$$(3) \quad \begin{cases} \mathbf{M}_x v = v_z y - v_y z = -\omega x z \,, \\[1ex] \mathbf{M}_y v = v_x z - v_z x = -\omega y z \,, \\[1ex] \mathbf{M}_z v = v_y x - v_x y = \omega(x^2 + y^2) = \omega r^2 \,, \\[1ex] \mathbf{M}_x j = j_z y - j_y z = \omega^2 z y - \dfrac{d\omega}{dt} z x \,, \\[1ex] \mathbf{M}_y j = j_x z - j_z x = -\omega^2 x z - \dfrac{d\omega}{dt} y z \,, \\[1ex] \mathbf{M}_z j = j_y x - j_x y = \dfrac{d\omega}{dt}(x^2 + y^2) = \dfrac{d\omega}{dt} r^2 \,. \end{cases}$$

Les trois dernières équations pourraient être déduites directement des trois précédentes par l'application du théorème du n° 77. On aurait ainsi, par exemple :

$$\frac{d.\mathbf{M}_x v}{dt} = \mathbf{M}_x j = -z\omega\,\frac{dx}{dt} - zx\,\frac{d\omega}{dt} \,,$$

ou bien, en mettant pour $\frac{dx}{dt}$ sa valeur $-\omega y$, la valeur ci-dessus de $\mathbf{M}_x j$. De même pour les autres.

Nous pouvons aussi exprimer en fonction de la vitesse angulaire ω la somme des carrés des vitesses de tous les points du système. Pour un point quelconque, la vitesse v est égale à

$r\omega$; on a donc, en désignant par I_z le moment d'inertie du système par rapport à l'axe z :

(4)
$$\Sigma v^2 = \Sigma \omega^2 r^2 = \omega^2 \Sigma r^2 = \omega^2 I_z.$$

De même, si l'on considère l'accélération j d'un point quelconque, le chemin ds parcouru par ce point, pendant un temps dt, est un petit arc de cercle égal à $r\omega dt$, dont les projections sur les axes x, y, z sont respectivement $-\omega y dt$, $\omega x dt$, 0. Le produit géométrique de l'accélération par le chemin parcouru $j(\times)ds = j \cdot ds \cos(j \cdot ds)$ sera la somme algébrique des produits des projections de ces deux lignes sur les trois axes (n° 5). Nous aurons ainsi

$$j(\times)ds = -\omega y\, j_x\, dt + \omega x\, j_y\, dt$$

puisque les projections sur l'axe des z sont nulles. Mettant pour j_x, j_y leurs valeurs ci-dessus nous obtenons :

$$j(\times)ds = \frac{d\omega}{dt}(x^2 + y^2) \cdot \omega dt = \mathbf{M}_z j \cdot \omega dt.$$

Et, en faisant la somme pour tous les points :

(5)
$$\Sigma j(\times)ds = \omega dt \cdot \Sigma \mathbf{M}_z j.$$

Cette somme divisée par dt est comme on sait (n° 79), et comme il est facile de le vérifier, la dérivée de la précédente Σv^2 par rapport au temps.

Les expressions précédentes, déduites des formules de transformation des coordonnées, auraient pu être écrites directement. Si, par exemple, on considère l'accélération j d'un point quelconque, la trajectoire de ce point étant un cercle contenu dans un plan perpendiculaire à l'axe des z, l'accélération j est aussi dans ce plan et elle est la résultante d'une accélération tangentielle $r\frac{d\omega}{dt}$ et d'une accélération centripète $\omega^2 r$.

Cette dernière, dirigée vers le centre de la circonférence trajectoire du point mobile, rencontre l'axe des z et a un moment nul par rapport à cet axe. Le moment de j par rapport à l'axe des z se réduit donc au moment de la composante tangentielle

$r \dfrac{d\omega}{dt}$ dont le bras de levier est r, et par suite ce moment a bien pour valeur $\dfrac{d\omega}{dt} r^2$ comme nous l'avons trouvé plus haut, et ainsi des autres.

144. Sommes des projections et des moments des accélérations de tous les points. — Ainsi que nous aurons l'occasion de le voir plus loin, il arrive souvent, dans l'étude du mouvement des systèmes invariables, que l'on connaît un système de lignes *équivalent* (n° 19) au système des lignes représentant les accélérations de tous les points en mouvement. Admettons qu'il en soit ainsi.

Le système de lignes représentant les accélérations des divers points, ou le système équivalent supposé donné, sera défini par les six quantités suivantes : sommes des projections de ces accélérations sur les trois axes rectangulaires et sommes des moments de ces mêmes accélérations par rapport à ces axes :

$$(1) \begin{cases} \Sigma j_x = -\omega^2 \Sigma x - \dfrac{d\omega}{dt} \Sigma y, \\[2mm] \Sigma j_y = -\omega^2 \Sigma y + \dfrac{d\omega}{dt} \Sigma z, \\[2mm] \Sigma j_z = 0, \\[2mm] \Sigma \mathbf{M}_x j = \omega^2 \Sigma yz - \dfrac{d\omega}{dt} \Sigma xz, \\[2mm] \Sigma \mathbf{M}_y j = -\omega^2 \Sigma xz - \dfrac{d\omega}{dt} \Sigma yz, \\[2mm] \Sigma \mathbf{M}_z j = \dfrac{d\omega}{dt} \Sigma(x^2 + y^2) = \dfrac{d\omega}{dt} \Sigma r^2. \end{cases}$$

Désignons par X, Y, Z les coordonnées du centre de gravité du système, par N le nombre de ses points, nous aurons $\Sigma x = $ NX et $\Sigma y = $ NY. Les sommes Σxz, Σyz ont été plus haut désignées par les lettres D, E et Σr^2 par I_z ; cette dernière est le moment d'inertie du système par rapport à l'axe des z. Il est à remarquer que ces sommes conservent les mêmes significations lorsqu'au lieu de considérer un système de points isolés, on considère un volume continu au moyen du mode de généralisation qui a déjà été plusieurs fois employé, notamment n°s 32 et 42.

En substituant ces nouvelles notations, les équations précédentes deviennent :

$$(2)\begin{cases} \Sigma j_x = -N\,\omega^2 X - N\dfrac{d\omega}{dt} Y\,, \\[2mm] \Sigma j_y = -N\,\omega^2 Y + N\dfrac{d\omega}{dt} X\,, \\[2mm] \Sigma j_z = 0\,. \\[2mm] \Sigma \mathbf{M}_x j = \omega^2 D - \dfrac{d\omega}{dt} E\,, \\[2mm] \Sigma \mathbf{M}_y j = -\omega^2 E - \dfrac{d\omega}{dt} D\,, \\[2mm] \Sigma \mathbf{M}_z j = \dfrac{d\omega}{dt} I_z\,. \end{cases}$$

145. Discussion. Loi du mouvement. — Nous avons dit qu'une seule équation était suffisante pour définir la loi du mouvement ; ce système de six équations exprime donc, entre les six sommes qui définissent le système des accélérations, cinq conditions nécessaires auxquelles elles satisfont si le mouvement est celui de rotation autour d'un axe, que nous avons supposé.

L'une de ces conditions $\Sigma j_z = 0$ doit être satisfaite quelle que soit la loi du mouvement, elle ne contient pas en effet la vitesse angulaire ω et elle est indépendante du temps. Elle exprime que la somme des projections des accélérations sur la direction de l'axe est nulle.

La dernière équation : $\Sigma \mathbf{M}_z j = \dfrac{d\omega}{dt} I_z$ définit la loi du mouvement si l'on suppose donné, en fonction du temps, un système équivalent à celui des accélérations. Elle fournit en effet, à chaque instant, la valeur de $\dfrac{d\omega}{dt} = \dfrac{d^2\theta}{dt^2}$ et par suite θ en fonction du temps. La vitesse angulaire ω étant déterminée, les quatre autres équations expriment les conditions auxquelles doivent satisfaire les quantités qui définissent le système des accélérations ou le système équivalent.

Ces conditions sont généralement variables avec le temps puisque les seconds membres des équations contiennent ω et $\dfrac{d\omega}{dt}$, et il est facile de vérifier qu'à moins d'avoir $\omega = 0$ c'est-à-dire de supposer le système au repos, ou bien $\omega =$ const.

c'est-à-dire un mouvement de rotation uniforme, les quatre quantités dont il s'agit sont nécessairement fonctions du temps à moins qu'elles ne s'annulent, ce qui est possible comme on va le voir.

146. Axes permanents, axes naturels de rotation. — Si l'on a $X = 0$, $Y = 0$, on a toujours identiquement, quel que soit ω, $\Sigma j_x = 0$, $\Sigma j_y = 0$, et, réciproquement, la nullité de ces deux sommes entraîne celle des coordonnées X, Y du centre de gravité. Lors donc que l'axe de rotation passe par le centre de gravité, la somme des projections des accélérations sur une direction perpendiculaire quelconque est toujours nulle ; et, comme d'ailleurs on a toujours $\Sigma j_z = 0$, la somme des projections des accélérations est nulle sur trois axes rectangulaires, c'est-à-dire que la somme géométrique des accélérations est alors nulle. La réciproque de cette propriété étant vraie, on peut dire que lorsque la somme géométrique des accélérations des points d'un système invariable, animé d'un mouvement de rotation, est nulle, la rotation s'effectue autour d'un axe passant par le centre de gravité.

Le système de lignes équivalent à celui des accélérations peut alors être réduit à un couple.

Si l'on a, à la fois, $D = 0$, $E = 0$, on a toujours identiquement, quel que soit ω, $\Sigma M_x j = 0$, $\Sigma M_y j = 0$ et réciproquement la nullité de ces deux sommes entraîne celle des quantités D et E. L'axe de rotation est alors un axe principal d'inertie pour le point O. Lors donc que l'axe de rotation est axe principal d'inertie pour un de ses points, la somme des moments des accélérations par rapport à un axe quelconque mené par ce point, perpendiculairement à l'axe de rotation, est toujours nulle. Car la direction des axes des x et des y est arbitraire et chacune d'elles est quelconque.

Les deux conditions peuvent être satisfaites simultanément, c'est-à-dire que l'on peut avoir $D = E = 0$ en même temps que $X = Y = 0$. L'axe de rotation est axe principal d'inertie passant par le centre de gravité ; il est donc axe principal d'inertie pour tous ses points (n° 47). Le couple équivalent au système des accélérations est alors situé dans un plan perpendiculaire à l'axe de rotation.

Les axes principaux d'inertie passant par le centre de gravité, qui jouissent seuls de cette propriété que lorsqu'un système invariable tourne autour de l'un d'eux les accélérations de tous ses points peuvent se composer en un couple situé dans un plan perpendiculaire à sa direction, portent, pour des raisons qui seront données plus loin, le nom d'*axes naturels* de la rotation du système.

Lorsque l'axe de rotation satisfait seulement à la seconde des deux conditions précédentes, c'est-à-dire qu'il est axe principal d'inertie pour un de ses points, il est désigné sous le nom d'*axe permanent* de rotation.

147. Système dont deux points sont assujettis à rester fixes. — Lorsque nous avons étudié plus haut (n° 85), le mouvement d'un point *assujetti* à se mouvoir sur une courbe fixe, nous avons considéré l'accélération que nous avons appelée extérieure, c'est-à-dire inhérente aux conditions dans lesquelles se trouve le point mobile, et l'accélération, que nous avons désignée par L, inhérente à l'obligation à laquelle était assujettie ce point de parcourir une trajectoire donnée.

Nous pouvons appliquer le même ordre d'idées aux systèmes de points. La lettre *j* étant toujours réservée pour l'accélération réelle dans le mouvement effectif de chaque point, désignons par J l'accélération extérieure de ce point, c'est-à-dire l'accélération inhérente aux conditions dans lesquelles se trouve ce point, abstraction faite des restrictions qui pourront être imposées à son mouvement.

Supposons que nous imposions à deux points O et O' (fig.

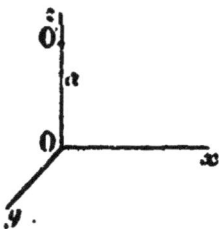

Fig. 120.

120) du système, l'obligation de rester fixes, ce qui équivaut à rendre fixe l'axe passant par ces deux points; appelons L et L' les accélérations représentant cette obligation, c'est-à-dire des accélérations égales et directement opposées à celles que ces deux points prendraient si les points du système étaient animés de l'accélération que nous avons représentée par J, pour chacun d'eux en

particulier (J ayant, bien entendu, une valeur spéciale pour chaque point).

Alors les accélérations désignées par j se composeront des accélérations J et des deux accélérations L et L', et les équations (2) du n° 144 deviendront, en désignant par a la distance OO', prenant l'origine des coordonnées à l'un des deux points fixes O et l'axe Oz passant par l'autre :

$$(3) \begin{cases} \Sigma J_x + L_x + L'_x = -N\,\omega^2\,X - N\dfrac{d\omega}{dt}\,Y \ , \\[2mm] \Sigma J_y + L_y + L'_y = -N\omega^2\,Y + N\dfrac{d\omega}{dt}\,X \ , \\[2mm] \Sigma J_z + L_z + L'_z = 0 \ ; \\[2mm] \Sigma \mathbf{m}_x\,J - a\,L'_y = \omega^2 D - \dfrac{d\omega}{dt}\,E \ , \\[2mm] \Sigma \mathbf{M}_y J + a\,L'_x = -\omega^2 D - \dfrac{d\omega}{dt}\,E \ , \\[2mm] \Sigma \mathbf{m}_z J = \dfrac{d\omega}{dt}\,l_z. \end{cases}$$

La loi du mouvement de rotation du système autour de l'axe fixe Oz se déterminera par la dernière équation qui donnera $\dfrac{d\omega}{dt}$ en fonction des accélérations extérieures J. Les cinq autres équations, si ces accélérations sont données, déterminent L et L' par leurs projections sur les trois axes. Ces projections inconnues étant au nombre de six, les cinq équations laissent une indétermination et il est facile de s'en rendre compte.

La 4° et la 5° de ces équations déterminent, sans ambiguïté, les composantes L'_y et L'_x. Celles-ci étant calculées, la 1ʳᵉ et la 2° déterminent de même L_x et L_y. Quatre des six composantes peuvent être ainsi trouvées, et la 3° équation reste seule pour calculer les deux autres, et elle ne peut déterminer que leur somme $L_z + L'_z$. Ces deux dernières composantes peuvent ainsi avoir une valeur quelconque, pourvu que leur somme soit égale à $-\Sigma J_z$. Ce résultat peut être considéré comme évident : si, le système ayant un certain mouvement, l'un des points fixes, O par exemple, tend à prendre, en outre de l'accélération égale et contraire à celle que nous avons appelée L, une certaine accélération dont la projection sur OO′ ait une certaine valeur l_z, l'autre point O′ tendra à prendre une accélération dont la projection sur l'axe OO′ sera égale à celle qu'il aurait prise d'abord, c'est-à-dire — L'_z augmentée de l_z et par suite, pour le ramener au repos ou le rendre fixe, il faudra lui imprimer une accélération dont la projection sur l'axe des z sera — $(-L'_z + l_z) = L'_z - l_z$, laquelle ajoutée à la projection $(L_z + l_z)$ de l'accélération du point O, donne bien la somme $L_z + L'_z$ qui est ainsi constante.

148. Conditions pour que les deux points restent naturellement fixes. — Si l'on veut que le point O′ reste naturellement fixe, il faut que l'on ait $L'_x = 0$, $L'_y = 0$, et si l'on a en même temps, comme nous l'avons admis tout à l'heure, $\Sigma m_x J = 0$, $\Sigma m_y J = 0$, cela entraine nécessairement la condition $D = 0$ et $E = 0$, c'est-à-dire qu'il faut que l'axe de rotation soit axe principal d'inertie pour le point O. Réciproquement, si cette condition est satisfaite, le point O′ ne prendra aucune accélération, il restera donc naturellement fixe si le point O l'est lui-même.

Si en même temps l'on a $\Sigma J_x = 0$, $\Sigma J_y = 0$, et si l'on veut que le point O lui-même reste naturellement fixe, il faut que l'on ait $L_x = 0$ et $L_y = 0$, conditions qui, jointes aux précédentes, entrainent nécessairement $X = 0$, $Y = 0$; c'est-à-dire qu'il faut que l'axe de rotation passe par le centre de gravité ; et comme il est axe principal d'inertie pour le point O, il l'est pour tous ses points. C'est un axe principal de l'ellipsoïde *central* d'inertie du système.

Ce sont les propriétés qui viennent d'être établies qui ont valu aux axes principaux d'inertie pour un point, et aux axes principaux de l'ellipsoïde central les noms d'axes permanents ou axes naturels de rotation que nous avons indiqués plus haut.

149. Condition pour que les accélérations de tous les points aient une résultante unique. — Proposons-nous encore de trouver la condition pour que les accélérations de tous les points d'un système invariable, tournant autour d'un axe fixe, aient une résultante unique, ainsi que la grandeur et la direction de cette résultante, abstraction faite bien entendu des accélérations qui représentent la fixité des points de l'axe considérés comme immobiles. D'après ce que nous avons vu (n° 22, page 35), la condition nécessaire et suffisante pour qu'un système de lignes ait une résultante unique est que la somme des trois produits obtenus en multipliant respectivement les sommes des projections de ces lignes sur trois axes par les sommes de leurs moments par rapport aux mêmes axes soit nulle.

Prenons encore pour axe des z l'axe de la rotation, et pour axes des x et y deux droites quelconques perpendiculaires entre elles et à la première. Les formules (2) de la page 280, en conservant aux lettres D, E leurs significations $D = \Sigma nzy$, $E = \Sigma nzx$ donnent, pour la condition qui vient d'être énoncée :

$$\left(-N\omega^2 X - N\frac{d\omega}{dt}Y\right)\left(\omega^2 D - \frac{d\omega}{dt}E\right) + \left(-N^2\omega Y + N\frac{d\omega}{dt}X\right)\left(-\omega^2 E - \frac{d\omega}{dt}D\right) = 0.$$

ou, en réduisant :

$$N\left[\omega^4 + \left(\frac{d\omega}{dt}\right)^2\right](YE - XD) = 0.$$

N n'étant pas nul, il faut, à moins que ω et $\frac{d\omega}{dt}$ ne le soient, ce qui est le cas du repos, que l'on ait :

$$YE - XD = 0.$$

Si nous faisons passer le plan des zx, jusqu'à présent arbitraire, par le centre de gravité du système, $Y = 0$ et il faut que :

$$XD = 0.$$

si X est nul, l'axe passe par le centre de gravité, et la résultante de toutes les accélérations devient nulle.

Ecartons cette solution, il reste $D = \Sigma nyz = 0$. Cela signifie, eu égard à la position du plan des zx, que l'axe de rotation est axe principal d'inertie en un de ses points.

Transportons en ce point l'origine des coordonnées en conservant au plan des zx sa position, et désignons par J la résultante cherchée, et par J_x, J_y, J_z ses projections sur les trois axes nous avons, d'après les équations (2) n° 144 :

$$J_x = -N\omega^2 X \ , \qquad J_y = NX\frac{d\omega}{dt} \ , \qquad J_z = 0$$

$$\mathbf{M}_x J = 0 \ , \quad \mathbf{M}_y J = 0 \ , \quad \mathbf{M}_z J = \frac{d\omega}{dt} I_z \ .$$

L'accélération J est donc dans le plan des xy, ses deux composantes parallèles aux x et aux y sont connues, et la distance a de l'origine, ou de l'axe de la rotation, à laquelle elle rencontre l'axe des x est donnée par :

$$a J_y = \mathbf{M}_z J$$

ou bien :

$$a = \frac{I_z}{NX} = \frac{r_z^2}{X}$$

en appelant r_z le rayon de giration du système par rapport à l'axe de rotation.

Désignons par k le rayon de giration du système par rapport à un axe parallèle aux z mené par le centre de gravité, nous avons :

$$r_z^2 = k^2 + X^2$$

ou bien, en substituant :

$$a = X + \frac{k^2}{X}$$

donc la résultante J rencontre l'axe des x plus loin de l'axe de rotation que le centre de gravité.

150. Centre de percussion. — Le point d'application de la résultante J s'appelle *centre de percussion* relatif à l'axe de rotation considéré.

Si donc on imprime, au point dont il s'agit et dans la direction même de la résultante, une accélération quelconque J, sans exercer aucune autre action sur les autres points, cette accélération unique étant alors la résultante de toutes les accélérations extérieures des points du système, celui-ci prendra, autour de l'axe correspondant, un mouvement de rotation, sans qu'il y ait besoin, pour cela, d'aucune accélération de liaison destinée à maintenir cet axe immobile.

Pour une accélération J quelconque attribuée au centre de percussion et dont les composantes seraient J_x, J_y, la vitesse angulaire de la rotation du système serait déterminée par l'équation :

$$\frac{d\omega}{dt} = \frac{M_x J}{I_z} = \frac{J_y}{NX}.$$

Supposons que le système considéré soit d'abord en repos et que l'accélération J qui est ainsi imprimée au centre de percussion, n'agisse que pendant un temps très court, et soit relativement grande, la vitesse angulaire de la rotation ω, d'abord nulle, prend une valeur finie au bout de cet intervalle de temps et la dérivée $\frac{d\omega}{dt}$ a une valeur incomparablement plus grande, infinie pour ainsi dire par rapport à ω. Des deux composantes J_x et J_y, la première est alors négligeable par rapport à la seconde à laquelle se réduit ainsi l'accélération J qui devient perpendiculaire au plan des zx contenant l'axe de rotation et le centre de gravité.

En résumé, un système invariable étant assujetti à tourner autour d'un axe, pour qu'il y ait un *centre de percussion*, c'est-à-dire un point tel qu'en lui donnant une accélération, le système se mette à tourner autour de l'axe sans qu'il y ait besoin d'imprimer d'accélération à aucun autre de ces points, il faut que l'axe soit axe principal d'inertie du solide pour un de ses points O.

Cette condition étant satisfaite, on mènera, par le point O et dans un plan contenant l'axe et le centre de gravité, une ligne Ox perpendiculaire à l'axe; on prendra, sur cette ligne, à partir du point O, une longueur OC$=$X$+\frac{k^2}{X}$, en

appelant **X** la distance du centre de gravité à l'axe et k le
rayon de giration du système par rapport à une parallèle à cet
axe menée par le centre de gravité. Le point C sera le centre
de percussion. Si on applique en ce point une accélération
constante J, pendant un temps très court θ et perpendiculairement au plan mené par l'axe et par ce centre de gravité, le
solide prendra, autour de l'axe, un mouvement de rotation
dont la vitesse ω sera

$$\omega = \frac{J\theta}{NX}.$$

Le fait d'imprimer ainsi à un point d'un système invariable une accélération assez grande pendant un temps très court
porte le nom de *percussion*, d'où le nom de centre de percussion attribué au point dont il s'agit.

151. Pendule composé. — Appliquons encore les formules du n° 144 à l'étude du mouvement d'un pendule composé. Nous appellerons ainsi un système invariable assujetti à
se mouvoir autour d'un axe fixe horizontal et dont chaque
point reçoit une accélération verticale constante que nous désignerons par g, comme celle que nous avons attribuée au
point unique du pendule simple considéré au n° 88.

Prenons pour axe des z l'axe fixe horizontal, supposé projeté en O (fig. 121), soit G le centre de gravité du système,
abaissons de ce point une perpendiculaire GO sur l'axe de

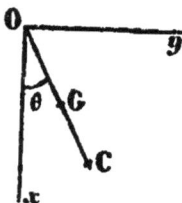

rotation et par le point O menons une verticale Ox et une horizontale Oy perpendiculaires à Oz ; la position du système sera définie par l'angle θ formé par la ligne OG avec
cette verticale. Appliquons la dernière des
équations (3), page 283, dans laquelle n'entrent que les accélérations extérieures J qui

sont ici toutes parallèles à Ox et égales à g. Pour un point
quelconque dont les coordonnées sont x et y, le moment de
cette accélération par rapport à l'axe sera gy et la somme de
ces moments pour tous les points du système sera

$$\Sigma M.J = \Sigma gy = g\Sigma y = gNY = Ng.a \sin \theta,$$

en appelant Y l'ordonnée y du centre de gravité G, a la distance GO de ce point à l'axe, et N le nombre de points du système.

La dernière des équations du n° 144, page 280, que nous voulons appliquer devient ainsi

$$Nga \sin \theta = \frac{d\omega}{dt} I_z ;$$

I_z désigne le moment d'inertie du système par rapport à l'axe Oz. Soit k le rayon de giration de ce système par rapport à un axe mené par le centre de gravité parallèlement à Oz, nous aurons

$$I_z = N (k^2 + a^2).$$

Substituons, divisons par N et par a, remplaçons $\frac{d\omega}{dt}$ par sa valeur $\frac{d^2\theta}{dt^2}$ et enfin désignons par l la quantité $a + \frac{k^2}{a}$, nous obtenons

$$g \sin \theta = \frac{d^2\theta}{dt^2} \left(a + \frac{k^2}{a} \right) = l \frac{d^2\theta}{dt^2} ,$$

ou

$$\frac{d^2\theta}{dt^2} = \frac{g}{l} \sin \theta,$$

équation identique à celle que nous avons trouvée au n° 88 pour déterminer la loi du mouvement d'un pendule simple. Le pendule composé oscille donc comme un pendule simple dont la longueur l serait égale à $a + \frac{k^2}{a}$. Cette quantité étant plus grande que a, portons au-delà du point G sur la droite OG prolongée la longueur GC $= \frac{k^2}{a}$, la ligne horizontale menée par le point C parallèlement à l'axe Oz aura tous ses points à la distance l de l'axe de suspension du pendule composé, elle porte le nom d'axe d'oscillation : tous les points de cet axe oscillent comme s'ils étaient des pendules simples, indépendants du système invariable dont ils font partie.

19

Si l'on prenait l'axe d'oscillation mené par le point C pour axe fixe, le système invariable oscillerait autour de lui comme un pendule simple dont la longueur l' serait égale à

$$l' = GC + \frac{k^2}{GC} = \frac{k^2}{a} + a = l.$$

Les deux axes O et C sont ainsi réciproques : l'un d'eux étant pris pour axe fixe, l'autre devient axe d'oscillation. On sait comment le capitaine Kater a utilisé cette réciprocité pour déterminer expérimentalement la valeur de l'accélération g. La durée T des petites oscillations de ce pendule composé est, comme celle des oscillations du pendule simple équivalent :

$$T = \pi \sqrt{\frac{l}{g}};$$

si donc on a observé exactement la valeur de T, il suffit pour avoir g, de mesurer la longueur l. En faisant varier la position de l'un des axes jusqu'à ce que la durée des oscillations fût exactement la même pour les deux, on trouve, par la distance de ces axes (en admettant qu'ils ne soient pas symétriquement placés par rapport au centre de gravité), la longueur l cherchée.

152. Rotation autour d'un point fixe.—Étudions maintenant le mouvement de rotation d'un système invariable au-

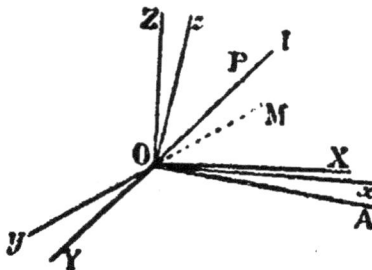

Fig. 122.

tour d'un point fixe. Soit O (fig. 122) ce point et OX, OY, OZ, trois axes rectangulaires fixes passant par ce point et auxquels nous rapporterons les positions du système. Soient Ox, Oy, Oz trois axes rectangulaires, invariablement liés au système et coïncidant avec ses trois axes principaux d'inertie pour le point O. Ces axes se déplacent avec le système et il suffira de connaître la loi de leur mouvement.

Leur position par rapport aux axes fixes se déterminera de la manière suivante : Soit OA l'intersection des deux plans XOY, xOy, et θ l'angle formé par ces plans ou par les deux lignes OZ, Oz qui leur sont perpendiculaires ; enfin, soient φ et ψ les deux angles AOX, AOx : les trois angles θ, φ et ψ suffisent pour fixer la position des axes mobiles. En effet, dans le plan fixe XOY traçons la ligne OA, faisant avec OX l'angle φ, puis, par cette ligne, menons le plan yOx faisant avec XOY l'angle θ. Ce plan étant construit, la direction de l'axe Ox s'y trouvera en faisant, à partir de OA, l'angle AOx = ψ. Les deux autres axes y, z sont en même temps déterminés.

Si donc on a exprimé en fonction du temps les angles θ, φ, ψ, on aura la loi du mouvement du système, dont la connaissance exigera ainsi trois équations entre ces trois quantités et le temps t.

153. Projections, sur les trois axes mobiles, de l'accélération d'un point. — Le mouvement du système est, à chaque instant, une rotation autour d'un axe instantané passant par le point O. Soit OI cet axe à l'instant considéré, α, β, γ les angles qu'il forme avec les trois axes Ox, Oy, Oz invariablement liés au système mobile et ω la vitesse angulaire de la rotation. Cette rotation peut être considérée comme la résultante de trois autres, autour des trois axes Ox, Oy, Oz, exprimées par les projections de ω sur leurs directions. Si donc nous désignons, pour abréger, ces trois composantes de la rotation par p, q, r, nous aurons

$$(4) \qquad p = \omega \cos\alpha \ , \quad q = \omega \cos\beta \ , \quad r = \omega \cos\gamma.$$

Nous avons vu plus haut (n° 118, page 230) que les projections de la vitesse d'un point M quelconque sur les trois axes

Ox, Oy, Oz avaient pour expressions, en appelant x, y, z les coordonnées du point M :

$$(2) \qquad v_x = qz - ry, \quad v_y = rx - pz, \quad v_z = py - qx.$$

Ces mêmes formules peuvent nous servir à exprimer les projections sur les trois axes Ox, Oy, Oz, de l'accélération tangentielle du point M, laquelle est dirigée suivant la même ligne que la vitesse et a pour expression

$$\frac{d\omega}{dt} \cdot MP,$$

si MP est la perpendiculaire abaissée du point M sur l'axe instantané de rotation, de même que la vitesse v a pour expression ω. MP. Les trois composantes $\frac{d\omega}{dt}\cos\alpha$, $\frac{d\omega}{dt}\cos\beta$, $\frac{d\omega}{dt}\cos\gamma$, de l'accélération angulaire qui valent respectivement

$$\frac{dp}{dt}, \frac{dq}{dt}, \frac{dr}{dt},$$

remplacent ainsi, dans ces formules (2), les trois composantes, p, q, r, de la vitesse ω, de sorte que les projections. sur les trois axes, de l'accélération tangentielle ont pour valeurs :

$$\frac{dq}{dt}z - \frac{dr}{dt}y, \quad \frac{dr}{dt}x - \frac{dp}{dt}z, \quad \frac{dp}{dt}y - \frac{dq}{dt}x.$$

L'accélération normale du même point est ω^2. MP et sa projection sur l'axe Ox, par exemple, est égale au produit de ω^2 par la projection de MP sur le même axe. Cette projection de MP est égale à la différence OP $\cos\alpha - x$ ou bien, en mettant pour OP sa valeur $x\cos\alpha + y\cos\beta + z\cos\gamma$ remplaçant α, β, γ par leurs valeurs en p, q, r et ω, et remarquant que $p^2 + q^2 + r^2 = \omega^2$, on aura, pour la projection de l'accélération normale sur l'axe des x :

$$(3) \quad \omega^2 \{(x\cos\alpha + y\cos\beta + z\cos\gamma)\cos\alpha - x\} = pqy + prz - x(q^2 + r^2)$$

En ajoutant cette projection de l'accélération normale à celle, trouvée plus haut, de l'accélération tangentielle, et en faisant de même pour les deux autres axes, on aura pour les projections j_x, j_y, j_z de l'accélération totale sur les trois axes Ox, Oy, Oz :

$$(4) \begin{cases} j_x = s\dfrac{dq}{dt} - y\dfrac{dr}{dt} - x(q^2+r^2) + pqy + prz \quad , \\[2mm] j_y = x\dfrac{dr}{dt} - z\dfrac{dp}{dt} - y(r^2+p^2) + qrz + qpx \quad , \\[2mm] j_z = y\dfrac{dp}{dt} - x\dfrac{dq}{dt} - z(p^2+q^2) + rpx + rqy \quad . \end{cases}$$

154. Équations d'Euler. — Les sommes des projections des accélérations de tous les points s'obtiendront en faisant la somme des quantités semblables. Elles ne présentent rien de particulier et nous ne les écrirons pas. Nous allons au contraire chercher à exprimer les sommes des moments de ces accélérations par rapport aux trois axes qui se présentent sous une forme simple en raison de ce que, les axes Ox, Oy, Oz étant les axes principaux d'inertie du système, on a :

$$\Sigma\, yz = 0, \quad \Sigma\, zx = 0, \quad \Sigma\, xy = 0.$$

Désignons, comme nous l'avons déjà fait, par A, B, C les trois moments d'inertie principaux du système, c'est-à-dire les sommes :

$$(1) \quad A = \Sigma(y^2+z^2), \quad B = \Sigma(z^2+x^2), \quad C = \Sigma(x^2+y^2).$$

Le moment par rapport à l'axe des x de l'accélération j du point M s'exprimera, au moyen des projections de cette accélération sur les axes, par la formule ordinaire :

$$(2) \qquad\qquad \mathbf{M}_x j = j_z\, y - j_y\, z\,;$$

mettant pour j_z, j_y leurs valeurs (4) du numéro précédent, faisant la somme des moments analogues pour tous les points et tenant compte des relations et notations qui viennent d'être écrites, on aura simplement, toutes réductions faites, en remarquant que $\Sigma(y^2 - z^2) = C - B$; et de même pour les autres axes :

$$
(3) \quad \left\{ \begin{aligned}
\Sigma \, \mathbf{M}^z j &= A \frac{dp}{dt} + (C - B) qr \,, \\
\Sigma \, \mathbf{M} \, j &= B \frac{dq}{dt} + (A - C) rp \,, \\
\Sigma \, \mathbf{M}_z j &= C \frac{dr}{dt} + (B - A) pq \,.
\end{aligned} \right.
$$

Ces équations sont dites *équations d'Euler*. Elles expriment les sommes des moments des accélérations du système mobile, par rapport à ses trois axes principaux d'inertie, en fonction des moments d'inertie principaux et des composantes, suivant ces trois axes, de la vitesse angulaire de la rotation instantanée.

155. Définition de la position des axes mobiles. — Nous avons maintenant à trouver des relations entre ces composantes p, q, r et les trois angles θ, φ, ψ au moyen desquels nous définissons la position des axes mobiles.

Reprenons les axes fixes OX, OY, OZ, (fig. 123), les axes mobiles Ox, Oy, Oz et la ligne OA, intersection des deux plans XOY, xOy. Soit OB une ligne menée, dans le plan xOy, perpendiculairement à OA par le point O ; les trois lignes OB, OZ, Oz sont dans un même plan perpendiculaire à OA et la ligne OB est, dans ce plan, perpendiculaire à Oz.

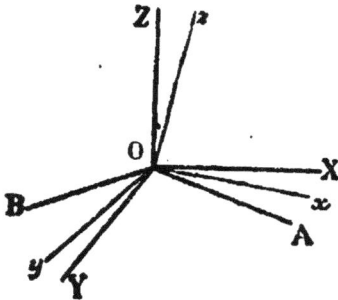

Fig. 123.

Les angles θ, φ, ψ définissant la position des axes mobiles par rapport aux axes fixes, le déplacement des axes mobiles peut être considéré comme obtenu par la variation de ces angles, c'est-à-dire par des rotations $\frac{d\theta}{dt}$ autour de OA, $\frac{d\varphi}{dt}$ autour de OZ et $\frac{d\psi}{dt}$ autour de Oz.

La rotation $\frac{d\theta}{dt}$ autour de OA peut être remplacée par ses deux composantes suivant Ox, Oy, lesquelles ont respectivement pour valeurs $\frac{d\theta}{dt} \cos \psi$ et $\frac{d\theta}{dt} \sin \psi$.

La rotation $\frac{d\varphi}{dt}$ autour de OZ peut, de même, être décomposée en deux, suivant les deux droites rectangulaires OB, Oz, la première ayant pour valeur $\frac{d\varphi}{dt} \sin\theta$, la seconde $\frac{d\varphi}{dt} \cos\theta$. Et la rotation $\frac{d\varphi}{dt} \sin\theta$ autour de OB peut enfin être décomposée en deux, suivant les deux droites rectangulaires Ox prolongée et Oy, et ces composantes ont respectivement pour valeurs :

$$-\frac{d\varphi}{dt} \sin\theta \sin\psi \quad \text{et} \quad \frac{d\varphi}{dt} \sin\theta \cos\psi,$$

Il faut remarquer que la rotation positive $\frac{d\psi}{dt}$ correspondant à un accroissement, avec le temps, de l'angle ψ, fait tourner le système, autour de l'axe des z, de la droite vers la gauche d'un observateur placé sur cet axe avec les pieds en O, et que, par suite, cette rotation doit figurer dans la somme avec le signe — .

Si l'on fait alors les sommes des rotations qui s'effectuent autour de chacun des axes, on aura, pour les composantes p, q, r de ces rotations autour des trois axes Ox, Oy, Oz :

$$(1) \quad \begin{cases} p = \dfrac{d\theta}{dt} \cos\psi - \dfrac{d\varphi}{dt} \sin\theta \sin\psi, \\[2mm] q = \dfrac{d\theta}{dt} \sin\psi + \dfrac{d\varphi}{dt} \sin\theta \cos\psi, \\[2mm] r = -\dfrac{d\psi}{dt} + \dfrac{d\varphi}{dt} \cos\theta . \end{cases}$$

En substituant ces valeurs de p, q, r, dans les équations [(3) du n° 155] d'Euler, on aura exprimé les sommes des moments des accélérations par rapport aux axes mobiles en fonction des angles θ, φ, ψ qui définissent la position de ces axes et du temps t. Si donc, comme nous l'avons dit plus haut, l'on suppose connu un système de lignes équivalent au système des accélérations, ce qui revient à supposer ces sommes de moments exprimées en fonction du temps, les trois équations ainsi obtenues permettront d'exprimer les angles θ, φ, ψ en fonction du temps t, et par suite d'avoir la loi du mouvement du système invariable considéré.

Les équations que l'on obtient ainsi sont fort compliquées et ne sont pas, en général, susceptibles d'être intégrées, de sorte que la solution dont il vient d'être parlé est plus théorique que pratique. Ce n'est guère que dans un cas particulier, que nous examinerons tout à l'heure, que l'on arrive à un résultat simple.

150. Autre démonstration des équations d'Euler. — Auparavant, il n'est pas inutile de reprendre les équations d'Euler et de faire voir comment il est possible de les démontrer d'une autre manière.

Soient Ox, Oy, Oz (fig. 124) les trois axes principaux d'inertie du système en. mouvement, c'est-à-dire les trois axes mobiles, et soit OK la ligne représentant le moment résultant, par rapport au point O, des vitesses de tous les points du système. Nous savons (n° 153) que le moment résultant des accélérations extérieures est exprimé par la vitesse du point K. Désignons par $k = \mathbf{Sg M}_0 v$ la longueur OK. Cherchons les coordonnées, par rapport aux axes mobiles, du point K, qui sont les projections de OK sur ces axes, ou les sommes des moments, par rapport à ces axes, des vitesses des points du système. Pour un point M quelconque, dont la vitesse est v et les coordonnées x, y, z, les moments de la vitesse par rapport aux trois axes sont respectivement (n° 15, page 21) :

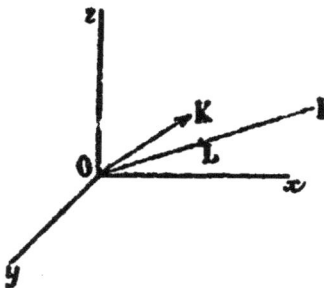

Fig. 124.

(1) $\mathbf{M}_x v = v_z y - v_y z$, $\mathbf{M}_y v = v_x z - v_z x$, $\mathbf{M}_z v = v_y x - v_x y$.

Mettons pour v_x, v_y, v_z leurs valeurs (2) du n° 153, p. 292, et faisons la somme des équations semblables supposées écrites pour tous les points en remarquant que les axes Ox, Oy, Oz étant les axes principaux d'inertie du système, on a $\Sigma yz = 0$, $\Sigma xz = 0$, $\Sigma xy = 0$, nous aurons, en appelant toujours A, B, C, les moments d'inertie principaux :

(2) $\quad \Sigma \mathbf{M}_x v = Ap$, $\quad \Sigma \mathbf{M}_y v = Bq$, $\quad \Sigma \mathbf{M}_z v = Cr$.

§ 2. — SYSTEMES INVARIABLES   297

·Telles sont les coordonnées du point K par rapport aux·axes mobiles O*x*, O*y*, O*z*.

Si ces axes étaient fixes, la vitesse du point K dans l'espace aurait pour projections, sur ces axes, les dérivées de ces coornées, c'est-à-dire

$$ A\frac{dp}{dt} \quad , \quad B\frac{dq}{dt} \quad , \quad C\frac{dr}{dt} \quad . $$

Mais, ces axes étant mobiles, le point K a en outre une vitesse d'entraînement qui est celle qu'il aurait s'il conservait toujours les mêmes coordonnées A*p*, B*q*, C*r*. Or le mouvement de ce système, auquel on suppose le point K invariablement lié, est une rotation autour d'un axe OI passant par le point O et les projections de cette rotation sur les trois axes sont respectivement *p*, *q*, *r*. Les composantes suivant les trois axes de la vitesse du point K s'obtiendront donc par les formules (2) du n° 153, dans lesquelles nous mettrons *x*, *y*, *z* les coordonnées de ce point. Elles seront ainsi :

Suivant   O*x*: .... $q.\,Cr - r.\,Bq = (C-B)\,qr$,

           O*y* $r.\,Ap - p.\,Cr = (A-c)\,rp$,

           O*z* $p.\,Bq - q.\,Ap = (B-A\,pq$;

Et en ajoutant ces composantes aux précédentes, on a celles de la vitesse réelle du point K dans l'espace, lesquelles sont les sommes des moments des accélérations extérieures par rapport aux trois axes. On retrouve ainsi les équations d'Euler.

187. Application au cas où les sommes des moments des accélérations extérieures, par rapport au point fixe, sont nulles. — Nous allons les appliquer au cas particulier où la somme des moments des accélérations extérieures par rapport au point O est constamment nulle, lequel comprend le cas où les accélérations extérieures auraient une résultante unique passant par le point O. Elles deviennent alors

$$ (1) \begin{cases} A\dfrac{dp}{dt} + (C-B)\,qr = 0 \ , \\[2mm] B\dfrac{dq}{dt} + (A-C)\,rp = 0 \ , \\[2mm] C\dfrac{dr}{dt} + (B-A)\,pq = 0 \ . \end{cases} $$

Multiplions-les respectivement par Ap, Bq, Cr et ajoutons-les, nous aurons

$$(2) \qquad A^2 \frac{pdp}{dt} + B^2 \frac{qdq}{dt} + C^2 \frac{rdr}{dt} = 0 ,$$

ou en intégrant,

$$(3) \qquad A^2 p^2 + B^2 q^2 + C^2 r^2 = \text{constante} = k^2.$$

En effet le premier membre est bien égal à $k^2 = \overline{OK}^2$ puisque les coordonnées du point K sont Ap, Bq, Cr. Le moment résultant des vitesses par rapport au point O est alors constant. Le point K est immobile dans l'espace puisque sa vitesse, exprimée par le moment résultant des accélérations, est constamment nulle. Nous aurions donc pu écrire directement cette dernière équation sans la déduire des précédentes.

Le moment résultant des accélérations par rapport au point O étant nul, il en est de même de la somme des moments des accélérations par rapport à un axe quelconque passant par ce point et par conséquent par rapport à l'axe OI. Si nous exprimons, en fonction de la vitesse angulaire ω de la rotation du système autour de cet axe, la somme des produits géométriques des accélérations des points par les chemins parcourus par eux, cette somme, étant pour un temps infiniment petit dt égale (n° 143) à $\omega dt \, \Sigma \, \mathfrak{m} \zeta$, sera constamment nulle. Or elle est la dérivée, par rapport au temps, de la somme des carrés des vitesses des points du système, laquelle sera ainsi constante. Si on la désigne par h, on pourra écrire, en appelant I le moment d'inertie du système par rapport à l'axe OI :

$$(4) \qquad \Sigma v^2 = \omega^2 I = h.$$

Or, puisque α, β, γ sont les angles formés par OI avec les trois axes l'on a : $I = A \cos^2\alpha + B \cos^2\beta + C \cos^2\gamma$, et en vertu des équations (1) du n° 153 :

$$(5) \qquad \omega^2 I = h = Ap^2 + Bq^2 + Cr^2 ;$$

équation que l'on aurait pu déduire des trois équations (1) en les multipliant respectivement par p, q, r et les ajoutant, ce qui donne

(6) $$A\frac{pdp}{dt} + B\frac{qdg}{dt} + C\frac{rdr}{dt} = 0 ,$$

et en intégrant

(7) $$Ap^2 + Bq^2 + Cr^2 = \text{constante},$$

constante que nous venons de désigner par h.

158. Interprétation géométrique des résultats. — Nous allons chercher à interpréter géométriquement ces résultats.

L'ellipsoïde d'inertie du système pour le point O rapporté à ses axes principaux Ox, Oy, Oz a pour équation :

(1) $$Ax^2 + By^2 + Cz^2 = 1.$$

Les coordonnées x', y', z' du point L où l'axe instantané de rotation OI rencontre cet ellipsoïde sont, en désignant par l la longueur OL : $l \cos \alpha$, $l \cos \beta$, $l \cos \gamma$ ou bien

(2) $$x' = \frac{lp}{\omega} , \quad y' = \frac{lq}{\omega} , \quad z' = \frac{lr}{\omega}.$$

Mais, le rayon vecteur $OL = l$ de l'ellipsoïde est l'inverse de la racine carrée du moment d'inertie I du système par rapport à l'axe OI ; on a donc

(3) $$l = \frac{1}{\sqrt{A\cos^2\alpha + B\cos^2\beta + C\cos^2\gamma}} = \frac{\omega}{\sqrt{Ap^2 + Bq^2 + Cr^2}} = \frac{\omega}{\sqrt{h}};$$

D'où

(4) $$\omega = l\sqrt{h}.$$

Par conséquent, *la vitesse angulaire de la rotation du système est proportionnelle au rayon de l'ellipsoïde d'inertie dirigé suivant l'axe instantané autour duquel elle s'effectue.*

Menons au point L (x', y', z') la normale à l'ellipsoïde d'inertie ; les cosinus directeurs de cette normale seront proportionnels à Ax', By', Cz' ou, puisque $\frac{l}{\omega}$ est constant, à Ap, Bq, Cr.

Or, la ligne $OK = k$ a pour projections sur les axes précisément les longueurs Ap, Bq, Cr; ses cosinus directeurs sont ainsi les mêmes que ceux de la normale en L à l'ellipsoïde, laquelle est parallèle à OK ; le plan mené par le point O perpendiculairement à OK est parallèle au plan tangent à l'ellipsoïde en L. Donc, puisque OK a une position fixe dans l'espace, il en est de même du plan qui lui est perpendiculaire. Ce plan est, on peut le remarquer en passant, celui du maximum des aires, et il coïncide avec le plan diamétral de l'ellipsoïde d'inertie, conjugué à la direction de l'axe instantané de rotation.

Projetons OK sur la direction de OI, soit i l'angle de ces deux directions, la projection $k \cos i$ est la somme des moments des vitesses par rapport à OI. Le moment d'une de ces vitesses étant (3ᵉ équation, page 277) $\omega r'^2$, la somme est ωI ou $\dfrac{\omega}{l^2}$, nous aurons ainsi

$$(5) \qquad k \cos i = \frac{\omega}{l^2} \qquad \text{ou} \qquad k = \frac{\omega}{l^2 \cos i}.$$

Désignons enfin par δ la distance du point O au plan tangent à l'ellipsoïde d'inertie en L, cette distance, étant portée sur OK, est la projection sur cette direction du rayon vecteur l, et nous avons encore

$$(6) \qquad \delta = l \cos i = \frac{\omega}{kl} = \frac{\sqrt{h}}{k} = \text{const.}$$

Ainsi, *le plan tangent à l'ellipsoïde d'inertie, mené à l'extrémité du rayon qui coïncide avec l'axe instantané de rotation, conserve une position fixe dans l'espace.*

L'ellipsoïde d'inertie du système, pour le point O, est donc, pendant toute la durée du mouvement, tangent à un même plan fixe, et comme son déplacement élémentaire est, à chaque instant, une rotation autour d'un axe passant par le point de contact, on peut dire qu'il roule sur ce plan tangent.

Si la rotation s'effectue autour d'un des axes principaux de cet ellipsoïde, c'est-à-dire autour d'un axe principal d'inertie du système par le point O, l'axe instantané de rotation étant alors perpendiculaire au plan tangent, le point de contact ne se déplacera ni sur ce plan ni sur l'ellipsoïde ; le système continuera donc à tourner autour de ce même axe. C'est ce que nous avons déjà trouvé plus haut (n° 146) et qui a valu aux axes principaux d'inertie la dénomination d'axes *permanents* de rotation.

Le plan invariable, ou du maximum des aires, est alors perpendiculaire à l'axe de la rotation.

Dans le cas général, le mouvement du système qui a un point fixe peut donc être assimilé au roulement de son ellipsoïde d'inertie, par rapport à ce point fixe, sur un plan également fixe dans l'espace. Poinsot, qui a découvert cette remarquable propriété de l'ellipsoïde d'inertie, a donné le nom de *polodie* au lieu des points de contact sur l'ellipsoïde et celui d'*herpolodie* au lieu des points de contact sur le plan fixe. Ces deux courbes roulent l'une sur l'autre pendant le mouvement du système ou de son ellipsoïde d'inertie, et elles peuvent être considérées comme les bases des deux cônes ayant leur sommet au point fixe et dont l'un, celui de la polodie, lié au système mobile et à l'ellipsoïde d'inertie, roulerait sur l'autre, celui de l'herpolodie, lié au plan fixe.

La polodie, lieu des points d'un ellipsoïde où le plan tangent est à une distance constante δ de l'origine, est une courbe fermée (qui peut se réduire à deux ellipses ou à un cercle) qui entoure le sommet du petit axe ou celui du grand axe suivant que la distance δ est plus petite ou plus grande que l'axe moyen de l'ellipsoïde.

L'herpolodie est une courbe dont la concavité regarde toujours le pied de la normale abaissée du point fixe sur le plan où elle est tracée. Cette courbe ne peut avoir ni points d'inflexion, ni rebroussements. Lorsque la polodie se réduit à une ellipse, elle est une spirale ayant pour point asymptotique le point fixe dont on vient de parler.

On pourra consulter sur ce sujet un mémoire de M. le comte de Sparre publié en 1885 dans les *Annales de la Société scientifique de Bruxelles* ; M. Mannheim a traité la question d'une façon purement géométrique dans les *Comptes-rendus* des séances de l'Académie des sciences des 6 et 13 avril 1885.

TROISIÈME PARTIE

MÉCANIQUE

CHAPITRE VIII

DES LOIS PHYSIQUES DU MOUVEMENT

---

§ 1ᶜʳ

CONDITIONS DE LA PRODUCTION DU MOUVEMENT

159. Constitution des corps naturels. — Nous avons envisagé jusqu'ici le mouvement à un point de vue purement géométrique, en déduisant ses lois des principes de la science de l'étendue joints à la notion du temps ; nous sommes restés, comme la géométrie elle-même, dans le domaine de l'abstraction et notre étude était indépendante des circonstances physiques dans lesquelles se produit ou se modifie le mouvement.

Les points ou systèmes de points dont nous nous sommes occupés sont de pures abstractions ; nous allons essayer d'y

20

assimiler les corps naturels, les seuls que nous puissions observer.

On s'accorde généralement à supposer que les corps naturels sont formés, en dernière analyse, d'atomes groupés de diverses manières pour constituer les molécules ou les dernières
particules de la matière. Si les atomes ne sont pas absolument
sans étendue, contrairement à ce qu'ont admis beaucoup d'es-
prits éminents depuis le P. Boscovich [1], cette étendue est toujours
extrêmement faible par rapport aux espaces qui les séparent,
nous pouvons, sans erreur sensible, assimiler les corps naturels aux systèmes de points géométriques que nous avons étu-
diés dans le chapitre VII. Et s'il s'agit de corps solides, placés
dans des conditions telles que leur forme ne change pas d'une
façon appréciable, on pourra les considérer comme des systèmes invariables. Alors, par cette assimilation sinon absolument
rigoureuse, du moins fort légitime et d'une approximation suffisante en pratique, tout ce que nous avons dit des lois du mouvement des systèmes de points et en particulier de celui des
systèmes invariables s'appliquera aux corps naturels et aux
corps solides considérés comme invariables.

160. Point matériel. — Allant plus loin, nous pourrons
regarder un corps solide comme un simple point géométrique
lorsque nous ne voudrons étudier que son mouvement d'ensemble, abstraction faite du mouvement de ses divers points
par rapport à son centre de gravité. Et alors, celui des points
du solide auquel nous l'assimilerons sera son centre de gravité, eu égard aux propriétés que nous avons démontrées du
mouvement de ce point comparé aux mouvements des divers
autres points du système.

Nous désignerons sous le nom de *point matériel* un point
auquel nous assimilons ainsi soit la totalité soit une parti-
cule d'un corps naturel. Cela posé, nous allons étudier les circonstances dans lesquelles se produit ou se modifie le mouvement, sans chercher à en pénétrer la cause qui, comme toutes
les causes des phénomènes naturels, est et restera sans doute
toujours en dehors de nos investigations.

1. De la constitution des Atomes par Saint-Venant; Bruxelles, 1876.

Mais si nous pouvons arriver à connaître les circonstances matérielles dans lesquelles se produit ou se modifie le mouvement, nous en connaîtrons les *lois physiques* qui ne sont autre chose que les conditions nécessaires de la production ou de la modification de tel ou tel mouvement.

C'est à l'observation, aidée du raisonnement, que nous demanderons les éléments de cette connaissance.

161. Loi de continuité. — Nous admettons comme premier résultat de l'observation, la loi de *continuité* des phénomènes, que nous avons déjà admise implicitement dans l'étude géométrique du mouvement qui forme la seconde partie de cet ouvrage et que nous supposons applicable aux phénomènes naturels.

L'observation nous apprend encore qu'il faut un temps fini pour qu'un corps naturel gagne une vitesse finie : par conséquent, c'est au moyen d'une *accélération* constante ou variable, possédée pendant un certain temps, que s'effectue tout *gain* de vitesse d'un point matériel. Nous entendons ici par gain de vitesse l'accroissement géométrique de la vitesse exprimé en grandeur, direction et sens par la ligne qui, composée avec la vitesse primitive, donne pour résultante la vitesse ultérieure.

L'étude que nous entreprenons se réduit donc à la recherche des circonstances dans lesquelles se produit l'accélération.

162. Circonstances dans lesquelles se produit le mouvement. — Or si nous laissons provisoirement de côté les effets produits par les changements d'état physique des corps naturels, l'électricité, la chaleur, etc., nous arrivons facilement à reconnaître que, pour qu'un corps en repos prenne une certaine accélération, et par suite une vitesse, il faut que d'autres corps changent de situation par rapport à lui.

Par exemple, il tombera vers la terre si un autre corps, interposé, vient simplement à être soustrait. Il se mettra encore en mouvement si un autre corps, animé lui-même d'une certaine vitesse vient à s'en rapprocher jusqu'à le *heurter*, c'est-à-dire jusqu'à ce que les particules des deux corps arrivent à n'être plus qu'à des distances comparables aux distances moléculaires. Ce second corps en mouvement peut d'ailleurs être quelque partie d'un être animé dont les particules se rapprochent de celles du mobile.

C'est toujours dans le changement de situation relative, perceptible ou non, de deux corps, que se produit le mouvement de l'un d'eux, primitivement au repos.

163. Les accélérations, produites dans des circonstances données, sont indépendantes des vitesses antérieures. — Il en est absolument de même lorsque le mobile, au lieu d'être primitivement en repos, est animé d'une vitesse constante quelconque. Et les mêmes circonstances de changement de situation relative ou de changement d'état physique produisent la même accélération qui est ainsi *indépendante de la vitesse possédée par le mobile.*

De nombreus faits d'observation peuvent être cités à l'appui de ce principe.

Considérons par exemple un corps placé dans un bateau transporté d'un mouvement rectiligne et uniforme. Si ce corps, en repos apparent, parce qu'il ne fait que partager la vitesse commune, vient à être soumis à l'une des circonstances où un corps, en repos à la surface de la terre, se met en mouvement, il prendra relativement au bateau des mouvements qui seront toujours les mêmes quelle que soit la grandeur de la vitesse de translation de celui-ci, et les mêmes, par conséquent, que lorsque le bateau n'a aucune vitesse. Si on le lâche au haut du mât supposé vertical, il tombera constamment au pied comme si le bateau était en repos et la durée de sa chute sera la même. Si on le pousse, si on le heurte, si on le met en contact avec un ressort qui se détend, etc., il se mouvra dans le bateau en mouvement exactement de la même manière que dans le bateau immobile.

Or, ces mouvements du corps relativement aux points du bateau sont dus aux vitesses gagnées, ou aux vitesses qui, composées avec la vitesse primitive et commune, donnent la vitesse ultérieure du mobile dans l'espace. Ces vitesses gagnées, et par conséquent les accélérations, sont ainsi les mêmes quelle que soit la vitesse initiale du mobile.

On reconnaît encore la même loi en observant simplement ce qui se passe à la surface de la terre, où les mouvements acquis dans des circonstances données sont les mêmes quelle que soit leur direction par rapport au mouvement propre de la terre et par conséquent quels que soient les mouvements déjà possédés en commun avec les points de cette planète, animés, dans l'espace, de vitesses absolues constamment variables.

164. Les accélérations ne dépendent que des positions relatives des points. — En coordonnant et synthétisant toutes les observations de faits de même nature, on arrive à cette loi générale que, si l'on considère un système de corps ou de points matériels assez éloigné de tout autre pour pouvoir en être supposé indépendant, *les accélérations de ses divers points, à une époque quelconque, ne dépendent que des positions, à la même époque, des points du système les uns par rapport aux autres, et non de leurs vitesses.*

Soit un système fini de corps, assez éloigné de tout autre pour qu'on puisse l'en regarder comme indépendant (ce système pouvant, au besoin, comprendre toute la partie de l'univers située dans le domaine de nos investigations), divisé en points matériels ou atomes. L'*état* de ce système à l'époque t sera, comme nous l'avons dit (n° 128), défini par les coordonnées x, y, z, de chacun de ses points par rapport à trois axes rectangulaires fixes, et par les composantes $\frac{dx}{dt}$, $\frac{dy}{dt}$, $\frac{dz}{dt}$ de la vitesse de ce point ; ce que nous avons appelé les éléments statiques du système.

Nous admettons la continuité des phénomènes, ce qui revient à dire que ceux-ci *sont régis par des lois*, ou s'enchaînent de manière que l'état actuel détermine celui qui aura lieu au bout d'un instant dt, celui-ci le suivant, et ainsi de suite à l'infini. Par conséquent, la nature d'un système détermine toute la série des états par lesquels il passe, à la condition que l'on connaisse celui dans lequel il se trouve à une époque donnée, ou son état *initial*.

Il suit de là que les accélérations, ou leurs composantes $\frac{d^2x}{dt^2}$, $\frac{d^2y}{dt^2}$, $\frac{d^2z}{dt^2}$ suivant les trois axes, doivent être pour chaque point, et à toute époque, des fonctions parfaitement déterminées de l'*état* du système à cette époque, c'est-à-dire des seules coordonnées x, y, z, de chacun des points, puisque l'observation nous montre qu'elles sont indépendantes des vitesses.

Voici comment M. Boussinesq [1] déduit, des faits d'observation, l'importante conclusion qu'il s'agit d'établir.

Il est naturel d'admettre que l'une quelconque des composantes d'accélération ne peut, tout au plus, dépendre que de la vitesse du point auquel elle s'applique, car, durant l'instant dt, les vitesses des autres points ne modifient pas sensiblement leurs positions, ni par suite l'*état* du système, par rapport au point que l'on considère. Mais je dis en outre que la composante d'accélération ne dépendra pas non plus de la vitesse de ce point. Imprimons en effet, à tous les points du système, au lieu de leurs vitesses effectives, une vitesse égale et parallèle à celle du point considéré, cette modification de la vitesse des autres points ne changera pas, comme nous venons de le dire, l'accélération que nous avons en vue. Le système sera alors, tout entier, animé d'un mouvement de translation, c'est-à-dire que les composantes des vitesses de ses points, par rapport à un système d'axes parallèles aux axes fixes, mais animés du même mouvement de translation, seront nulles. Et dans ce cas l'expérience nous apprend que les déplacements des points, par rapport aux axes mobiles, sont les mêmes que ceux qui auraient lieu par rapport aux axes fixes si tous les points du système étaient actuellement sans vitesse. Dans ce système de points immobiles, par rapport aux axes fixes, la composante de l'accélération ne dépend que des coordonnées des points, puisque les vitesses sont nulles ; il en est donc de même de la composante réelle de l'accélération du point du système en mouvement, puisqu'elle n'a pas été modifiée par les changements de vitesse que nous avons fait subir à tous les autres points.

Ainsi, les accélérations des points du système ne dépendent que des positions de ces points et non de leurs vitesses.

Cette conclusion peut, au premier abord, sembler contredite

---

1. *Recherches sur les principes de la Mécanique*, Journal de mathématiques pures et appliquées, Tome XVIII, 1873.

par certains faits d'expérience ; mais un examen plus attentif montre que la contradiction n'existe pas. Ainsi, lorsqu'un corps solide est lancé, avec une certaine vitesse, dans un fluide immobile, sa vitesse diminue, et l'observation montre que la perte de vitesse, ou l'accélération négative, est à chaque instant proportionnelle à une certaine puissance de la vitesse, c'est-à-dire fonction de la vitesse. Examinons le phénomène de plus près. Lorsqu'un solide se meut dans un fluide, il ne peut le faire qu'en écartant les molécules de ce fluide, lesquelles se trouvent ainsi obligées de prendre, les unes par rapport aux autres, un arrangement différent. Leurs distances respectives, et relatives à celles du solide, se trouvent par suite modifiées et l'accélération des points du solide est une fonction des nouvelles coordonnées ou de ces nouvelles distances. Or, cette modification des distances respectives est fonction de la vitesse : il est évident que plus la vitesse du solide est grande, plus grand est le trouble apporté dans l'état d'équilibre du fluide ; et l'observation, qui ne peut porter sur ces changements de distance imperceptibles, les élimine et rattache directement les quantités mesurables : l'accélération et la vitesse. Mais l'accélération ne se trouve exprimée par une fonction de la vitesse que parce que toutes deux sont des fonctions inconnues des modifications des distances relatives entre les particules du solide et celles du fluide.

165. Comparaison des vitesses gagnées par des corps mis en rapport mutuel. — Revenons aux circonstances dans lesquelles se produit le mouvement, et considérons en particulier celui qui résulte du choc d'un corps en mouvement sur un corps en repos. L'observation nous montre que la vitesse du premier change en même temps que celle du second, mais en sens inverse, de manière que les *gains* de vitesse sont toujours de sens opposé. Il en est de même lorsque les deux corps sont en mouvement. Si, par exemple, les vitesses sont dirigées suivant la même ligne droite avant comme après le choc, la vitesse du corps heurtant a diminué, pendant que celle du corps heurté a augmenté, de telle sorte que les vitesses *gagnées*, définies comme nous l'avons fait plus haut, sont de sens contraires. La même chose se remarque lorsque les vitesses changent sans qu'il y ait choc : par exemple, si deux barreaux aimantés sont suspendus à une petite distance l'un de l'autre, quand le premier se porte vers le second, celui-ci se porte aussi vers le premier, et si le premier fuit le second, le second fuit en même temps le premier. Si, de même, on lâche simultanément les deux extrémités d'un ressort comprimé ou dilaté, ces extrémités s'éloignent ou se rapprochent en se mouvant ensemble en sens opposé.

De plus, *si les deux corps* qui se heurtent *sont de même matière et de même volume*, on trouve, en mesurant leurs vitesses avant et après le choc, que *la vitesse gagnée par l'un est toujours égale à celle de sens opposé qui a été gagnée par l'autre.*

Les vitesses dont il s'agit ici sont, bien entendu, celles des points matériels auxquels nous assimilons les solides, c'est-à-dire celles de leurs centres de gravité. Ce sont les vitesses moyennes de toutes les particules du solide, lesquelles peuvent être animées de vitesses individuelles très différentes.

Si les deux corps diffèrent par la matière ou par le volume, les deux vitesses gagnées par le choc *sont* inégales, mais *constamment dans le même rapport*, quelles que soient leurs grandeurs.

Ce rapport est inverse des volumes si les deux corps sont de même matière.

Enfin, *si des corps quelconques* A, B, C,..... *sont mis successivement deux à deux en relation*, soit par le choc, soit dans les autres circonstances où le mouvement se produit, telles que l'électrisation, l'effort musculaire, la détente d'un ressort faisant partie de l'un d'eux, etc., *les vitesses qu'ils se communiquent mutuellement sont dans des rapports marqués par des nombres constants, affectés à chacun d'eux.* Si, par exemple, dans le choc de A et de B, les vitesses gagnées opposées ont été entre elles dans le rapport de 1 pour A à 2 pour B, et si dans le choc de A et C, elles ont été dans le rapport de 1 à 3, elles seront dans le rapport de 2 à 3 et non autrement dans le choc de B et de C. Un même ressort, se détendant, imprimera à B et à C des vitesses qui seront encore dans ce même rapport de 2 à 3, et il en sera de même de toutes les autres circonstances où se produira le mouvement de ces deux corps.

166. Définition de la masse. — Chaque corps, chaque point matériel a ainsi, au point de vue du mouvement, une sorte d'*équivalent mécanique*, coefficient numérique inversement proportionnel à la vitesse qui lui est imprimée dans des circonstances données. Ce coefficient, parfaitement déterminé pour chaque corps, lorsque l'on a choisi pour unité celui qui s'applique à un corps donné, porte le nom de *masse* du corps ou du point matériel.

D'après ce qui vient d'être dit (165), *deux corps de même matière ont leurs masses proportionnelles à leurs volumes.* Si donc l'on considère un corps dont la masse est représentée par n et si on le divise en n parties égales, la masse de chacune des parties sera égale à l'unité, c'est-à-dire que mise en relation, par le choc ou autrement, avec le corps choisi pour unité, elle recevra une vitesse égale et opposée à celle qu'elle lui communiquera. Le nombre n peut être fractionnaire et alors c'est avec les parties aliquotes du corps choisi pour unité que la comparaison doit être faite. On peut ainsi définir la masse d'un corps par le rapport de deux nombres exprimant combien de fois ce corps et un autre, arbitrairement choisi pour unité, contiennent de parties qui, étant séparées et heurtées deux à deux l'une contre l'autre, se communiquent, par le choc, des vitesses opposées égales.

Ces vitesses moyennes gagnées par chacun des corps ne sont autre chose, si on les rapporte à l'unité de temps, que les *accélérations moyennes*, ou les accélérations des centres de gravité de ces corps.

167. Loi fondamentale de la mécanique. — Reportons-nous à ce que nous avons dit, au chapitre VII, n° 131, de l'accélération moyenne *extérieure* d'un système de points. Nous avons vu que lorsque deux systèmes de points n'ont entre eux que des accélérations réciproques, leurs accélérations moyennes extérieures sont en raison inverse du nombre de leurs points. Les corps de même masse se comportent donc comme des systèmes d'un même nombre de points, et des corps de masses différentes comme des systèmes ayant des nombres de points proportionnels à leurs masses, ces points n'ayant entre eux que des accélérations réciproques.

Par conséquent, tous les phénomènes de la production du mouvement s'expliquent complètement au moyen de la loi générale suivante :

Les corps se meuvent comme des systèmes de points ayant, à chaque instant, des accélérations réciproques, c'est-à-dire dont les composantes suivant leurs lignes de jonction deux à deux sont constamment égales et directement opposées pour les deux points dont chaque ligne mesure la distance ; *ces accélérations étant variables avec les grandeurs de ces lignes,* mais indépendantes des vitesses des divers points ; et *les nombres de points de chaque système étant proportionnels aux masses des corps qui leur sont assimilés.*

Cette loi fondamentale de la mécanique des corps naturels déduite, comme nous l'avons fait, de l'observation des faits et de leur systématisation, nous suffira pour expliquer tous les phénomènes du mouvement. Il est facile de voir qu'aucune autre loi simple ne peut rendre compte, comme celle-là, des faits primordiaux. Elle montre bien :

1° Que les vitesses sont engendrées ou changées de grandeur et de direction en vertu d'*accélérations* que prennent les points du corps, et par conséquent d'une façon graduelle et jamais instantanée ;

2° Que ces accélérations dépendent des distances ou des situations relatives des divers points ; qu'elles peuvent bien dépendre aussi de la nature diverse ou de l'état physique des particules des corps, mais qu'elles sont indépendantes des vitesses que ces particules peuvent posséder actuellement dans l'espace.

3° Que les vitesses moyennes *gagnées* par deux corps lors de leur mise en relation par le choc ou autrement, ou les vitesses acquises par leurs centres de gravité, sont opposées et dans un rapport constant.

Nous admettons donc que cette loi, conforme d'ailleurs à tous les autres faits observés jusqu'à présent, régit tous les phénomènes de mouvement, et nous allons en déduire toute la mécanique générale.

Nous rappelons que nous avons désigné par les mots : accélération d'un corps ou d'un système A vers un autre corps ou système B, ou accélération moyenne de ses points vers ceux de B, la moyenne des accélérations partielles de ces points vers ceux de B, ou l'accélération de son centre de gravité. Il est bien entendu que l'accélération de A vers B peut tendre à éloigner A de B aussi bien qu'à l'en rapprocher.

Nous considérerons aussi fréquemment l'accélération extérieure d'un système A, abstraction faite du système B vers lequel se produit cette accélération. Mais il restera toujours supposé que cette accélération extérieure est la réciproque de l'accélération d'un autre système que nous passerons sous silence.

La mécanique, dont nous allons entreprendre l'étude, ne diffère de la cinématique, ou étude géométrique du mouvement, qui remplit la seconde partie de cet ouvrage que par la nouvelle notion de la *masse*, que nous avons définie plus haut. Cette définition suffirait à déterminer les masses relatives des divers corps, que nous supposerons connues ; nous verrons plus loin qu'il existe des procédés autrement rapides et exacts pour faire cette détermination. Nous indiquerons aussi, alors, quel est le corps dont la masse est habituellement prise pour unité.

§ 2

DES FORCES ET DE L'INERTIE

168. Définitions. — La masse figure dans les équations de la mécanique soit isolément, soit, le plus souvent, multipliée par l'accélération, ou par la vitesse à la première ou à la seconde puissance. Les énoncés des théorèmes et l'étude même des divers problèmes se simplifient notablement en adoptant des dénominations spéciales pour chacun de ces produits et pour diverses autres combinaisons de ces quantités qui se reproduisent fréquemment.

Force. — On appelle *force,* ou *force motrice,* le produit de la masse d'un point ou d'un corps par son accélération. On la représente, à une échelle déterminée, par une ligne proportionnelle à ce produit et portée suivant la direction et le sens de l'accélération.

Les accélérations étant toujours réciproques, c'est-à-dire égales et directement opposées entre deux points de même masse, il en est de même des forces qui sont dites *attractives* lorsqu'elles correspondent à des accélérations qui tendent à rapprocher les points, et *répulsives* dans le cas contraire.

Lorsque les corps sont de masse différente, leurs accélérations de l'un vers l'autre étant, comme nous l'avons dit plusieurs fois, inversement proportionnelles aux nombres de leurs points, et leurs masses étant, au contraire, proportionnelles à ces nombres, les deux produits de la masse par l'accélération sont égaux pour les deux corps : La force attractive ou répulsive d'un corps vers l'autre est égale et directement opposée à la force également attractive ou répulsive du second vers le premier. C'est ce que l'on appelle *l'égalité de l'action et de la réaction.*

Il est superflu d'ajouter que dans un système de points, on appelle forces intérieures celles qui correspondent aux accélérations intérieures ; et comme celles-ci sont toujours réciproques, il en résulte que les forces intérieures sont deux à deux égales et directement opposées.

Si donc, en général, on désigne par F la force motrice, par m la masse d'un point matériel et par j son accélération, on aura l'équipollence

$$F (=) mj,$$

qui n'est autre chose que la traduction algébrique de la définition de la force et qui équivaut aux trois égalités

$$F_x = m \frac{d^2 x}{dt^2}, \ F_y = m \frac{d^2 y}{dt^2}, \ F_z = m \frac{d^2 z}{dt^2},$$

en désignant par x, y, z les coordonnées du point mobile par rapport à trois axes coordonnées et par F_x, F_y, F_z les projections de F sur ces trois axes.

Les forces appliquées à un point se composent et se décomposent comme les accélérations de ce point auxquelles elles sont proportionnelles.

Quantité de mouvement. — On appelle *quantité de mouvement* d'un point matériel le produit mv de sa masse par sa vitesse. Cette quantité se représente par une ligne proportionnelle, à une échelle déterminée, à ce produit, et portée suivant la direction et le sens de la vitesse.

La quantité de mouvement d'un système matériel est le produit de sa masse totale par sa vitesse moyenne, c'est-à-dire par la vitesse de son centre de gravité.

A l'inverse de ce que l'on fait pour la force, il n'est pas d'usage de désigner par une seule lettre la quantité de mouvement qu'on laisse toujours, dans les équations, sous sa forme primitive mv, tandis que le produit de la masse par l'accélération se remplace plus ordinairement par une seule lettre F.

Force vive. — On appelle *force vive* d'un point en mouvement le produit mv^2 de sa masse par le carré de sa vitesse. Ce produit est essentiellement positif et conserve la même valeur quelle que soit la direction de la vitesse ; ce n'est donc pas une quantité géométrique, susceptible d'être représentée par une ligne ayant une direction et un sens. c'est une simple quantité algébrique.

Si au lieu de la vitesse v du point matériel. on considère la projection v_x de cette vitesse sur un axe quelconque pris pour axe des x, le produit mv_x^2 porte quelquefois le nom de force vive *décomposée* suivant la direction x. Et si l'on fait la même chose pour deux autres directions rectangulaires y, z, la force vive totale mv^2 sera égale à la somme arithmétique

$$mv_x^2 + mv_y^2 + mv_z^2$$

des forces vives décomposées suivant trois directions rectangulaires quelconques.

La force vive d'un système matériel qui est la somme algébrique ou arithmétique Σmv^2 des forces vives de tous ses points, est aussi la somme arithmétique de ces forces vives décomposées suivant trois directions rectangulaires.

Puissance-vive. — On considère le plus souvent, dans les équations de la mécanique, la moitié de ce produit : $\dfrac{mv^2}{2}$, ou la *demi-force vive*, que l'on appelle quelquefois la *puissance-vive.*

Impulsion. — On appelle *impulsion* d'une force le produit de la grandeur de cette force par le temps pendant lequel on la considère. C'est, si la force est constante pendant cet intervalle t, le produit Ft ; si elle est variable, c'est la somme $\displaystyle\int_0^t F dt$ des impulsions élémentaires pendant les éléments successifs du temps qui constituent cet intervalle.

L'impulsion, comme la force, comme l'accélération, se représente par une ligne proportionnelle, à une échelle déterminée, à sa grandeur, et portée suivant le sens et la direction de la force ou de l'accélération.

Travail. — On appelle *travail élémentaire* d'une force le produit géométrique de cette force par le déplacement infiniment petit du point auquel elle s'applique, c'est-à-dire le produit de cette force par la projection, sur sa direction, du déplacement de ce point. Ce produit géométrique n'a ni direction ni sens et ne peut être représenté *géométriquement* par une ligne. C'est une quantité purement algébrique, affectée du signe positif ou du signe négatif suivant le signe du cosinus de l'angle de la force avec le déplacement du point où elle est appliquée.

On appelle *travail moteur* le travail positif et *travail résistant* le travail négatif.

Si F est la force, ds le déplacement de son point d'application, le travail élémentaire de la force F pour le déplacement ds sera

$$T_e F = F(\times) ds = F. ds. \cos(F, ds)$$

Si F_x, F_y, F_z sont les projections de F sur trois axes rectangulaires et dx, dy, dz les projections de ds sur les mêmes axes, nous savons que le produit géométrique $F (\times) ds$ a pour expression

$$F (\times) ds = F_x\, dx + F_y\, dy + F_z\, dz$$

et par suite, le travail élémentaire de la force F, pour le déplacement ds sera

$$T_e F = F_x\, dx + F_y\, dy + F_z\, dz.$$

S'il s'agit d'un *déplacement fini* du point d'application, le *travail* de la force est la somme intégrale des travaux élémentaires

$$TF = \int_{s_0}^{s} F_x\, dx + F_y\, dy + F_z\, dz.$$

Remarquons immédiatement, d'après ce qui a été démontré n° 5, au sujet des produits géométriques, que le travail de la résultante de plusieurs forces est égal à la somme algébrique des travaux des forces composantes.

Celles des quantités que l'on vient de définir et qui sont susceptibles d'être représentées par des lignes, savoir : les forces, les quantités de mouvement, les impulsions, peuvent, comme toutes les autres lignes, être projetées sur un axe ou sur un plan, et l'on peut en prendre les moments par rapport à un axe ou à un point. On considère en conséquence les projections et les moments des forces, des quantités de mouvement et des impulsions, et il n'est pas nécessaire de donner de ces projections et de ces moments des définitions spéciales. Tout ce qui a été dit, au commencement de cet ouvrage, des systèmes de lignes, de leurs moments, etc., s'applique quelles que soient les quantités représentées par ces lignes et par conséquent s'applique aux quantités que nous venons de définir.

169. Remarque générale sur ces dénominations. — Au point de vue tout spécial auquel nous nous plaçons, nous n'avons pas à rechercher si les diverses définitions que

nous venons de donner sont ou non motivées par quelque raison naturelle ; nous prenons ces termes : force, impulsion,
force vive, travail, quantité de mouvement, comme de simples abréviations, destinées à représenter d'une manière plus
concise les produits par lesquels nous les avons définis, mais
nous n'y attachons aucune idée de cause effective des mouvements ni aucun autre sens métaphysique.

« La dénomination de force ou d'action vient du sentiment
« de l'effort que nous exerçons, dit M. de St-Venant [1], lorsque
« nous voulons imprimer une accélération à un corps, et de ce
« que, dans le langage commun, l'on attribue métaphorique-
« ment une activité analogue à celle de l'homme aux autres
« êtres, même inanimés, dans la direction desquels l'on voit
« des corps prendre un mouvement. Pour nous conformer à
« cette manière de parler, qui a passé dans la science, nous
« dirons quelquefois qu'un corps A est *sollicité* par une force
« F, *émanant* d'un autre corps B, et qui, en *agissant* sur A
« dans une certaine direction, *produit* une accélération j ou
« *donne* à A une vitesse $j\,dt$ dans le temps dt.

« Mais, par là, nous voudrons dire simplement que les points
« du corps A ont, vers ceux du corps B, des composantes d'ac-
« célération dont la *moyenne* j a une certaine direction et une
« grandeur qui, multipliée par la masse m de A, donne un
« produit mj égal à F. Nous dirons que nous *appliquons* une
« force F à un corps A dans une certaine direction : cela si-
« gnifiera que nous plaçons un ou plusieurs corps animés ou
« inanimés dans des situations ou dans un état physique tels
« que les accélérations des points de A vers leurs points aient
« une moyenne qui, multipliée par la masse de A, donne F ;
« et ainsi de suite.

« C'est de même que nous continuerons de dire que telle
« vitesse *anime* un corps, qu'elle lui *fait parcourir* tel espace
« en tel temps ; en entendant seulement par là que le corps
« parcourt des espaces qui sont les produits de cette vitesse
« par le temps (Voir ci-dessus la note du n° 54, p. 115).

« Ainsi, au fond, nous n'attacherons jamais au mot de

---

1. *Principes de mécanique fondés sur la cinématique*, n. 82.

« *force*, pas plus qu'à celui de vitesse, d'autre signification
« que celle des *effets* qui leur sont attribués, ainsi que des
« circonstances dans lesquelles se produisent ces effets cons-
« tamment évalués, pour la force, par des produits de masses
« et d'accélérations. Et nous n'entendrons point soumettre au
« calcul les puissances exécutrices, quelles qu'elles soient, des
« lois physiques particulières qui règlent invariablement la
« grandeur et la direction de ces accélérations pour chaque
« circonstance donnée.

« Lors donc que l'esprit éprouvera quelque embarras à saisir
« la relation qu'il peut y avoir entre des forces et des accélé-
« rations, il faudra simplement se rappeler que *les forces*, envi-
« sagées mathématiquement, *ne sont que des accélérations*
« *multipliées par les* coefficients numériques appelés *masses*.
« Toute difficulté cessera et l'application pratique se fera sans
« hésitation, ce qui n'a pas lieu lorsqu'on expose la science en
« commençant par la statique traitée comme une sorte de
« science de causes et de tendances, combinées et comparées
« entre elles, indépendamment de tout mouvement » [1].

Tout ce qui vient d'être dit des *forces* et de l'absence de
signification métaphysique du mot, dans le sens où nous l'em-
ployons, s'applique sans restriction à l'*impulsion*, au *travail*,
à la *force vive*, à la *quantité du mouvement* qui ne représente-
ront jamais pour nous que des produits, abstraction faite de
toute idée de cause ou de tendance.

170. Mouvement du centre de gravité d'un corps. —
Une conséquence immédiate de la définition que nous avons
faite de la force est la suivante :

Lorsque plusieurs forces agissent ensemble sur un même
corps, l'accélération moyenne de ses points, ou *l'accélération*
de son centre de gravité est la somme géométrique de celles
que produirait isolément chaque force, ou *est la même que si*
toutes les forces étaient remplacées par une force unique, égale
à leur somme géométrique.

1. J'ai tenu à citer en entier ce passage remarquable de l'ouvrage de St-
Venant bien que la critique de la méthode d'enseignement, par laquelle il se
termine, soit aujourd'hui à peu près sans objet. Il n'en était pas de même en
1852, lors de la publication des *Principes de Mécanique.*

Soit un corps A composé de n points élémentaires, sur lequel agissent simultanément plusieurs forces f, f', f''.... émanant d'autres corps B, B', B''.... Désignons par j, j', j'',.... les sommes géométriques des accélérations des points du corps A vers ceux des autres corps B, B', B''.... respectivement Les accélérations *moyennes* qui correspondent aux forces f, f', f''.... seront

$$\frac{j}{n}, \quad \frac{j'}{n}, \quad \frac{j''}{n}, ...$$

et si nous désignons par J la somme géométrique des accélérations j, j', j'',.... l'accélération moyenne correspondant à toutes les forces à la fois sera $\frac{J}{n}$. Comme J est la somme géométrique de j, j', j'',.... de même $\frac{J}{n}$ est la somme géométrique des accélérations moyennes partielles $\frac{j}{n}$, $\frac{j'}{n}$, $\frac{j''}{n}$,.... Par conséquent l'accélération moyenne produite par toutes les forces ensemble est bien égale à la somme géométrique de celles que produirait isolément chaque force.

En second lieu, si m est la masse du corps A, on a par définition

$$f = m\frac{j}{n} \quad , \quad f' = m\frac{j'}{n} \quad , \quad f'' = m\frac{j''}{n} \quad , ...$$

et si nous désignons par F la somme géométrique des forces f, f', f'',.... nous aurons encore $F = m\frac{J}{n}$ de sorte que l'accélération moyenne $\frac{J}{n}$ prise sous l'influence de toutes les forces est bien celle qui serait due à la force unique F qui est leur somme géométrique.

On peut évidemment appliquer ce théorème au cas où le corps se réduit à un simple point matériel. Il en résulte :

1° Que des forces en nombre quelconque, agissant soit sur un point matériel. soit sur un système, dans la même direction, peuvent être remplacées, *quant à l'accélération qu'elles donnent au point ou au centre de gravité du système*, par une force unique égale à leur somme algébrique ;

2° Que si le point, ou le corps, est sollicité par deux ou trois forces de direction différente représentées en grandeur et en direction par les côtés contigus d'un parallélogramme ou d'un parallélépipède, ces forces peuvent être remplacées *quant à leur effet sur ce point ou sur le centre de gravité de ce corps* par la diagonale du parallélogramme ou du parallélépipède ;

3° Que l'on peut, réciproquement, remplacer une force par deux ou trois autres qui sont les côtés du parallélogramme ou du parallélépipède dont elle est la diagonale et, par conséquent, par ses trois projections sur des axes quelconques ou par ses deux projections sur deux axes au plan desquels elle serait parallèle.

On voit que si plusieurs forces agissent ensemble sur un point ou sur un système pendant un temps infiniment petit, elles impriment à ce point, ou au centre de gravité du système, la même vitesse que si elles agissaient l'une après l'autre, chacune pendant ce même temps infiniment petit ; car, comme les vitesses gagnées se composent toujours géométriquement avec les vitesses antérieures et sont les mêmes quelles que soient celles-ci, la vitesse finale est, dans les deux cas, la résultante des vitesses dues à chaque force.

On voit aussi que, pour produire ces effets composés sur le centre de gravité d'un corps ou d'un système de corps, il n'est pas nécessaire que les forces soient concourantes ou passent par ce centre, il suffit qu'elles agissent sur des points ou sur des corps appartenant au système.

171. Poids des corps. — Mesure des masses. — Nous avons dit, en définissant la masse, comment ou pouvait mesurer la masse des divers corps : en les mettant en rapport par le choc avec un corps arbitrairement pris pour unité et en mesurant les vitesses gagnées par chacun d'eux. Ces mesures de vitesses sont délicates et difficiles et il est possible de s'en dispenser comme nous allons le dire.

Lorsqu'un corps tombe vers la terre, dans un espace vide 'air, à une distance appréciable des parois qui limitent cet es-

pace et à l'abri de toute influence physique étrangère, son
mouvement ne résulte que des accélérations de ses points vers
tous les points du globe terrestre. On a reconnu qu'alors l'accélération moyenne du corps, ou l'accélération de son centre
de gravité, était, à Paris :

$$g = 9^m,8088.$$

Le produit mg de la masse du corps par cette accélération
est la *force attractive* qu'exerce sur lui la terre, ou la résultante des attractions de ses points. Cette force s'appelle le
poids du corps; représentons-le par P, nous aurons :

$$P = mg.$$

*Les poids des corps sont donc, en un même lieu, proportion-
nels à leurs masses.*

Or la comparaison des poids s'effectue facilement au moyen
de divers instruments et en particulier des dynamomètres.
Supposons, par exemple, que l'on suspende un corps pesant à
un ressort et qu'après une certaine déformation de celui-ci, le
tout demeure en repos. Ce sera une preuve que les points du
ressort exercent, sur le corps suspendu, une action de bas en
haut égale à son poids.

Si l'on suspend successivement au même point du ressort
divers corps A, A', A'', qui le dilatent également, on en con-
clura que les poids de ces corps sont égaux entre eux. Si l'on
suspend simultanément deux de ces corps, et si un nouveau
corps B, suspendu ensuite, produit la même dilatation que
les deux corps A, son poids sera double de celui du corps A,
et ainsi de suite. L'on pourra avoir une échelle graduée indiquant les dilatations du ressort pour des poids égaux à A, 2A,
3A,.... et le poids d'un corps quelconque se déterminera, en
fonction des poids du corps A pris pour unité, par le nombre
de divisions correspondant à la dilatation du ressort auquel il
aura été suspendu.

Les poids étant ainsi déterminés, il en sera de même des
masses qui leur sont proportionnelles.

172. Mesure des forces. — Les dynamomètres à ressort

peuvent servir à mesurer non seulement les poids pour lesquels il existe d'ailleurs des instruments plus commodes, mais
encore les autres forces quelconques. Une force, il est vrai,
d'après sa définition, résulte d'accélérations réciproques entre
points déterminés ; elle n'agit, par suite, que sur un seul corps
et ne saurait être appliquée à un autre. Mais le corps A sur
lequel elle agit peut être attaché à l'extrémité du ressort-dy-
namomètre, et alors, dans l'état de repos, la flexion du ressort
étant la même que celle qui aurait été produite par un certain
poids P, on peut dire que l'effet de la force sur le corps A est
le même que celui de la pesanteur sur un corps de poids P,
c'est-à-dire que la force est égale à P.

173. Unités de force et de masse. — Toutes les forces
peuvent donc s'exprimer au moyen d'un poids pris pour
unité.

Cependant, l'on doit remarquer que si l'on a, d'autre part,
choisi un corps pour unité de masse, il serait rationnel de
prendre, pour unité de force, la force qui, appliquée à l'unité
de masse, lui communiquerait une accélération égale à l'unité.
C'est généralement ainsi que l'on relie entre elles les diverses
unités lorsqu'elles dépendent les unes des autres ; mais ce
n'est pas cet usage qui a prévalu.

On prend ordinairement, en mécanique, pour unité de force,
l'unité de poids, c'est-à-dire le *kilogramme*, ou le poids d'un
décimètre cube d'eau pure à son maximum de densité. Les
forces s'évaluent donc en kilogrammes.

Il en résulte, puisque l'on a $P = mg$, que le corps dont la
masse sera égale à l'unité sera celui pour lequel on aura $P = g$,
c'est-à-dire un corps pesant $9^{kil},808^{gr},8$; et la masse m d'un
corps quelconque, dont P sera le poids exprimé en kilogrammes, sera

$$m = \frac{P}{g}.$$

Si la connaissance des poids des corps facilite la mesure de
leurs masses, elle n'ajoute rien à l'idée que nous nous en faisons, et le fait de choisir l'unité de force avant l'unité de masse,

au lieu d'opérer en sens inverse, peut donner sur la masse des idées fausses, si l'on n'y prend garde. La notice de masse est indépendante de celle de poids et plus générale que celle-ci : nous concevons des masses sans poids, tandis que nous ne pouvons concevoir des poids sans masse. Un corps, transporté à une distance suffisante de la Terre, perdrait presque entièrement son poids, alors qu'il conserverait exactement sa masse : il faudrait toujours la même force pour lui communiquer la même vitesse au bout du même temps.

Le choix du kilogramme pour unité de force a une autre conséquence fâcheuse, c'est que cette unité n'est pas la même en tous les lieux de la terre. On sait en effet que l'accélération g due à la gravité varie d'un point à l'autre, non seulement en raison de la latitude, mais aussi en raison de l'altitude du lieu où l'on fait les observations.

Si donc l'on considère un corps ayant une certaine masse m, laquelle, par définition, est absolument indépendante du point où on la mesure et qui est par conséquent constante, le poids de ce corps, égal à mg, variera aux divers points du globe avec l'accélération g. Ce même corps, suspendu à un dynamomètre, lui ferait prendre une flexion plus grande au pôle qu'à l'équateur, en plaine qu'au sommet d'une montagne. Le poids d'un corps n'est donc pas constant et une force exprimée par un certain nombre de kilogrammes a une grandeur réelle différente selon le lieu où l'on se trouve.

Puisque l'on fait dépendre l'unité de masse de l'unité de force, celle-là aussi variera d'un point à l'autre.

Cet inconvénient, d'avoir des unités variables et par suite mal définies, n'existerait pas si on choisissait d'abord l'unité de masse, pour en déduire l'unité de force. C'est ce que l'on fait, par exemple, en physique, où l'on prend pour unité de masse celle d'un centimètre cube d'eau distillée à son maximum de densité, et pour unité de force celle qui, appliquée à l'unité de masse, lui imprime une accélération égale à l'unité, c'est-à-dire de un centimètre par seconde.

Il convient d'ajouter que la variation de la pesanteur, d'un point à l'autre de la surface de la terre, est en somme assez faible, de sorte que la variation des unités de force et de masse admises en mécanique n'a, dans les applications, aucune importance ; d'autant plus que la loi de cette variation étant connue, il est toujours possible de faire la correction des erreurs auxquelles elle pourrait donner lieu. [1]

174. Inertie. — Lorsqu'en désignant par le nom de force motrice d'un corps le produit de la masse de ce corps par l'accélération qu'il prend vers un autre l'on a en vue, non seulement ce produit considéré comme une quantité purement géométrique, ainsi que nous l'avons fait, mais aussi une sorte de *cause* physique réellement productrice du mouvement, on suppose que cette force ou cette cause réside non pas dans le corps en mouvement, mais dans celui vers lequel il se meut. Ainsi, le poids d'un corps est attribué à l'attraction du globe terrestre sur les molécules de ce corps. La cause du mouvement, dans cette hypothèse, est donc *hors* du corps mobile. Quand à celui-ci, on le suppose incapable de changer son état de repos ou de mouvement : on lui accorde seulement en par-

---

1. En vue d'éviter ces corrections et les inconvénients que présente l'adoption de l'unité de force usuelle, M. de Freycinet a proposé, dans la séance de l'Académie des Sciences du 14 novembre 1887, de changer toutes les unités de longueur, de volume, de masse, etc.

On prendrait, pour unité de longueur, l'accélération due à la pesanteur en un lieu déterminé, à Paris par exemple, et cette unité vaudrait alors $9^m,8088$. L'unité de volume serait le cube dont le côté serait égal à la centième partie de l'unité de longueur et vaudrait environ $0^{lit},94$. L'unité de masse serait la masse de l'unité de volume d'eau à son maximum de densité ; l'unité de poids et l'unité de force seraient le poids de l'unité de masse à Paris, etc.

M. de Freycinet estime que ce changement fort utile et désirable à bien des points de vue s'effectuerait facilement, en raison de ce que les nouvelles unités différeraient peu des multiples ou sous-multiples décimaux des unités du système métrique.

Au lieu de prendre pour unité de longueur la valeur de l'accélération de la pesanteur à Paris, ce qui donne à cette unité une dimension dix fois plus grande, à peu près, que le mètre, on pourrait, tout à fait dans le même ordre d'idées, adopter pour nouvelle unité la longueur du pendule simple battant la seconde à Paris, longueur tout aussi facile à déterminer avec précision que l'accélération de la pesanteur et qui différerait moins du mètre que le dixième de celle que propose M. de Freycinet. Elle serait en effet environ de $0^m,99384$, ce qui donnerait, pour l'unité de volume, égale au cube dont le côté serait la dixième partie de celle de longueur, la valeur $0^{lit},9816$.

tage la propriété de rester au repos s'il est au repos et de conserver sa vitesse uniforme s'il en a une, tant qu'une force *émanant d'autres corps* ne vient pas changer cet état.

Cette propriété s'appelle l'*inertie*.

On voit qu'elle repose sur une hypothèse purement gratuite, car, *à priori*, il paraîtrait tout aussi rationnel d'attribuer au corps en mouvement la cause de son mouvement que de la faire résider en dehors de lui. Toutefois, dans cet ordre d'idées qui a prévalu et dans le langage courant et dans la science, on attribue à l'inertie les effets du genre des suivants :

Lorsqu'on frappe le manche d'un outil contre un corps fixe, cet outil s'enfonce sur son manche : *en vertu de son inertie*, son mouvement continue pendant que celui du manche cesse.

Si une voiture s'arrête brusquement, les personnes qu'elle contient sont projetées en avant : elles continuent leur mouvement *en vertu de leur inertie*.

Au moment où on lâche l'un des deux fils d'une fronde dans laquelle une pierre tournait circulairement, cette pierre, *en vertu de l'inertie*, s'échappe suivant la tangente au cercle, parce que, n'étant plus retenue, elle persévère dans le mouvement qui a lieu à cet instant suivant un élément du cercle, élément dont le prolongement est la tangente.

Si une balle de plomb est lancée avec une arme à feu contre un carreau de vitre suspendu à une ficelle, elle y fait un trou rond, et en le dérangeant à peine de sa position : la portion du carreau non heurtée tend à rester immobile *en vertu de son inertie*. Ce fait montre en même temps que le mouvement ne se transmet pas instantanément à toutes les parties d'un corps solide.

175. Force d'inertie. — Mais on donne quelquefois à l'inertie une acception plus étendue ; on l'envisage et on la traite dans le calcul comme une force, pour la commodité du langage et des solutions. Elle est exprimée alors par *le produit de la masse par l'accélération prise en signe contraire*. Ce produit est ce qu'on appelle la *force d'inertie* ou la résistance opposée par l'inertie du corps à sa mise en mouvement. De même que l'on suppose que le siège des forces motrices est en dehors du mobile, on suppose que la résistance au mouvement lui est au contraire inhérente, et en vertu d'une sorte d'extension du principe de l'égalité de l'action et de la réaction, cette résistance est égale à la force qui sollicite le mobile. La force d'inertie, ainsi définie, est une véritable force, comme les autres, puisque c'est un produit de masse et d'accélération. C'est la force qui serait accusée par la graduation d'un ressort dynamométrique que l'on interposerait entre le mobile et un point sur lequel agiraient directement les forces qui le sollicitent.

Ainsi, lorsqu'on tire brusquement, de bas en haut, un ressort auquel un corps pesant est suspendu, ce ressort se dilate et sa graduation indique, en plus du poids du corps, le produit de sa masse par l'accélération de bas en haut qu'on lui imprime, c'est-à-dire sa force d'inertie. Si, au lieu d'un ressort, c'est par un fil que le corps est suspendu, la traction brusque de bas en haut pourra déterminer la rupture du fil *en vertu de l'inertie* du corps. Si au contraire on tire le corps de manière à lui donner une vitesse uniforme, le ressort ou le fil ne prend pas une tension nouvelle, l'accélération étant nulle, la force d'inertie est également nulle et l'inertie du corps n'est point mise en jeu.

176. Principe de d'Alembert. — D'après cette définition, la force motrice qui agit sur un corps et sa force d'inertie, lui imprimant deux accélérations égales et directement opposées, ont une résultante nulle, on dit alors qu'elles sont en équilibre [1]. La considération des forces d'inertie peut donc servir à traiter les questions de mouvement par les mêmes équations que celles de l'équilibre, à la condition d'ajouter aux forces motrices la force d'inertie. Cette manière de procéder, qui constitue ce que l'on appelle le principe de d'Alembert, pouvait avoir son utilité à une époque où les questions de l'équilibre étaient beaucoup plus étudiées que celles du mouvement et où la science de la mécanique était à peu près

1. Nous définirons plus loin l'*équilibre* des forces.

bornée aux solutions des divers problèmes de l'équilibre ; elle peut encore aujourd'hui être motivée dans certains cas, pour rendre les énoncés plus uniformes et pour simplifier les solutions, principalement quand les inconnues du problème sont les forces et non le mouvement.

Si nous désignons par F la résultante des forces qui agissent sur un point matériel de masse m, et par j l'accélération de ce point, la force d'inertie, par définition, sera — mj et comme d'ailleurs on a, entre les quantités F, m et j la relation :

$$F \; (=) \; mj \; ,$$

qui est la définition de la force, on voit que l'on peut écrire :

$$F (-) mj (=) 0,$$

ou bien :

$$F (+) (- mj) (=) 0,$$

ce qui exprime la nullité de la résultante de la force motrice et de la force d'inertie.

x, y, z étant les coordonnées du point mobile par rapport à des axes fixes, et F_x, F_y, F_z les projections de F sur ces trois axes, l'équipollence qui précède revient aux trois équations :

$$F_x - m \frac{d^2 x}{dt^2} = 0 \quad , \quad F_y - m \frac{d^2 y}{dt^2} = 0 \quad , \quad F_z - m \frac{d^2 z}{dt^2} = 0.$$

Telle est la forme analytique du *principe de d'Alembert*. On voit que si l'on se reporte à la définition de la force $F (=) mj$, équipollence qui équivaut aux trois équations :

$$F_x = m \frac{d^2 x}{dt^2} \quad , \quad F_y = m \frac{d^2 y}{dt^2} \quad , \quad F_z = m \frac{d^2 z}{dt^2} \quad ,$$

ce principe n'est que l'expression d'une identité.

C'est, par exemple, sous cette forme que l'on fait entrer en ligne de compte ce qui provient du défaut d'uniformité du mouvement dans le calcul de l'effet des machines, ou bien de la pente ou du débit des courants d'eau, etc.

La force d'inertie, produit d'une masse par une accélération, a tout autant de réalité que les autres forces que nous avons définies; on peut la *composer* avec elles si cette composition n'est, comme nous l'avons toujours entendu, qu'une opération géométrique.

Mais, avec la définition que nous avons donnée des forces et la loi physique générale que nous avons prise pour point de départ, et où il n'est question que de temps, d'espace et de masse, la considération de l'inertie n'est nullement une nécessité et nous pourrions continuer notre exposé de la mécanique sans seulement parler de cette force dont le nom est si peu en rapport avec l'activité qu'on lui attribue.

177. Force centrifuge. — L'un des exemples les plus fréquents où l'on a à considérer la force d'inertie est celui où elle devient ce que l'on appelle la *force centrifuge.*

On donne ce nom à la propriété en vertu de laquelle un mobile, mû dans une courbe, s'échappe par la tangente (comme nous avons dit pour la fronde) dès qu'il n'y est plus retenu.

Nous avons représenté plus haut par L (n° 86) l'accélération spéciale qui devait être produite sur un point mobile pour lui faire parcourir une courbe donnée. En supposant, comme nous l'avons fait au n° 86, que cette accélération soit normale à la courbe (ce qui, par exemple, dans le cas de la fronde, revient à dire que les fils qui retiennent la pierre sont dirigés normalement à la courbe qu'elle décrit), nous avons trouvé l'équipollence :

$$L (=) \frac{v^2}{\rho} (+) J_n.$$

J_n étant la composante normale de l'accélération due aux circonstances, étrangères à la courbe, dans lesquelles se trouve placé le mobile. Si, par exemple, il s'agit d'un corps pesant, J sera à chaque instant la projection de l'accélération g due à la pesanteur, sur la normale à la trajectoire. Supposons J_n nulle ou négligeable, il reste :

$$L (=) \frac{v^2}{\rho},$$

ou en multipliant par la masse m du mobile :

$$m\,\mathrm{L}\ (=)\ m\,\frac{v^2}{\rho}\ .$$

Telle est la force qui doit être exercée sur le mobile pour qu'il parcoure la courbe donnée. La force d'inertie correspondante, égale à $-\,m\mathrm{L}$ ou à $-\,m\,\dfrac{v^2}{\rho}$, est la *force centrifuge*. On voit qu'elle est dirigée suivant le prolongement du rayon, puisque l'accélération normale $\dfrac{v^2}{\rho}$ est toujours dirigée vers le centre de courbure et qu'elle est, toutes choses égales d'ailleurs, proportionnelle au carré de la vitesse du mobile et en raison inverse de son rayon de courbure.

La force centrifuge est alors égale au produit de la masse du mobile par l'accélération normale prise en sens opposé.

La force centrifuge se manifeste dans une foule de phénomènes naturels parmi lesquels il suffira de citer le suivant :

Lorsqu'un corps attaché à l'extrémité d'un fil tourne autour de l'autre extrémité supposée fixe, le fil est d'autant plus tendu que la vitesse est plus grande. Si le fil est d'une matière très extensible, comme le caoutchouc, ou s'il est formé par un ressort dynamométrique, cette tension produit une dilatation très sensible et qui, au dynamomètre, mesure la réaction $m\,\dfrac{v^2}{\rho}$ que le corps exerce contre le fil ou le ressort dont l'action attractive l'oblige à dévier de la ligne droite et à se mouvoir circulairement.

CHAPITRE IX

THÉORÈMES GÉNÉRAUX DE LA MÉCANIQUE

178. Premier théorème général pour un point matériel. — Nous allons, en introduisant la notion de masse dans les théorèmes généraux, que nous avons démontrés dans la première partie pour les points et les systèmes de points géométriques, les rendre applicables aux points et aux systèmes matériels. Nous nous occuperons d'abord des points matériels.

Nous avons démontré (n° 74) l'équation :

$$v - v_0 = \int_{t_0}^{t} j_s \, dt$$

multiplions par m, masse du point considéré, les deux membres de cette équation ; observons que, par définition, le produit $mj = F$, et désignons par F_s la composante tangentielle de la force F, c'est-à-dire la projection de la force sur la tangente à la trajectoire, laquelle est évidemment égale à mj_s, nous aurons :

$$mv - mv_0 = \int_{t_0}^t F_s\, dt;$$

ce qui, avec les définitions que nous avons données plus haut, s'énonce de la manière suivante :

L'accroissement, pendant un temps quelconque, de la quantité de mouvement d'un point matériel est égal à la somme intégrale, pendant le même temps, des impulsions élémentaires de la composante tangentielle de la force qui agit sur ce point.

Remarquons que ce théorème n'est, au fond, qu'une identité. Si nous l'appliquons à un temps infiniment petit, dt, ce qui revient à différentier les deux membres de l'équation par rapport au temps, nous aurons :

$$\frac{d.\ mv}{dt} = F_s.$$

La dérivée, par rapport au temps, de la quantité de mouvement d'un point matériel est égale à la composante tangentielle de la force qui agit sur ce point ; et cela résulte immédiatement de la définition que nous avons donnée de l'accélération tangentielle $j_s = \dfrac{dv}{dt}$. Nous avons, en somme, exprimé par deux noms différents une même quantité mise sous deux formes différentes, et le théorème énonce simplement que les deux quantités ainsi dénommées sont égales.

Cette remarque s'appliquera à tous les théorèmes suivants.

179. Second théorème général. — De l'équation suivante (n° 76) :

$$\left(\frac{dx}{dt}\right) - \left(\frac{dx}{dt}\right)_0 = \int_{t_0}^t j_x\, dt,$$

nous déduisons de même, en multipliant les deux membres

par m et désignant par F_x la projection de la force F sur l'axe des x :

$$\left(m\frac{dx}{dt} \right) - \left(m\frac{dx}{dt} \right)_0 = \int_{t_0}^{t} F_x\, dt.$$

L'accroissement de la projection, sur un axe quelconque, de la quantité de mouvement d'un point matériel est égale à la somme intégrale, pendant le même temps, des impulsions élémentaires de la projection, sur le même axe, de la force qui agit sur le point.

Ou bien, si nous considérons encore un temps infiniment petit, dt :

$$\frac{d\left(m\frac{dx}{dt} \right)}{dt} = F_x.$$

La dérivée par rapport au temps, de la projection, sur un axe quelconque, de la quantité de mouvement d'un point matériel est égale à la projection, sur le même axe, de la force qui agit sur ce point.

180. Troisième théorème général. — Enfin, nous avons démontré l'équation (n° 77) :

$$M_z\, v - M_z v_0 = \int_{t_0}^{t} M_z j\, dt.$$

multiplions encore les deux membres par la masse m du point considéré, et remarquons que le produit par m du moment $M_z v$ de la vitesse v par rapport à l'axe des z sera identiquement égal au moment, par rapport au même axe, de la quantité de mouvement mv et s'écrira $M_z mv$, puisque les deux lignes v et mv coïncident en direction et sens. Il en sera de même pour le produit par m de $M_z v_0$; quant au produit par m de $M_z j\, dt$, il sera, pour la même raison, égal au moment, $M_z mj\, dt$, du produit $mj\, dt$ ou $F\, dt$; nous aurons ainsi :

$$M_z\, mv - M_z\, mv_0 = \int_{t_0}^{t} M_z F\, dt.$$

L'accroissement, pendant un temps quelconque, du moment, par rapport à un axe, de la quantité de mouvement d'un point matériel est égal à la somme intégrale, pendant le même temps, des moments, par rapport au même axe, des impulsions élémentaires de la force qui agit sur ce point.

Ou, en différentiant par rapport au temps :

$$\frac{d.\, \mathbf{M}_z\, mv}{dt} = \mathbf{M}_z \mathbf{F}.$$

La dérivée, par rapport au temps, du moment, par rapport à un axe quelconque, de la quantité de mouvement d'un point matériel est égale au moment, par rapport au même axe, de la force qui agit sur ce point.

Ces trois théorèmes portent le nom de théorèmes des quantités de mouvement.

Si, comme nous l'avons fait à la page 158, nous portons sur trois axes rectangulaires à partir de l'origine O, fig. 125,

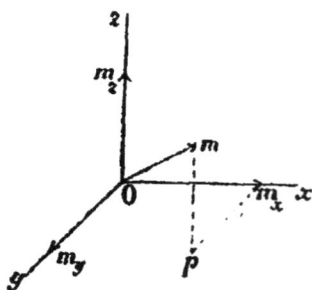

Fig. 125.

trois longueurs Om_x, Om_y, Om_z respectivement égales aux moments, par rapport à ces trois axes, de la quantité de mouvement d'un point matériel, les vitesses des extrémités m_x, m_y, m_z de ces lignes seront respectivement égales aux moments, par rapport aux trois axes, de la force F qui agit sur le point ; et si nous construisons la résultante Om de ces trois lignes, Om sera le moment, par rapport au point O, de la quantité de mouvement du point matériel : la vitesse du point m dans l'espace sera égale en grandeur, direction et sens, ou équipollente, à la résultante des moments de la force par rapport aux trois axes, c'est-à-dire au moment de la force par rapport au point O. Par conséquent :

La vitesse de l'extrémité de la ligne qui représente le moment, par rapport à un point fixe quelconque, de la quantité de mouvement d'un point matériel est équipollente au moment, par rapport au même point fixe, de la force qui agit sur le point mobile.

181. Théorème des aires. — Remarquons que la dernière conséquence que nous avons déduite (n° 78) des équations précédentes, relative aux aires décrites par la projection du point sur un plan, subsiste sans modification lorsqu'il s'agit d'un point matériel, au lieu d'un point géométrique : il suffit de substituer, dans l'énoncé, le mot force au mot accélération. La multiplication par m de la ligne représentant l'accélération ne modifie pas sa direction qui est seule prise en considération dans ce théorème, lequel devient ainsi :

Lorsqu'un point matériel est soumis à l'action d'une force qui rencontre constamment un axe fixe, les aires décrites par le rayon vecteur joignant le pied de cet axe à la projection du point sur un plan perpendiculaire à l'axe sont proportionnelles aux temps ou croissent proportionnellement au temps.

Le cas particulier où la force passe constamment par un point fixe est compris dans cet énoncé. Les aires décrites par le rayon vecteur joignant le point mobile au point fixe croissent proportionnellement au temps, et de plus le mouvement s'effectue dans un plan passant par le point fixe.

182. Quatrième théorème général. — Opérons de la même manière sur l'équation qui exprime ce dernier théorème (n° 79) et qui est :

$$\frac{v^2}{2} - \frac{v_0^2}{2} = \int_{s_0}^{s} j \, (\times) \, ds = \int_{s_0}^{s} j \cdot ds \cos (j, ds),$$

c'est-à-dire multiplions-en les deux membres par m en remplaçant, dans le dernier, mj par F, il viendra :

$$\frac{mv^2}{2} - \frac{mv_0^2}{2} = \int_{s_0}^{s} F \, (\times) \, ds = \int_{s_0}^{s} j \cdot ds \cos (F \cdot ds) = \mathbf{T} \cdot F.$$

L'accroissement, pendant un temps quelconque, de la demi-force vive ou de la puissance vive d'un point matériel en mouvement, est égal au travail total, pendant le même temps, de la force qui agit sur ce point.

22

Si nous supposons le mouvement du point rapporté à trois axes de coordonnées rectangulaires x, y, z et si nous appelons, comme nous l'avons toujours fait, F_x, F_y, F_z les projections, sur les trois axes, de la force F, nous aurons (n° 168) :

$$\frac{mv^2}{2} - \frac{m{_0}^2}{2} = \int_{s_0}^{s} (F_x\,dx + F_y\,dy + F_z\,dz) = \text{T.F.}$$

Si la force F est la résultante de plusieurs forces f, f', f'',...:

$$F\,(=)f(+)f'(+)f''(+)...,$$

on a, d'après la définition même du travail (n° 168),

$$\text{T}F = \text{T}f + \text{T}f' + \text{T}f'' + ...$$

et par suite :

$$\frac{mv^2}{2} - \frac{mv_0^2}{2} = \text{T}f + \text{T}f' + \text{T}f'' + ...$$

L'accroissement de demi-force vive ou de puissance vive d'un point matériel, pendant un temps quelconque, est égal à la somme des travaux, pendant le même temps, de toutes les forces qui agiss nt sur ce point.

L'accroissement de demi-force ou de puissance vive, *pris en signe contraire,* porte quelquefois le nom de *travail de l'inertie*; si nous le désignons par $\text{T}I$, nous aurons ainsi

$$\text{T}I = -\left(\frac{mv^2}{2} - \frac{mv_0^2}{2}\right) ;$$

substituons dans l'équation précédente, nous aurons

$$\text{T}f + \text{T}f' + \text{T}f'' + ... + \text{T}I = 0.$$

Ce que l on énonce en disant que :

La somme des travaux de toutes les forces qui agissent sur un point matériel, y compris celui de son inertie, est constamment nulle.

Remarquons d'ailleurs que la définition que nous venons de donner du *travail de l'inertie* est d'accord avec la définition générale du travail, si on l'applique à la force d'inertie. En désignant celle-ci par I on a en effet

$$I = -mj = -F,$$

et par suite

$$\mathbf{T}\mathbf{I} = - \mathbf{T}\mathbf{F} = - \left(\frac{mv^2}{2} - \frac{mv_0^2}{2} \right).$$

Le théorème que nous venons de démontrer, dit théorème des forces vives, est fondamental en mécanique. Nous consacrerons un chapitre spécial, le chapitre **X**, à en étudier les conséquences.

183. Introduction de la masse dans les formules relatives aux systèmes. — L'introduction de la notion de masse se fera, dans les équations et les théorèmes concernant les systèmes de points, en vue de les rendre applicables aux systèmes matériels, de la même manière que nous venons de le faire pour un simple point.

D'abord, en ce qui concerne les centres de gravité et les moments d'inertie, rien n'est changé aux formules ni aux résultats. Il suffit de prendre, pour ce que nous avons appelé la *densité* de l'espace que nous avons considéré, la masse spécifique en ce point, c'est-à-dire la limite du rapport de la masse d'un élément à son volume.

Les formules dans lesquelles entrait la densité ρ constante ou variable des espaces dont nous avons déterminé le centre de gravité et le moment d'inertie, s'appliquent en donnant à ρ cette nouvelle signification.

Pour celles dans lesquelles figurait le nombre n des points d'un certain système, elles s'appliquent encore en substituant à n la masse m du système. La définition du moment d'inertie doit être modifiée en ce sens que cette quantité n'est plus simplement la somme des carrés des distances des points à l'axe par rapport auquel on prend le moment, mais bien la somme des produits des masses des divers points matériels qui composent un système, par les carrés de leurs distances à cet axe. On a donc toujours, comme à l'équation (1) du n° 41 :

$$I = \Sigma m r^2.$$

Mais la lettre m représente, non plus le nombre de points concentrés en chaque élément du système, mais la masse de cet élément.

Nous avons ensuite, au chapitre VII, considéré, dans un système de points, les composantes *intérieures* et les composantes *extérieures* des accélérations de ces points. Si nous multiplions chaque composante par la masse du point auquel elle s'applique, nous aurons de même les forces *intérieures* et les forces *extérieures* du système. Les premières sont réciproques comme les accélérations elles-mêmes.

184. Théorème du mouvement du centre de gravité. — Cela posé, désignons par m la masse d'un élément, dont les coordonnées sont x, y, z, par M la masse totale du système et par X, Y, Z les coordonnées de son centre de gravité, les formules (2) de la page 58 nous donnent de la même manière :

$$MX = \Sigma mx \ , \qquad MY = \Sigma my \ , \qquad MZ = \Sigma mz \ .$$

Différentions par rapport au temps chacun des termes de ces équations, nous aurons

$$M\frac{dX}{dt} = \Sigma m \frac{dx}{dt}, \qquad M\frac{dY}{dt} = \Sigma m \frac{dy}{dt}, \qquad M\frac{dZ}{dt} = \Sigma m \frac{dz}{dt}.$$

Ces trois égalités entre les projections du produit MV de la masse M par la vitesse V du centre de gravité et les sommes des projections des produits analogues pour les divers éléments sont la même chose que l'équipollence

$$MV (=) \mathbf{sg} mv.$$

qui les résume et qui résulte immédiatement de celle (3) que nous avons écrite page 257, en y substituant m et M à n et N. Elle montre que *la vitesse* V *du centre de gravité d'un système est égale à la somme géométrique des quantités de mouvement des divers éléments de ce système divisée par sa masse totale*, et les trois équations entre les projections, qui peuvent, en désignant toujours par les indices x, y, z, des projections sur les trois axes coordonnés, s'écrire :

$$MV_x = \Sigma mv_x \ , \qquad MV_y = \Sigma mv_y \ , \qquad MV_z = \Sigma mv_z,$$

s'énoncent en disant *que la somme des projections, sur un*

axe quelconque, des quantités de mouvement d'un système matériel est égale à la projection, sur le même axe, de la quantité de mouvement du centre de gravité, en y supposant concentrée toute la masse du système.

Différentions une seconde fois, par rapport au temps, nous obtiendrons :

$$M \frac{d^2X}{dt^2} = \Sigma m \frac{d^2x}{dt^2}, \qquad M \frac{d^2Y}{dt^2} = \Sigma m \frac{d^2y}{dt^2}, \qquad M \frac{d^2Z}{dt^2} = \Sigma m \frac{d^2z}{dt^2}.$$

Ces trois équations auraient pu, comme les précédentes, être déduites directement de l'équipollence (4) de la page 257, auxquelles elles sont équivalentes.

Considérons l'un des termes des seconds membres de ces équations ; il est le produit de la masse d'un élément par la projection, sur l'un des axes, de l'accélération de cet élément, il est donc égal, par définition, à la projection sur cet axe, de la force motrice de l'élément considéré. En faisant la somme des projections, sur le même axe, de toutes les forces qui agissent sur les divers éléments, les projections des forces intérieures disparaîtront de la somme, dans laquelle il ne restera que les forces extérieures, et nous aurons ainsi, en désignant par F la force *extérieure* agissant sur l'élément quelconque de masse m :

$$M \frac{d^2X}{dt^2} = \Sigma F_x, \qquad M \frac{d^2Y}{dt^2} = \Sigma F_y, \qquad M \frac{d^2Z}{dt^2} = \Sigma F_z.$$

ce qui montre que la projection, sur un axe quelconque, de la force motrice du centre de gravité, supposé avoir la masse totale du système, est égale à la somme des projections, sur le même axe, des forces extérieures qui agissent sur ses divers éléments.

On énonce ordinairement ce théorème sous la forme suivante :

Le mouvement du centre de gravité d'un système matériel est le même que si toute la masse du système y était concentrée et toutes les forces extérieures transportées parallèlement à elles-mêmes.

C'est ce que nous avons déjà trouvé directement au n° 170 et ce théorème porte le nom de théorème du mouvement du centre de gravité.

On peut donner des exemples simples de son application :

Considérons un projectile pesant, supposé lancé dans le vide à la surface de la terre ; nous savons qu'un point matériel, dans les mêmes conditions, décrit une parabole dont nous avons déterminé les éléments (n° 80), le centre de gravité du projectile parcourra donc cette parabole ; et s'il vient à éclater pendant son trajet, le centre de gravité du système de ses fragments continuera à décrire la même trajectoire pendant que ceux-ci seront projetés dans tous les sens, jusqu'à ce que l'un d'eux vienne à rencontrer un obstacle qui lui imprimera une nouvelle accélération suffisante, peut-être, pour le ramener au repos ; à partir de ce moment, chaque nouvelle accélération imprimée aux divers fragments devra s'ajouter géométriquement à celle du centre de gravité pour modifier la forme de sa trajectoire.

Les théorèmes généraux de la mécanique s'appliquent à tous les systèmes matériels et les êtres animés ne font pas exception.

Si l'on imagine un être animé, absolument isolé dans l'espace, soustrait à l'action de toute force extérieure. son centre de gravité restera immobile, ou s'il est en mouvement, conservera une vitesse constante, quels que soient les mouvements que cet être imprime à ses divers membres : mouvements qui sont le résultat d'actions intérieures, lesquelles sont sans influence sur le centre de gravité. Si cet être animé, un homme par exemple, est soumis à l'action de la pesanteur et placé sur un sol horizontal d'une nature telle qu'il ne puisse exercer que des réactions verticales (condition de laquelle se rapprochent les plans parfaitement polis comme la glace), les seules forces extérieures étant ainsi verticales, son centre de gravité ne pourra se mouvoir que sur une verticale ; ce point s'élèvera ou s'abaissera suivant que la réaction du plan sera supérieure ou inférieure au poids de l'homme qui s'y appuie. Les mouvements intérieurs de celui-ci pourront faire varier, dans certaines limites la réaction dont il s'agit, suivant les accélérations verticales qu'ils donneront au centre de gravité ; mais il lui sera impossible de se mouvoir horizontalement.

Le mouvement horizontal ne peut avoir lieu qu'autant que le plan horizontal sur lequel on s'appuie peut exercer une réaction oblique, c'est-à-dire ayant une composante horizontale, et c'est cette composante qui produit la composante horizontale du mouvement du centre de gravité.

On sait combien il est difficile d'avancer sur un sol glissant. L'effet de recul qui se produit alors provient de ce que le marcheur a porté en avant la partie supérieure de son corps, et s'il ne trouve pas sur le plan d'appui une réaction horizontale suffisante, le centre de gravité ne peut pas progresser autant que le comporterait l'avancement de la partie supérieure ; alors la partie inférieure se porte en arrière.

185. Théorèmes des quantités de mouvement projetées sur un axe. — Écrivons, maintenant, pour chacun des points matériels qui composent le système, l'équation qui exprime le second théorème des quantités de mouvement :

$$\left(m\,\frac{dx}{dt} \right) - \left(m\,\frac{dx}{dt} \right)_0 = \int_0^t F_x\, dt \, .$$

et additionnons toutes ces équations ; le premier membre nous donnera la différence des sommes :

$$\Sigma \left(m\,\frac{dx}{dt} \right) - \Sigma \left(m\,\frac{dx}{dt} \right)_0 ,$$

c'est-à-dire l'accroissement total de la quantité de mouvement projetée sur l'axe des x. Dans le second membre, nous aurons la somme des intégrales $\int_0^t F_x\, dt$, ou ce qui revient au même l'intégrale $\int_0^t \Sigma F_x\, dt$, car peu importe l'ordre dans lequel on groupe, pour les additionner, les divers éléments d'une somme. Or, dans la somme ΣF_x des composantes des forces suivant l'axe des x, les forces intérieures disparaissent puisque ces forces, égales et directement opposées, ont deux à deux des projections égales et de signe contraire. Il ne reste dans la somme que les forces *extérieures*.

Nous aurons donc, en désignant par F_e l'une quelconque des forces extérieures :

$$\Sigma\left(m\frac{dx}{dt}\right) - \Sigma\left(m\frac{dx}{dt}\right)_0 = \Sigma\int_0^t F_{e,x}\,dt,$$

ce que l'on peut écrire encore :

$$\Sigma m v_x - \Sigma\, m v_{0,x} = \Sigma\int_0^t F_{e,x}\,dt.$$

L'accroissement de la quantité de mouvement d'un système matériel projeté sur un axe quelconque, est égal à la somme des impulsions totales des projections, sur le même axe, des forces extérieures qui agissent sur le système.

186. Théorème des moments des quantités de mouvement. — Opérons de la même manière sur l'équation qui exprime le troisième théorème :

$$\mathbf{M}_z\, mv - \mathbf{M}_z\, mv_0 = \int_0^t \mathbf{M}_z\, F\,dt,$$

nous obtiendrons :

$$\Sigma\,\mathbf{M}_z\, mv - \Sigma\,\mathbf{M}_z\, mv_0 = \Sigma\int_0^t \mathbf{M}_z\, F_e\,dt.$$

et ici encore, les moments dus aux forces intérieures disparaissent du second membre où il ne reste que les impulsions des forces extérieures :

L'accroissement de la somme des moments, par rapport à un axe quelconque, des quantités de mouvement d'un système matériel est égal à la somme des moments, par rapport au même axe, des impulsions totales des forces extérieures qui agissent sur ce système.

Ces deux théorèmes auraient pu être déduits immédiatement de ceux que nous avons démontrés au chapitre VII, nos 134 et 135; nous en déduirons, en les appliquant aux systèmes matériels, les conséquences que nous en avons déduites alors pour les systèmes de points,

Tout d'abord, en différentiant par rapport au temps la dernière des équations ci-dessus, nous obtenons :

$$\frac{d.\ \Sigma \mathbf{m}_z\, m v}{dt} = \Sigma\, \mathbf{m}_z\, \mathrm{F}\,.$$

Si donc nous portons, sur un axe Oz (fig. 125 *bis*), une longueur

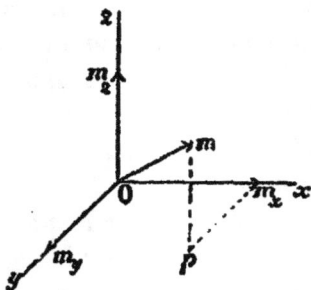

Fig. 125 *bis*.

Om_z égale à la somme algébrique des moments des quantités de mouvement du système par rapport à cet axe, la vitesse du point m_z extrémité de cette ligne, sera égale à la somme algébrique des moments, par rapport au même axe, des forces extérieures agissant sur le système. Opérons de même sur les deux autres axes Ox, Oy et construisons la ligne Om qui sera le moment résultant des quantités de mouvement du système par rapport au point O ; comme nous l'avons déjà montré plusieurs fois, la vitesse du point m dans l'espace sera équipollente au moment résultant des forces extérieures par rapport au point O. Ce que l'on énonce ainsi :

Le moment résultant par rapport à un point fixe quelconque des forces extérieures qui agissent sur un système matériel, est égal en grandeur, direction et sens à la vitesse de l'extrémité de la ligne qui représente le moment résultant, par rapport au même point, des quantités de mouvement du système.

187. Principe de la conservation des aires. — Enfin, nous pouvons considérer les aires décrites par les projections, sur un plan, des points du système matériel, comme nous l'avons fait au n° 136. Nous avons, dans les seconds membres des équations, les moments des forces au lieu des moments des accélérations que nous avions alors, et cela nous conduit à mettre, dans les premiers membres, les moments des quantités de mouvement mv au lieu des moments des vitesses v. Pour pouvoir conserver les énoncés relatifs aux aires décrites, il faut qu'il soit entendu que ces aires sont respectivement multipliées par les masses des points auxquels elles se rapportent. A part cette addition, tout ce que nous avons dit au n° 136 s'applique en mettant le mot force au lieu du mot accélération, et nous croyons inutile de reproduire le raisonnement. Nous arrivons à ainsi démontrer le *principe de la conservation des aires* :

Lorsqu'un système matériel est en mouvement sous l'action de forces extérieures ayant un résultante unique passant constamment par un point fixe, la somme des produits des masses des éléments par les aires décrites dans l'unité de temps par les projections, sur un plan quelconque, des rayons vecteurs joignant ces éléments au point fixe est constante.

Et, parmi tous les plans que l'on peut mener par le point fixe, il en est un pour lequel cette somme des produits des masses des éléments par les aires est la plus grande possible ; on l'appelle, comme pour un système de points, le *plan du maximum des aires ;* sa direction est invariable dans tout système matériel en mouvement sous l'action de forces ayant une résultante unique, lorsque cette résultante passe constamment par un point fixe.

184. Exemples familiers de l'application de ces théorèmes. — Les deux théorèmes des quantités de mouvement, que nous venons de démontrer pour les systèmes matériels, ont de très nombreuses applications. Le fait qu'ils ne contiennent que les *forces extérieures* permet de les employer pour résoudre une foule de problèmes qui seraient inextricables si l'on devait faire intervenir les forces intérieures. Nous citerons par exemple tous les problèmes relatifs aux mouvements de l'eau dans les cours d'eau, pour lesquels l'emploi des théorèmes des quantités de mouvement est pour ainsi dire obligatoire, sous peine de n'obtenir que des approximations plus ou moins grossières. Nous nous contenterons ici de donner quelques exemples familiers de leur application.

Considérons une arme à feu contenant un projectile et de la poudre explosive : lorsque la poudre s'enflamme, le projectile est lancé en avant, mais comme l'action de la poudre est une force intérieure, elle ne figure pas dans les équations des

quantités de mouvement, et si nous supposons qu'aucune force
extérieure ne soit appliquée à l'arme ni au projectile, la quantité de mouvement projetée sur un axe quelconque, nulle avant
l'explosion, devra être nulle après. Cela ne pourra avoir lieu
qu'autant que l'arme prendra une vitesse de sens contraire à
celle du projectile et en raison inverse de leurs masses. C'est,
en effet, ce qui se produit et ce que l'on appelle le *recul* des
armes à feu. La vitesse de ce recul est ordinairement modérée par des obstacles imprimant à l'arme une accélération en
sens contraire ; mais, si l'arme était complètement libre, elle
prendrait la vitesse que nous venons d'indiquer.

Considérons encore un navire flottant sur une eau tranquille ; l'ensemble du navire et de l'eau qui l'entoure constitue
un système matériel que nous supposons soustrait à l'action
de toute force extérieure autre que celle de la pesanteur. Si le
navire est muni d'un appareil propulseur capable de le mettre
en mouvement en agitant l'eau qui l'entoure, il faudra que la
somme des quantités de mouvement projetées sur un axe horizontal soit nulle comme lorsqu'il était au repos, c'est à-dire
que s'il prend, en avant, une vitesse quelconque, il devra refou-
ler en arrière une certaine masse d'eau et lui imprimer, en
sens inverse du mouvement qu'il prend, des vitesses telles
que la somme des projections des quantités de mouvement
sur l'axe horizontal reste constamment égale à zéro.

Ce que nous disons d'un navire s'applique à un aérostat, et
pour le faire progresser dans un air tranquille il faut mettre
en mouvement, en sens contraire, une masse d'air telle que
sa quantité de mouvement projetée sur un axe horizontal
soit égale à la quantité de mouvement de l'aérostat. Or, en général, la masse de l'aérostat correspond à un volume d'air considérable par rapport aux dimensions des appareils qui peuvent le mettre en mouvement, ce qui revient à dire que l'on
ne met en mouvement qu'une masse d'air très petite par rapport à celle de l'aérostat et que, par suite, la vitesse que l'on
peut imprimer à celui-ci n'est qu'une fraction extrêmement
petite de celle des appareils propulseurs.

C'est là une des difficultés de la *direction* des aérostats.

189. Mouvement de la toupie. — Nous allons donner un exemple familier de l'application du théorème des aires.

Considérons une toupie, c'est-à-dire un corps de révolution reposant par une pointe sur un plan horizontal et animé d'un mouvement de rotation autour de son axe. Si le plan n'exerce qu'une réaction verticale, les forces extérieures appliquées à la toupie, (son poids et cette réaction) sont dirigées suivant la même ligne droite et ont une résultante nulle, à la condition que l'axe soit parfaitement vertical; alors la somme des projections des aires sur un plan quelconque devant être constante. la rotation de la toupie continuera indéfiniment avec la même vitesse tant qu'il n'interviendra pas une force extérieure.

Supposons maintenant que l'axe soit incliné d'un certain angle sur la verticale, et supposons toujours que le plan parfaitement poli, sur lequel s'appuie la pointe, n'exerce qu'une réaction verticale égale au poids de la toupie. Si l'on considère l'axe de ce corps, le moment des forces extérieures, par rapport à cet axe, sera constamment nul et par suite la somme des aires projetées sur un plan perpendiculaire devra croître proportionnellement au temps, c'est-à-dire que la toupie conservera encore, autour de son axe, un mouvement de rotation uniforme. Mais considérons le plan vertical mené par cet axe et contenant les deux forces extérieures; la somme des moments de ces forces, par rapport à un axe perpendiculaire à ce plan, n'est pas nulle et par conséquent la somme des projections sur ce plan des aires décrites dans l'unité de temps par les points de la toupie ne peut pas être constante, ce qui aurait lieu si l'axe de la toupie restait immobile dans l'espace.

Cet axe va donc se déplacer progressivement de manière à ce que, conformément au théorème des moments des quantités de mouvement, les aires projetées sur ce plan vertical croissent proportionnellement au temps et au moment des forces extérieures par rapport à l'axe considéré. Si nous répétons le même raisonnement dans la nouvelle position de l'axe de la toupie, nous reconnaîtrons qu'il devra se déplacer de nouveau, de la même quantité dans le même temps et ainsi de suite ; son mouvement est donc uniforme.

D'un autre côté, la somme géométrique des forces extérieures appliquées à la toupie étant nulle, son centre de gravité doit rester immobile. L'axe de la toupie décrit donc un
cône de révolution à axe vertical dont le sommet est le centre de gravité qui reste fixe.

Ordinairement, les choses ne se passent pas tout à fait
ainsi ; le plan sur lequel repose la toupie peut exercer, outre
la réaction verticale égale au poids, une réaction horizontale
s'opposant au mouvement de la pointe. C'est alors autour de
la pointe, rendue fixe, que tourne l'axe de rotation, et le centre
de gravité prend un mouvement circulaire horizontal dû à la
réaction horizontale dont il s'agit.

C'est aux irrégularités de cette réaction du plan sur la
pointe et aussi à ce fait que le contact ne s'effectue jamais
suivant un simple point mathématique, mais sur une surface
d'une étendue très petite, mais finie, qu'il faut attribuer les
variations accidentelles que l'on observe dans le mouvement
de la toupie : la modification de l'angle que forme l'axe avec
la verticale, le ralentissement du mouvement de rotation, etc.,
et ces phénomènes s'expliquent tout aussi bien que les précédents, au moyen des théorèmes généraux que nous avons
démontrés.

190. Effet d'une percussion sur un corps solide. —
Nous avons désigné sous le nom de *percussion* (n° 150) le
fait d'imprimer à un point d'un système invariable une accélération très grande pendant un temps très court. Appliquée
aux corps naturels, cette définition deviendra l'action, sur un
point d'un corps solide, d'une force très grande pendant un
temps très court ; ou bien telle que, pendant la durée très petite de son action, on puisse négliger l'effet des autres forces
agissant sur le même solide.

Le nom de *percussion* se donne aussi, pour simplifier le langage, à la force qui produit la percussion.

Pour évaluer l'effet d'une percussion sur un corps solide,
nous pouvons étudier séparément le mouvement d'ensemble
imprimé au solide, c'est-à-dire le mouvement de son centre de

gravité, puis le mouvement du solide par rapport à son centre de gravité considéré comme fixe.

Considérons d'abord le mouvement du centre de gravité.

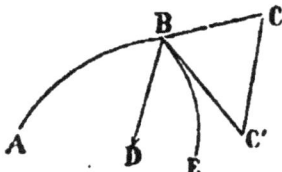

Fig. 126.

Soit AB, fig 126, la trajectoire de ce point avant la percussion. et BC sa quantité de mouvement. égale à MV, lorsqu'il est au point B, en appelant M la masse et V la vitesse du centre de gravité du solide. Il subit en ce point l'effet d'une pression P pendant un temps très court θ, l'impulsion de cette force, $\int_0^\theta P dt$, sera représentée par exemple par la ligne BD et l'impulsion des autres forces étant négligeable, la quantité de mouvement MV', après la percussion, sera la somme géométrique de la quantité de mouvement MV représentée par BC et de l'impulsion représentée par BD. Elle sera donc représentée par BC', somme géométrique des deux lignes BC et BD. La trajectoire du centre de gravité présente ainsi en B une sorte de point anguleux, puisque deux tangentes BC, BC' très voisines l'une de l'autre font un angle incomparablement grand par rapport à la distance de leurs points de contact.

Etudions maintenant le mouvement autour du centre de gravité considéré comme fixe, et, pour simplifier, supposons que le corps solide soit au repos au moment où il subit la percussion. Nous pouvons admettre, sans commettre d'erreur appréciable, que pendant la durée très petite de la percussion le solide conserve, par rapport à la direction de cette force, une position constante, c'est-à-dire que la direction et le point d'application de la force de percussion restent constants par rapport au centre de gravité.

Considérons le plan mené par le centre de gravité G du solide et par la direction de la percussion P. Le centre de gravité étant regardé comme fixe, menons par ce point une droite quelconque GM rencontrant la direction de la percussion. La somme des moments des impulsions de cette force par rapport à GM est nulle, il en sera de même de l'accroissement de la

somme des moments des quantités de mouvement par rapport
à cette ligne. Or cette somme était nulle avant la percussion,
elle est donc encore nulle après. Si la somme des moments des
quantités de mouvement par rapport à GM est nulle, cela veut
dire que le moment résultant des quantités de mouvement par
rapport à un point quelconque de cette ligne, au point G par
exemple, est perpendiculaire à sa direction, ou que le plan du
maximum des aires contient la droite GM. Comme cette droite
est quelconque, ce plan du maximum des aires est le plan mené
par le centre de gravité et la direction de la percussion.

En rapprochant ce résultat de ce que nous avons démontré
au n° 158, on reconnaîtra que le mouvement du solide est
une rotation autour du diamètre de l'ellipsoïde central d'inertie conjugué au plan dont il s'agit et l'on déterminera facilement la vitessse angulaire de la rotation.

Reprenons les notations de ce numéro 158. L'équation (6),
page 300, nous donne :

$$\omega = kl\delta,$$

l et δ sont des longueurs connues, d'après la forme du solide
donné, puisque l'on peut construire son ellipsoïde central d'i-
nertie et déterminer la longueur l du diamètre conjugué au plan
contenant la percussion et le centre de gravité ainsi que la distance δ de ce centre au plan tangent mené à l'extrémité de ce
diamètre. Quant à k st le moment résultant des quantités de
mouvement et, puisque la quantité de mouvement était nulle
avant la percussion, c'est le moment, par rapport au centre de
gravité, de l'impulsion totale $\int_0^\theta P dt$ de la force de percussion P.

La vitesse angulaire de la rotation étant ainsi déterminée,
ainsi que la direction de l'axe autour duquel elle s'effectue, on
aura le mouvement du solide dans l'espace en composant le
mouvement de son centre de gravité, considéré comme une
translation, avec cette rotation. Le mouvement résultant sera
ainsi, en décomposant cette translation suivant une parallèle
à l'axe de la rotation et suivant une perpendiculaire, un mou-

vement hélicoïdal dont l'axe instantané de rotation et de glissement sera parallèle au diamètre de l'ellipsoïde central conjugué au plan qui contient la percussion, et dont le glissement
sera la composante de la translation parallèle au même axe.

**191. Division en deux parties de la force vive totale
d'un système.** — Nous avons démontré (n° 130), pour un
système de n points géométriques la relation suivante, dans
laquelle v représente la vitesse d'un point quelconque, V celle
du centre de gravité et v' la différence géométrique

$$v' (=) v (-) V$$

de la vitesse d'un point quelconque et de la vitesse du centre
de gravité, que nous avons appelée vitesse non-translatoire de
ce point :

(1) $$\Sigma v^2 = n V^2 + \Sigma v'^2.$$

Cette équation étant applicable aux systèmes matériels dont
les masses sont proportionnelles aux nombres des points, appelons m la masse de l'élément dont la vitesse absolue est v et
dont la vitesse non translatoire est v', et M la masse totale du
système, nous aurons, en divisant par 2 les deux membres de
l'équation :

(2) $$\Sigma \frac{m v^2}{2} = \frac{M V^2}{2} + \Sigma \frac{m v'^2}{2}.$$

*La demi-force vive ou puissance vive d'un système ma-
tériel est égale à la demi-force vive qu'il aurait si toute sa
masse avait la vitesse de son centre de gravité, augmentée
de celle qui correspond aux vitesses non-translatoires de
ses divers éléments.*

192. Théorème des forces vives et du travail. — Écrivons, pour chacun des éléments d'un système matériel, l'équation suivante que nous avons démontré (n° 182) pour un point
matériel :

(1) $$\frac{m v^2}{2} - \frac{m v_0^2}{2} = \int_0^n (\mathrm{F}_x\, dx + \mathrm{F}_y\, dy + \mathrm{F}_z\, dz) = \tau \mathrm{F}$$

et additionnons terme à terme toutes ces équations, nous
aurons :

$$(2) \qquad \Sigma \frac{mv^2}{2} - \Sigma \frac{mv_0^2}{2} = \Sigma \mathbf{T} \mathbf{F}.$$

*La demi-force vive acquise, ou l'accroissement de la
demi-force vive d'un système matériel pendant un temps
quelconque est égale à la somme des travaux des forces qui
ont agi sur lui pendant le même temps.*

Désignons comme plus haut par $M = \Sigma m$ la masse totale
du système, par V et V_0 les vitesses de son centre de gravité
et par R la somme géométrique des forces *extérieures* F_e qui
agissent sur le système ; le mouvement du centre de gravité
étant le même que celui d'un point matériel de masse M, soumis à la force R, nous pouvons écrire :

$$\frac{MV^2}{2} - \frac{MV_0^2}{2} = \mathbf{T} R = \Sigma \mathbf{T} \mathbf{F}_e.$$

car le travail de la résultante R est égal à la somme des travaux
des forces extérieures F qui sont ses composantes. On peut
donc, et c'est là une remarque très importante, appliquer le
théorème des forces vives au mouvement du centre de gravité
des systèmes matériels, en y supposant concentrée la masse totale du système et considérant les travaux des forces *extérieures* supposées transportées parallèlement à elles-mêmes à
ce centre de gravité.

193. Travail des forces intérieures. — Mais, lorsque
l'on applique ce théorème aux mouvements individuels des
divers éléments, il faut tenir compte du travail des forces
intérieures, qui figurent dans le second membre de l'équation (2) ci-dessus.

Le travail des forces intérieures peut, dans certains cas,
être évalué facilement. Ces forces étant réciproques, soient
M, N, fig. 127, deux points d'un système soumis à deux forces
intérieures f, égales et directement opposées et M', N' les positions de ces points après un instant infiniment petit. Projetons
ces points en P et Q sur la direction MN. Le travail de la force

f agissant sur le point M est égal à $-f \times$ MP et celui de la force f agissant en N à $f \times$ NQ, la somme de ces travaux est

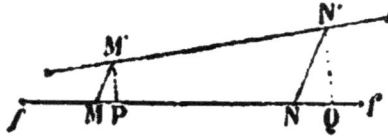

Fig. 127.

égale à f(NQ — MP) ou bien, en ajoutant aux deux termes de cette différence la partie PN, égale à f(PQ — MN). Or, si r est la distance MN, $r + dr$ la distance M'N', les deux lignes M'N' et MN faisant entre elles un angle infiniment petit, la projection PQ de M'N' est égale, à un infiniment petit du second ordre près, à M'N' ou à $r + dr$, le travail des deux forces que nous considérons est donc égal à $f(r + dr - r) = f dr$, ou au produit de la force intérieure qui agit sur chacun des deux points par l'augmentation de leur distance.

Ce travail est positif lorsque les deux points ont pris l'un par rapport à l'autre un mouvement dans le sens que la force tend à leur imprimer, c'est-à-dire s'ils se sont éloignés, la force étant répulsive, ou rapprochés si elle est attractive. Il est négatif dans le cas contraire.

Il en résulte que *si la distance de deux points d'un système n'a pas changé, le travail élémentaire de leur action mutuelle est nul.*

On a très souvent, en mécanique, à considérer le mouvement de corps solides dont toutes les parties conservent des dimensions sensiblement constantes, et alors les *travaux des forces intérieures sont négligeables.*

Il en est de même, encore, lorsque la distance mutuelle de deux points redevient la même après avoir changé, si l'on admet, ce que l'on peut faire généralement, que l'action qui s'exerce entre ces deux points ne dépende que de leur propre distance.

Si les deux points se rapprochent après s'être éloignés, par exemple, le travail dans chacun des déplacements élémentaires successifs de l'une des phases sera égal et de signe contraire à celui qui s'était produit dans le déplacement correspondant de l'autre phase, et alors le travail total de l'action intérieure sera encore nul.

CHAPITRE X

DES FORCES VIVES ET DU TRAVAIL

---

§ 1

DU TRAVAIL EN GÉNÉRAL.

194. Conséquence du théorème des forces vives, appliqué à un point matériel. — Sans chercher à pénétrer les causes physiques du mouvement, on peut se rendre compte de l'importance de la quantité que nous avons appelée *force vive* et du rôle qu'elle doit jouer dans les problèmes. L'observation des faits nous porte, comme l'a fait observer M. Boussinesq [1], à regarder l'énergie ou l'activité déployée dans un mou-

---

[1]. Journal de mathématiques pures et appliquées, Tome XVIII. 1873.

vement comme proportionnelle d'abord à la masse du corps
mis en mouvement, puis à la vitesse qui lui est imprimée, enfin à la grandeur totale du déplacement opéré. Il faut en effet
une énergie ou une activité d'autant plus grande pour opérer
un déplacement total donné qu'on l'effectue avec une plus
grande vitesse. Par conséquent, si l'on considère l'activité rapportée à l'unité de temps, pendant laquelle ce déplacement est
égal pré.isément à la vitesse v, elle sera proportionnelle à
mv^2, la force vive, ou à $\frac{1}{2} mv^2$, la puissance vive, ou encore au
travail de la force, qui est précisément égal à cette dernière
quantité.

Nous étudierons, avec détails, les conséquences du théorème
des forces vives, appliqué d'abord à un point matériel.

L'accélération, ou la force, ainsi que leurs composantes étant
exprimées en fonction des coordonnées x, y, z du point (et
quelquefois aussi, comme nous l'avons dit, des composantes
$\frac{dx}{dt}, \frac{dy}{dt}, \frac{dz}{dt}$ de sa vitesse), l'intégrale :

$$\int_{s_0}^{s} (F_x\, dx + F_y\, dy + F_z\, dz)$$

pourra encore dépendre de la forme de la trajectoire du point,

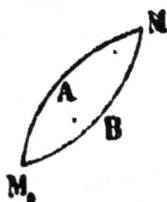

Fig. 128.

en ce sens que si le point mobile considéré va
de M_0 à M (fig. 128) en suivant la ligne M_0AM,
cette intégrale, prise entre les points M_0 et M
pourra avoir une valeur différente de celle
qu'elle aurait si le point suivait un autre chemin tel que M_0BM.

Cependant, il arrivera aussi que cette in-
tégrale conservera la même valeur quelle que soit la forme de
la trajectoire unissant le point de départ au point d'arrivée, et
nous allons chercher la condition pour qu'il en soit ainsi.

Si l'intégrale qui exprime le travail de la force F. agissant
sur un point matériel, prend la même valeur au point M quel
que soit le chemin parcouru pour y arriver à partir d'une position initiale M_0, la vitesse du point mobile à son arrivée au
point M sera aussi la même (pour une même vitesse initiale v_0)

quelle que soit la forme de la trajectoire et par conséquent cette intégrale ne pourra être qu'une certaine fonction des coordonnées du point M.

Désignons par $V(x, y, z)$ cette fonction, supposée connue, des coordonnées x, y, z. Au point $M_0\ x_0, y_0, z_0$) cette fonction a pour valeur $V(x_0, y_0, z_0)$ et nous pouvons écrire :

$$(1)\ \tau F = \int_{z_0}^{z} (F_x\, dx + F_y\, dy + F_z\, dz) = V(x,y,z) - V(x_0,y_0,z_0).$$

Appliquons cette équation à un déplacement infiniment petit, ce qui revient à prendre la différentielle totale des deux membres, nous aurons :

$$(2)\quad F_x\, dx + F_y\, dy + F_z\, dz = dV = \frac{dV}{dx}\, dx + \frac{dV}{dy}\, dy + \frac{dV}{dz}\, dz,$$

puisque la fonction V ne dépend que des trois variables x, y, z. Cette équation devant avoir lieu quel que soit le chemin infiniment petit parcouru, ou bien être vérifiée pour toutes les valeurs quelconques de dx, dy, dz, il est nécessaire que l'on ait :

$$(3)\qquad F_x = \frac{dV}{dx}\ ,\qquad F_y = \frac{dV}{dy}\ ,\qquad F_z = \frac{dV}{dz}\ .$$

Par conséquent, pour que la condition que nous nous sommes proposée soit satisfaite, c'est-à-dire pour que le travail d'une force F, agissant sur un point matériel en mouvement ne dépende que de la position initiale et de la position finale de ce point et non du chemin parcouru entre les deux, il est nécessaire d'abord que la force ne soit fonction que des coordonnées du point, et ensuite que les trois projections de la force, sur trois axes rectangulaires, soient les dérivées partielles, par rapport aux trois coordonnées, d'une même fonction de ces coordonnées.

Il est facile de vérifier, d'ailleurs, que cette condition nécessaire est en même temps suffisante, c'est-à-dire que si un point est soumis à l'action d'une force F dont les composantes F_x, F_y, F_z suivant les trois axes sont les dérivées partielles $\frac{dV}{dx}, \frac{dV}{dy},$

$\frac{dV}{dz}$ d'une même fonction V des coordonnées du point, le travail de cette force ne dépendra aussi que de ces coordonnées, c'est-à-dire des positions initiale et finale du point et nullement de la forme de la trajectoire suivie entre les deux. Il suffit, pour démontrer cette réciproque, de reprendre en sens inverse le raisonnement précédent. Si, en effet, l'on a les trois équations (3), en les multipliant respectivement par dx, dy, dz et les ajoutant, on a la précédente (2) laquelle intégrée donne bien celle (1) qui exprime ce qu'il fallait démontrer.

La fonction $V(x, y, z)$ porte le nom de *fonction de force*.

195. Propriétés des surfaces de niveau. — Considérons la surface représentée par l'équation

$$V(x, y, z) = \text{une constante C},$$

que l'on appelle *surface de niveau* de la force F. Si le point mobile se déplace sur cette surface, le travail de la force sera identiquement nul puisque la fonction V à la même valeur C en tous ses points. Si, en particulier, nous considérons un déplacement infiniment petit quelconque, sur la surface de niveau, les projections de ce déplacement sur les axes étant dx, dy, dz et le travail de la force F étant nul comme nous venons de le dire, nous aurons

$$F_x\, dx + F_y\, dy + F_z\, dz = 0 ;$$

ce qui montre que la direction de la force est normale à celle du déplacement, et comme celui-ci peut avoir lieu dans une direction quelconque sur la surface, on en déduit que la *force est normale à la surface de niveau*.

Remarquons d'ailleurs que par tout point de l'espace il passe une surface de niveau ; en effet si l'on met dans la fonction V, pour x, y, z, les coordonnées de ce point, la fonction prendra une certaine valeur qui sera celle de la constante C particulière à la surface passant par le point considéré.

Le travail d'une force, lorsque son point d'application passe

d'une surface de niveau $V(x, y, z) = C$ à une autre surface
$V(x, y, z) = C'$, est exprimé par la différence $C' - C$ des deux
valeurs de la fonction V correspondant aux deux surfaces de
niveau contenant le point d'arrivée et le point de départ du
mobile.

Nous venons de déterminer la *direction* de la force, normale
à la surface de niveau, nous pouvons aussi en déterminer le
sens.

Fig. 129.

Considérons un point M, fig. 129. la surface de
niveau qui passe par ce point et la direction MF
de sa normale, qui est celle de la force. Soit $V =$
C l'équation de cette surface, et $V = C + dC$ celle
d'une surface de niveau infiniment voisine qui
rencontre en M' la direction de la force MF. Désignons par ds la distance MM' et attribuons au point mobile
précisément ce déplacement $MM' = ds$. Ce déplacement s'effectuant suivant la direction de la force, le travail a pour expression Fds et il est mesuré aussi, comme nous venons de le dire
par la différence $C + dC - C = dC$ des valeurs de la fonction
V correspondant aux surfaces de niveau contenant le point d'arrivée et le point de départ. On a ainsi

$$Fds = dC.$$

Si nous avons compté posit.vement ds dans le sens de la force,
le premier membre de cette équation est positif et il en est de
même du second ; par conséquent, la force est dirigée, sur la
normale à la surface de niveau, du côté de cette surface vers
lequel la fonction V va en croissant.

106. Positions d'équilibre du point mobile. — S'il
existe des points de l'espace pour lesquels la force F s'annule,
il en est de même de ses composantes F_x, F_y, F_z et, en ces
points, la différentielle totale de la fonction V devient égale à
zéro, ce qui veut dire que cette fonction passe par un maximum
ou un minimum. Ces points, pour lesquels la force F est nulle,
sont les *positions d'équilibre* du point mobile, c'est-à-dire que
placés en ces points au repos, ils y resteront indéfiniment
puisque l'accélération qui leur est imprimée est nulle.

On voit donc que les positions d'équilibre du point mobile sont sur les surfaces de niveau qui correspondent à un maximum ou à un minimum de la fonction de force.

Considérons un point M de l'espace où la fonction V atteint une valeur maximum, et la surface de niveau qui passe par ce point où la force F est nulle. Prenons un autre point voisin quelconque M' et supposons le point mobile placé en M' sans vitesse initiale. Menons la surface de niveau qui passe par M' et sa normale, suivant laquelle est dirigée la force F qui, en M', n'est plus nulle. Cette normale à la surface M' rencontrera, en général, la surface de niveau menée par M, et comme la fonction V va en croissant de M' vers M, puisque ce dernier point correspond à un maximum, la force F est dirigée de M' vers M. L'accélération que prendra le point mobile aura lieu dans le même sens et par conséquent tendra à le rapprocher de la surface correspondant à la position d'équilibre. On dit alors que l'équilibre est *stable*, c'est-à-dire que le point mobile, légèrement écarté de sa position d'équilibre tend à y revenir.

Par un raisonnement analogue on reconnaîtrait qu'aux points où la fonction de force V atteint son minimum, l'équilibre est *instable*, c'est-à-dire que le point mobile, légèrement écarté de cette position d'équilibre, tend à s'en éloigner davantage.

197. Potentiel d'une force. — Lorsque l'on donne à x, y, z toutes les valeurs possibles, la fonction V passe, en général, par plusieurs maximums et minimums, et parmi les premiers il y en a un plus grand que tous les autres. Soit B ce maximum maximorum, tel que pour tout point de l'espace la différence :

$$B - V(x, y, z)$$

soit nécessairement positive. Cette différence représentera le travail qui sera produit par la force F lorsque le point mobile passera d'une position x, y, z à la position d'équilibre stable correspondant à B. Et comme en aucun autre point de l'espace la fonction V n'atteint la valeur B, ce travail sera le

maximum de celui que pourra produire la force F lorsque son
point d'application passera de la position initiale x, y, z à un
autre point quelconque de l'espace.

Cette différence est ce que l'on appelle le *potentiel* de la
force F.

Le potentiel, comme la fonction de force V elle-même, dont
il ne diffère que par le signe et l'addition d'une constante qui
le rend toujours positif, est une fonction des coordonnées x,
y, z du point mobile. Il représente la plus grande somme de
travail qui puisse être produit par la force F, agissant sur ce
point mobile se déplaçant d'une façon quelconque : cette plus
grande somme de travail se produisant lorsque le point mobile arrive à sa position d'équilibre stable.

On voit que les dérivées du potentiel par rapport aux coordonnées sont égales et de signe contraire à celles de la fonction V et, par suite, aux composantes de la force suivant les
trois axes coordonnés. Si nous désignons par $\Pi (x, y, z)$ le potentiel de la force F, nous avons, par définition :

$$\Pi (x,y,z) = B - V (x,y,z)$$

d'où l'on déduit :

$$\frac{d\Pi}{dx} = -\frac{dV}{dx} = -F_x \ , \quad \frac{d\Pi}{dy} = -\frac{dV}{dy} = -F_y \ , \quad \frac{d\Pi}{dz} = -\frac{dV}{dz} = -F_z.$$

Tout ce que nous avons dit de la fonction de force s'applique à la fonction potentielle ou au potentiel Π : les surfaces de
niveau, que nous avons définies par l'équation $V (x, y, z) = C$
peuvent l'être également par :

$$\Pi (x,y,z) = B - C = C'.$$

Le potentiel est toujours positif, par définition.

Remarquons, d'ailleurs, qu'en ce qui concerne le mouvement d'un point matériel, il n'y a de fonction de force, et par
suite de potentiel, que si la force qui agit sur le point satisfait
aux conditions indiquées plus haut, c'est-à-dire si elle est simplement fonction des coordonnées du point et si ses trois pro-

jections sur les trois axes sont les dérivées partielles, par rapport aux coordonnées, d'une même fonction.

Lorsque plusieurs forces, ayant chacune une fonction de force, agissent simultanément sur un point matériel, leur résultante a pour potentiel la somme des potentiels des composantes. Soient, en effet, plusieurs forces F', F'', F'''... agissant simultanément sur un même point, Π', Π'', Π'''... leurs potentiels, et F la résultante de ces forces. Nous avons d'abord, en désignant par les indices x, y, z les projections sur les trois axes :

$$\mathbf{F}_x = \mathbf{F}_x' + \mathbf{F}_x'' + \cdots,\quad \mathbf{F}_y = \mathbf{F}_y' + \mathbf{F}_y'' + \cdots,\quad \mathbf{F}_z = \mathbf{F}_z' + \mathbf{F}_z'' + \cdots$$

et, d'autre part :

$$\mathbf{F}_x' = -\frac{d\Pi'}{dx}\ ,\quad \mathbf{F}_x'' = -\frac{d\Pi''}{dx}\ ,\ldots$$

$$\mathbf{F}_y' = -\frac{d\Pi'}{dy}\ ,\quad \mathbf{F}_y'' = -\frac{d\Pi''}{dy}\ ,\ldots$$

$$\mathbf{F}_z' = -\frac{d\Pi'}{dz}\ ,\quad \mathbf{F}_z'' = -\frac{d\Pi''}{dz}\ ,\ldots$$

d'où, en additionnant membre à membre, désignant par Π la somme des fonctions $\Pi' + \Pi'' + \Pi''' + \cdots$

$$\mathbf{F}_x = -\frac{d\Pi}{dx}\ ,\quad \mathbf{F}_y = -\frac{d\Pi}{dy}\ ,\quad \mathbf{F}_z = -\frac{d\Pi}{dz}\ .$$

Ce qui démontre le théorème énoncé.

188. Application à la pesanteur. — Appliquons les considérations précédentes à des exemples simples.

Considérons d'abord un point soumis à une force constante en grandeur et en direction, comme un point pesant. Prenons l'axe des z parallèle à la direction constante de la force et dans le sens où elle est positive, les axes des x et des y perpendiculaires, si nous désignons par P la force constante qui agit sur le point, ses composantes suivant les axes des x, y, z sont respectivement 0, 0 et P, et l'on a :

$$\frac{d\Pi}{dx} = 0\ ,\quad \frac{d\Pi}{dy} = 0\ ,\quad \frac{d\Pi}{dz} = -P.$$

D'où :

$$\Pi = - Pz + C.$$

Appelons h la plus grande valeur que puisse prendre la coordonnée z, celle qui correspond à la position d'équilibre stable du point. Pour cette valeur, $\Pi = 0$, ce qui détermine C, et l'on a en définitive :

$$\Pi = P (h - z).$$

Les surfaces de niveau sont des plans, $z = $ constante, perpendiculaires à la direction de la force P.

Il convient de remarquer que, dans ce cas particulier, il n'y a pas, à proprement parler, de *maximum*, dans le sens analytique du mot, de la fonction de force si l'on suppose que z puisse croître indéfiniment. Il faut supposer, pour donner au potentiel une signification précise, que le point matériel mobile se trouve, par suite de circonstances étrangères à l'action de la force P, obligé de rester dans la région de l'espace pour laquelle z est plus petit que h.

C'est ainsi, par exemple, que le poids moteur d'une horloge ne peut descendre au-delà d'un certain niveau déterminé par la longueur de la chaîne à laquelle il est suspendu.

Son potentiel, lorsqu'il est remonté, est égal au produit de sa grandeur par la hauteur maximum dont il peut descendre.

199. Application à une force centrale. — Considérons encore un point matériel soumis à l'action d'une force *centrale*, c'est-à-dire passant constamment par un point fixe et fonction de la seule distance des deux points.

Soit $F = \varphi' (r)$ la force dont il s'agit, exprimée par une fonction quelconque φ' de la distance r du point mobile au point fixe pouvant toujours être considérée comme la dérivée d'une fonction $\varphi (r)$ connue. Prenons le point fixe pour origine des coordonnées ; la force F étant dirigée suivant le rayon r, les cosinus des angles qu'elle fait avec les trois axes sont $\frac{x}{r}, \frac{y}{r}, \frac{z}{r}$ et, par conséquent, l'on a :

$$\frac{d\Pi}{dx} = -\varphi'(r)\frac{x}{r} \quad , \frac{d\Pi}{dy} = -\varphi'(r)\frac{y}{r} \quad , \frac{d\Pi}{dz} = -\varphi'(r)\frac{z}{r} \cdot$$

Or, l'on a :

$$r = \sqrt{x^2 + y^2 + z^2} \quad ,$$

et, par suite :

$$\frac{dr}{dx} = \frac{x}{r} \quad , \quad \frac{dr}{dy} = \frac{y}{r} \quad , \quad \frac{dr}{dz} = \frac{z}{r} ;$$

substituons dans les équations précédentes et remplaçons-y $\varphi'(r)$ par $\frac{d\varphi}{dr}$, nous aurons :

$$\frac{d\Pi}{dx} = -\frac{d\varphi}{dr}\frac{dr}{dx} \quad , \quad \frac{d\Pi}{dy} = -\frac{d\varphi}{dr}\frac{dr}{dy} \quad , \quad \frac{d\Pi}{dz} = -\frac{d\varphi}{dr}\frac{dr}{dz} ;$$

ce qui montre que les trois dérivées partielles de la fonction Π par rapport aux trois coordonnées sont égales et de signe contraire à celles de la fonction φ. Ces deux fonctions ne diffèrent donc que par le signe et par une constante et nous pouvons écrire :

$$\Pi = C - \varphi(r).$$

Nous aurions pu arriver directement à ce résultat en remarquant que le travail élémentaire de la force F constamment dirigée vers un point fixe, égal au produit de cette force par la projection sur sa direction de l'espace parcouru par le mobile, a pour expression $F\,dr$, car cette projection est précisément égale à dr. D'un autre côté, le travail élémentaire est la différentielle totale de la fonction de force V, nous avons donc ainsi :

$$dV = F\,dr = \varphi'(r)\,dr,$$

d'où :

$$V = \varphi(r).$$

ce qui donne bien la valeur précédente pour le potentiel.

On voit que les surfaces de niveau sont les surfaces exprimées par :

$$\varphi(r) = \text{const.}$$

c'est-à-dire qu'elles sont des sphères décrites du point fixe
comme centre.

Le travail de la force F, lorsque le point mobile passera d'une
distance r_0 à une distance r_1, aura pour expression :

$$V_1 - V_0 = \varphi(r_1) - \varphi(r_0).$$

La constante C du potentiel se déterminera par la valeur
maximum de la fonction $\varphi(r)$.

**300. Cas d'une force attractive inversement propor-
tionnelle au carré de la distance.** — Appliquons cela au
cas particulier où la force est attractive et varie en raison inverse du carré de la distance des deux points. L'accélération
dirigée du point mobile vers le point fixe étant proportionnelle
à $\frac{1}{r^2}$, si l'on désigne par m' la masse du premier, par m celle du
second, la force attractive sera, en désignant par f l'attraction
réciproque de deux masses égales à l'unité et placées à l'unité
de distance, exprimée par :

$$F = \varphi'(r) = f \frac{mm'}{r^2} ;$$

on en déduit :

$$\varphi(r) = -f \frac{mm'}{r} ,$$

quantité toujours négative dont le maximum est zéro.

Nous avons ainsi :

$$H = 0 - \varphi(r) = f \frac{mm'}{r} .$$

Le potentiel est ainsi inversement proportionnel à la distance des deux points et il est égal et de signe contraire au travail de la force lorsque le point mobile, partant d'une position quelconque située à une distance r du point fixe, s'en éloigne jusqu'à l'infini ou, ce qui revient au même, le potentiel est égal au travail de la force lorsque le point mobile partant de l'infini arrive à une distance r du point fixe.

Si le point mobile, de masse m', est attiré à la fois vers plusieurs points fixes de masses m_1, m_2, m_3,..... et s'il se trouve à des distances r_1, r_2, r_3,..... de ces divers points, le potentiel de la résultante des diverses forces attractives sera, d'après ce que nous avons dit, égal à la somme des potentiels des forces composantes ; nous aurons ainsi, en le désignant par Π,

$$\Pi = fm'\left(\frac{m_1}{r_1} + \frac{m_2}{r_2} + \frac{m_3}{r_3} + ...\right) = fm' \Sigma \frac{m}{r} \cdot$$

Le potentiel se rapporte, ordinairement, à une attraction égale à l'unité, pour l'unité de distance. Ce qu'on appelle potentiel est alors le rapport $\frac{\Pi}{fm'}$ et l'on a :

$$\frac{\Pi}{fm'} = \Sigma \frac{m}{r} \cdot$$

Si au lieu de plusieurs points fixes, de masses $m_1, m_2, m_3...$, on considère un espace continu et si, comme nous l'avons déjà fait plusieurs fois, on le divise en éléments infiniment petits de masse dm, la distance de chacun de ces éléments au point mobile étant toujours, en général, représentée par r, le potentiel aura pour expression :

$$\int \frac{dm}{r} \; ,$$

l'intégrale étant prise dans toute l'étendue de l'espace rempli par les éléments dm.

202. Potentiel d'attraction newtonienne. — Ce potentiel, pour des actions variant en raison inverse du carré de la distance, porte les noms de potentiel *ordinaire*, potentiel *inverse*, potentiel d'*attraction newtonienne*. C'est presque toujours lui que l'on a en vue lorsque l'on se sert du mot potentiel sans épithète, les autres potentiels recevant au contraire des qualifications rappelant la nature de la force à laquelle ils se rapportent.

Si l'on désigne par x, y, z les coordonnées du point mobile, x_1, y_1, z_1 celles d'un élément infiniment petit de la masse attirante, élément auquel on peut supposer une forme de parallélépipède rectangle, un volume $dx_1 dy_1 dz_1$ et une masse $\rho dx_1 dy_1 dz_1$, en désignant par ρ la masse spécifique au point considéré c'est-à-dire la limite du rapport de la masse d'un élément à son volume lorsque celui-ci tend vers zéro, l'expression du potentiel $\int \frac{dm}{r}$ se mettra sous la forme :

$$\int \frac{dm}{r} = \int \int \int \frac{\rho \, dx_1 \, dy_1 \, dz_1}{\sqrt{(x - x_1)^2 + (y - y_1)^2 + (z - z_1)^2}} ,$$

l'intégrale étant toujours prise dans les limites de l'étendue de la masse attirante.

Cette fonction $\int \frac{dm}{r}$ des coordonnées x, y, z d'un point quelconque de l'espace jouit de propriétés particulières. Elle reste finie et continue, malgré le dénominateur $\frac{1}{r}$ susceptible de s'y annuler, même quand le point (x, y, z) se trouve à l'intérieur de la masse attirante, pourvu que la densité ρ reste finie au point (x, y, z). Et la somme de ses trois dérivées secondes prises partiellement aux trois coordonnées x, y, z est indépendante de la position de ce point (x, y, z) mais dépend seulement de la densité en ce point et est exprimée par $-4\pi\rho$. Cette somme est donc nulle lorsque le point attiré est extérieur à la masse attirante.

Voici comment l'on peut, très simplement, démontrer ce résultat.

Cherchons d'abord, dans l'hypothèse d'une force d'attraction variant en raison inverse du carré de la distance, la résultante de l'attraction, sur un point matériel, d'une couche sphérique homogène et infiniment mince. Soit A (fig. 130) le point attiré situé à une distance $OA = x$ du centre O de la couche sphérique dont nous appelons a le rayon OB et ρ la densité par unité superficielle. Si m est la masse du point A et f l'attraction réciproque

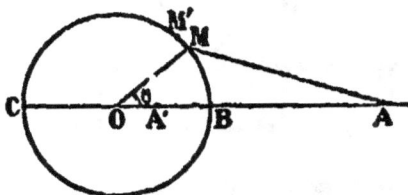

Fig. 130.

exercée entre deux points ayant chacun une masse égale à l'unité et placés à l'unité de distance, l'attraction exercée sur le point A par une masse m' située à une distance r sera $f \frac{mm'}{r^2}$.

En raison de la symétrie, les actions exercées par tous les points de la couche sphérique sur le point A se composeront en une seule dirigée suivant AO, et si nous désignons par F cette résultante cherchée des attractions, et par Π son potentiel, nous aurons, entre ces deux quantités, la relation générale :

$$F = -\frac{d\Pi}{dx}.$$

D'un autre côté, le potentiel Π a pour expression :

$$\Pi = fm \Sigma \frac{m'}{r},$$

où bien, puisqu'il s'agit d'un espace continu :

$$\Pi = fm \int \frac{dm'}{r},$$

en désignant par dm' les éléments de masse de la couche attirante. Considérons une zone sphérique infiniment étroite MM′ définie par l'angle $MOA = \theta$ et l'angle au centre $d\theta$ correspondant à l'élément MM′; la surface de cette zone sera $2\pi a^2 \sin \theta d\theta$ et sa masse $2\pi \rho a^2 \sin \theta d\theta$. Nous pouvons prendre cette masse pour la valeur de dm', puisque tous ses points sont à une même distance $AM = r$ du point A et nous aurons alors :

$$\Pi = fm \int_0^\pi \frac{2\pi\rho \, a^2 \sin \theta \, d\theta}{r}.$$

Le triangle OMA nous donne d'ailleurs :

$$r^2 = a^2 + x^2 - 2ax \cos \theta ;$$

D'où, puisque a et x sont constants :

$$r dr = ax \sin \theta \, d\theta ;$$

Et, en substituant :

$$\Pi = \frac{2\pi \rho \, a fm}{x} \int dr ,$$

Si le point A est extérieur à la couche, $\int dr$, entre les limites correspondant à celles de 0 et π pour θ. c'est-à-dire entre B et C, a pour valeur $AC - AB$ ou $2a$. On a donc alors :

$$\Pi = \frac{4\pi\rho a^2 fm}{x} \qquad . \quad \text{et} \qquad F = -\frac{d\Pi}{dx} = \frac{4\pi\rho \, a^2 fm}{x^2},$$

ou bien, si on appelle M la masse totale de la couche sphérique:
$M = 4\pi a^2 \rho$:

$$\Pi = \frac{fmM}{x} \qquad , \qquad F = \frac{fmM}{x^2} .$$

L'attraction est la même que si toute la matière de la couche sphérique était réunie à son centre.

Si, au contraire, le point A était à l'intérieur. en A′ par exemple, $\int dr$ entre les mêmes limites B et C serait égal à $A'C - A'B$ ou $2OA'$ ou $2x$. Alors

$$\Pi = 4\pi\rho a fm \qquad , \quad F = -\frac{d\Pi}{dx} = 0.$$

La couche sphérique n'exerce aucune attraction sur un point situé à son intérieur.

Ces deux propositions, que nous venons de déduire de la propriété du potentiel, peuvent se démontrer directement en calculant, par les méthodes ordinaires, la résultante de toutes les forces d'attraction. On trouvera ce calcul dans tous les traités de mécanique.

Si au lieu d'une couche infiniment mince, nous considérons une sphère creuse, d'une épaisseur quelconque, formée de couches concentriques dont la densité soit constante pour chacune d'elles, nous pourrons y appliquer les mêmes conclusions. En effet, sur un point extérieur, l'action de chacune des couches est la même que si toute la masse de cette couche était concentrée au centre de la sphère, il en sera de même pour l'ensemble. Et sur un point intérieur, l'action de chacune des couches étant nulle, l'action totale est elle-même nulle.

Par conséquent, encore, l'action d'une sphère pleine, formée de couches concentriques homogènes, sur un point de son intérieur, situé à une distance x de son centre, se réduit à l'action de la portion de ce solide contenue à l'intérieur d'une sphère concentrique de rayon x. Et elle est la même que si cette dernière sphère était tout entière placée au centre. Si la densité ρ est constante, la sphère de rayon x a pour masse $\frac{3}{4} \pi x^3 \rho$ et son action sur le point A de masse m, à la distance x, est :

$$ f \frac{4}{3} \frac{\pi x^3 \rho m}{x^2} = \frac{4}{3} \pi \rho \, mfx. $$

Elle est alors directement proportionnelle à x.

Cela posé, il nous est facile de démontrer les deux propriétés de la somme des dérivées secondes de la fonction potentielle $\int \frac{dm}{r}$. Posons :

$$ \varphi = \int \frac{dm}{r} = \iiint \frac{\rho \, dx_1 \, dy_1 \, dz_1}{\sqrt{(x-x_1)^2 + (y-y_1)^2 + (z-z_1)^2}}. $$

L'élément de masse dm ne dépend pas de x, y, z qui sont les coordonnées du point attiré. Pour obtenir les dérivées de la fonction φ par rapport à x, y, z nous pouvons donc différentier, sous le signe $\int$, les quantités qui dépendent de ces variables. Remarquons que nous avons :

$$\frac{dr}{dx} = \frac{x - x_i}{r} \quad , \quad \frac{dr}{dy} = \frac{y - y_i}{r} \quad , \quad \frac{dr}{dz} = \frac{z - z_i}{r}$$

et par suite :

$$\frac{d\frac{1}{r}}{dx} = -\frac{1}{r^2}\frac{dr}{dx} = -\frac{x - x_i}{r^3} \quad , \quad \frac{d\frac{1}{r}}{dy} = -\frac{y - y_i}{r^3} \quad , \quad \frac{d\frac{1}{r}}{dz} = -\frac{z - z_i}{r^3}$$

$$\frac{d^2\frac{1}{r}}{dx^2} = -\frac{1}{r^3} - 3(x - x_i)\frac{1}{r^3}\frac{d\frac{1}{r}}{dx} = -\frac{1}{r^3} + 3\frac{(x - x_i)^2}{r^5}$$

$$\frac{d^2\frac{1}{r}}{dy^2} = -\frac{1}{r^3} + \frac{3(y - y_i)^2}{r^5} \quad , \quad \frac{d^2\frac{1}{r}}{dz^2} = -\frac{1}{r^3} + \frac{3(z - z_i)^2}{r^5}$$

ou, identiquement :

$$\frac{d^2\frac{1}{r}}{dx^2} + \frac{d^2\frac{1}{r}}{dy^2} + \frac{d^2\frac{1}{r}}{dz^2} = 0,$$

Nous avons aussi, d'après ce que nous venons de dire :

$$\frac{d^2\varphi}{dx^2} = \int \frac{d^2\frac{1}{r}}{dx^2} dm \quad , \quad \frac{d^2\varphi}{dy^2} = \int \frac{d^2\frac{1}{r}}{dy^2} dm \quad , \quad \frac{d\varphi^2}{dz^2} = \int \frac{d^2\frac{1}{r}}{dz^2} dm ,$$

à la condition, toutefois, que la fonction $\frac{1}{r}$ ne devienne infinie pour aucune valeur comprise dans l'intégration. Si cette condition est satisfaite, c'est-à-dire si r ne s'annule pas, ou si le point attiré est extérieur au corps attirant, nous aurons :

$$\frac{d^2\varphi}{dx^2} + \frac{d^2\varphi}{dy^2} + \frac{d^2\varphi}{dz^2} = \int \left(\frac{d^2\frac{1}{r}}{dx^2} + \frac{d^2\frac{1}{r}}{dy^2} + \frac{d^2\frac{1}{r}}{dz^2} \right) dm = 0.$$

Si le point attiré fait partie du corps, concevons une sphère infiniment petite dont le centre aurait pour coordonnées a, b, c et à l'intérieur de laquelle serait compris le point x, y, z. La fonction φ, considérée pour tout le reste du corps, satisfera à l'équation précédente. Désignons par φ' la valeur de cette fonction pour la sphère dont nous venons de parler, les composantes de l'attraction de la sphère sur le point situé dans son intérieur seront, en remarquant que la densité ρ en ce point est aussi celle de la sphère infiniment petite considérée comme homogène :

$$\frac{4}{3}\pi\rho\, mf(x-a) \ , \quad \frac{4}{3}\pi\rho\, mf(y-b) \ , \quad \frac{4}{3}\pi\rho\, mf(z-c) \ ,$$

et ces composantes, divisées par mf, sont respectivement égales aux dérivées changées de signe de la fonction φ' par rapport aux coordonnées x, y, z.

Différentiant une seconde fois par rapport à ces coordonnées nous avons :

$$\frac{d^2\varphi'}{dx^2}=-\frac{4}{3}\pi\rho \ , \quad \frac{d^2\varphi'}{dy^2}=-\frac{4}{3}\pi\rho \ , \quad \frac{d^2\varphi'}{dz^2}=-\frac{4}{3}\pi\rho \ .$$

D'où, en additionnant et ajoutant la somme identiquement nulle des dérivées secondes de la portion de la fonction φ qui est extérieure à la sphère :

$$\frac{d^2\varphi}{dx^2}+\frac{d^2\varphi}{dy^2}+\frac{d^2\varphi}{dz^2}=-4\pi\rho \ ,$$

la densité ρ étant celle du corps attirant à l'emplacement du point attiré. La formule est ainsi générale puisque cette densité est nulle lorsque le point attiré est en dehors du corps.

Cette propriété de la fonction potentielle sert, dans beaucoup de cas, à en déterminer la valeur. Nous ne donnerons pas d'exemples de cette détermination ; le lecteur en trouvera dans les recueils d'exercices et de problèmes de mécanique. La plupart des questions traitées dans ces recueils ont d'ailleurs un intérêt plus théorique que pratique.

Nous ne dirons rien non plus de l'attraction des ellipsoïdes, question dont le développement nous ferait dépasser les limites de ce volume.

202. Energie potentielle, actuelle, totale. — On appelle, en général, *énergie*, tout ce qui peut se transformer en travail. Nous venons de voir qu'un point ma'ériel, soumis à une certaine force et écarté de sa position d'équilibre. pouvait en y revenant donner lieu, de la part de la force qui lui est appliquée, à un certain travail mesuré par le potentiel de cette force. C'est ce que l'on appelle l'*énergie potentielle* du point matériel considéré. Ainsi le poids P d'une horloge, remonté d'une hauteur *h* au-dessus de sa position d'équilibre peut donner lieu, en y revenant, à un travail mesuré par P*h*, lequel est alors l'énergie potentielle du poids dont il s'agit : c'est aussi l'énergie potentielle d'une masse d'eau de poids P, maintenue dans un réservoir à niveau constant à une hauteur *h* au-dessus d'un réservoir inférieur où elle peut s'écouler. Tant qu'elle reste à son niveau supérieur, tant que le poids de l'horloge reste en haut de sa course, ils conservent leur énergie potentielle P*h*, et celle-ci diminue, soit par la diminution de *h*, soit par celle de P lorsque le poids descend ou que le réservoir se vide.

Considérons, au contraire un point matériel n'étant soumis à l'action d'aucune force et animé d'une vitesse v_0 qui sera, par suite, constante en grandeur et en direction. Appliquons-lui, en sens contraire de son mouvement. une force F quelconque, que nous pouvons supposer constante, et écrivons l'équation qui exprime le théorème des forces vives. Le déplacement du point mobile, après l'application de la force, continuera à s'effectuer en ligne droite, puisque la vitesse initiale et l'accélération sont à chaque instant dirigées suivant la même droite, et ce déplacement sera, dans les premiers temps au moins, de même sens qu'avant l'application de la force. de sorte que le travail de celle-ci sera négatif ; nous aurons, en mettant son signe en évidence :

$$\frac{mv^2}{2} - \frac{mv_0^2}{2} = -\tau F.$$

Par conséquent, ce que nous savions déjà d'après le sens de

l'accélération, la vitesse diminuera, car cette équation montre que v sera inférieur à v_0.

Il arrivera un moment où la vitesse sera nulle, ce sera lorsque nous aurons :

$$\tau F = \frac{m v_0^2}{2}$$

c'est-à-dire lorsque le travail de la force aura atteint la valeur de la demi-force vive initiale. Si la force cesse en même temps d'agir, le point restera en repos, mais il aura donné lieu, en vertu de sa vitesse initiale, à un travail mesuré par sa demi-force vive. La vitesse actuelle d'un point matériel est donc encore une source de travail, c'est-à-dire une forme de l'énergie. On l'appelle *énergie actuelle* ou *cinétique*.

L'on comprend, d'ailleurs, que les deux formes de l'énergie puissent se rencontrer simultanément dans un même point matériel qui est alors susceptible de donner lieu, tant par son déplacement jusqu'à sa position d'équilibre que par la perte de sa vitesse, à un travail total égal à la somme des deux. On appelle *énergie totale* la somme des deux énergies potentielle et actuelle.

La définition de l'énergie potentielle suppose, d'ailleurs, qu'il existe une fonction de force (n° 194), pour la force qui agit sur le point matériel considéré.

Prenons ce point à une époque quelconque de son mouvement, lorsque sa vitesse est devenue v, sa vitesse initiale étant v_0, désignons par V et V_0 les valeurs correspondantes de la fonction de force et par Π et Π_0 celles du potentiel, nous savons que le travail de la force F, entre ces deux époques, s'exprime par la différence :

$$V - V_0 = (B - \Pi) - (B - \Pi_0) = \Pi_0 - \Pi.$$

D'un autre côté, d'après le théorème des forces vives, ce travail de la force F est égal à l'accroissement de la demi-force du point matériel, nous avons donc :

$$\frac{m v^2}{2} - \frac{m v_0^2}{2} = \Pi_0 - \Pi,$$

ce que nous pouvons écrire :

$$\frac{mv^2}{2} + \Pi = \frac{mv_0^2}{2} + \Pi_0 = \text{constante.}$$

$\frac{mr^2}{2}$ c'est, d'après ce que nous venons de dire, l'énergie actuelle du point matériel considéré, Π c'est son énergie potentielle ; le premier membre de cette équation représente donc l'énergie totale. Ainsi *l'énergie totale d'un point matériel est constante* lorsque la force qui agit sur lui admet une fonction de force.

203. Application à un exemple. — Considérons, comme exemple familier, un pendule simple, c'est-à-dire un point matériel pesant M (fig. 131), astreint à se mouvoir sur une circonférence de cercle dont le centre est en O, ce que l'on réalise en l'attachant à l'extrémité d'un fil de longueur invariable, fixé, par son autre extrémité, au centre O de la circonférence. Les forces qui agissent sur le corps M sont la pesanteur et la réaction de la courbe ou du fil ; mais celle-ci étant constamment normale à la trajectoire, donne toujours un travail nul et n'a pas à figurer dans les équations que nous avons à écrire. Nous n'avons ainsi à nous occuper que du poids P.

Le point M étant écarté de sa position d'équilibre OC, amené

Fig. 131.

en A et maintenu au repos en ce point, possède, tant qu'il reste en A, une énergie potentielle mesurée par le travail, $P \times BC$, que produira la pesanteur lorsqu'il reviendra à sa position d'équilibre ; nous avons ainsi, en appelant h la hauteur BC, l'énergie potentielle $\Pi = Ph$.

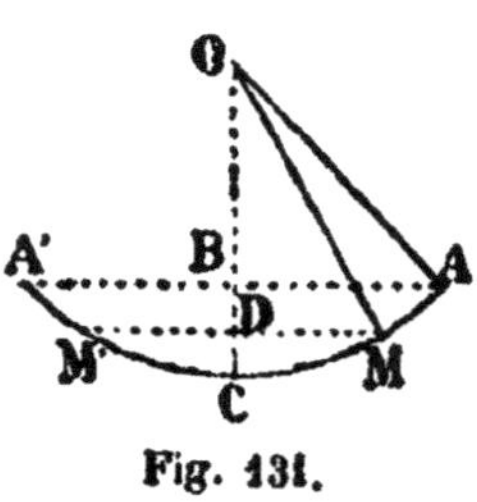

Cette énergie peut être utilisée à produire un travail quelconque, soulever un autre poids par exemple jusqu'à concurrence de la production d'un travail égal à Ph. Supposons qu'on abandonne le point à lui-même, sans vitesse initiale et sans lui opposer aucune résistance, son énergie potentielle diminuera et se transformera en énergie actuelle de manière à ce que l'énergie totale reste constante. Si nous prenons le point

dans une position M quelconque, lorsqu'il est descendu d'une
hauteur $BD = z$, son énergie potentielle ne sera plus alors
que $P \times DC = P(h - z)$ et, sa vitesse étant v, l'énergie actuelle
qu'il aura acquise sera $\frac{mv^2}{2}$; la somme de ces deux quantités
devant être constante et égale à l'énergie totale primitive Ph,
on aura :

$$P(h - z) + \frac{mv^2}{2} = Ph.$$

D'où :

$$\frac{mv^2}{2} = Pz,$$

ou bien, si l'on remarque que $P = mg$:

$$v^2 = 2gz,$$

comme nous l'avions déjà trouvé autrement.

Lorsque le point arrivera en C, sa vitesse sera $\sqrt{2gh}$ et son
énergie potentielle sera nulle, elle se sera transformée tout
entière en énergie actuelle.

Celle-ci pourra, comme nous l'avons dit de l'autre, être employée à vaincre une résistance quelconque, à lancer, par
exemple, avec une certaine vitesse, un corps placé au repos en
C, et cela jusqu'à concurrence d'un travail égal à $\frac{mv^2}{2}$, c'est-à-
dire à Ph. Si l'on n'oppose à ce point aucune résistance, cette
énergie qu'il possède est employée simplement à le remonter
de l'autre côté en A' à une hauteur égale à celle de son point
de départ. On voit que le point reprend les mêmes vitesses
sur les mêmes horizontales : la vitesse en M' est la même qu'en
M. Ces horizontales sont, en effet, les surfaces de niveau de la
pesanteur, définies par $z =$ constante.

**301. Application à un système où il n'y a que des
forces intérieures.** — Le théorème des forces vives et du
travail, duquel nous venons de déduire pour un point matériel
la notion du potentiel et de l'énergie, s'applique, comme nous

l'avons vu, à un système matériel, et nous pouvons de la même manière généraliser ce que nous venons de dire.

Reprenons le système matériel indépendant de tout autre que nous avons déjà considéré plus haut (n° 164). L'expérience conduit à admettre que, dans un pareil système, la demi-force vive totale reprend la même valeur lorsque tous les points reprennent leurs mêmes positions relatives ; comme elle ne varie, d'ailleurs, que par suite des travaux des forces, qui alors sont toutes intérieures et qui ne dépendent que des distances mutuelles des points, elle sera une fonction déterminée Ψ de ces distances mutuelles. Désignons par m_1, m_2, m_3,... . m_p, m_q.... les masses de ces divers points, (x_1, y_1, z_1), (x_2, y_2, z_2),... (x_p, y_p, z_p).... leurs coordonnées, $r_{1,2}$, $r_{1,3}$, $r_{2,3}$.... $r_{p,q}$.... leurs distances mutuelles, v_1, v_2, v_3,... leurs vitesses, nous pourrons écrire :

$$(1) \qquad \Sigma \frac{mv^2}{2} = - \Psi(r_{1,2}, r_{1,3}, \dots r_{p,q} \dots) + C,$$

C désignant une constante dépendant de l'*état initial* du système.

Les distances r ne sont pas toutes indépendantes, et l'on pourrait sans doute en éliminer un certain nombre de la fonction Ψ ; mais cette fonction, sous sa forme la plus générale, doit les contenir toutes, car il est naturel d'admettre que chaque distance joue un rôle dans la production des phénomènes.

D'ailleurs chaque distance $r_{p,q}$ de deux points, peut être exprimée en fonction des coordonnées de ces points :

$$(2) \qquad r_{p,q} = \sqrt{(x_q - x_p)^2 + (y_q - y_p)^2 + (z_q - z_p)^2}.$$

Si nous substituons à tous les r ces valeurs, la fonction Ψ sera une fonction des coordonnées x, y, z seulement ; et alors sa dérivée par rapport au temps sera exprimée par

$$(3) \qquad \frac{d\Psi}{dt} = \Sigma \left(\frac{d\Psi}{dx_p} \frac{dx_p}{dt} + \frac{d\Psi}{dy_p} \frac{dy_p}{dt} + \frac{d\Psi}{dz_p} \frac{dz_p}{dt} \right).$$

D'un autre côté, le carré de la vitesse v_p d'un point quelconque a pour expression :

$$(4) \qquad v_p^2 = \left(\frac{dx_p}{dt}\right)^2 + \left(\frac{dy_p}{dt}\right)^2 + \left(\frac{dz_p}{dt}\right)^2.$$

Substituons dans l'équation (1) et prenons la dérivée du premier membre par rapport au temps, cette dérivée sera

$$(5) \qquad \Sigma \left(m_p \frac{dx_p}{dt} \frac{d^2x_p}{dt^2} + m_p \frac{dy_p}{dt} \frac{d^2y_p}{dt^2} + m_p \frac{dz_p}{dt} \frac{d^2z_p}{dt^2} \right).$$

et cette dérivée changée de signe, est égale à celle de la fonction Ψ ou au second membre de (3).

Écrivons cette égalité et remarquons que nous pouvons considérer comme *initial* l'état où se trouve le système à l'époque *t* et que par suite, quelles que soient les coordonnées de ses points à cette époque, nous pouvons nous donner les composantes de ses vitesses dont les accélérations ne dépendent pas. L'équation que nous avons écrite devra donc être vérifiée, quelles que soient les valeurs de $\frac{dx_p}{dt}$, $\frac{dy_p}{dt}$, $\frac{dz_p}{dt}$, ce qui exige que les coefficients de ces composantes soient les mêmes dans les deux membres ou que

$$(6) \quad m_p \frac{d^2x_p}{dt^2} = -\frac{d\Psi}{dx_p} \ , \qquad m_p \frac{d^2y_p}{dt^2} = -\frac{d\Psi}{dy_p} \ , \qquad m_p \frac{d^2z_p}{dt^2} = -\frac{d\Psi}{dz_p} \ .$$

Les premiers membres de ces équations sont, par définition, les composantes, suivant les trois axes de la force motrice du point défini par l'indice p : ces composantes sont, en signe contraire, les dérivées, par rapport aux coordonnées de ce point, d'une même fonction de ces coordonnées.

On peut donner, à la valeur des composantes des forces motrices qui agissent sur chaque point, une autre forme, qui va nous éclairer sur la nature de la fonction Ψ.

Désignons par $\alpha_{p,q}$, $\beta_{p,q}$, $\gamma_{p,q}$ les angles formés avec les axes coordonnés par la droite qui joint le point d'indice p à celui d'indice q, cette droite étant parcourue dans le sens de p vers q, nous aurons :

$$(7) \ \cos \alpha_{p,q} = \frac{x_q - x_p}{r_{p,q}} \ , \qquad \cos \beta_{p,q} = \frac{y_q - y_p}{r_{p,q}} \ , \qquad \cos \gamma_{p,q} = \frac{z_q - z_p}{r_{p,q}} .$$

D'un autre côté, la distance $r_{p,q}$ est fonction des coordonnées x_p, y_p, z_p du point d'indice p, et réciproquement, une variation de ces coordonnées entraîne la variation de toutes les distances $r_{p,q}$, dans lesquelles q a toutes les valeurs 1, 2, 3,.... n, autres que p. Nous avons donc, par la règle ordinaire de différentiation :

$$(8) \qquad \frac{d\Psi}{dx_p} = \frac{d\Psi}{dr_{p,1}}\frac{dr_{p,1}}{dx_p} + \frac{d\Psi}{dr_{p,2}}\frac{dr_{p,2}}{dx_p} + \cdots + \frac{d\Psi}{dr_{p,n}}\frac{dr_{p,n}}{dx_p}.$$

Remarquons d'ailleurs que l'on a, en général :

$$\frac{dr_{p,q}}{dx_p} = -\frac{x_q - x_p}{r_{p,q}} = -\cos\alpha_{p,q}$$

Par conséquent en substituant, changeant les signes et opérant de même pour chacune des trois coordonnées x_p, y_p, z_p, nous pourrons écrire, en désignant par Σ une somme étendue à toutes les valeurs 1, 2, 3.... n de q, autres que p :

$$(9) \qquad
\begin{cases}
-\dfrac{d\Psi}{dx_p} = \Sigma\, \dfrac{d\Psi}{dr_{p,q}}\cos\alpha_{p,q}\,, \\[2mm]
-\dfrac{d\Psi}{dy_p} = \Sigma\, \dfrac{d\Psi}{dr_{p,q}}\cos\beta_{p,q}\,, \\[2mm]
-\dfrac{d\Psi}{dz_p} = \Sigma\, \dfrac{d\Psi}{dr_{p,q}}\cos\gamma_{p,q}\,.
\end{cases}$$

Les premiers membres sont, d'après ce que nous venons de dire, les composantes suivant les trois axes de la force motrice qui agit sur le point d'indice p. Les seconds membres sont les sommes des projections, sur les mêmes axes, de lignes dirigées suivant les droites joignant ce point à tous les autres points du système et respectivement égales aux dérivées partielles, par rapport aux distances mutuelles, de la fonction Ψ. On peut donc dire que la force motrice d'un point quelconque du système est la résultante de forces attractives dont chacune, exercée sur ce point par l'un des autres, est dirigée suivant la droite qui joint ces deux points, égale et contraire à la réaction du premier sur le second et a pour expression la dérivée, par rapport à leur distance, d'une même fonction Ψ des distances entre elles de tous les points du système.

205. Fonction potentielle. — La fonction Ψ est donc tout à fait analogue à la fonction potentielle que nous avions désignée par Π, pour un seul point matériel, au n° 197. On lui conserve le même nom de fonction potentielle ou potentiel.

Nous avons dit que les variations de cette fonction mesuraient la somme des travaux de toutes les forces du système qui sont alors des forces intérieures ; on peut le vérifier. La somme des travaux de ces forces étant égale à la somme des travaux de leurs composantes et celles-ci étant, pour le point d'indice p, exprimées par les seconds membres des équations (6), page 379, le travail total sera

$$-\Sigma \left(\frac{d\Psi}{dx_p} \, dx_p + \frac{d\Psi}{dy_p} \, dy_p + \frac{d\Psi}{dz_p} \, dz_p \right).$$

C'est bien la différentielle totale changée de signe de la fonction Ψ, laquelle mesure donc l'énergie potentielle du système.

206. Principe de la conservation de l'énergie. — L'équation (1), page 378, peut s'écrire :

$$\Sigma \frac{mc^2}{2} + \Psi = C ;$$

c'est-à-dire que, pour le système considéré, comme pour un point matériel, la somme de l'énergie actuelle et de l'énergie potentielle est constante.

Nous avons dit que le système considéré pouvait être l'univers entier : l'énergie totale de l'univers est donc constante. Tout travail est un emploi d'énergie, une transformation d'énergie potentielle en énergie actuelle ou inversement, suivant qu'il est positif ou négatif. Dans cette loi générale sont compris tous les êtres animés avec les effets de leur puissance physique, ainsi que les actions moléculaires physiques, chimiques, électriques, etc., de tous les corps naturels.

Ces dernières actions doivent être considérées comme le résultat de vibrations ou de déplacements extrêmement petits des dernières particules des solides. La demi-force vive qui y correspond devrait donc être évaluée au moyen de vitesses vibratoires des divers points de ces solides. C'est ce que l'on appelle la demi-force vive interne ou *l'énergie actuelle interne.* L'énergie interne peut aussi résulter de déplacements correspondant à un certain état d'équilibre plus ou moins stable pris par les points du solide et donner lieu à un travail positif lorsque ces points passeront de cet état à une autre position d'équilibre ; elle constitue alors *l'énergie potentielle interne.* L'*énergie interne,* impossible à évaluer directement, se manifeste en grande partie par des effets calorifiques, électriques, etc.

L'énergie totale étant constante, il ne peut y avoir, dans aucun phénomène, ni augmentation ni perte de cette quantité, seulement il arrive fréquemment qu'une portion d'énergie visible, mesurable, se transforme en énergie interne, et alors on dit quelquefois, pour simplifier le langage, qu'il y a perte d'énergie. Par exemple, nous verrons, dans le choc des corps mous, que la force vive après le choc a une valeur inférieure à celle de la force vive avant le choc, et nous dirons, pour nous conformer à l'usage, qu'il y a *perte* de force vive ; mais cette force vive n'est pas réellement perdue ; elle a simplement cessé d'être directement mesurable : elle s'est transformée en énergie interne : énergie potentielle interne, en déformant les corps qui se sont heurtés et en faisant prendre à leurs points une nouvelle position d'équilibre, énergie actuelle interne en imprimant à leurs particules des vibrations qui se manifestent par une élévation de température ou autrement.

Nous nous bornerons à ces considérations générales dont le développement nous entraînerait bien au-delà du cadre que nous nous sommes tracé. Le lecteur pourra consulter sur ce sujet tous les ouvrages de thermodynamique, les travaux de Clausius, de Rankine et aussi le mémoire de M. Boussinesq cité plus haut sur les principes généraux de la mécanique, inséré au journal de mathématiques pures et appliquées, tome XVIII, 1873. Il pourra lire aussi avec fruit le mémoire sur les théorèmes de la mécanique générale, par M. de St-Venant, inséré au commencement du présent volume.

§ 2.

ÉVALUATION DE DIVERSES SORTES DE TRAVAIL.

207. Calcul des termes de l'équation du travail. —
Nous reprenons l'équation générale des forces vives et du travail et nous allons continuer l'étude de la manière de calculer ses différents termes. Nous avons vu que lorsque les corps solides, faisant partie du système en mouvement, conservaient une forme à peu près invariable on pouvait, dans l'équation du travail, négliger celui des actions intérieures de leurs points. Si donc nous supposons qu'un système soit constitué uniquement de corps solides, conservant leur forme, nous n'aurons à considérer que le travail des actions mutuelles des divers points de ces corps les uns sur les autres.

L'expérience montre qu'à distance sensible, si les corps ne sont pas électrisés, cette action est nulle ou insensible et nous n'aurons ainsi à nous occuper que des actions des corps *en contact*, c'est-à-dire assez rapprochés pour offrir à nos organes l'apparence d'une contiguïté qui n'existe jamais entre les diverses parties de la matière. Ce rapprochement de deux corps rend simplement les distances de quelques-uns de leurs points comparables aux distances mutuelles de leurs propres molécules.

Si les deux corps en contact restent dans la même position relative, le travail de leur action mutuelle est nul puisque les distances de leurs points ne changent pas. Nous avons alors à examiner les corps qui, étant en contact, sont en mouvement relatif, c'est-à-dire qui glissent ou roulent l'un sur l'autre, ou qui se choquent, et c'est à l'expérience que nous demanderons les renseignements nécessaires pour évaluer le travail de leurs actions mutuelles.

208. Travail du frottement. — Posons un corps pesant A (fig. 132) sur un autre corps B présentant une surface supé-

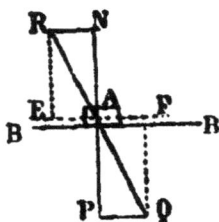

Fig. 132.

rieure plane et horizontale, le corps A restera au repos, c'est-à-dire que le corps B exercera sur le corps A une action égale et directement opposée à la force qui agit sur ce dernier, ou à son poids P. On dit alors que la *réaction* du plan BB sur le corps A est normale à ce plan et égale à P, elle sera représentée par exemple par la ligne AN, égale et directement opposée à AP représentant le poids P.

Appliquons au corps A une force horizontale *f*, d'abord très petite, dans la direction AF. Si cette force est suffisamment petite, le corps A restera encore immobile, mais alors la résultante des deux forces *f* et P n'est plus verticale, elle est représentée en grandeur et en direction par la diagonale du parallélogramme construit sur ces deux forces ; par conséquent si le corps reste en repos, c'est que la résultante des accélérations qui sont imprimées à ses divers points par ceux du corps B avec lequel il est en contact est égale et directement opposée à celle que produirait la résultante de ces deux forces. La réaction du corps B, qui est la force correspondant à cette résultante des accélérations, est alors oblique sur le plan et fait avec la normale AN un angle variable avec la grandeur de la force *f*.

Si cette force d'abord très petite va en croissant, il arrivera un moment où le corps A se mettra en mouvement. Appelons F la valeur de la force horizontale qui produit cet effet ; tant qu'elle restera constante, le corps A conservera un mouvement uniforme. La réaction du plan, c'est-à-dire la résultante de toutes les actions mutuelles des molécules de B sur celles de A, sera alors égale et directement opposée à la diagonale AQ du parallélogramme construit sur AP et AF=F. Cette réaction, représentée par AR, peut être considérée comme la résultante de deux réactions : la composante normale AN égale au poids P du corps et la *composante tangentielle* AE égale à la force F et à laquelle on donne le nom de *frottement*. Cette composante tangentielle ou frottement est toujours en sens contraire du mouvement qui se produit ou qui tend à se produire.

L'angle RAN de la résultante avec la normale s'appelle *angle de frottement*, et la tangente trigonométrique de cet angle ou le rapport $\frac{AE}{AN}$ du frottement à la composante normale porte le nom de *coefficient de frottement*.

Les mêmes phénomènes se produisent lorsque les corps qui glissent l'un sur l'autre sont terminés par des surfaces quelconques, la normale AN devient alors la normale au plan tangent commun et la réaction normale AN est égale et directement opposée à la pression normale qu'exerce le corps A sur le corps B.

L'expérience a montré :

1° Que le frottement est proportionnel à la pression normale, c'est-à-dire que le coefficient de frottement reste le même quand la nature des corps ne change pas, non plus que leur poli ni leurs enduits ;·

2° Que le frottement est indépendant de l'étendue des surfaces en contact ;

3° Qu'il est aussi indépendant de la vitesse relative des deux corps qui glissent l'un sur l'autre.

Ces deux dernières lois sont sans doute un peu trop absolues, et ne sont plus exactement vérifiées lorsque l'étendue de la surface de contact diminue beaucoup, ou que la vitesse dépasse certaines limites. On peut les considérer comme suffisamment exactes pour les cas les plus ordinaires de la pratique.

On remarque aussi que le frottement *au départ* est généralement un peu plus grand que le frottement pendant le mouvement.

Voici quelques chiffres donnant une idée des limites entre lesquelles varie le coefficient de frottement pour les divers corps. Ce sont, bien entendu, des moyennes dont les valeurs réelles peuvent s'écarter plus ou moins :

NATURE des SURFACES FROTTANTES	Coefficient de frottement		Angle de frottement	
	pendant le mouvement	au départ	pendant le mouvement	au départ
Bois sur bois, à sec, fibres parallèles......	0.48	0,62	25o30′	32o 0′
— fibres perpendiculaires	0,34	0,54	19o 0′	28o30′
Bois sur bois, surfaces mouillées d'eau, fibres perpendiculaires..............	0,25	0,71	11o 0′	25o30′
Bois sur bois, surfaces avec enduit gras.	0.07	0.20	4o 0′	11o30′
Bois sur métaux, à sec.................	0,42	0,60	23o 0′	31o 0′
— mouillés d'eau........	0,25	0,60	24o 0′	31o 0′
— avec enduit gras.	0.08	0.12	4o30′	7o 0′
Métaux sur métaux. à sec	0.19	0.19	11o 0′	11o 0′
— avec enduit gras....	0,09	0,10	5o 0′	5o30′
Pierre sur pierre....................	0,76	0,76	37o 0′	37o 0′

Si nou désignons par N la réaction normale qui s'exerce entre deux corps en contact, par f leur coefficient de frottement, et par φ l'angle de frottement, la force de frottement sera égale à $fN = N \tan \varphi$, et pour un déplacement ds infiniment petit des deux corps l'un par rapport à l'autre, la force de frottement étant toujours dirigée en sens inverse du mouvement, le travail de frottement, que nous désignerons par $-\tau_f$ puisqu'il est toujours négatif, sera

$$-\tau_f = -fN\,ds \qquad \text{ou} \qquad \tau_f = fN\,ds.$$

Nous pourrons ainsi, quand nous connaîtrons la pression mutuelle de deux corps solides glissant l'un sur l'autre et leur déplacement relatif, calculer le travail total de leurs actions moléculaires mutuelles, ce que nous avions en vue. Ce travail est toujours négatif.

369. Résistance au roulement. — Reprenons un plan horizontal BB, fig 133, formant la surface supérieure d'un corps solide et posons sur ce plan un cylindre solide A, de poids P. En un certain point E, situé sur la verticale du

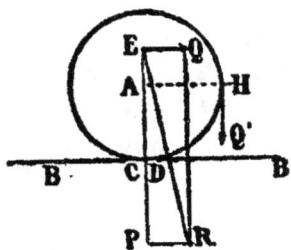

Fig. 133.

centre et à une hauteur $CE = h$ au-dessus du point C, appliquons une force horizontale q, d'abord très petite, le cylindre restera en repos si cette force ne dépasse pas une certaine limite Q, à partir de laquelle il se mettra en mouvement et conservera une vitesse uniforme si la force horizontale reste alors constante.

L'expérience montre que la grandeur Q de la force horizontale, pour laquelle cet effet se produit, est liée au poids P du cylindre par la relation

$$Q = \delta \frac{P}{h},$$

δ étant un coefficient exprimé en fonction de l'unité de longueur et constamment le même pour des corps de même nature, quel que soit le rayon du cylindre.

Celui-ci, soumis à l'action des trois forces P, Q et la réaction inconnue du plan, et conservant un mouvement uniforme ou bien étant sur le point de se mettre en mouvement, n'a pas d'accélération, ce qui veut dire que la résultante des accélérations imprimées à ses points par l'action de ceux du plan est égale et directement opposée à celle des accélérations qu'imprimeraient les deux forces P et Q, ou bien que la réaction du plan est égale et directement opposée à la diagonale ER du parallélogramme construit sur les deux forces P et Q. Cette diagonale rencontre le plan en un point D nécessairement différent du point C, et l'on a $\frac{CD}{CE} = \frac{Q}{P}$ et par suite $CD = \delta$. Le coefficient δ exprime donc la distance du point par lequel passe, en avant du point de contact géométrique, la réaction résultante, et nous avons dit que cette distance était constante, pour des corps d'une même nature.

Le fait que la résultante des actions moléculaires exercées par le plan sur le cylindre passe en dehors du point C montre la différence entre ce que l'on appelle le contact physique ou matériel de deux corps solides et le contact géométrique. Le cylindre et le plan, considérés comme surfaces géométriques, n'ont qu'un point commun, le point C, et l'on ne comprendrait pas que l'action due à ce contact passât en dehors de ce point. Mais le contact physique n'a rien de commun avec celui-là : les deux corps en contact n'ont aucun point commun, ils n'ont même pas de points à l'état de contiguïté absolue ; mais un certain nombre de leurs points se trouvent à des distances respectives comparables aux distances moléculaires, et exercent alors des actions réciproques qui ont pour effet de modifier la forme de ces corps : le plan devient légèrement concave, la convexité du cylindre diminue, et l'étendue sur laquelle le rapprochement des corps est assez grand pour rendre possible leur action mutuelle prend une largeur finie, mesurable, telle que la résultante de toutes ces actions puisse passer à une distance finie du point de contact théorique ou géométrique.

Il nous est facile d'évaluer le travail de la réaction. Le cylindre étant supposé progresser d'un mouvement uniforme, sa force vive est constante, le travail de son inertie est nul et il en est de même, d'après le quatrième théorème général (n° 182), de la somme des travaux des forces qui lui sont appliquées ; désignons par R la réaction du plan sur le cylindre, nous aurons ainsi :

$$\mathbf{T}P + \mathbf{T}Q + \mathbf{T}R = 0.$$

Or, le travail de la force P est nul puisque son point d'application se déplace perpendiculairement à sa direction.

Si nous désignons par r le rayon du cylindre et par dx la quantité infiniment petite dont a progressé le centre, le mouvement élémentaire du roulement étant une rotation autour du centre instantané de rotation C, le déplacement du point E sera $\frac{h}{r}dx$ et le travail de la force Q aura pour valeur $Q\frac{h}{r}dx$.

Nous avons ainsi, en mettant pour Q sa valeur :

$$(1) \qquad \mathbf{T}R = -\delta\,P\frac{dr}{r} = -\delta\,P\,\varepsilon,$$

en désignant par ε l'angle très petit dont le corps a tourné.

Le travail de la réaction, comme celui du frottement, est donc toujours négatif et pourra être déterminé lorsque l'on connaîtra la longueur δ et la pression normale P qui s'exerce entre les deux corps.

L'expérience a donné les valeurs suivantes pour δ :

Pour des cylindres en bois de galac roulant sur des règles en chêne, $\delta = 0^m,00048$.

Pour des roues de voiture roulant sur des chaussées empierrées, δ varie de $0^m,015$ à $0^m,063$ suivant l'état d'entretien de ces chaussées.

Si nous supposons que le point E d'application de la force Q se rapproche du point C, ou bien que h diminue, $CD = \delta$ restant constante, on voit que la résultante ER des deux forces P et Q prendra une inclinaison croissante sur la normale au plan. Il arrivera un moment, lorsque l'on aura $\frac{\delta}{h} = f = \tang \varphi$, où elle fera avec la normale un angle égal à l'angle du frottement φ, et, alors, le cylindre sera sur le point de glisser sur le plan ; ce qu'il fera si la valeur de h devient inférieure à cette limite $h = \dfrac{\delta}{\tang \varphi}$.

Le roulement du cylindre peut être produit, non seulement par une force horizontale $Q = \delta \dfrac{P}{r}$ comme nous venons de le dire, mais aussi par une force verticale Q' appliquée à l'extrémité du rayon horizontal AH.

Les deux forces P et Q' produisent alors, sur le cylindre, comme nous le verrons plus loin, la même accélération qu'une force unique égale à la somme P+Q' verticale et appliquée en un point D à une distance $CD = \delta$ telle que $P\delta = Q'(r - \delta)$, ce qui donne $Q' = \dfrac{P\delta}{r - \delta}$, la longueur δ ayant la même valeur que précédemment pour des corps de même nature.

Le travail de la réaction est toujours donné par

$$\tau R = -\tau P - \tau Q'.$$

Le travail de P est encore nul. Le travail de Q' pour une rotation ε s'exprime par le produit de Q' par la projection sur la verticale du petit arc de cercle décrit du point C comme centre avec CH pour rayon et cette projection a pour valeur εr ; on a donc :

$$TR = - TQ' = - Q' \varepsilon r = - \frac{P \partial r \varepsilon}{r - \delta} = - \delta (P + Q') \varepsilon,$$

c'est-à-dire la même expression que (1) si l'on remarque que, dans ce cas, la pression normale du cylindre sur le plan n'est plus seulement P, mais qu'elle est P + Q'.

210. Raideur des cordes. — Lorsqu'une corde doit s'enrouler sur une poulie ou un tambour de rayon r, elle exige, pour cela, un certain travail ; l'expérience montre que ce travail est celui d'une force, que l'on appelle *raideur* de la corde, qui dépend de la tension Q ou de la force de traction exercée sur elle, et qui serait appliquée, en sens contraire du mouvement, tangentiellement à la circonférence formée par l'axe de la corde. Cette force R est exprimée par la formule :

$$R = \frac{A + BQ}{r},$$

dans laquelle A et B sont des coefficients numériques dépendant de la nature de la corde et de sa grosseur.

Le travail de la raideur est toujours négatif puisque cette force s'exerce en sens contraire du mouvement.

Il résulte de cette définition de la raideur que si une corde passe sur une poulie de rayon r et si l'effort qu'elle doit vaincre est représenté par Q, la force P qu'il faudra lui appliquer de l'autre côté sera égale à Q + R, c'est-à dire que l'on aura :

$$P = Q + \frac{A + BQ}{r}.$$

211. Choc des corps solides. — Lorsque deux corps se heurtent, il y a d'abord déformation de chacun d'eux et, par conséquent, transformation d'une partie de leur énergie actuelle en travail moléculaire. Mais si, après s'être comprimés mutuellement, ils reprennent exactement leur forme primitive, leur énergie potentielle interne reprend la même valeur, le travail total des actions moléculaires est nul. Il n'en est pas de même lorsque les compressions subsistent en totalité ou en partie. Il y a alors une partie de l'énergie primitive qui ne se retrouvera plus sous la forme extérieure ; la perte ou disparition d'une partie de l'énergie visible sera la plus grande possible lorsque les corps conserveront absolument la forme que leur avait donnée le choc jusqu'au moment où ils ont acquis la même vitesse. Ils ne peuvent, en effet, se séparer que si, après cet instant, il se produit un travail des actions moléculaires qui les écarte de nouveau.

En réalité, il est rare que l'on ait des corps *parfaitement élastiques*, c'est-à-dire reprenant exactement leur forme primitive, ou des corps *absolument mous*, c'est-à-dire continuant à marcher exactement ensemble après le choc. Les corps naturels sont, pour la plupart, intermédiaires entre ces deux extrêmes et on les appelle élastiques ou mous suivant qu'ils se rapprochent plus ou moins de l'un ou de l'autre type.

Nous allons étudier le choc dans ces deux cas extrêmes.

Supposons, pour simplifier, que les centres de gravité des deux corps se meuvent sur la même ligne droite, après comme avant le choc, et appelons m et m' leurs masses, v et v' les vitesses de leurs centres de gravité avant le choc, u et u' ces mêmes vitesses après le choc.

Aucune force extérieure n'agissant sur les deux corps, la vitesse moyenne du système qu'ils constituent, ou la vitesse du centre de gravité de l'ensemble des deux corps est la même après et avant le choc. Cette vitesse étant, avant le choc $\frac{mv + m'v'}{m + m'}$, après le choc $\frac{mu + m'u'}{m + m'}$, on a :

$$(1) \qquad mv + m'v' = mu + m'u',$$

ce qui exprime aussi que la quantité de mouvement est restée constante et que l'on aurait pu déduire du théorème du n° 178.

Considérons d'abord le cas des corps mous, on a alors :

$$(2) \qquad u = u'$$

et l'on en déduit :

$$(3) \qquad u = \frac{mv + m'v'}{m + m'},$$

ce qui donne la vitesse commune des deux corps après le choc.

L'accroissement de la demi-force vive sera égal au travail des actions moléculaires, ce travail, désigné par T_f sera donc :

$$T_f = \frac{mu^2}{2} + \frac{m'u^2}{2} - \frac{mv^2}{2} - \frac{m'v'^2}{2}.$$

mettons, au lieu de u, sa valeur que nous venons d'écrire, nous trouvons, toutes réductions faites :

$$(4) \qquad T_f = - \frac{mm'}{2(m + m')} (v - v')^2 ;$$

ce travail est donc toujours négatif. On peut mettre son expression sous la forme :

$$(5) \qquad T_f = - \left[\frac{m(v - u)^2}{2} + \frac{m'(v' - u)^2}{2} \right].$$

Le travail négatif des actions moléculaires développées dans le choc (ou la perte de demi-force vive) est numériquement égal à la somme des demi-forces vives dues aux vitesses perdues par les deux corps.

On pouvait le prévoir, car en diminuant algébriquement les vitesses d'une même quantité u, on conserve aux deux corps la même vitesse relative, et le travail des actions moléculaires doit rester le même. Or, après cela, ce travail anéantit les puissances vives restantes, puisque la vitesse après le choc est alors nulle.

Si la masse m de l'un des corps est très petite par rapport à celle m' de l'autre corps, de manière que l'on puisse négliger le rapport $\frac{m}{m'}$, devant l'unité, on a alors, approximativement :

$$(6) \qquad u = v' \quad \text{et} \quad T_f = - \frac{m(v - v')}{2}$$

Le petit corps prend la vitesse du grand et le travail moléculaire est numériquement égal à la demi-force due à la vitesse perdue par lui.

Si les deux corps sont *parfaitement élastiques*, c'est-à-dire si, au moment où ils se quittent, ils ont déjà repris leur forme primitive, et si l'on suppose qu'ensuite comme auparavant ils n'ont que des vitesses de translation, autrement dit que les vitesses de leurs centres de gravité sont aussi celles de tous leurs points, le travail total des actions moléculaires est nul comme nous l'avons dit, de sorte que la force vive est la même après le choc qu'avant. Nous avons ainsi :

$$(7) \qquad \frac{mv^2}{2} + \frac{m'v'^2}{2} = \frac{mu^2}{2} + \frac{m'u'^2}{2},$$

que l'on peut écrire :

$$(8) \qquad m(v^2 - u^2) = m'(u'^2 - v'^2)$$

On a d'ailleurs toujours l'équation (1) ci dessus qui peut prendre la forme :

$$m(v - u) = m'(u' - v')$$

Divisant membre à membre, il vient :

$$(9) \qquad v + u = v' + u'$$

De sorte que la somme des vitesses, avant et après le choc, est la même pour les deux corps. Combinant cette équation avec la précédente, on en déduit :

$$(10) \qquad u + v = u' + v' = 2\,\frac{mv + m'v'}{m + m'}$$

ce qui donne les vitesses u et u' des deux corps après le choc.

Si, comme plus haut, nous supposons que la masse m de l'un des corps soit très petite par rapport à celle de l'autre, nous avons approximativement, en négligeant le rapport $\frac{m}{m'}$:

$$(11) \qquad u + v = u' + v' = 2v'$$

Et si en outre, le corps dont la masse la plus grande est immobile,

$$v' = 0, \quad u = -v, \quad u' = 0;$$

Il reste immobile et l'autre prend une vitesse égale et directement opposée à celle qu'il avait avant le choc.

Si l'on a $m = m'$, la formule donne :

$$\dot{u} = v', \quad u' = v;$$

Dans le choc de deux masses élastiques égales, il y a échange des vitesses.

L'expérience confirme à peu près ce résultat dans le choc des sphères élastiques, mais nullement dans le choc des disques qui se rencontrent à plat, ce qui vient de ce que. pour les sphères, il n'y a de vibrations notables qu'aux environs du point de contact, tandis que pour les disques il y en a dans tout leur intérieur, ce qui est contraire à l'hypothèse que nous avons faite plus haut.

Lorsque dans un système il y aura choc entre deux corps de masses m et m', il faudra donc toujours porter en ligne de compte, tant pour le travail moléculaire résistant que pour la force vive vibratoire développée aux dépens de la force vive de translation des centres de gravité, un terme négatif compris entre zéro et $-\dfrac{mm'}{2(m+m')}(v-v')^2$.

219. Force vive et travail dans un mouvement de rotation. — Nous allons encore indiquer quelques résultats du calcul des forces vives ou du travail qui rendent plus facile l'application de l'équation à établir entre ces quantités.

Lorsqu'un corps solide de forme invariable est animé d'un mouvement de rotation autour d'un axe, si ω est la vitesse angulaire de cette rotation, m la masse d'un élément quelconque situé à une distance r de l'axe, la demi-force vive de cet élément, dont la vitesse est $r\omega$, est égale à $\dfrac{mr^2\omega^2}{2}$ et la demi-force vive totale du solide est $\Sigma \dfrac{mr^2\omega^2}{2} = \dfrac{\omega^2}{2}\Sigma mr^2$. Or, Σmr^2 est le moment d'inertie du solide par rapport à l'axe de rotation ; en le désignant par I, la demi-force vive du solide, animé d'un mouvement de rotation ω, est

$$I \frac{\omega^2}{2}.$$

Lorsqu'un pareil solide, animé d'un mouvement de rotation ω, est soumis à l'action d'une force F, fig. 134, le travail de cette force peut s'exprimer de la façon suivante. Soit OZ l'axe autour duquel s'effectue la rotation, MF la direction de la force et MP la plus courte distance de ces deux lignes. La vitesse du point M est MP × ω et son déplacement, pendant un temps infiniment petit, est MP × ω dt. Ce déplacement, MM′, s'effectue dans un plan mené par MP perpendiculairement à l'axe et c'est un petit arc de cercle tangent à la projection Mf de la force MF sur ce plan. Or le travail de cette force est, par définition, égal à MM′ multiplié par cette projection Mf ou bien à Mf × MP × ω dt. Or le produit Mf × MP est le moment de la force F par rapport à l'axe OZ ; on a donc, pour le travail élémentaire d'une force appliquée à un corps animé d'un mouvement de rotation ω par rapport à un axe OZ :

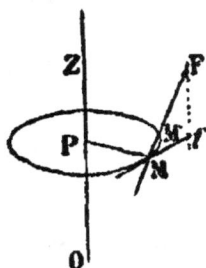

Fig. 134.

$$(1) \qquad \textbf{T}F = \textbf{M}_z \, F . \omega \, dt.$$

Ce travail élémentaire **T**F est, d'autre part, égal à l'accroissement de la demi-force vive du solide, et nous venons de voir que cette demi-force vive a pour expression $I \frac{\omega^2}{2}$. Son accroissement élémentaire est ainsi I ω dω et en égalant cette expression à la précédente, nous aurons :

$$I \, \omega \, d\omega = \textbf{M}_z \, F . \omega \, dt ,$$

ou bien, en divisant par ω dt et par I :

$$(2) \qquad \frac{d\omega}{dt} = \frac{\textbf{M}_z F}{I}.$$

ce que nous aurions pu déduire de la dernière des équations (9) page 277, en multipliant par m c'est-à-dire en remplaçant l'accélération par la force.

Cette équation nous montre que l'accélération angulaire $\frac{d\omega}{dt}$ d'un solide tournant autour d'un axe est égale au moment, par rapport à l'axe, de la force qui agit sur lui, divisé par son moment d'inertie par rapport au même axe.

S'il y a plusieurs forces qui agissent simultanément sur le solide, les accélérations angulaires dues à chacune d'elles s'ajoutent, ainsi que les moments des forces par rapport à l'axe, et l'on a alors :

$$(3) \qquad \frac{d\omega}{dt} = \frac{\Sigma M_a F}{I}.$$

918. Travail d'un fluide sur son enveloppe. — Nous évaluerons encore le travail exercé par un fluide sur son enveloppe. Considérons un fluide enfermé dans une enveloppe mobile AB, fig. 135, supposons qu'après un intervalle de temps infiniment petit cette enveloppe soit devenue A'B'; appelons p la pression exercée par le fluide sur son enveloppe, et, pour simplifier, supposons qu'elle soit la même en tous les points et que le fluide soit en repos, de sorte que cette pression soit normale. Soit m un élément de l'enveloppe, ayant une superficie ω, venu en m'; le travail de la pression $p\omega$ s'exerçant normalement à m est égal au produit de $p\omega$ par la projection sur sa direction de la longueur mm', c'est-à-dire au produit de p par le volume du petit cylindre mm'. Ce travail est d'ailleurs négatif si, comme en mm', l'enveloppe a refoulé le fluide, il est au contraire positif lorsque, comme en nn', c'est le fluide qui a repoussé l'enveloppe. Si donc on fait la somme de tous les travaux élémentaires du fluide sur toutes les parties de l'enveloppe, on aura le produit de la pression p par la différence des volumes tels que CBDB' et CADA', c'est-à-dire le produit de p par l'augmentation de volume de l'enveloppe. Si l'on désigne par V ce volume à

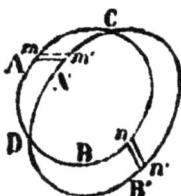

Fig. 135.

l'instant considéré, le travail du fluide sur son enveloppe
sera

$$pd\mathrm{V} \; ;$$

et si le volume passe de la grandeur $\mathrm{V_0}$ à la grandeur $\mathrm{V_1}$, le
travail correspondant sera :

$$\int_{\mathrm{V_0}}^{\mathrm{V_1}} pd\,\mathrm{V}.$$

Cela représente le travail extérieur du fluide, c'est-à-dire le
travail qu'il exerce sur son enveloppe. Mais cela ne représente pas nécessairement le changement de son énergie totale. Il n'en serait ainsi que si le fluide était resté cons·
tamment à la même température, sans absorber ni dégager de
chaleur, et si ses mouvements intérieurs étaient négligeables.
Lorsque la température change en même temps que la pression ou bien qu'il y a dégagement ou absorption de chaleur, ce
travail extérieur reste toujours exprimé par cette intégrale,
mais l'énergie interne du fluide change en même temps.

Nous n'entrerons pas dans l'examen de cette question, qui
est du ressort de la thermodynamique, et nous appliquerons
ce qui précède à une étude sommaire du travail dans les machines.

214. Du travail dans les machines. — Le travail,
produit d'une force par une longueur, a pour mesure une
quantité du même ordre : l'unité de travail est le produit de
l'unité de force par l'unité de longueur, du kilogramme par le
mètre, lorsque ces quantités sont prises pour unités. L'unité
de travail s'appelle alors le *kilogrammètre*.

Si l'on considère une machine quelconque en mouvement,
parmi toutes les forces qui agissent sur ses différents organes,
il y en a dont le travail est positif ou moteur et d'autres dont
le travail est négatif ou résistant ; désignons par $\mathbf{T_m}$ la somme
des travaux de toutes les premières et par $- \mathbf{T_r}$ celle des travaux des autres ; si d'ailleurs m et v sont la masse et la vitesse de l'un quelconque des points de la machine, nous au-

rons, en appliquant le théorème des forces vives pour un intervalle de temps quelconque :

$$(1) \qquad \Sigma \frac{mv^2}{2} - \Sigma \frac{mv_0^2}{2} = \mathbf{T}_m - \mathbf{T}_r.$$

Les machines sont généralement des systèmes à *liaison complète*, c'est-à-dire tels que la vitesse ou le déplacement de l'un quelconque de leurs points détermine la vitesse ou le déplacement de tous les autres. Si $\mathbf{T}_m$ est plus grand que $\mathbf{T}_r$, la vitesse s'accroît ; c'est ce qui a lieu, en particulier, dans la période de mise en marche. Si, au contraire, $\mathbf{T}_r$ est plus petit que $\mathbf{T}_m$, la vitesse diminue jusqu'à s'annuler, ce qui arrive lorsque l'on arrête la machine.

En marche normale, la vitesse des différents points n'est pas constante, mais lorsque la machine conserve une allure régulière, cette vitesse repasse par les mêmes valeurs à certains intervalles de temps : après chaque tour, par exemple, s'il s'agit de pièces en mouvement de rotation, après chaque pulsation si elles ont un mouvement alternatif. Si nous considérons une de ces périodes au commencement de laquelle la vitesse de tous les points était la même qu'à la fin, le premier membre de l'équation précédente sera nul ; il en sera de même du second, c'est-à-dire que, pour cette période, on aura :

$$\mathbf{T}_m = \mathbf{T}_r.$$

On a d'ailleurs cette même égalité si l'on considère la marche de la machine depuis le moment où elle est partie du repos jusqu'au moment où elle s'arrête. Et si l'on prend une période quelconque, le premier membre de l'équation (1) conserve toujours une valeur modérée, puisque les vitesses des divers points ne varient que dans des limites peu étendues, et les deux termes $\mathbf{T}_m$ et $\mathbf{T}_r$ du second membre croissent sans limite lorsque la période considérée augmente ; leur différence, représentée par le premier membre de l'équation, peut donc devenir négligeable vis-à-vis de leur valeur absolue, et l'on peut, en embrassant une période quelconque de la marche de la machine, écrire rigoureusement ou très approximativement :

$$T_m = T_r.$$

Une machine comprend toujours trois parties distinctes : la première, appelée le *récepteur*, subit directement l'effet des forces naturelles ou autres qui lui donnent le mouvement. Ces forces émanent de corps extérieurs appelés *moteurs* : ce sont, par exemple, les organes de quelque être animé qui fait effort, une masse d'eau ou un poids qui descend, le vent qui souffle, la vapeur ou un ressort qui se détend, etc.

À l'autre extrémité de la machine se trouve l'*outil* ou *opérateur* qui agit sur les points de la matière à mettre en œuvre, c'est-à-dire dont on veut changer la forme ou la position.

Enfin, entre le récepteur et l'outil se trouvent des *organes de transmission* du mouvement, constituant ce que l'on appelle le mécanisme.

Le travail des forces motrices sur le récepteur est généralement positif ; il peut, accidentellement, devenir négatif : les forces n'agissant plus alors comme moteurs, nous faisons abstraction de ces exceptions. Le travail moteur total, que nous avons désigné par T_m, est ainsi pour nous celui qui est exécuté par les forces motrices agissant sur le récepteur

Au travail positif de l'*outil* correspond le travail égal et opposé exercé sur lui par les forces extérieures qu'il surmonte. Cette portion du travail résistant s'appelle le travail *utile*. Il est négatif et nous le désignerons par $- T_u$ en mettant son signe en évidence.

Enfin, la transmission du mouvement s'effectue par l'intermédiaire de corps solides qui se déplacent les uns par rapport aux autres, qui roulent ou glissent l'un sur l'autre, qui se heurtent, etc. Le travail correspondant à ces divers mouvements relatifs et qui, comme nous venons de le voir (n⁰ˢ 208 à 211), est toujours négatif, porte le nom de *travail passif* ou travail *des résistances passives* ; nous le désignerons, dans son ensemble, par — T_f de sorte que le travail résistant total T_r est la somme du travail utile T_u et du travail passif T_f :

$$T_r = T_u + T_f.$$

215. Rendement d'une machine. — Le rapport du travail utile au travail moteur est ce que l'on appelle le *rendement* de la machine. On a, puisque $T_r = T_m$:

$$\frac{T_u}{T_m} = 1 - \frac{T_f}{T_m} .$$

Le rendement est donc toujours inférieur à l'unité, à cause des résistances passives qu'il est impossible de supprimer à moins de supprimer le mouvement lui-même. Cela montre l'absurdité de toutes les tentatives qu'on voit néanmoins se reproduire si souvent pour obtenir un *mouvement perpétuel,* c'est-à-dire un appareil qui effectue indéfiniment du travail sans recevoir l'action d'aucun moteur extérieur, ou qui relève, de lui-même, des poids dont la chute nouvelle doit reproduire un travail moteur capable d'entretenir le mouvement, en faisant sans cesse le même ouvrage

Mais si les machines ne créent pas de travail et en dissipent même une partie en pure perte, elles transforment le reste de la manière la plus utile, non seulement en changeant la forme cinématique du mouvement, comme nous le dirons en décrivant plus loin les mécanismes, mais en modifiant les grandeurs des deux facteurs qui composent le travail : l'effort et l'espace parcouru dans l'unité de temps.

216. Utilité des volants. — Pour qu'une machine soit avantageusement établie il faut que son rendement soit le plus grand possible, c'est-à-dire que les résistances passives soient réduites à leur minimum, mais il faut encore que le récepteur et l'outil conservent les vitesses les plus appropriées à en tirer le meilleur parti possible : celles que l'expérience a indiquées comme le plus propres d'une part à utiliser le mieux possible l'effet des forces motrices, d'autre part à obtenir les produits de fabrication les meilleurs et les plus abondants. Il faut donc,

comme le travail moteur et le travail résistant ne sont pas toujours constants, faire en sorte d'éviter que leurs variations
n'entraînent de trop grandes variations dans les vitesses des
organes de la machine. On y parvient de diverses manières,
et en particulier par l'usage des *volants*, dont nous allons dire
un mot, en étudiant la marche d'une machine très simple.

Considérons un cylindre à vapeur A, par exemple, et un
piston qui s'y meut en entraînant, par l'intermédiaire d'une
bielle BC, la rotation d'une manivelle et d'un axe O.

Supposons que cette machine soit destinée à soulever un
corps pesant P (fig. 136) fixé à l'extrémité d'une corde s'en-

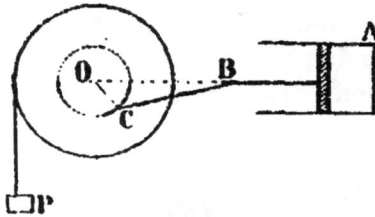

Fig. 136.

roulant sur un tambour, de rayon *r*, monté sur l'axe O. Appelons *p* la pression de la vapeur V le volume du cylindre variable avec la position du piston. Si, ce que nous admettrons, la
machine est à simple effet, c'est-à-dire si la vapeur n'agit que
sur une des faces du piston, le travail moteur, pour une révo-
lution complète de l'axe O sera $\int_{V_0}^{V_1} p\,dV$ en appelant V_0 et V_1 le
volume initial et le volume final du cylindre. Ce travail moteur
se produira pendant une demi-révolution de l'axe O, et pendant
la demi-révolution suivante il ne s'en produira pas. Appelons ω_0
et ω_1 les vitesses angulaires de la rotation au commencement et
à la fin de cette demi-révolution, et écrivons l'équation des forces vives et du travail pour cet intervalle de temps. Le travail
utile est égal au produit du poids P par la hauteur dont il a
été élevé, soit $P \times \pi r$; appelons τ_f le travail des résistances
passives, supposé connu, y compris celui de l'inertie des pièces
de la machine, à l'exception de l'axe de rotation O et des pièces

26

qui y sont fixées,et désignons par I le moment d'inertie de ces pièces. Nous aurons :

$$I \frac{\omega_1^2}{2} - I \frac{\omega_0^2}{2} = \int_{V_0}^{V_1} p \, dV - P. \, \pi r - T_f.$$

Pendant la demi-révolution suivante il faut, si l'on veut que la marche de la machine soit continue, que la vitesse repasse de sa valeur ω_1 à sa vitesse initiale ω_0 et l'on aura :

$$I \frac{\omega_0^2}{2} - I \frac{\omega_1^2}{2} = - P. \, \pi r - T_f' \; ;$$

car le travail moteur est alors nul, le travail utile est encore égal à $- P . \pi r$ et nous désignons par T_f' le travail passif pendant cette seconde période.

Additionnons membre à membre ces deux équations, nous avons :

$$0 = \int_{V_0}^{V_1} p \, dV - 2P. \, \pi r - T_f - T_f' \; ;$$

ce qui fait connaître d'abord soit la pression p, soit les volumes V_0 et V_1 en fonction de la résistance à vaincre.

Si, au contraire nous retranchons membre à membre les deux équations, nous obtenons :

$$I (\omega_1^2 - \omega_0^2) = \int_{V_0}^{V_1} p \, dV - T' + T_f' = 2 (P. \, \pi r + T_f') \; ,$$

ce que l'on peut écrire :

$$I(\omega_1 - \omega_0) \left(\frac{\omega_1 + \omega_0}{2} \right) = P. \, \pi r + T_f' \; .$$

Si ω_1 et ω_0 sont les valeurs extrêmes de la vitesse angulaire de la rotation de l'axe, $\frac{\omega_1 + \omega_0}{2}$ est la vitesse moyenne ; et l'on peut admettre que cette vitesse moyenne est, comme nous venons de le dire, donnée par les conditions de bon fonctionnement de la machine. Ce qu'il faut limiter c'est l'écart $\omega_1 - \omega_0$ entre la plus grande et la plus petite vitesse, et cet écart sera d'autant moindre que I sera plus grand.

On obtient ce résultat au moyen d'un volant, pièce fixée à l'axe de rotation O et dont la forme est telle que son moment d'inertie soit aussi grand que possible pour une quantité déterminée de matière. On calcule le moment d'inertie I d'après la différence $\omega_1 - \omega_0$ que l'on veut admettre entre les deux vitesses extrêmes.

Dans la machine à simple effet que nous venons d'examiner, ω_0 est toujours la vitesse minimum, mais ω_1 n'est la plus grande valeur de cette vitesse que lorsque, dans la dernière partie de la course du piston, les éléments $pd\mathrm{V}$ de la somme qui représente le travail de la vapeur sont plus grands que la somme des travaux résistants correspondants, dus au poids P et aux résistances passives.

217. Travail des forces de liaisons. — On simplifie encore souvent l'équation des forces vives et du travail au moyen d'une approximation que nous allons faire connaître.

Nous avons parlé plus haut des systèmes à liaisons et nous avons défini géométriquement quelques-unes des liaisons les plus usuelles. Dans la réalité, les *conditions* de liaisons ne sont jamais satisfaites d'une manière absolue : il n'existe pas de points absolument fixes ; la fixité d'un point s'obtient par des corps solides plus ou moins déformables qui ne produisent ce résultat que d'une façon plus ou moins imparfaite, les lignes ou surfaces solides sur lesquelles un autre corps est astreint à se mouvoir, ne sont pas non plus de forme invariable, les tiges sont extensibles, les appuis sont compressibles : on n'a donc que des approximations.

Ce sont les réactions de ces appuis, de quelque forme qu'ils soient, qui produisent sur le corps solide en mouvement ces *accélérations de liaisons* que nous avons considérées au chapitre VII, n° 139, et qui ne sont autre chose que les résultantes des accélérations imprimées aux particules du corps mobile par celles, extrêmement voisines, des corps avec lesquels il est en contact

On suppose généralement, pour l'approximation dont nous

parlons, que le travail de ces réactions, que l'on appelle alors forces de liaisons, est nul ou négligeable. Cela revient à admet- tre, s'il s'agit d'un point astreint à rester fixe, qu'il demeure effectivement tout à fait immobile ; s'il s'agit de deux points astreints à rester à une distance invariable, que cette condition est exactement satisfaite ; s'il s'agit du glissement ou du rou- lement d'une surface sur une autre, que le frottement ou la ré- sistance au roulement est négligeable ou que la réaction est perpendiculaire au sens du mouvement ; s'il s'agit de fils ou de cordes passant sur des poulies, qu'ils sont parfaitement flexibles ou sans raideur, etc.

En sorte que si l'on pose l'équation des forces vives et du travail pour un système de cette nature, et pour un déplace- ment compatible avec les liaisons, il ne sera pas nécessaire de calculer le travail de ces forces de liaisons, dont quelques-unes sont souvent inconnues, puisqu'on le néglige, et l'on pourra ne tenir compte que des autres forces agissant sur les mobiles.

On n'aura ainsi, à la vérité, qu'une approximation dont on pourra, le plus souvent, se contenter, et qui, en tout cas, pourra servir à déterminer quelques-unes de ces réactions inconnues dont on calculera ensuite le travail par une seconde approximation.

CHAPITRE XI

DE L'ÉQUILIBRE ET DES MACHINES SIMPLES

SOMMAIRE

§ 1

DE L'ÉQUILIBRE

218. Équilibre d'un point matériel libre. — On dit qu'un point est en équilibre lorsqu'il no reçoit aucune accélération. S'il est en repos, il reste immobile, s'il est en mouvement, il conserve une vitesse constante en grandeur et en direction. Alors, sa force motrice F est nulle, puisque l'on a, par définition :

$$F \; (=) \; mj \; ,$$

m étant la masse et j l'accélération du point considéré. Réciproquement si F est nulle, il en est de même de j.

La condition nécessaire et suffisante pour qu'un point matériel soit en équilibre est donc que sa force motrice, laquelle est *la résultante des forces qui agissent sur lui, soit nulle.* Ce qu'exprime l'équipollence :

$$\mathbf{S}\, F\,(=\!\!=\!)0 \ ,$$

en désignant maintenant par F une quelconque des forces qui agissent sur le point.

Cette équipollence équivaut, comme nous le savons, aux égalités algébriques :

$$\Sigma F_x = 0 \quad , \quad \Sigma F_y = 0 \quad , \quad \Sigma F_z = 0 \ ;$$

en appelant F_x, F_y, F_z les projections de la force quelconque F sur trois axes de coordonnées rectangulaires. La condition de l'équilibre d'un point matériel peut donc s'énoncer en disant que les sommes des projections, sur trois axes rectangulaires, des forces qui agissent sur ce point doivent être nulles.

La somme des travaux de plusieurs forces qui agissent sur un point étant égales au travail de leur résultante, on voit que *lorsqu'un point est en équilibre, la somme des travaux des forces qui agissent sur lui, pour tout déplacement quelconque de ce point, est nulle.*

Nous avons à considérer souvent, dans les questions d'équilibre, des mouvements ou déplacements fictifs que l'on attribue aux points ou aux systèmes matériels pour évaluer le travail correspondant des forces. Ces déplacements portent le nom de *déplacements virtuels* par opposition aux déplacements réels subis par les points qui sont actuellement en mouvement ; et le travail des forces correspondant à un déplacement virtuel s'appelle *travail virtuel.*

On ne considère ordinairement le travail virtuel que pour des déplacements infiniment petits.

Alors, en adoptant cette dénomination, nous dirons que *pour qu'un point matériel soit en équilibre, il faut et il suffit que, pour tout déplacement virtuel de ce point, le travail virtuel des forces qui lui sont appliquées soit nul.*

Cette condition équivaut bien aux trois équations que nous avons écrites. En effet, appelons F la résultante des forces directement appliquées au point matériel, F_x, F_y, F_z, ses projections sur trois axes. Soit δs un déplacement quelconque de ce point, et δx, δy, δz ses projections, la condition est exprimée par l'équation :

$$F_x \delta x + F_y \delta y + F_z \delta z = 0.$$

et pour que cette équation ait lieu pour toutes les valeurs quelconques de δx, δy, δz, il est nécessaire que l'on ait :

$$F_x = 0 \quad , \quad F_y = 0 \quad , \quad F_z = 0 ;$$

de sorte que les équations, en nombre infini, que l'on obtiendrait en attribuant à δs toutes les valeurs possibles se réduisent, en somme, aux trois précédentes. Réciproquement, si celles-ci sont satisfaites, le travail virtuel, pour un déplacement quelconque, sera identiquement nul.

210. Équilibre d'un point assujetti à des liaisons. — Supposons que le point soit assujetti à des liaisons ; remarquons d'abord que le nombre k des équations de liaisons ne peut être que de deux au plus ; trois équations entre les coordonnées détermineraient la position du point d'une manière invariable, indépendamment des forces qui lui seraient appliquées. Nous aurons, pour l'équilibre, en appelant L_x, L_y, L_z les projections inconnues de la force de liaison :

$$(1) \qquad F_x + L_x = 0 \quad , \quad F_y + L_y = 0 \quad , \quad F_z + L_z = 0.$$

Mais, les trois composantes L_x, L_y, L_z ne sont pas arbitraires, il y a entre elles $3 - k$ relations puisque nous savons que le nombre de ces composantes, à déterminer, est égal au nombre des équations de liaisons, que nous avons désigné par k, ce nombre ne pouvant ici être que 1 ou 2.

Considérons un déplacement quelconque du point matériel, mais prenons ce déplacement compatible avec les liaisons ;

nous aurons encore, identiquement, puisque nous admettons l'équilibre :

$$(2) \qquad (F_x \delta x + F_y \delta y + F_z \delta z) + (L_x \delta x + L_y \delta y + L_z \delta z = 0.$$

Supposons, comme nous l'avons dit plus haut, que nous puissions négliger le travail des forces de liaisons pour ce déplacement, la seconde parenthèse, qui représente ce travail, pourra être effacée et il restera :

$$(3) \qquad F_x \delta x + F_y \delta y + F_z \delta z = 0.$$

Par conséquent le travail des forces directement appliquées, pour tout déplacement virtuel compatible avec les liaisons, est nul.

Réciproquement, si cette condition est satisfaite, on peut, en supposant toujours négligeable le travail des forces de liaisons, en conclure l'équilibre du point.

En effet, d'après ce que nous avons démontré (n° 182), la somme des travaux de toutes les forces qui agissent sur ce point, y compris celui de son inertie, est nulle. Or, le travail des forces directement appliquées est nul par hypothèse, celui des forces de liaisons est nul, puisque le déplacement est compatible avec les liaisons, le travail de l'inertie est donc nul, ce qui ne peut avoir lieu qu'autant que le point a une accélération nulle, ou bien est en équilibre.

S'il y a k équations de liaisons, les déplacements δx, δy, δz ne sont pas arbitraires, il sont liés par k équations et, par suite, l'équation (2) ci-dessus, qui a lieu par hypothèse pour tous les déplacements compatibles avec les liaisons, équivaut simplement à $3 - k$ équations entre les trois composantes F_x, F_y, F_z. Ces $3 - k$ conditions sont alors suffisantes pour l'équilibre.

Le nombre des équations nécessaires étant toujours égal à 3, les k équations restantes serviront à déterminer les k composantes inconnues des forces de liaisons.

Considérons, par exemple, un point matériel assujetti à rester sur une courbe fixe donnée par ses équations :

$$(4) \qquad f(x, y, z) = 0 \quad . \quad f_1(x, y, z) = 0 \quad .$$

qui sont deux équations de liaisons. Appelons F_x, F_y, F_z les projections sur les trois axes de la résultante de toutes les forces qui agissent sur ce point. La condition d'équilibre est que le travail virtuel

$$F_x \, \delta x + F_y \, \delta y + F_z \, \delta z$$

de ces forces, pour tout déplacement compatible avec les liaisons, soit nul. Or, ici, il n'y a qu'une seule direction du déplacement qui soit compatible avec les liaisons ; c'est celle de la tangente à la courbe ; cela revient à dire que si l'on se donne l'une des projections dx du déplacement sur l'un des axes, les deux autres projections dy, dz seront déterminées par les deux équations (4), et alors, la condition d'équilibre devient, en appelant dx, dy, dz les projections sur les trois axes d'un élément d'arc de la courbe donnée :

$$F_x \, dx + F_y \, dy + F_z \, dz = 0 \ .$$

Cette équation exprime que la résultante des forces appliquées au point est normale à la courbe, et cette condition est nécessaire et suffisante pour l'équilibre.

Les projections L_x, L_y, L_z de la force de liaison L étant, d'après les équations (1), égales et directement opposées à celles de la résultante F, cette force de liaison est elle-même égale et directement opposée à F. C'est la *réaction* de la courbe sur le point et la force F elle-même s'appelle la *pression* du point sur la courbe.

La condition d'équilibre qui vient d'être trouvée, et qui consiste en ce que la résultante des forces appliquées au point soit normale à la courbe, n'est suffisante qu'autant que l'on suppose la courbe indéfiniment résistante, c'est-à-dire absolument indéformable quelle que soit la pression qu'elle aura à supporter. Dans la réalité, non seulement il faut tenir compte, pour assurer l'équilibre, des limites de cette résistance, mais aussi de ce fait fréquent, que le travail de la force de liaison n'est pas toujours absolument nul ni même négligeable. Il faut alors le conserver dans l'équation du travail virtuel, ce qui modifie la condition d'équilibre et permet d'y satisfaire avec une force plus ou moins inclinée sur la direction normale à la courbe.

Lorsqu'il s'agit d'un point assujetti à se mouvoir sur une surface fixe, donnée par son équation :

$$f(x,y,z) = 0,$$

les conditions d'équilibre se déterminent de même, en négligeant le travail des forces de liaisons, par la condition :

$$F_x \delta x + F_y \delta y + F_z \delta z = 0,$$

pour tous les déplacements compatibles avec la liaison. Ces déplacements ne pouvant avoir lieu que dans le plan tangent à la surface, mais pouvant s'effectuer dans toutes les directions autour du point de contact, le travail virtuel ne peut être nul que si la force F est normale à la surface, ce qui exige que ses cosinus directeurs, proportionnels à F_x, F_y. F_z soient égaux à ceux de la normale à la surface, lesquels sont proportionnels aux trois dérivées partielles $\frac{df}{dx}$, $\frac{df}{dy}$, $\frac{df}{dz}$. Les conditions d'équilibre sont ainsi :

$$\frac{F_x}{\left(\frac{df}{dx}\right)} = \frac{F_y}{\left(\frac{df}{dy}\right)} = \frac{F_z}{\left(\frac{df}{dz}\right)} = \frac{F}{\sqrt{\left(\frac{df}{dx}\right)^2 + \left(\frac{df}{dy}\right)^2 + \left(\frac{df}{dz}\right)^2}}.$$

La grandeur de la force F, ou celle de l'une de ses composantes, est arbitraire : sa direction seule est déterminée sous les mêmes restrictions que nous venons de faire au sujet du point astreint à rester sur une courbe. La force F est la pression du point sur la surface, et la force de liaison L qui lui est égale et directement opposée s'appelle encore la réaction de la surface sur le point.

226. Équilibre d'un système matériel libre. — Un système matériel est en équilibre lorsqu'aucun de ses points ne reçoit d'accélération, c'est-à-dire lorsque chacun de ses points, individuellement, est en équilibre. Si donc il s'agit d'un système de n points, l'équilibre s'exprimera par $3n$ équations, à raison de trois, analogues à celles qui viennent d'être écrites, pour chacun des points du système.

Quels que soient, d'ailleurs, les déplacements virtuels de chacun de ces points, la somme des travaux virtuels des forces agissant sur chaque point étant nulle, il en sera de même de la somme totale des travaux virtuels pour l'ensemble du système. Ce que l'on exprime par l'équation :

$$\Sigma \left(F_x \, \delta x + F_y \, \delta y + F_z \, \delta z \right) = 0.$$

Réciproquement, si cette équation est vérifiée pour tous les déplacements, en nombre infini, que l'on peut attribuer aux divers points, cela exige que chacune des composantes telles que F_x, F_y, F_z soit nulle, c'est-à-dire que chaque point soit individuellement en équilibre. Par conséquent, *pour qu'un système matériel soit en équilibre, il faut et il suffit que la somme des travaux virtuels de toutes les forces qui agissent sur lui soit nulle, pour tous les déplacements infiniment petits quelconques des points où elles sont appliquées.*

331. Équilibre d'un système à liaisons. — Si le système a des liaisons, et si, entre les $3n$ coordonnées de ses points, il y a k équations de liaisons, il y a, en même temps, k composantes de forces de liaisons indéterminées. Si l'on donne à tous les points des déplacements virtuels compatibles avec les liaisons, le travail des forces de liaisons sera nul et, si le système est en équilibre, il en sera de même de celui des forces autres que celles de liaisons ou des forces directement appliquées au système.

Réciproquement, si la somme des travaux virtuels des forces directement appliquées au système, pour tout déplacement compatible avec les liaisons, est nul, le système sera en équilibre. En effet, en répétant ce que nous venons de dire pour un point matériel, pour le déplacement considéré, la somme des travaux des forces d'inertie de tous les points doit être nulle ; ces travaux sont tous de même signe et négatifs, puisque la force d'inertie de chaque point est directement opposée à l'accélération et par suite au déplacement virtuel considéré. La somme de ces travaux ne peut être nulle qu'autant que chacun d'eux est nul séparément, c'est-à-dire que chacun des points est en équilibre.

Par conséquent, *pour qu'un système matériel à liaisons soit en équilibre, il faut et il suffit que, pour tout déplacement virtuel compatible avec les liaisons, la somme des travaux des forces qui lui sont directement appliquées soit nulle.*

Il n'est pas inutile de rappeler que cela suppose le travail des forces de liaisons négligeable vis-à-vis de celui des autres forces, c'est-à-dire que l'on ne tient pas compte des frottements, de la résistance au roulement, de la raideur des cordes, etc.

S'il y a k équations de liaisons, il y a, entre les $3n$ déplacements δx_1, δy_1, δz_1, δx_2,.... δz_n des points du système, k relations nécessaires (n° 138); il n'y en a donc que $3n - k$ arbitraires, c'est-à-dire que l'équation

$$\Sigma (F_x \delta x + F_y \delta y + F_z \delta z) = 0,$$

qui exprime la nullité du travail total, équivaut simplement à $3n - k$ équations entre les $3n$ composantes F_x, F_y .. des forces appliquées au système. Ces $3n - k$ conditions sont alors suffisantes pour l'équilibre. Il y a, en réalité, k de ces composantes qui peuvent être choisies arbitrairement, sans que l'équilibre soit troublé.

Le nombre des équations nécessaires pour l'équilibre étant toujours de $3n$, lorsque l'on y fait intervenir les forces de liaisons, les k équations restantes serviront, lorsque les forces F seront données, à déterminer les k composantes des forces de liaisons restant inconnues.

222. Conditions d'équilibre nécessaires entre les forces extérieures. — Parmi les forces dont le travail doit entrer en ligne de compte, par l'application de ce qui précède, figurent naturellement les forces intérieures qui ne seraient pas des forces de liaisons, c'est-à-dire dont le travail ne serait pas nul.

Mais il est possible de trouver des conditions d'équilibre ne contenant que les forces extérieures et applicables à tous les systèmes matériels.

Considérons un système matériel libre. Un système à liaisons peut toujours y être assimilé à la condition d'ajouter, aux forces directement appliquées, les forces de liaisons Les forces dont nous allons parler sont donc toutes les forces qui agissent sur le système, y compris celles de liaisons s'il y en a.

Désignons par F'_1, F'_2..... F'_n les résultantes de toutes les forces tant intérieures qu'extérieures qui agissent sur chacun de ses n points, par F_1, F_2.... F_n les forces extérieures et par $f_1, f_2 . f_n$ les forces intérieures. Nous aurons, en général, p désignant un indice quelconque :

$$F'_p (=) F_p (+) f_p.$$

La condition d'équilibre de ce point est $F'_p (=) 0$ ou bien

$$F_p (+) f_p (=) 0.$$

Écrivons la même équipollence pour chacun des n points et additionnons géométriquement les deux membres. Les forces intérieures f étant deux à deux égales et directement opposées donneront, au total, une somme géométrique nulle, il restera donc simplement :

(1) $$\text{Sg } F (=) 0 ,$$

ou, en projetant sur trois axes rectangulaires :

(2) $$\Sigma F_x = 0 , \quad \Sigma F_y = 0 , \quad \Sigma F_z = 0 .$$

Lorsqu'un système matériel est en équilibre, la somme géométrique de toutes les forces EXTÉRIEURES *qui agissent sur lui est nulle ; ou bien, la somme des projections sur un axe quelconque des forces* EXTÉRIEURES *qui agissent sur lui est nulle.*

Si maintenant nous considérons les forces F_p et f_p qui agissent sur le même point, leur moment résultant, par rapport à un point O quelconque, est égal (n° 7) au moment de leur résultante, laquelle est nulle s'il y a équilibre. Nous avons ainsi :

$$\mathbf{M}_0 F_p (+) \mathbf{M}_0 f_p (=) 0 \ .$$

Ecrivons la même équipollence pour les n points et faisons la somme géométrique de toutes ces équipollences. A chacune des forces intérieures agissant sur un point correspond une autre force intérieure agissant sur un autre point, égale, directement opposée à la première, et donnant, en somme, par rapport au point quelconque O, un moment résultant nul. Les moments des forces intérieures disparaissent ainsi de la somme qui se réduit à :

(3) $$\mathbf{Sg\,M}_0\,F (=) 0 \ .$$

ou, en projetant sur trois axes rectangulaires :

(4) $$\Sigma \mathbf{M}_x F = 0 \ , \quad \Sigma \mathbf{M}_y F = 0 \ , \quad \Sigma \mathbf{M}_z F = 0 \ .$$

Lorsqu'un système matériel est en équilibre, le moment résultant, par rapport à un point quelconque de l'espace, des forces EXTÉRIEURES *qui agissent sur lui est nul ; ou bien, la somme des moments, par rapport à un axe quelconque, des forces* EXTÉRIEURES *qui agissent sur lui est nulle.*

Les conditions de l'équilibre d'un système matériel se traduisent ainsi, *nécessairement*, par les six équations suivantes, entre les forces *extérieures* :

(5) $$\left\{ \begin{array}{lll} \Sigma F_x = 0 \ , & \Sigma F_y = 0 \ , & \Sigma F_z = 0 \ ; \\ \Sigma \mathbf{M}_x F = 0 \ , & \Sigma \mathbf{M}_y F = 0 \ , & \Sigma \mathbf{M}_z F = 0 . \end{array} \right.$$

Ces équations s'appellent souvent équations *universelles* de l'équilibre.

223. Cas où elles sont suffisantes. — Les conditions qu'elles expriment sont *nécessaires* pour tous les systèmes matériels.

Elles sont *suffisantes* pour les systèmes absolument invariables. En effet si un pareil système est soumis à des forces dont la somme géométrique est nulle, son centre de gravité ne recevra aucune accélération, d'après ce que nous avons vu au n° 184. Si l'on considère un axe quelconque, passant par son centre de gravité, il ne recevra autour de cet axe aucune accélération angulaire, si la somme des moments des forces extérieures par rapport à cet axe est nulle, d'après le n° 212 ; par conséquent il restera en repos s'il était en repos et il conservera un mouvement uniforme s'il était en mouvement : il sera donc en équilibre.

Mais il importe de remarquer que cette démonstration suppose le système absolument invariable. On ne peut en appliquer la conclusion aux corps solides qu'en ne tenant pas compte des déformations locales ou générales produites par l'action des forces. En général, si, sur un solide en repos, on vient à appliquer de nouvelles forces satisfaisant, dans leur ensemble, aux six conditions universelles de l'équilibre, il se produira des mouvements partiels dus aux déformations du solide : il pourra en résulter la séparation de ses diverses parties qui prendront alors des mouvements déterminés, c'est-à-dire que l'équilibre aura cessé d'exister.

Considérons par exemple une tige à l'état d'équilibre sous l'action de deux forces égales et directement opposées, appliquées à ses deux extrémités. Si l'on augmente indéfiniment la grandeur de ces forces, elles ne cesseront pas de satisfaire aux six équations d'équilibre, et cependant, il arrivera un moment où l'équilibre cessera d'exister : la tige se rompra et chacun des fragments entraîné par la force qui lui est appliquée, se mettra en mouvement.

Avant même que la rupture ne se produise, à chaque augmentation des deux forces considérées correspondra une déformation nouvelle, un allongement de la tige. L'état d'équilibre, qui existait avant l'accroissement des forces, sera détruit, les points de la tige se mettant en mouvement, avec des vitesses très-faibles il est vrai, pour prendre le nouvel état d'équilibre correspondant à la nouvelle valeur des forces.

Les conditions universelles de l'équilibre, nécessaires pour

tous les systèmes, ne sont donc suffisantes pour les corps solides qu'autant que les forces qui y sont appliquées ne feront
varier que d'une manière imperceptible les distances mutuelles de ses points, de manière à ce que chacune des forces puisse
être individuellement équilibrée par les actions moléculaires
exercées par le reste du corps sur son point d'application, et
qui sont la conséquence de ces petits changements de distance.

*C'est avec cette restriction, qu'il ne faut jamais perdre de vue,
que les conditions universelles de l'équilibre sont suffisantes pour
les systèmes solides.*

On ne peut d'ailleurs exprimer analytiquement les conditions
nouvelles, qu'elles imposent aux forces appliquées aux solides,
qu'en faisant intervenir, dans les calculs, les déformations résultant de l'application de ces forces. Les calculs deviennent
alors du domaine de la théorie de l'élasticité et ne rentrent
pas dans le cadre de cet ouvrage.

Nous admettrons que ces conditions nouvelles sont toujours
satisfaites.

384. Forces statiquement équivalentes. — Alors, un
même corps solide peut être en équilibre sous l'action de deux
systèmes de forces différents. Les états d'équilibre qui résultent de l'application de ces deux systèmes de forces ne diffèrent
que par des changements de distances négligeables dans les
positions relatives des diverses particules du solide.

Cette hypothèse de l'invariabilité absolue de la forme, suffisamment approchée lorsque les forces restent inférieures à
certaines limites données par la théorie de l'élasticité, permet
de résoudre facilement les problèmes de l'équilibre des corps
solides, assimilés aux systèmes invariables.

La solution de la plupart de ces problèmes se simplifie au
moyen de la considération des forces *statiquement équivalentes*, que nous allons définir.

On dit que *deux systèmes de forces* F, F', *appliqués à un corps
solide, sont statiquement équivalents lorsqu'ils ont même somme géométrique et même moment résultant par rapport à un
point quelconque de l'espace.*

Les lignes représentant ces forces forment alors ce que nous avons appelé au chap. I, deux systèmes équivalents. Les forces des deux systèmes ont alors même somme de projections sur une direction quelconque, et même somme de moments par rapport à un axe quelconque de l'espace.

Il en résulte que si, à l'un des deux systèmes F, F' on ajoute un certain nombre de nouvelles forces formant un nouveau système φ, tel qu'il y ait équilibre, le même système φ ajouté à l'autre système formera également un système en équilibre. En effet, puisque l'ensemble des forces des deux systèmes F et φ est en équilibre, cela veut dire que l'on a :

$$\text{Sg} \, F \, (+) \, \text{Sg} \, \varphi \, (=) \, 0,$$
$$\text{SgM}_0 \, F \, (+) \, \text{SgM}_0 \, \varphi \, (=) \, 0.$$

Mais puisque, par hypothèse, les systèmes F et F' sont statiquement équivalents, ou a :

$$\text{Sg} \, F \, (=) \, \text{Sg} \, F' \, ; \qquad \text{SgM}_0 \, F \, (=) \, \text{SgM}_0 \, F'.$$

On en déduit :

$$\text{Sg} \, F' \, (+) \, \text{Sg} \, \varphi \, (=) \, 0,$$
$$\text{SgM}_0 \, F' \, (+) \, \text{SgM}_0 \, \varphi \, (=) \, 0.$$

L'ensemble des forces F' et φ forme donc aussi un système en équilibre. Cette propriété est souvent adoptée pour la définition des systèmes statiquement équivalents. On dit alors que *deux systèmes de forces sont statiquement équivalents lorsqu'ils peuvent être équilibrés par un même troisième système de forces.*

Ou, ce qui revient au même, on peut, dans l'équilibre d'un solide, remplacer un groupe de forces qui agissent sur lui par un groupe statiquement équivalent.

Il s'agit toujours ici, bien entendu, de l'équilibre approximatif dont nous avons parlé au n° 223, et les forces équivalentes ne peuvent se substituer les unes aux autres qu'autant qu'elles ne produisent, sur le solide, aucune déformation sensible.

Elles peuvent, dans les mêmes circonstances, et lorsque l'on néglige à la fois ces déformations très petites et les mouvements qui en résultent, être substituées les unes aux autres dans l'étude du mouvement des corps solides considérés comme de forme invariable. En effet, puisque les deux systèmes, substitués l'un à l'autre, ont même somme géométrique, ils imprimeront au centre de gravité du solide la même accélération et comme ils ont même moment autour d'un axe quelconque, ils imprimeront à ce corps même accélération angulaire autour de tout axe passant par le centre de gravité. Par conséquent, le mouvement résultant sera le même pour les deux systèmes.

Tout ce que nous avons dit des systèmes de lignes équivalentes, de leur composition et décomposition, etc. (nᵒˢ 19 à 28), s'applique sans restriction aux systèmes de forces équivalents. Les conditions pour qu'un système de forces ait une résultante unique, la possibilité de le réduire dans le cas le plus général à une force et à un couple, ou à deux forces non situées dans un même plan ; les propriétés de l'axe du couple minimum, etc., n'ont pas besoin d'être répétées ici.

Nous nous bornerons à remarquer que si deux systèmes de forces équivalents sont appliqués à un même corps solide, la somme des travaux virtuels de ces deux systèmes, pour tout déplacement du solide, est la même, à la condition (toujours sous-entendue) que le solide reste absolument invariable, c'est-à-dire que les distances de ses points ne changent pas.

Le travail virtuel de chacun de ces deux systèmes est en effet égal et de signe contraire à celui du troisième système qui les équilibrerait.

225. Exemples simples de systèmes équivalents. — Nous allons considérer quelques cas simples, utiles à connaître, de l'équivalence ou de l'équilibre des systèmes de forces.

Lorsqu'un solide n'est soumis qu'à deux forces seulement,

F et F', la condition de nullité de leur somme géométrique exige qu'elles soient égales, de même direction et de sens opposés ; la condition de nullité de leur moment résultant par rapport à un point de l'une d'elles exige qu'elles soient dirigées suivant la même ligne droite. Par conséquent, *pour que deux forces agissant sur un solide soient en équilibre, il faut et il suffit qu'elles soient égales et directement opposées.* Cette condition n'est suffisante, nous ne saurions trop le répéter, qu'autant que le corps solide peut être considéré comme de forme invariable, c'est-à-dire que les deux forces n'y produisent aucune déformation appréciable.

De ce qui précède, on peut conclure que *lorsqu'un système de forces a une résultante unique, il est maintenu en équilibre par une force égale et directement opposée à cette résultante.*

On voit aussi qu'une force est équivalente à une force égale agissant dans le même sens et suivant la même ligne droite. Ce que l'on exprime autrement en disant qu'*une force peut être transportée en un point quelconque de sa direction.* Cela n'est permis, toujours, que dans les systèmes invariables.

Considérons maintenant le cas d'un solide soumis à trois forces F, F', F'', fig. 137, non parallèles. Prenons sur leurs

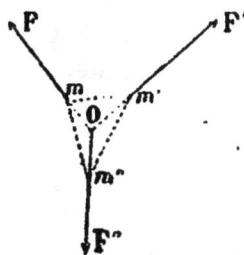

Fig. 137.

directions trois points *m*, *m'*, *m''* non en ligne droite. Pour que ces forces soient en équilibre, il faut que la somme de leurs moments par rapport à un axe quelconque soit nulle. Prenons, pour axe des moments, la ligne *mm'* ; les moments de F et de F' sont nuls, il faut donc que celui de F'' le soit aussi, c'est-à-dire que F'' soit dans un même plan avec *mm'* ou qu'elle soit située dans le plan *mm'm''*. La même chose pouvant être dite des autres forces, on voit que : 1° *trois forces en équilibre doivent être dans un même plan.*

Ces forces n'étant pas parallèles, soit O le point de rencontre de F et de F' ; la somme des moments des forces par rapport au point quelconque O devant être nulle, il faut que F'' passe par ce point ; par conséquent, 2° *trois forces non parallèles, en équilibre, doivent concourir en un même point.*

Enfin, la somme géométrique des forces devant être nulle, 3° *chacune des trois forces doit être égale et opposée à la résultante des deux autres.*

On en conclut que, *pour que deux forces aient une résultante statique, il faut qu'elles soient dans un même plan et par conséquent se rencontrent, si elles ne sont pas parallèles.*

En nous reportant à ce que nous avons vu aux n°ˢ 26 et suivants, nous trouverons, ce que l'on pourrait d'ailleurs déduire des conditions générales de l'équilibre, que la résultante de deux forces parallèles leur est parallèle et qu'elle est située dans leur plan à des distances qui leur sont inversement proportionnelles. Si les deux composantes sont de même sens, la résultante est placée entre elles, elle a le même sens et est égale à leur somme ; si les deux composantes sont de sens opposés, elle est hors de leur intervalle, du côté de la plus grande dont elle a le sens, et est égale à leur différence.

Deux forces égales, parallèles et de sens opposés, forment ce que l'on appelle un couple ; et tout ce que nous avons dit des couples de lignes s'applique aux couples de forces.

Si l'on considère un corps solide dont un point est rendu fixe, on pourra substituer à cette condition une force de liaison L appliquée en ce point ; et pour que ce corps soit en équilibre il faudra, d'après les conditions universelles, que toutes les forces, autres que celle-là, appliquées au solide aient une résultante égale et directement opposée à L, c'est-à-dire passant par le point fixe. Si cette condition est satisfaite et *si la fixité du point est absolue,* le corps solide sera en équilibre, quelle que soit la grandeur des forces qui lui sont appliquées.

Si l'on considère un corps solide ayant deux points fixes, auxquels on substituera deux forces L, L', d'après les conditions universelles de l'équilibre, la somme des moments des forces par rapport à la ligne qui joint les deux points fixes doit être nulle, puisque les forces L et L' ont, par rapport à cette ligne, un moment nul. Si les forces appliquées au solide satisfont à cette condition, le corps sera en équilibre et les équations de l'équilibre serviront à déterminer les forces de liaison L et L'.

Il convient de remarquer que, dans ce dernier cas, comme

dans le problème que nous avons traité au n° 147, il n'y a que cinq équations entre les six composantes de ces deux forces inconnues, ce qui laisse indéterminées leurs composantes suivant la droite qui joint les deux points fixes, dont la somme seule est donnée. On peut en effet, sans changer les conditions d'équilibre, ajouter au système de forces appliquées au solide deux forces quelconques, égales et opposées, dirigées suivant la droite qui unit les deux points fixes.

La condition d'équilibre n'est d'ailleurs suffisante que si le corps solide est tout à fait invariable, et si les deux points d'appui sont *absolument* fixes. S'il en était autrement les forces appliquées au solide devraient en outre satisfaire à d'autres conditions : rester inférieures à une limite déterminée par la résistance de ces points ou de la portion du solide qui supporte leur réaction.

220. Équilibre d'un fil. Tension. — Nous avons, à plusieurs reprises, répété que les six conditions universelles de l'équilibre, nécessaires pour tous les systèmes matériels, n'étaient suffisantes pour les corps solides qu'autant que l'on considérait ceux-ci comme absolument invariables. Nous allons examiner en détail un cas important d'exception dans lequel, à ces conditions nécessaires, doit s'en ajouter une autre pour que l'équilibre soit assuré. C'est celui des corps parfaitement flexibles ou des fils.

En réalité, il n'existe pas de corps parfaitement flexibles et nous avons défini plus haut (n° 210) la *raideur* des cordes : un fil si mince qu'il soit peut toujours supporter, perpendiculairement à sa longueur, un certain poids, sans fléchir d'une manière sensible. On peut s'en assurer en tenant le fil dans une pince horizontale, à une certaine distance de son extrémité ; si cette distance est assez petite, le bout de fil non soutenu restera horizontal malgré son poids, ce qu'il ne ferait pas s'il était parfaitement flexible. Le fil parfaitement flexible est donc une abstraction, une approximation, aussi bien que le solide absolument invariable de forme. Nous définirons le fil parfaitement flexible, celui qui ne peut exercer aucune réaction dans un sens perpendiculaire à sa direction ni aucune résistance à

une force tendant à rapprocher ses extrémités, et nous le supposerons en même temps inextensible, c'est-à-dire de longueur
constante.

Cela posé, si nous considérons deux forces agissant aux
extrémités d'un fil, il faudra, pour l'équilibre, non-seulement
qu'elles soient égales et directement opposées, comme pour un
solide invariable quelconque, mais aussi qu'elles tendent à
écarter l'une de l'autre les deux extrémités du fil. Si AB (fig.
138) est ce fil, en équilibre sous
l'action des forces égales et opposées F agissant à ses deux
extrémités et si nous imaginons
une section transversale M quelconque, chacune des portions
AM, BM étant en équilibre, subit au point M, de la part de l'autre portion, une action égale et directement opposée à la force
F qui agit sur son extrémité. Cette action porte le nom de *tension* du fil au point M, et l'on peut toujours, lorsqu'on étudie l'équilibre d'un fil, remplacer l'une des portions de ce fil,
se terminant en un de ses points, par la tension du fil en ce
point, puisque l'autre partie était en équilibre sous l'action
des forces qui lui sont appliquées et de cette tension provenant de la portion que l'on supprime.

Soit un fil ACB (fig. 139) fixé à ses deux extrémités A, B et
soumis en un de ses points C à l'action
d'une force F. Le point C de ce fil est en
équilibre sous l'action de trois forces, savoir, la force F et les deux tensions T et T'
des deux brins AC et CB, dirigées suivant
ces deux lignes. Il faut donc, pour l'équilibre, que la force F soit égale et directement opposée à la résultante de ces deux
tensions, c'est-à-dire que celles-ci soient
égales et directement opposées aux composantes CD, CE de la
force CF suivant leurs directions. Mais cette condition n'est
pas suffisante : il faut de plus que chacune de ces composantes
tende à écarter l'une de l'autre les extrémités de la portion de
fil sur laquelle elle agit, ce qui exige que, comme sur la figure, la
force F soit comprise dans l'angle ECD, opposé par le sommet

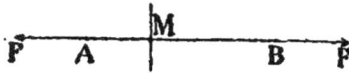

Fig. 138.

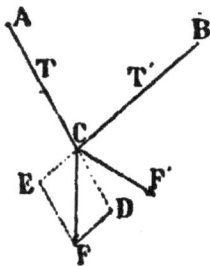

Fig. 139.

à ACB. S'il en était autrement, si elle était dirigée en dehors
de cet angle suivant CF' par exemple, l'équilibre ne pourrait
avoir lieu, la portion de fil BC ne pouvant résister à aucun
effort tendant à rapprocher ses extrémités.

227. Fil soumis à plusieurs forces isolées. — Si, au
lieu d'une seule force appliquée en C, le fil était soumis à l'action d'un nombre quelconque de forces F_1, F_2, F_3.... (fig. 140)
appliquées en des points C_1, C_2, C_3.... et supposées situées dans
un même plan avec les extrémités du fil, sa forme d'équilibre
serait celle d'un polygone funiculaire passant par ses deux
extrémités A et B et construit, avec un pôle convenablement
choisi, sur les forces F_1, F_2, F_3....

En effet, considérons ce fil dans sa position d'équilibre. Le
point C_1 est en équilibre sous
l'action de la force F_1 et des
deux tensions T et T_1 ; si donc
nous construisons quelque part
une ligne ac_1 équipollente à
F_1, en menant par les deux
extrémités a, c_1 des parallèles
à AC_1, $C_1 C_2$, ces parallèles se
rencontreront en O et les deux

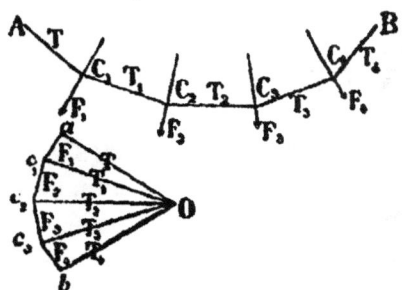

Fig. 140.

lignes Oa, c_1O seront équipollentes aux tensions T et T_1. De
même, le point C_2 est en équilibre sous l'action de la tension
T_1, de la force F_2 et de la tension T_2 ; si donc, par l'extrémité
c_1 de la ligne Oc_1 équipollente à la tension T_1 nous menons $c_1 c_2$
équipollente à F_2, la ligne c_2O, fermant le triangle sera équipollente à T_2, et ainsi de suite. Le polygone $AC_1 C_2...B$ a donc
ses côtés parallèles aux lignes divergentes Oa, Oc_1,....Ob, obtenues en joignant le pôle O aux extrémités du polygone des forces $ac_1 c_2...b$. C'est donc un polygone funiculaire de ces forces.

La position du pôle du polygone funiculaire serait difficile
à déterminer géométriquement ; voici comment on peut traiter
la question par l'analyse.

Prenons deux axes rectangulaires ; appelons x_0, y_0 les coordonnées du point A, x_1, y_1 celles du point B ; l, l_1, l_2... les longueurs AC_1, $C_1 C_2$,..., α, α_1, α_2,.... les angles que forment ces

directions avec l'axe des x et X_1, Y_1, X_2, Y_2, X_3, Y_3... les projections, sur les deux axes, des forces F_1, F_2, F_3,..... Nous avons d'abord :

$$x_1 - x_0 = l\cos x + l_1\cos\alpha_1 + l_2\cos\alpha_2 + ...$$

$$y_1 - y_0 = l\sin x + l_1\sin\alpha_1 + l_2\sin\alpha_2 + ...$$

Appelons encore U et V les projections de la tension T du premier brin AC_1 sur les deux axes des x et des y, nous aurons en considérant successivement les directions Oa, Oc_1, Oc_2,....:

$$\tan x = \frac{V}{U},$$

$$\tan \alpha_1 = \frac{V + Y_1}{U + X_1},$$

$$\tan \alpha_2 = \frac{V + Y_1 + Y_2}{U + X_1 + X_2}.$$

Et si, au moyen de ces valeurs des tangentes des angles α, α_1, α_2,... on exprime les valeurs de leurs sinus et cosinus, et si l'on substitue ces valeurs dans les deux équations précédentes, on n'aura plus, dans ces équations, que les deux inconnues U et V. Ces quantités, une fois déterminées, donneront la direction aO par $\tan x = \frac{V}{U}$ et la longueur Oa, par $T = \sqrt{U^2 + V^2}$, c'est-à-dire tout ce qu'il faut pour construire le pôle O et par suite le polygone funiculaire.

229. Fil soumis à des forces continues. — Quand le nombre des forces appliquées au fil augmente indéfiniment et que leurs points d'application se rapprochent de même, on a ce que l'on appelle des forces continues : telle est, par exemple, l'action de la pesanteur sur le fil lui-même. Dans ce cas, si l'on considère un élément ds infiniment petit et la résultante infiniment petite, df, des forces qui agissent sur cet élément, le rapport $F = \frac{df}{ds}$ est la force, appliquée au point considéré, rapportée à l'unité de longueur. Cette force peut varier d'un point à l'autre en grandeur et en direction.

Pour étudier l'équilibre du fil dans ces conditions, nous supposerons d'abord, pour simplifier, que la force F reste avec les extrémités du fil dans un même plan dans lequel nous prendrons deux axes rectangulaires Ox, Oy, fig. 141. Soit AB le fil ; considérons un élément infiniment petit MM' = ds sur lequel agit par unité de longueur la force F supposée connue et dont nous représenterons les projections par F_x, F_y. Appelons T la tension du fil au point M, T + dT sa tension au point M', α les angles que la tension T fait avec l'axe des x. L'élément MM' étant en équilibre, les sommes des projections, sur les deux axes, des forces qui agissent sur lui sont nulles ; cela nous donne les deux équations :

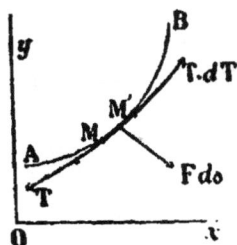

$$(1) \quad \begin{cases} F\,ds - T\cos\alpha + [T\cos\alpha + d(T\cos\alpha)] = 0, \\ F_y\,ds - T\sin\alpha + [T\sin\alpha + d(T\sin\alpha)] = 0 ; \end{cases}$$

ou bien, en réduisant et divisant par ds :

$$(2) \qquad F_x + \frac{d(T\cos\alpha)}{ds} = 0 \; , \quad F_y + \frac{d(T\sin\alpha)}{ds} = 0.$$

Nous pouvons exprimer l'angle α en fonction de ds, dx, dy et nous aurons $\cos\alpha = \dfrac{dx}{ds}$, $\sin\alpha = \dfrac{dy}{ds}$. Ces équations deviennent alors, en multipliant par ds :

$$(3) \qquad F_x\,ds + d.T\frac{dx}{ds} = 0 \; , \quad F_y\,ds + d.T\frac{dy}{ds} = 0.$$

Au lieu d'écrire les conditions d'équilibre en projetant sur les axes des x et des y, nous aurions pu projeter les trois forces T, T + dT et Fds sur la tangente à l'élément MM' et sur la normale à cet élément. Nous aurions obtenu alors, en désignant par F_t la composante tangentielle, par F_n la composante normale de la force F, et par ε l'angle de contingence :

$$F_s \, ds - T \cos \tfrac{\varepsilon}{2} + (T + dT) \cos \tfrac{\varepsilon}{2} = 0 \; ,$$

$$F_n \, ds - T \sin \tfrac{\varepsilon}{2} - (T + dT) \sin \tfrac{\varepsilon}{2} = 0 \; ,$$

ou bien, en réduisant, négligeant les infiniment petits du second ordre, divisant par ds, et appelant ρ le rayon de courbure
$\frac{ds}{\varepsilon}$ de la courbe affectée par le fil :

$$(4) \qquad\qquad F_s + \frac{dT}{ds} = 0 \; , \quad F_n = \frac{T}{\rho}.$$

S'il n'y a qu'une force normale, $F_s = 0$, d'où $T = $ constante,
le rayon de courbure en chaque point est inversement proportionnel à l'intensité de la force.

Si les forces, au lieu d'être dans un même plan avec les
extrémités du fil, étaient dirigées d'une manière quelconque
dans l'espace, nous aurions, en raisonnant tout à fait comme
plus haut, et en appelant toujours T la tension du fil au point
dont les coordonnées, par rapport à trois axes rectangulaires
sont x, y, z, et F_x, F_y, F_z les projections, sur ces trois axes, de
la force rapportée à l'unité de longueur agissant au même
point, les trois équations :

$$(5) \quad \left\{ \begin{aligned} F_x \, ds + d. \; T \frac{dx}{ds} &= 0 \; , \\[4pt] F_y \, ds + d. \; T \frac{dy}{ds} &= 0 \; , \\[4pt] F_z \, ds + d. \; T \frac{dz}{ds} &= 0 \; . \end{aligned} \right.$$

En multipliant ces trois équations respectivement par
$\frac{dx}{ds}$, $\frac{dy}{ds}$, $\frac{dz}{ds}$, et en les ajoutant, nous aurons, eu égard à ce que
$ds^2 = dx^2 + dy^2 + dz^2$:

$$(6) \qquad\qquad F_x \, dx + F_y \, dy + F_z \, dz + dT = 0.$$

Mais, comme nous avons eu déjà l'occasion de le remarquer
plusieurs fois, le trinôme $F_x \, dx + F_y \, dy + F_z \, dz$ est égal au

produit géométrique $F(\times) ds$ ou à $F_s ds$, on a donc encore, comme dans le cas d'une courbe plane :

$$(7) \qquad F_s + \frac{dT}{ds} = 0.$$

Mais la relation entre la tension et le rayon de courbure est beaucoup plus compliquée.

220. Applications. Parabole. Chaînette. — Nous allons appliquer les formules précédentes à deux exemples classiques :

1° La force F reste parallèle à elle-même (verticale, par exemple) et elle est constante par unité de longueur horizontale. Prenons l'axe des x horizontal, l'axe des y vertical dans le sens opposé à celui de la force, nous aurons, en désignant par q une quantité donnée : l'intensité de la force par unité de longueur horizontale :

$$F_x = 0 \quad , \quad F_y \, ds = F \, ds = q \, dx \, .$$

Substituons dans les équations (3), nous avons :

$$d.T\frac{dx}{ds} = 0 \quad , \quad d.T\frac{dy}{ds} = q \, dx \, ,$$

ou, en intégrant et désignant par A, B, deux constantes :

$$T\frac{dx}{ds} = A \quad , \quad T\frac{dy}{ds} = qx + B \, ,$$

Divisant membre à membre pour éliminer T et ds :

$$\frac{dy}{dx} = \frac{q}{A} x + \frac{B}{A} \, ,$$

et, par une nouvelle intégration, avec une nouvelle constante C :

$$y = \frac{q}{A} \frac{x^2}{2} + \frac{B}{A} x + C \, .$$

Le fil affecte la forme d'une parabole à axe vertical ; les

constantes A, B, C se déterminent par la condition de passer par deux points donnés (les extrémités) et d'avoir une longueur donnée, ou le plus ordinairement d'avoir une flèche donnée. Nous n'insisterons pas sur cette détermination qui est pure affaire de géométrie.

Remarquons seulement que la constante A est égale à $T \frac{dx}{ds}$, c'est-à-dire à la projection horizontale de la tension. Cette projection horizontale est donc constante. La tension du fil va ainsi en croissant, depuis le point le plus bas où elle est minimum et égale à A jusqu'aux points d'attache où elle atteint son maximum.

2° La force F, étant toujours verticale, est constante par unité de longueur du fil. Si nous désignons par q cette force par unité de longueur, nous avons alors, en prenant les mêmes axes de coordonnées :

$$F_x = 0 \quad , \quad F_y \, ds = F \, ds = -q \, ds \ .$$

d'où :

$$d \cdot T \frac{dx}{ds} = 0 \quad , \quad d \cdot T \frac{dy}{ds} = q \, ds \ ;$$

$$T \frac{dx}{ds} = A \quad , \quad T \frac{dy}{ds} = qs + B \ ;$$

A et B étant encore deux constantes à déterminer. La division membre à membre nous donne :

$$\frac{dy}{dx} = \frac{q}{A} s + \frac{B}{A} \ ,$$

équation différentielle de la chaînette. Pour la trouver sous forme linie, posons $\frac{dy}{dx} = p$ et différentions les deux membres par rapport à x, nous avons :

$$\frac{dp}{dx} = \frac{q}{A} \frac{ds}{dx} = \frac{q}{A \, dx} \sqrt{dx^2 + dy^2} = \frac{q}{A} \sqrt{1 + p^2} \ ,$$

ou bien :

$$\frac{q\,dx}{A} = \frac{dp}{\sqrt{1+p^2}}$$

et, en appelant C une constante :

$$\frac{qx}{A} + C = \mathrm{Log}\,(p + \sqrt{1+p^2}) = \mathrm{arg\,sih}\,p.$$

D'où :

$$p = \frac{dy}{dx} = \mathrm{sih}\left(\frac{qx}{A} + C\right),$$

$$y = \frac{A}{q}\,\mathrm{coh}\left(\frac{qx}{A} + C\right) + C'.$$

Les constantes A, C et C' se déterminent par les conditions auxquelles doit satisfaire le fil.

On voit que la projection horizontale de la tension $T\frac{dx}{ds}$ est encore constante et égale à A. La tension est donc encore minimum au point le plus bas.

On traite souvent par la méthode du polygone funiculaire, les questions d'équilibre des systèmes articulés. Nous ne nous y arrêterons pas ici ; ces problèmes sont plutôt du ressort de la *Statique graphique* et sont examinés en détail dans d'autres parties de l'Encyclopédie.

330. Conditions d'équilibre d'un système pesant. — Comme exemple de l'application du principe du travail virtuel, cherchons les conditions d'équilibre d'un système soumis uniquement à l'action de la pesanteur. Nous nous appuierons, pour cela, sur ce théorème, que nous allons démontrer :

Le travail de la pesanteur sur un système est égal au produit du poids total du système par la hauteur verticale dont est descendu son centre de gravité.

Remarquons d'abord que la résultante des actions de la pesanteur sur toutes les parties du système passe par son centre de gravité : ces actions sont, en effet, toutes parallèles et

proportionnelles aux masses de ces diverses parties, c'est-à-
dire, en les assimilant à des systèmes de points, proportionnellement aux nombres de points dont on peut les supposer
formées. La résultante des actions de la pesanteur est donc la
résultante de lignes parallèles, elle passe par le centre de ces
lignes parallèles ou par le centre de gravité.

Cela posé, soient p_1, p_2,.... p_n les poids des diverses parties
d'un système quelconque, assimilables à des points géométriques ; z_1, z_2.... z_n leurs distances à un plan horizontal supérieur ; P le poids total $= p_1 + p_2 + ... + p_n$, et Z la distance du
centre de gravité du système au même plan. Nous avons, par
la définition même du centre de gravité :

$$PZ = p_1 z_1 + p_2 z_2 + ... + p_n z_n.$$

Supposons que les diverses parties se soient déplacées
d'une manière quelconque, appelons δz_1, δz_2,.... δz_n, les accroissements des distances z et de même δZ l'accroissement
de la distance Z du centre de gravité au plan supérieur fixe ;
nous aurons, dans la nouvelle position du système, toujours
par la définition du centre de gravité :

$$P(Z + \delta Z) = p_1(z_1 + \delta z_1) + p_2(z_2 + \delta z_2) + ... + p_n(z_n + \delta z_n).$$

Retranchons membre à membre ces deux équations, il
reste :

$$P.\delta Z = p_1 \delta z_1 + p_2 \delta z_2 + ... + p_n \delta z_n.$$

Or, chacun des termes $p\delta z$ du second membre est le produit de la force p par la projection δz, sur sa direction, du déplacement quelconque de son point d'application ; c'est donc
le travail de cette force, et le second membre représente ainsi
le travail total de la pesanteur sur le système. Et ce travail
est ainsi égal au poids total P du système, multiplié par
la hauteur verticale δZ dont a descendu le centre de gravité.

Pour qu'un système pesant soit en équilibre il faut donc, par
application du principe du travail virtuel, *que les liaisons auxquelles il est assujetti soient telles que son centre de gravité ne*

puisse se déplacer verticalement, ou bien qu'il ne puisse se mouvoir que sur une horizontale.

Si le centre de gravité, par suite des liaisons du système, est astreint à parcourir une courbe quelconque, ou à se déplacer sur une surface donnée, les positions d'équilibre du système correspondront aux points de la courbe ou de la surface où la tangente, ou bien le plan tangent, sera horizontal.

Par exemple, un corps solide, de forme quelconque, étant attaché par un de ses points à une extrémité d'un fil dont l'autre est maintenue fixe, sera en équilibre lorsque le fil sera vertical et lorsque le centre de gravité se trouvera sur le prolongement de sa direction. Cette propriété peut être mise à profit pour déterminer expérimentalement la position du centre de gravité d'un corps pesant de forme irrégulière, ou hétérogène. Il suffit de le suspendre successivement par deux de ses points et de déterminer l'intersection des prolongements, à son intérieur, des lignes qui sont affectées par le fil de suspension, lorsque le corps a pris sa position d'équilibre ou qu'il est au repos.

Si un corps pesant, limité par une surface quelconque, repose par plusieurs de ses points sur un plan horizontal solide, il est nécessaire, pour qu'il puisse être en équilibre, que la verticale abaissée de son centre de gravité tombe à l'intérieur de la surface d'appui, c'est-à-dire de la surface plane terminée par la ligne polygonale convexe formée par la jonction des points par lesquels le corps pose sur le plan ; car, quelle que soit la distribution des réactions, leur résultante verticale passe nécessairement à l'intérieur de cette surface. Si la verticale du centre de gravité tombe en dehors, le corps tournera autour d'un des côtés de ce polygone, chavirera et viendra s'appuyer sur le plan par une autre série de points formant un nouveau polygone, et ainsi de suite jusqu'à ce que la condition d'équilibre soit satisfaite.

S'il s'agit d'un corps terminé par une surface régulière convexe, cela aura lieu lorsqu'il s'appuiera sur le plan en un point tel que la normale à cette surface passe par le centre de gravité. On voit qu'alors, en effet, le corps roulant sur le plan, c'est-à-dire subissant une rotation virtuelle infiniment petite autour de ce point de contact, le centre de gravité, situé sur la normale, décrit un petit arc de cercle horizontal : condition d'équilibre d'après ce que nous venons de dire.

On reconnaît facilement d'ailleurs, d'après la forme de la trajectoire que les liaisons du système imposent au centre de gravité, que l'équilibre sera stable pour les points de cette courbe correspondant à des hauteurs minima, et instable pour les points correspondant à des maxima.

231. Applications. Balances. Pont-levis. — Cette condition d'équilibre des systèmes pesants permet de traiter d'une manière simple l'équilibre de systèmes relativement compliqués. Nous en donnerons quelques exemples familiers.

Balances en général. — On appelle balance un appareil destiné à mesurer le poids des corps. Une balance se compose essentiellement de deux plateaux dans l'un desquels on met le corps à peser et dans l'autre des poids connus. Ces deux plateaux sont reliés entre eux par des tiges, leviers, etc., disposés de telle sorte qu'ils ne puissent prendre que des mouvements de translation dont les projections verticales, à partir d'une certaine position qui correspond à l'équilibre lorsque les plateaux sont vides, soient entre elles dans un rapport constant connu. Si alors, ayant placé un corps pesant P sur l'un des plateaux, nous plaçons sur l'autre un poids connu P' tel que l'appareil reste en repos dans la position d'équilibre dont il vient d'être parlé, nous pourrons connaître le poids P. En effet, appliquons le théorème du travail virtuel à ce système. Les pièces du mécanisme et les plateaux vides constituant un système en équilibre, par hypothèse, le travail virtuel qui correspond à leur déplacement est nul. Le travail virtuel se réduit donc aux travaux des poids P et P'; si δz et $\delta z'$ sont les projections verticales des déplacements des plateaux, nous aurons :

$$P\delta z + P'\delta z' = 0,$$

ou bien :

$$P = P' \left(-\frac{\delta z'}{\delta z} \right).$$

Si le rapport $-\dfrac{\delta z'}{\delta z}$ est connu, on en déduira P connaissant P'.

Ordinairement, le rapport des déplacements verticaux δz et $\delta z'$ est égal à -1, à -10, à -100, etc., c'est-à-dire que l'un d'eux s'abaisse d'une quantité égale, ou décuple, ou centuple, de celle dont s'élève l'autre. Le rapport des poids P' et P est alors respectivement 1, 10, 100, etc. On ne peut d'ailleurs compter sur l'exactitude de la balance qu'autant que le travail des forces de liaisons est négligeable, et pour arriver à ce résultat on réduit autant que possible le travail des frottements. Nous n'avons pas à indiquer les dispositions qui sont usitées dans ce but.

Pont-levis, en général. — Un pont-levis est un pont dont le tablier peut se soulever de manière à intercepter le passage sur la route qu'il dessert, en laissant au contraire le passage libre entre ses culées. Le tablier de ce pont est réuni par des chaînes, tiges et autres organes à d'autres pièces telles que le centre de gravité de l'ensemble du système soit fixe, ou assujetti à se mouvoir horizontalement. Alors le système est en équilibre dans toutes ses positions et il suffit, pour le faire passer de l'une à l'autre, d'exercer un effort d'une intensité simplement nécessaire pour vaincre les frottements ou en général le travail des forces de liaisons. Cette disposition se réalise d'une foule de manières différentes.

Dans le pont-levis à flèche, par exemple, le tablier AB, fig. 142, mobile autour d'un axe horizontal B, est relié par des chaînes AC à une *flèche* ou bascule supérieure CE, mobile autour d'un axe D. La longueur des chaînes CA est égale à la distance DB des deux axes, et les points d'attache sont disposés de manière que la figure

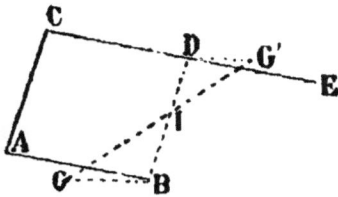

Fig. 142.

CDAB soit un parallélogramme. Au moyen de poids additionnels, que l'on place en E, on fait en sorte que le centre de gravité G' de la bascule soit situé sur une ligne DG' parallèle à la ligne BG joignant le point B au centre de gravité G du tablier et que, de plus, le poids P′ de cette flèche, appliqué en G′, soit au poids P du tablier, appliqué en G, dans le rapport inverse des deux lignes DG′ et GB; c'est-à-dire que l'on prend $P' = P \frac{GB}{DG'}$. Cela étant, le centre de gravité de l'ensemble est au point I, intersection de DB et de GG′ qui, partage cette dernière ligne en raison inverse des deux poids P et P′. Le point I, situé sur la droite fixe DB et divisant cette droite dans un rapport constant, est lui-même fixe ; ce qui montre bien que le centre de gravité de l'ensemble est immobile, et par suite que le système est en équilibre dans toutes les positions.

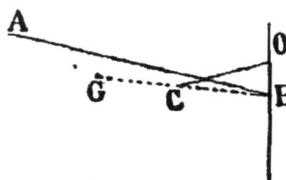

Fig. 143.

Dans un autre système de pont-levis (fig. 143), l'une des extrémités B du tablier est astreinte à parcourir une ligne verticale; le point C milieu de la ligne BG, qui joint le point B au centre de gravité G, est fixé, par une tige CO égale à CB, à un point fixe O situé sur la verticale que parcourt le point B, et par suite, il décrit une circonférence de cercle dont O est le centre. Il en résulte que le point G, centre de gravité, décrit une horizontale. Ce système est donc encore en équilibre dans toutes ses positions.

§ 2.

DES MACHINES SIMPLES

235. Généralités sur les machines simples. — Nous appliquerons encore les notions précédentes à l'étude de l'équilibre, ou plutôt de l'uniformité du mouvement des *machines simples*, telles que le lovier, la poulie, le plan incliné, le treuil, la vis, etc. Nous leur appliquerons d'abord le théorème du travail virtuel, c'est-à-dire que nous supposerons négligeable le travail des forces de liaisons, les frottements, la résistance au roulement, la raideur des cordes, etc. Puis nous évaluerons, autant que possible, ce travail en nous plaçant dans des hypothèses simples.

Si l'on fait abstraction des forces de liaisons, c'est-à-dire des réactions provenant des points fixes extérieurs, les machines simples que nous considérons sont soumises à l'action de deux forces appelées la *puissance* et la *résistance*. Le travail de la première est le travail *moteur* de la machine, celui de la seconde est le travail *utile* et il y a égalité entre les deux lorsqu'on néglige le travail *passif* ou travail des réactions.

Si nous désignons, d'une manière générale, par P la puissance, par Q la résistance ; par p et q les déplacements respectifs de leurs points d'application *projetés sur la direction de ces forces*, nous aurons, d'après cela :

$$Pp = Qq \quad , \qquad \text{d'où} \qquad \frac{P}{Q} = \frac{q}{p} \cdot$$

La puissance et la résistance sont en raison inverse des espaces parcourus pendant le même temps par leurs points d'application et projetés sur leurs directions.

C'est ce que l'on exprime en disant que *ce que l'on gagne en force on le perd en vitesse*. En réalité, on gagne moins qu'on ne perd, à cause du travail des résistances passives qui devrait s'ajouter à Qq, de sorte que Q est toujours plus petit que $\frac{Pp}{q}$ au lieu de lui être égal.

233. Levier. — Le levier est une barre rigide AB (fig. 144), mobile autour d'un axe fixe projeté en C et que nous supposons horizontal, c'est-à-dire perpendiculaire au plan contenant la puissance P et la résistance Q, appliquées respectivement en A et B. Si nous abaissons du point C des perpendiculaires CD et CE sur les directions de P et de Q; si nous appelons $p = $ CD, $q = $ CE, les longueurs de ces perpendiculaires et si nous faisons tourner le levier d'un petit angle ε, les projections, sur la direction des forces, des petits déplacements des points A et B seront respectivement pε et qε, et l'on aura pour les travaux virtuels : $Pp\varepsilon$ et $Qq\varepsilon$. L'équilibre aura lieu si ces travaux sont égaux, c'est-à-dire lorsque l'on aura :

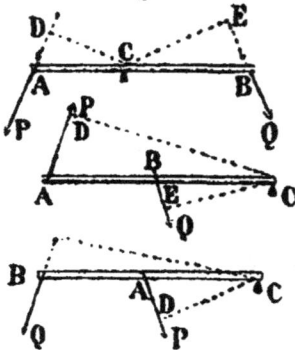

$$Pp = Qq.$$

Les perpendiculaires p, q s'appellent les bras de levier des forces. Pour l'équilibre du levier, il faut donc que la puissance et la résistance soient en raison inverse de leurs bras de levier.

Fig. 144.

On voit que cette condition d'équilibre revient simplement à exprimer la nullité de la somme des moments des forces par rapport au point C.

Il n'y a, sur le levier, de réaction extérieure qu'au point C, et cette réaction est égale et directement opposée à la résultante des deux forces P et Q. Le point d'application de cette réaction ne se déplace pas sensiblement, bien qu'il y ait toujours un petit frottement du levier sur son point d'appui, mais le travail de cette force est ordinairement négligeable dans les applications.

934. Poulie fixe. — La poulie est un disque (fig. 145), traversé en son centre par un axe que nous supposons horizontal et autour duquel elle tourne. Une corde passe sur ce disque, et aux deux extrémités de la corde agissent la puissance P et la résistance Q. Les extrémités de la corde parcourant des espaces égaux et ces espaces étant parcourus dans la direction même des forces, l'équilibre ou la continuation uniforme du mouvement a simplement pour condition :

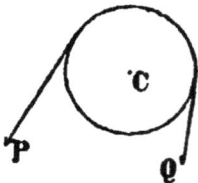

Fig. 145.

(1) $P = Q$

ou la puissance égale à la résistance.

Pour évaluer, dans ce cas, le travail des résistances passives, supposons que l'axe soit fixe et passe à travers un œil percé dans la poulie (les autres dispositions se traiteraient d'une manière analogue). Désignons par R (fig. 146) la résultante des réactions de l'axe sur la poulie, par C son point d'application ; à cause du frottement de la poulie sur son axe, cette résultante R fait, avec la normale CN à la surface de contact et du côté opposé au sens du mouvement, l'angle NCR = φ, en appelant φ l'angle de frottement. La pression

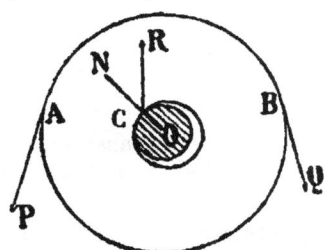

Fig. 146.

normale de la poulie sur son axe est ainsi R cos φ et le travail du frottement sera égal au déplacement du point C multiplié par R cos φ, tang φ, c'est-à-dire par R sin φ. D'un autre côté, la raideur de la corde ajoute, au travail résistant de la force Q, le travail d'une force agissant dans le même direction que Q et égale à $\frac{A + BQ}{r}$, en désignant par r le rayon OA = OB de la poulie. Si donc nous appelons ρ le rayon OC de l'axe, nous aurons, pour l'équation du travail correspondant à une rotation élémentaire que nous pouvons prendre égale à l'unité :

$$(2) \qquad Pr = Qr + R\rho \sin \varphi + (A + BQ),$$

équation qui nous donnera la relation cherchée entre P et Q lorsque nous connaîtrons R. Or, le système formé par la poulie et la corde est en équilibre sous l'action des trois forces P, Q, R qui lui sont appliquées, la force R est ainsi égale et directement opposée à la résultante des deux forces P et Q, c'est-à-dire que ces trois forces sont proportionnelles aux côtés d'un triangle parallèles à leurs directions : nous avons donc :

$$(3) \qquad R = \sqrt{P^2 + Q^2 + 2PQ \cos(P,Q)}.$$

Substituant cette valeur dans l'équation précédente, nous pourrons en déduire la valeur de P lorsque Q sera donné. Cette équation sera du second degré et donnera pour P deux valeurs : on prendra celle des deux qui est supérieure à Q. Le calcul est un peu compliqué ; on peut le simplifier en substituant au radical du second degré, exprimant la valeur de R, une expression du premier degré d'après la méthode de Poncelet [1]. On a ainsi, α et β étant des nombres faciles à calculer :

(4)
$$R = \alpha P + \beta Q,$$

1. Bien que la méthode de Poncelet soit plutôt du ressort de l'analyse, nous la rappelons ici, parce que c'est généralement dans les traités de mécanique qu'on la trouve exposée.

Un radical de la forme $\sqrt{P^2 + Q^2 \pm 2PQ \cdot \cos \alpha}$ peut se ramener à la forme $\sqrt{X^2 + Y^2}$; en effet, on a identiquement :

$$\sqrt{P^2 + Q^2 \pm 2PQ \cos \alpha} = \sqrt{(P \pm Q \cos \alpha)^2 + (Q \sin \alpha)^2}.$$

Un radical de la forme $\sqrt{X^2 + Y^2}$ peut être égalé à une expression linéaire $aX + bY$ en X et Y, à une approximation que nous allons faire connaître. On peut écrire identiquement :

$$\sqrt{X^2 + Y^2} = aX + bY + \sqrt{X^2 + Y^2}\left(1 - \frac{aX + bY}{\sqrt{X^2 + Y^2}}\right).$$

Borner l'égalité aux deux premiers termes du second membre, c'est donc considérer comme égale à zéro la quantité :

$$1 - \frac{aX + bY}{\sqrt{X^2 + Y^2}} = 1 - \frac{a + b\frac{Y}{X}}{\sqrt{1 + \left(\frac{Y}{X}\right)^2}} = \varepsilon,$$

en désignant par ε cette erreur relative qui, comme on le voit, ne dépend que du rapport $\frac{Y}{X}$. Posons $\frac{Y}{X} = \tang \beta$, nous aurons :

$$\varepsilon = 1 - a \cos \beta - b \sin \beta.$$

Supposons que sans connaître Y ni X on sache que le rapport $\frac{Y}{X}$ est inférieur à un nombre donné que nous pouvons considérer comme la tangente trigonométrique d'un angle 2θ compris entre 0 et $\frac{\pi}{2}$. Nous admettons donc que nous sachions que :

$$\frac{Y}{X} < \tang 2\theta, \text{ ce qui revient à } \beta < 2\theta,$$

θ étant compris entre 0 et $\frac{\pi}{4}$.

Prenons alors, avec Poncelet :

$$a = 1 - \tang^2 \frac{\theta}{2} \quad . \quad b = 2 \tang \frac{\theta}{2},$$

et, par suite, en substituant dans l'équation (2) :

(5) $P(r - \alpha\rho \sin\varphi) = A + Q(r + B + \beta\rho \sin\varphi).$

On voit que P dépassera Q d'autant moins que ρ sera plus petit ; il y a donc avantage à diminuer, autant que possible, la grosseur de l'axe.

substituons ces valeurs de a et de b, nous avons, pour l'erreur ε :

$$\varepsilon = 1 - \frac{1}{\cos^3 \frac{\theta}{2}} \cos(\beta - \theta).$$

Lorsque β varie de zéro à θ, cette erreur, d'abord égale à $\tan^3 \frac{\theta}{2}$ s'annule et devient ensuite égale à $-\tan^3 \frac{\theta}{2}$. Elle repasse par les mêmes valeurs lorsque β varie de θ à 2θ. Et comme, par hypothèse, nous savons que β est toujours plus petit que 2θ l'erreur relative maximum est, en valeur absolue, égale à $\tan^3 \frac{\theta}{2}$. Et cette erreur sera d'autant moindre que le nombre, au-dessous duquel on sait que se trouve le rapport des nombres X et Y, sera plus petit.

Voici, pour différentes valeurs de la limite de ce rapport, les valeurs numériques des coefficients a et b et la limite supérieure de l'erreur relative correspondante. On voit que l'approximation devient satisfaisante lorsque le rapport des deux nombres est égal ou inférieur à l'unité, c'est-à-dire lorsque l'on sait lequel des deux nombres X ou Y est le plus grand.

Remarquons que Y est le numérateur de ce rapport et X le dénominateur et que a est le coefficient du nombre désigné par X et b celui du nombre désigné par Y.

Limite supérieure du rapport $\frac{Y}{X}$ des deux nombres X et Y	Coefficients		Limite supérieure de l'erreur relative
	de X, a	de Y, b	
0,00	1,0000	0,0000	0,0000
0,10	0,9994	0,0500	0,0006
0,20	0,9975	0,0990	0,0025
0,30	0,9947	0,1460	0,0053
0,50	0,9868	0,2297	0,0132
1,00	0,9604	0,3960	0,0396
2,00	0,9193	0,5680	0,0807
10,00	0,8514	0,7710	0,1486
∞	0,8284	0,8284	0,1716

La valeur de P se met sous la forme :

$$(6) \qquad P = \frac{A}{r - a\rho \sin \varphi} + Q \frac{r + B + \beta\rho \sin \varphi}{r - a\rho \sin \varphi}.$$

ou bien en posant :

$$(7) \qquad a = \frac{A}{r - a\rho \sin \varphi} \cdot \quad b = \frac{r + B + \beta\rho \sin \varphi}{r - a\rho \sin \varphi},$$

$$(8) \qquad P = a + bQ,$$

a et b étant des nombres résultant des données du problème et le nombre b étant, d'ailleurs, toujours plus grand que l'unité, ce qui résulte de son expression (7).

235. Frottement d'une corde sur un cylindre. — Pour que le mouvement se produise comme nous l'avons supposé, il faut que le déplacement de la corde entraine celui de la poulie : or ces deux corps ne sont réunis l'un à l'autre que par leur adhérence mutuelle et si la corde ne glisse pas sur la poulie, c'est que les actions que ses points exercent sur ceux de la poulie ont par rapport à son centre un moment plus grand que les actions exercées par les points de son axe qui tendent à la maintenir immobile. Cherchons donc à évaluer ces actions de la corde sur la poulie. Considérons un cylindre fixe A (fig. 147) sur lequel passe une corde, tirée à une de ses extrémi-

---

Si l'on sait que X est le plus grand des deux nombres, cela revient à savoir que $\frac{Y}{X}$ est plus petit que 1. On prendra alors approximativement $a = 0,96$ et $b = 0,40$ et le binôme $aX + bY$ ne différera pas de plus de 0,04 ou de $\frac{1}{25}$ de la valeur de $\sqrt{X^2 + Y^2}$. Cette approximation du $\frac{1}{25}$ est très suffisante dans les questions pratiques. Lorsque l'on n'a aucune idée sur la valeur relative des deux nombres X, Y, on sait simplement que le rapport $\frac{Y}{X}$ est plus petit que l'infini, il faut prendre alors $a = b = 0,83$ et la limite de l'erreur relative est d'environ 0,17 soit à peu près $\frac{1}{6}$.

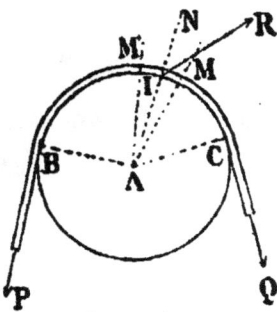

tés par une force motrice P et destinée à entraîner une résistance Q
agissant sur son autre extrémité. Appelons θ l'angle BAC correspondant
à l'arc BC occupé par la corde sur la
circonférence du cylindre. Prenons
une portion MM' infiniment petite de
la corde à une distance MAC=x de
l'origine C du contact et correspondant à un angle MAM'=dα. Cette
portion est en équilibre et les forces qui agissent sur elle sont
les tensions de la corde à ses deux extrémités, tensions que
nous appellerons T en M et (T + dT) en M', et la résultante
des actions exercées sur ses points par ceux de la poulie, résultante qui, si le mouvement est sur le point de se produire
ou bien s'il est uniforme, fait avec la normale AN [1], du côté
opposé au sens du mouvement, un angle égal à l'angle de
frottement φ. Appelons Rd cette résultante ; nous aurons, en
écrivant la nullité des sommes des projections de ces trois
forces sur la normale AN et sur une direction perpendiculaire,
en admettant d'ailleurs, ce qui ne peut donner lieu qu'à une
erreur infiniment petite du second ordre, que le point I d'application de la résultante dR, par lequel passe la normale AN,
partage l'arc MM' en deux parties égales :

$$(1) \quad \begin{cases} T \sin \dfrac{d\alpha}{2} + (T + dT) \sin \dfrac{dx}{2} - dR \cos \varphi = 0 \; , \\[2mm] T \cos \dfrac{d\alpha}{2} - (T + dT) \cos \dfrac{dx}{2} + dR \sin \varphi = 0. \end{cases}$$

Réduisant, remplaçant $\sin \dfrac{d\alpha}{2}$ par $\dfrac{d\alpha}{2}$ et $\cos \dfrac{d\alpha}{2}$ par l'unité,

nous obtenons :

Fig. 117.

[1]. Ceci suppose que l'on néglige le poids de la corde et l'accélération
normale qu'aurait l'élément MM' dans un mouvement uniforme sur le cylindre. Le mouvement est, en général, très lent et on peut sans erreur sensible
négliger l'accélération dont il s'agit. On verra d'ailleurs plus loin, au chapitre XII, lorsque l'on étudiera la transmission du mouvement par courroies
sans fin, comment on peut tenir compte de cette accélération.

$$(2) \qquad \left.\begin{array}{l} T d\alpha = dR.\cos \varphi\ , \\ dT = dR.\sin \varphi. \end{array}\right\}$$

Divisons membre à membre et appelons f le coefficient de frottement $f =$ tang φ, il vient :

$$(3) \qquad \frac{dT}{T} = f d\alpha,$$

ou en intégrant :

$$\text{Log. } T = f\,\alpha + C.$$

Lorsque $\alpha = 0$, $T = Q$; donc $C = \text{Log } Q$, ce qui donne :

$$\text{Log } \frac{T}{Q} = f\alpha,$$

ou bien :

$$(4) \qquad T = Q e^{f\alpha}.$$

Lorsque $\alpha = \theta$, T devient égal à P, on a ainsi :

$$(5) \qquad P = Q e^{f\theta}.$$

Relation cherchée entre P et Q. On voit que lorsque l'angle θ prend une valeur un peu grande, le rapport de P à Q augmente très rapidement. Par exemple, en prenant pour f la valeur 0,30 qui correspond au frottement des cordes mouillées sur des surfaces en bois, on a les valeurs suivantes :

$\theta = 30°$,	$\frac{P}{Q} = 1,17$		$\theta =$ un tour $= 2\pi$,	$\frac{P}{Q} = 6,50$
90° ,	1,60		deux tours $= 4\pi$,	$= 42$
180° ,	2,56		trois tours $= 6\pi$,	$= 280$
360° ,	6,50		quatre tours $= 8\pi$,	$= 1850$

cela fait voir la possibilité d'équilibrer une grande force P par une faible résistance Q, dès que la corde fait quelques tours sur le cylindre.

La force qui tend à produire la rotation du cylindre est constituée par toutes les réactions égales et directement opposées à dR exercées par la corde sur le cylindre. Ce qu'il est intéressant de connaître, au point de vue du mouvement de rotation, c'est la somme des moments de ces forces par rapport au point A, et pour chacune d'elles ce moment est le même que celui de sa composante tangentielle $dR \sin \varphi = dT$, ou bien rdT en appelant r le rayon du cylindre. La somme de ces moments sera ainsi $\int rdT = r(P - Q)$ pour toute l'étendue CB occupée par la corde. Ce résultat aurait pu être trouvé immédiatement, en considérant l'ensemble de la corde et du cylindre comme un système en équilibre sous l'action des forces P et Q et de celles qui empêchent le cylindre de tourner ; toutes les actions et réactions dR deviennent alors des forces intérieures qui ne figurent pas dans les équations d'équilibre et l'on en déduit, pour le moment, par rapport au point A, des forces qui doivent être appliquées au cylindre pour l'empêcher de tourner avec la corde :

$$r (P - Q).$$

Lors donc que ce moment sera plus grand que celui $R \rho \sin \varphi$ (numéro précédent) des réactions exercées sur la poulie par ses supports, la poulie sera entraînée par la corde qui ne glissera pas sur sa surface. Il en serait autrement si le moment des forces exercées sur la poulie, tant par ses supports que par d'autres corps extérieurs, était supérieur à $r (P - Q)$. La poulie resterait alors immobile.

236. Poulie mobile. Moufles. — Au lieu d'une poulie fixe, on peut avoir une poulie mobile, sur l'axe de laquelle agit alors, par l'intermédiaire d'une chape, la résistance Q. La corde est fixée à une de ses extrémités A (fig. 148) et reçoit à l'autre l'action de la puissance P. Si nous supposons que les deux brins AC, BD soient parallèles, il est facile de voir qu'à une élévation q du centre de la poulie correspond une élévation $2q$ de l'extrémité B de la corde et alors si l'on néglige les résistances passives, l'équilibre aura lieu lorsque l'on aura $Q = 2P$.

Si les deux brins sont inclinés, et si l'on veut tenir compte des résistances passives, on

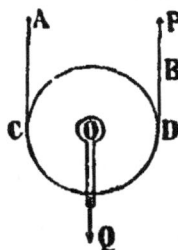

Fig. 148.

traitera le problème absolument comme le précédent, seulement la force R que nous avions introduite comme inconnue auxiliaire sera alors égale et directement opposée à la résistance Q ; elle sera connue en grandeur et en direction. Ce sera au contraire la tension du second brin CA de la corde qui devra être prise comme inconnue auxiliaire, et les équations pourront servir à déterminer et sa grandeur et l'angle qu'elle fait avec la résistance.

On peut combiner plusieurs poulies fixes et mobiles sur lesquelles passe successivement une même corde, on a alors tous les systèmes de moufles. Les rapports de la puissance à la résistance sont toujours inverses des espaces parcourus lorsque l'on néglige les résistances passives, et le calcul de ces résistances se fait, pour chaque poulie, comme nous l'avons vu au numéro précédent.

Pour tenir compte de ces résistances passives, c'est à dire du frottement de chacune des poulies sur son axe et de la raideur de la corde, désignons par Q la résistance s'exerçant sur l'une des chapes, par P la puissance s'exerçant à l'extrémité de la corde et par T_1, T_2...., T_n, P les tensions des différents brins de la corde depuis le brin fixe jusqu'au dernier qui reçoit l'action de la puissance P, nous aurons, en supposant que toutes les poulies sont égales, ainsi que leurs axes, entre les tensions de deux brins consécutifs, la relation

$$(1) \qquad\qquad T_{k+1} = a + bT_k,$$

a et b ayant les valeurs (7) du numéro précédent et les mêmes pour toutes les poulies. A ces n équations, il faudra joindre, pour l'équilibre de la chape mobile, en supposant tous les brins parallèles, la suivante :

$$(2) \qquad\qquad T_1 + T_2 + \ldots + T_n = Q.$$

Entre ces $n+1$ équations, si on élimine les n tensions inconnues T, il restera la relation cherchée entre P et Q.

Cette élimination se fait d'une façon très simple en employant deux inconnues auxiliaires M et N et en remarquant que la valeur de T_k peut se mettre sous la forme

(3) $$T_k = M + Nb^{k-1}.$$

En effet on en déduit :

$$T_{k+1} = M + Nb^k,$$

et par suite, en portant dans l'équation générale (1) :

(4) $$M + Nb^k = a + b\,(M + Nb^{k-1}),$$

d'où l'on déduit :

$$M = -\frac{a}{b-1}.$$

On aura ainsi, en général, N restant inconnue :

(5) $$T_k = -\frac{a}{b-1} + Nb^{k-1}.$$

Donnons à k successivement les valeurs $1, 2 \ldots n$ et portons dans l'équation (2) nous aurons :

$$Q = -\frac{na}{b-1} + N\,(1 + b + b^2 + \ldots b^{n-1}) = -\frac{na}{b-1} + \frac{N(b^n-1)}{b-1}$$

D'ailleurs la considération de la dernière poulie nous donne:

$$P = a + bT_n = a + b\left(-\frac{a}{b-1} + Nb^{n-1}\right) = -\frac{a}{b-1} + Nb^n,$$

et par suite, en éliminant l'inconnue auxiliaire N :

(6) $$P = a\left(\frac{nb^n}{b^n-1} - \frac{1}{b-1}\right) + \frac{b^n\,(b-1)}{b^n-1}\,Q.$$

Relation cherchée entre P et Q.

Pour un déplacement dx de la puissance P, la résistance Q se déplace de $\frac{dx}{n}$, le travail moteur est donc Pdx et le travail utile $\frac{Qdx}{n}$. Le rendement est ainsi $\frac{Q}{nP}$, que l'on calculera en mettant pour P sa valeur ci-dessus. On peut vérifier que pour toute valeur de b même légèrement supérieure à l'unité, ce rendement diffère assez notablement de 1, valeur théorique qu'il a si l'on néglige le travail des résistances passives.

237. Treuil. — Un treuil peut être considéré comme une poulie dans laquelle les rayons des circonférences sur lesquelles agissent la puissance et la résistance sont différents. Si r est le rayon de la première, r' le rayon de la seconde, l'équation d'équilibre, abstraction faite des résistances passives, est :

$$Pr = Qr' \qquad \text{ou} \qquad P = \frac{Qr'}{r}.$$

On tient compte des résistances passives comme nous l'avons dit pour la poulie. Il y a lieu de remarquer encore que ces deux forces n'agissant pas à égale distance des extrémités y produisent des réactions différentes et voici comment, en général, on pose les équations du problème. Le treuil est en équilibre sous l'action de son poids Π, agissant en son centre de gravité C (fig. 149), des forces P et Q et des réactions R_1, R_2 qui sont exercées par ses tourillons, chacune de ces réactions étant la résultante de toutes les actions moléculaires qui s'exercent sur l'un des tourillons. Soient A et B les points d'application de ces réactions. Nous supposons toutes les forces contenues dans des plans verticaux perpendiculaires à l'axe du treuil. Décomposons chacune des trois forces Π, P, Q en deux, parallèles à sa direction et situées dans les plans verticaux menés par A et B, appelons ces composantes respectivement Π_1, Π_2, P_1, P_2, Q_1, Q_2. Dans le plan vertical mené par A, par exemple, s'exercent alors quatre forces Π_1, P_1, Q_1, R_1 qui y sont en équilibre ; deux de ces forces Π_1, Q_1 sont connues en grandeur et direction et nous pouvons les remplacer par leur résultante S_1 que nous connaîtrons en grandeur et en direction. Et alors, pour exprimer l'équilibre entre la force S_1 et les deux forces P_1, R_1 nous écrirons, comme plus haut :

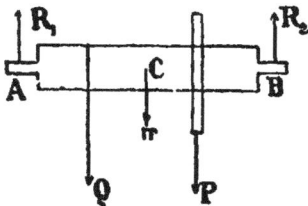

Fig. 149.

$$(1) \qquad R_1 = \sqrt{P_1^2 + S_1^2 + 2P_1 S_1 \cos (P_1, S_1)}.$$

Et de même, dans le plan vertical mené par B, en appelant S₂ la résultante, connue, des deux forces Π₂, Q₂ :

$$(2) \qquad R_2 = \sqrt{P_2^2 + S_2^2 + 2P_2 S_2 \cos (P_2 , S_2)} .$$

Nous avons d'ailleurs pour l'équation du travail, ρ désignant le rayon des tourillons et φ l'angle de leur frottement sur leurs appuis :

$$(3) \qquad Pr = Qr' + (R_1 + R_2) \rho \sin \varphi + (A + BQ),$$

et, en y substituant pour R₁ et R₂ leurs valeurs précédentes (ou bien des valeurs linéaires en P₁, S₁ ; P₂, S₂, d'après la méthode de Poncelet), on aura la relation cherchée entre P et Q.

338. Plan incliné. — On appelle plan incliné une surface solide plane, faisant avec l'horizontale un certain angle que nous appellerons i, et qui est l'*inclinaison* du plan. Un corps pesant A (fig. 150) est placé sur cette surface et soumis à l'action d'une

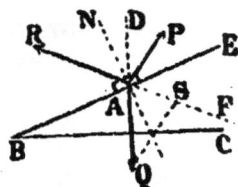

Fig. 150.

force P que nous supposons contenue dans le plan vertical perpendiculaire aux horizontales du plan, et faisant un angle α avec la ligne de plus grande pente. Cette force P est la puissance destinée à maintenir en équilibre la résistance formée du poids Q du corps A. Ce corps ne pouvant que glisser sur le plan, si nous lui donnons sur la ligne de plus grande pente un déplacement dx, nous aurons, pour l'équation du travail virtuel, en négligeant celui des forces de liaisons :

$$P \, dx \cos \alpha - Q \, dx \sin i = 0 \quad , \qquad \text{ou bien} \qquad P = \frac{Q \sin i}{\cos \alpha} .$$

Pour qu'il y ait équilibre, il faut que les projections de la puissance et de la résistance, sur la ligne de plus grande pente du plan, soient égales et opposées. C'est ce que l'on aurait pu reconnaître immédiatement en appliquant les conditions générales de l'équilibre, écrivant la nullité de la somme des projections des forces sur la ligne de plus grande pente, et remarquant que négliger le travail de la réaction du plan revient à supposer cette réaction dirigée suivant la normale.

Pour tenir compte du travail *passif*, il faut se donner le sens suivant lequel le mouvement s'opère, si le corps est en mouvement uniforme, ou tend à se produire s'il est en repos. Supposons que le corps glisse sur le plan, de manière que la résistance opposée au mouvement soit un frottement (on traiterait de la même manière le cas où le corps roulerait sur le plan). La réaction R du plan fait avec la normale un angle φ du côté opposé au sens du mouvement, c'est-à-dire qu'elle est placée comme dans la figure 150, si le corps monte ou tend à monter. Nous pouvons alors appliquer l'équation du travail virtuel, elle nous donne, pour un déplacement dx, parallèle à la ligne de plus grande pente :

(1) $$P dx \cos \alpha = Q dx \sin i + R dx \sin \varphi.$$

Nous pouvons déterminer immédiatement la réaction R en écrivant la nullité de la somme des projections des forces sur une parallèle à sa direction, nous aurons :

(2) $$R = Q \cos (i + \varphi) - P \sin (\alpha - \varphi).$$

En projetant, au contraire, sur une perpendiculaire à la direction de R, nous aurons la relation cherchée entre P et Q, que nous pourrions obtenir en substituant cette valeur (2) de R dans l'équation précédente (1) :

(3) $$P \cos (\alpha - \varphi) = Q \sin (i + \varphi).$$

Pour une valeur donnée de Q, P est minimum lorsque $\alpha = \varphi$. C'est ce que l'on peut voir sur la figure. La force P est représentée par la distance QS de l'extrémité de la force Q à la ligne AF, prolongement de AR, cette distance étant mesurée parallèlement à la force P. Elle est évidemment minimum lorsque QS est perpendiculaire à AF, ce qui correspond à $\alpha = \varphi$.

Des deux équations précédentes on peut déduire R en fonction de Q :

(4) $$R = Q \frac{\cos (\alpha + i)}{\cos (\alpha - \varphi)}.$$

Remarquons que l'angle α ne peut pas dépasser $\frac{\pi}{2} - i$, sans quoi R deviendrait négatif, ce qui n'a pas de sens et indique une impossibilité.

Dans cette machine simple, le travail moteur est $P\,dx\cos\alpha$; le travail utile est $Q\,dx\sin i$, et le travail passif est $R\,dx\sin\varphi$. Le rendement est exprimé par :

$$(5) \qquad \frac{Q\,dx\sin i}{P\,dx\cos\alpha} = \frac{\cos(\alpha-\varphi)\sin i}{\sin(i+\varphi)\cos\alpha} = \frac{1 + \text{tang}\,\alpha\,\text{tang}\,\varphi}{1 + \cot i\,\text{tang}\,\varphi}.$$

α étant toujours, comme nous venons de le dire, plus petit que $\frac{\pi}{2} - i$, tang α est toujours plus petit que cot i et le rendement est toujours inférieur à l'unité. On voit que le rendement est d'autant plus grand que α est plus grand, il y a donc intérêt à augmenter autant que possible l'angle α ; toutefois, il faut remarquer que lorsque α devient supérieur à φ, la puissance P augmente jusqu'à devenir égale à Q pour $\alpha = \frac{\pi}{2} - i$; la puissance est alors verticale comme la résistance, et le plan incliné ne fonctionne plus, à proprement parler.

Lorsque le corps descend le plan incliné, la réaction R passe de l'... côté de la normale AN (fig. 151) et alors, il y a à considérer deux cas, suivant qu'elle est située d'un côté ou de l'autre de la verticale AD, c'est-à-dire que φ est plus grand ou plus petit que i. La force P elle-même, dont la projection sur l'horizontale doit être égale et directement opposée à celle de R (puisque la projection de la force Q est nulle) se trouve aussi d'un côté ou de l'autre de cette verticale. Dans le premier cas, $i > \varphi$, on trouve, en opérant de la même manière :

$$(6) \qquad P = Q\frac{\sin(i-\varphi)}{\cos(\alpha+\varphi)} \quad , \quad R = Q\frac{\cos(\alpha+i)}{\cos(\alpha+\varphi)}.$$

Le signe de φ se trouve simplement changé.

C'est alors la force Q qui agit dans le sens du mouvement

ou comme force motrice, puisque son travail est positif ou moteur, la force P agit, dans le même sens que la résistance positive R pour s'opposer au mouvement. Le rendement est alors :

(7) $$\frac{\text{T.P}}{\text{T.Q}} = \frac{Pdx \cos \alpha}{Qdx \sin i} = \frac{\sin (i - \varphi) \cos \alpha}{\cos (\alpha + \varphi) \sin i} = \frac{1 - \cot i \tan \varphi}{1 - \tan \alpha \tan \varphi}.$$

Il y a encore intérêt à augmenter l'angle α, lequel ne peut d'ailleurs, comme dans le cas précédent, dépasser $\frac{\pi}{2} - i$.

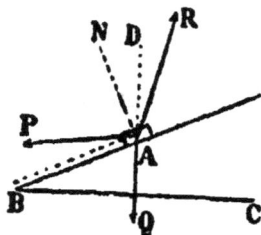

Fig. 152.

Lorsqu'au contraire i est plus petit que φ, la force P passe de l'autre côté de la verticale AD (fig. 152). Appelons β l'angle qu'elle fait avec la ligne de plus grande pente; le théorème du travail virtuel nous donnera :

(8) $$Pdx \cos \beta + Qdx \sin i - Rdx \sin \varphi = 0,$$

Et, par des projections sur des axes convenablement choisis, nous aurons :

(9) $$P = Q \frac{\sin (\varphi - i)}{\cos (\varphi - \beta)}, \qquad R = Q \frac{\cos (i - \beta)}{\cos (\varphi - \beta)}.$$

Ici, il n'y a plus de travail résistant utile, à proprement parler, les travaux des forces P et Q sont tous deux moteurs et servent simplement à vaincre celui de la résistance passive R.

Si l'on avait $i = \varphi$, les formules précédentes donneraient $P = 0$, le corps resterait en équilibre sur le plan, sans avoir besoin d'aucune force, ou bien il y descendrait d'un mouvement uniforme.

282. Coin isoscèle. — Le coin est un prisme triangulaire, en bois ou en métal, que l'on enfonce entre deux obstacles en vue de les écarter l'un de l'autre. Nous supposons, pour simplifier, que sa section droite soit un triangle isoscèle. Une

force verticale P, par exemple (fig. 153), est appliquée sur sa
face supérieure et l'enfonce d'une certaine quantité.

Il n'y a ici d'autre résistance que les réactions des obstacles
entre lesquels pénètre le coin. Supposons d'abord qu'elles
soient normales à la surface du coin, et
écrivons les équations de l'équilibre des
forces qui agissent sur le coin, en désignant par N chacune de ces réactions
normales nécessairement égales entre
elles, puisque la somme de leurs projections sur une horizontale avec laquelle
elles font des angles égaux doit être
nulle ; appelons 2α l'angle du coin et
projetons sur une verticale, nous aurons :

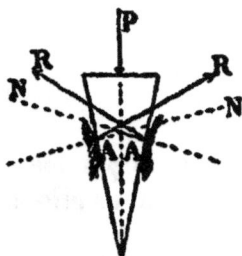

Fig. 153.

$$2\,N \sin \alpha = P \quad \text{ou} \quad N = \frac{P}{2 \sin \alpha} \cdot$$

Si nous tenons compte du frottement, cela revient à dire que
la réaction R des obstacles fait avec la normale AN un angle φ
dans le sens opposé au mouvement ; nous avons encore, pour
la même raison, l'égalité entre les réactions R, et la projection
verticale nous donne :

$$2\,R \sin (\alpha + \varphi) = P \;, \quad \text{d'où} \quad R = \frac{P}{2 \sin (\alpha + \varphi)} \cdot$$

La pression normale N' est alors R cos φ, ou bien :

$$N' = \frac{P \cos \varphi}{2 \sin (\alpha + \varphi)} = \frac{P}{2 \sin \alpha + 2 \cos \alpha \tan g \, \varphi} \cdot$$

Il y a donc intérêt, pour obtenir une pression normale plus
forte, à diminuer φ autant que possible, c'est-à-dire à adopter
pour le coin une matière aussi polie que possible.

Si l'on écrit l'équation du travail pour un déplacement vertical dx du coin, le travail moteur est Pdx Le travail utile doit
être mesuré par celui de la composante normale N' de la réac-

tion; il est égal par conséquent à $2N'dx \sin \alpha$, et celui du frottement à $2N'dx \tan \varphi \cos \alpha$. Le rendement, en mettant pour N', sa valeur est :

$$\frac{\cos \varphi \sin \alpha}{\sin(\alpha + \varphi)} = \frac{1}{1 + \dfrac{\tan \varphi}{\tan \alpha}}.$$

Il y a donc non-seulement intérêt à diminuer l'angle φ, mais à diminuer l'angle α. Mais celui-ci a une limite que nous allons faire connaître.

Faisons, pour un instant, abstraction du frottement et supprimons la force P ; sous l'action des forces normales N, dont la résultante est verticale et dirigée de bas en haut, le coin remontera. S'il y a frottement, au moment où ce mouvement tendra à se produire, les réactions ne seront plus normales ; elles feront avec les normales, mais au-dessous, un angle égal à φ. Si α est plus grand que φ, ces réactions seront encore au-dessus de l'horizontale et leur résultante sera dirigée de bas en haut, le coin remontera. Pour qu'il n'en soit pas ainsi, ce qui est une condition indispensable de l'usage du coin, parce que la force P est en général intermittente, il faut et il suffit que α soit inférieur ou au plus égal à φ.

240. Vis à filet carré. — Considérons une vis mobile dans un écrou fixe, destinée à surmonter une résistance Q dirigée dans le sens de son axe ; le mouvement lui est donné par un couple de forces P, agissant dans un plan perpendiculaire à l'axe et dont le bras de levier est p. S'il n'y avait qu'une seule force agissant à l'extrémité d'une manivelle, le problème se traiterait de la même manière avec un peu plus de complication dans les équations, nous ne nous y arrêterons pas. Nous supposons que la vis soit sur le point de se mouvoir sous l'action du couple en sens contraire de la résistance Q, ou bien qu'elle conserve, dans cette direction, un mouvement uniforme. Il y a équilibre alors entre le couple Pp, la force Q et les réactions de l'écrou sur la vis. Le filet étant assez peu saillant, on peut admettre que, sur chaque élément compris entre

deux génératrices infiniment voisines de la surface héliçoïdale
dont il est formé, la résultante des réactions passe au milieu
de cet élément, c'est-à-dire sur l'hélice moyenne, dont nous
appellerons r le rayon. Si l'on néglige le frottement, cette réaction est normale à la surface héliçoïdale, et son travail est nul.
Appelons h le pas de la vis et i l'angle de la tangente à l'hélice
moyenne avec le plan d'une section droite, c'est-à-dire posons
$$\operatorname{tang} i = \frac{h}{2\pi r}.$$

Lorsque la vis aura tourné d'un angle élémentaire ε, le travail
du couple P sera $Pp\varepsilon$; elle se sera avancée, dans la direction
de son axe, d'une quantité $\frac{\varepsilon}{2\pi} h$, et par suite, le travail de la
force Q sera $-Q\frac{\varepsilon}{2\pi} h = -Qr\varepsilon \operatorname{tang} i$; on a donc, en négligeant le travail passif et en divisant par ε :

(1) $$Pp = Qr \operatorname{tang} i.$$

Pour évaluer le travail du frottement, il faut calculer les
réactions de l'écrou sur la vis. En cha-
cun des points A (fig. 154) de l'hélice
moyenne, où nous les supposons appliquées, elles font, avec la normale
AN à la surface de contact, un angle
φ, du côté opposé au sens du mouvement. Si nous appelons R l'une d'elles,
sa projection sur l'axe de la vis sera
$R \cos(\varphi+i)$ et la somme de ces projections pour toutes les réactions sera
$\cos(\varphi+i)\Sigma R$, son moment par rapport à l'axe sera $Rr\sin(\varphi+i)$ et la
somme des moments semblables sera $r\sin(\varphi+i)\Sigma R$. Nous
aurons donc, en écrivant la nullité de la somme des projections
sur l'axe et de la somme des moments autour de l'axe de toutes
les forces appliquées à la vis :

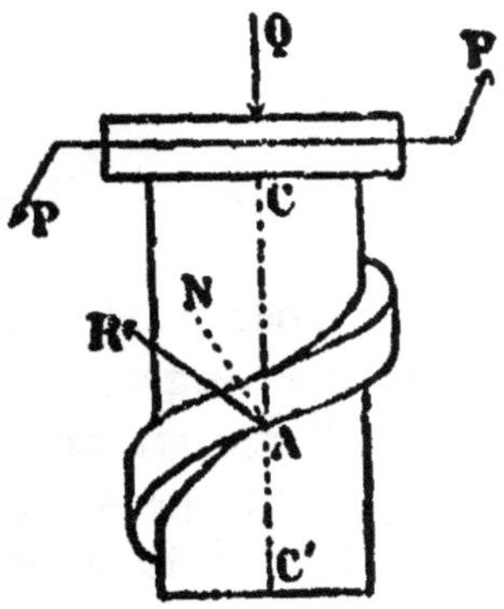

Fig. 154.

(2) $$Q = \cos(i+\varphi)\Sigma R. \qquad Pp = r\sin(i+\varphi)\Sigma R;$$

ce qui donne, d'abord ΣR en fonction de Q, et ensuite la relation cherchée entre P et Q :

(3) $$Pp = Qr \tan(i+\varphi).$$

Nous pouvons alors écrire l'équation exprimant la nullité de la somme des travaux de toutes les forces. Remarquant que le travail des forces R est égal à la somme des travaux de leurs composantes, nous aurons pour une rotation d'un angle élémentaire ε :

$$Pp\varepsilon - Q\frac{\varepsilon h}{2\pi} - \Sigma Rr\varepsilon \sin(i+\varphi) + \Sigma R \cos(i+\varphi).\frac{\varepsilon h}{2\pi} = 0,$$

équation qui, comme on peut s'en assurer, est bien vérifiée identiquement lorsqu'on y met pour P et ΣR leurs valeurs précédentes (2), et qui par suite aurait pu remplacer l'une d'elles.

Le travail moteur est $Pp\varepsilon$; le travail utile est $Q\frac{\varepsilon h}{2\pi}$, le rendement est par conséquent :

$$\frac{Qh}{P.2\pi p} = \frac{\tan i}{\tan(i+\varphi)}.$$

Il y a intérêt à réduire autant que possible l'angle φ, c'est-à-dire le coefficient de frottement.

Si l'on avait $i+\varphi = 90°$, la valeur de P deviendrait infinie, aucun couple appliqué à la vis ne pourrait la faire progresser ; et si $i+\varphi$ dépassait 90°, à une valeur positive de P correspondrait une valeur négative de Q, c'est-à-dire que pour produire le mouvement de la vis dans le sens du couple P, il faudrait exercer dans le sens de son axe, un effort moteur, ou de sens inverse à celui que nous avons admis pour la résistance Q. A défaut de cet effort, la vis reste en équilibre quelque grand que soit le couple P ; on dit qu'il y a *arc-boutement*.

Le rendement étant nul pour $i = 0$ et $i = \frac{\pi}{2} - \varphi$ on peut se demander, l'angle φ étant donné, quelle est la valeur de i pour laquelle le rendement est maximum. Or on a :

(4) $\quad \dfrac{\operatorname{tg} i}{\operatorname{tg}(i+\varphi)} = \dfrac{\sin(2i+\varphi)-\sin\varphi}{\sin(2i+\varphi)+\sin\varphi} = 1 - \dfrac{2\sin\varphi}{\sin(2i+\varphi)+\sin\varphi}.$

On voit que le maximum a lieu lorsque $2i + \varphi = \dfrac{\pi}{2}$ ou que $i = \dfrac{1}{2}\left(\dfrac{\pi}{2} - \varphi\right)$. La valeur maximum du rendement est alors :

(5) $\qquad\qquad \dfrac{1-\sin\varphi}{1+\sin\varphi} = \tan^2\left(\dfrac{\pi}{4} - \dfrac{\varphi}{2}\right).$

Examinons maintenant le cas où la force Q et le couple P conservant les mêmes sens que précédemment, le mouvement se produirait en sens opposé, c'est-à-dire la force Q devenant motrice et les forces P résistantes. Les réactions R changent de sens et passent de l'autre côté de la normale AN. Rien n'est changé aux équations que le signe de φ ; on a ainsi :

(6) $\qquad\qquad Pp = Qr \tan(i - \varphi) ,$

d'où :

(7) $\qquad\qquad Q = \dfrac{Pp}{r} \cot(i - \varphi) .$

Lorsque $i = \varphi$, Q devient infini : aucune force appliquée à la vis dans le sens de son axe ne peut la faire mouvoir, et il en est de même, à plus forte raison, lorsque i est plus petit que φ. A la force Q, poussant la vis, il faut alors ajouter un couple moteur — Pp agissant dans le sens du mouvement. Cette propriété de la vis est utilisée pour empêcher son desserrement. Lorsqu'on s'en est servi, comme dans notre première hypothèse, pour surmonter une résistance Q, on peut, si $i < \varphi$, interrompre l'action du couple moteur P et laisser la vis sous l'action de la seule force Q; elle restera en équilibre.

Pour qu'une vis puisse être utilisé ainsi, comme *vis de serrage* ne se desserrant pas, il faut que l'angle i soit à la fois inférieur à φ et à $\dfrac{\pi}{2} - \varphi$, c'est-à-dire inférieur au plus petit de ces deux angles.

Lorsque l'on a, ce qui est presque toujours le cas en pratique, $\varphi < 45°$, on peut donner à i une valeur comprise entre

$?$ et $\frac{\pi}{2} - ?$ et alors la vis peut servir dans les deux sens : sous l'action d'un couple moteur pour vaincre une résistance parallèle à son axe; ou bien, sous l'action d'une force motrice dirigée suivant son axe, qui lui imprime un mouvement de rotation, en entraînant un couple résistant.

241. Rouleaux de transport. — Les rouleaux servant au transport des fardeaux ne constituent pas, à proprement parler, une *machine* dans le sens ordinaire du mot et cet engin rentrerait peut-être plus naturellement dans les organes de machines qui font l'objet du chapitre suivant : on le considérera, si l'on veut, comme une transition.

Un corps pesant dont le poids est P (fig. 155), et dont la sur-

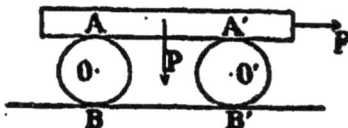

Fig. 155.

face inférieure est supposée être un plan horizontal, repose sur deux cylindres solides O et O′ qui roulent eux-mêmes sur une surface plane fixe BB′. Si, au moyen d'une force horizontale F appliquée au corps P dans une direction perpendiculaire à celle de l'axe des rouleaux O,O′, on imprime au fardeau un mouvement de translation, les deux cylindres rouleront à la fois sur les deux surfaces planes entre lesquelles ils sont placés. Appelons r le rayon commun de ces rouleaux. Si le centre du rouleau O progresse horizontalement d'une quantité infiniment petite dx, le mouvement de ce corps étant une rotation instantanée autour de l'axe projeté en B, le point A, situé à une distance de B double de celle de O, s'avancera de $2dx$, et si le fardeau P n'a pas glissé sur ce rouleau il se sera avancé lui-même de $2dx$; par conséquent, la vitesse de progression du fardeau est double de celle des rouleaux. Pendant le même temps, chacun des rouleaux a tourné autour de son centre d'un angle $\frac{dx}{r} = \varepsilon$. Le travail moteur de la force F est ici destiné uniquement à vaincre le travail passif, celui de la résistance au roulement; puisqu'il n'y a aucun travail utile à produire, le poids P devant, par hypothèse, se mouvoir horizontalement. Le travail moteur est, pour le déplacement que nous avons considéré, égal à $2Fdx$, puisque le déplacement $2dx$ s'effectue suivant la direction même de la force. Appelons δ et δ_1 les constantes qui mesurent la résistance au roulement des rouleaux sur la surface fixe et sur la surface du fardeau, et considérons le poids des rouleaux comme négligeable par rapport au poids P ; la somme des pressions normales qui s'exercent en B et en B' est égale à P, comme celle des pressions qui s'exercent en A et en A'. Chacun des rouleaux tourne d'un angle $\varepsilon = \dfrac{dx}{r}$, tant par rapport à la surface fixe inférieure que par rapport à la surface mobile du fardeau. La somme des travaux des réactions qui s'exercent en B et en B' est égale à $- \delta P \varepsilon$ et celle des travaux des réactions de A et de A' est égale à $- \delta_1 P \varepsilon$. Nous aurons alors, en exprimant que la somme de tous les travaux est égale à zéro, en mettant pour ε sa valeur et divisant tous les termes de l'équation par $2dx$:

$$F = P \cdot \frac{\delta + \delta_1}{2r} ,$$

relation cherchée entre F et P.

La même formule et les mêmes considérations s'appliquent lorsque les rouleaux, au lieu d'être cylindriques, sont des galets qui parcourent une circonférence de cercle ou une autre courbe quelconque, au lieu de se mouvoir en ligne droite : les galets qui supportent une plaque tournante, par exemple.

CHAPITRE XII

MÉCANISMES

---

242. Classification des mécanismes. — Nous n'avons pas l'intention de donner ici une description détaillée ni une théorie de tous les mécanismes en usage : un volume entier n'y suffirait pas ; nous nous bornerons à ceux qui se rencontrent le plus fréquemment ou qui donnent lieu à une question théorique intéressante ; car ce dernier chapitre doit être considéré comme une application des principes exposés plus haut, et ne peut à aucun titre remplacer un guide ou aide mémoire, où l'on trouvera peut-être un bien plus grand nombre de renseignements immédiatement utilisables en pratique.

Nous avons défini (n° 214, page 399) les mécanismes ou organes de transmission de mouvement : ils servent, dans une machine, à communiquer à l'outil le mouvement du récepteur. Ces deux mouvements sont toujours donnés : ils doivent être ou circulaires, ou rectilignes, ou curvilignes, continus ou alternatifs et l'on peut avoir à transformer l'un quelconque de ces mouvements en un autre.

On classe quelquefois les mécanismes d'après la nature des mouvements qu'ils transforment ainsi : on aura par exemple des organes transformant un mouvement circulaire continu en mouvement rectiligne alternatif, et ainsi de suite. Cette classification, employée par Monge, est moins usitée aujourd'hui que celle de Willis, dont voici les lignes principales :

Les mécanismes se divisent en trois classes :

1° Dans la première, le mouvement est transmis de telle sorte que le rapport des vitesses des deux corps reste constant. Si l'une des vitesses change de sens, l'autre en change simultanément en conservant toujours le même rapport ;

2° Dans la seconde, le rapport des vitesses est variable, mais toujours de même signe : si le sens de l'une change, le sens de l'autre change en même temps ;

3° Dans la troisième, l'une des vitesses peut changer de sens alors que l'autre n'en change pas. Le rapport de ces vitesses peut être constant ou variable.

Chacune de ces classes se divise en trois genres :

1° Dans le premier genre, les corps entre lesquels se transmet le mouvement sont en contact immédiat ;

2° Dans le second, la transmission du mouvement se fait de l'un à l'autre, par des liens rigides ;

3° Dans le troisième, la transmission se fait par l'intermédiaire de liens flexibles : cordes, courroies, etc.

Dans la description que nous allons faire d'un certain nombre d'organes de transmission de mouvement, nous ne nous astreindrons pas à suivre l'ordre établi par l'une ou l'autre de

ces classifications. Nous grouperons les mécanismes ayant
entre eux quelque affinité alors qu'ils appartiendraient à des
classes ou à des genres différents.

843. Engrenages. — Les engrenages appartiennent à la
première classe et au premier genre : ils ont pour but de transmettre un mouvement de rotation d'un axe à un autre, avec
un rapport constant entre les vitesses angulaires. Si ω est la
vitesse angulaire du premier axe, ω' celle du second, le rapport constant $\frac{\omega'}{\omega}$ qu'il s'agit de réaliser s'appelle la *raison*
de l'engrenage ; nous le représenterons par ε :

$$\varepsilon = \frac{\omega'}{\omega} .$$

On distingue trois sortes d'engrenages suivant que les deux
axes de rotation sont parallèles, concourants, ou non situés
dans un même plan, et les engrenages correspondants portent
respectivement les noms d'engrenages cylindriques, coniques,
hyperboloïdes.

Nous étudierons d'abord les engrenages cylindriques.

Soient O, O' (fig. 156) les projections des deux axes parallèles
sur un plan perpendiculaire à leur direction,
qui est le plan de la figure, et soit donnée la raison ε de l'engrenage à construire.

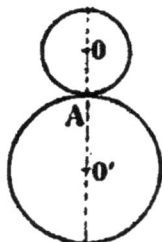

Prenons sur la ligne OO' un point A tel que
l'on ait :

$$\frac{OA}{O'A} = \varepsilon = \frac{\omega'}{\omega}.$$

Fig. 156.

et des points O et O' comme centres, avec $OA = R$ et
$O'A = R'$ comme rayons, décrivons deux circonférences
tangentes en A. Si nous supposons ces deux circonférences
invariablement liées aux axes O et O' entraînés avec les vitesses angulaires ω et ω', elles rouleront l'une sur l'autre ; en
effet, elles resteront toujours tangentes entre elles au point A
et les arcs décrits par le point de contact pendant un temps

dt, qui sont respectivement $R\omega dt$ et $R'\omega' dt$, sont égaux puisque, par construction, nous avons $R\omega = R'\omega'$; et réciproquement, si ces deux circonférences roulent l'une sur l'autre, la définition du roulement étant (n° 106) que le point de contact parcourt sur les deux courbes des axes égaux dans le même temps, on aura $R\omega dt = R'\omega' dt$, c'est-à-dire $\dfrac{\omega'}{\omega} = \dfrac{R}{R'} = \varepsilon$; le rapport des vitesses angulaires des axes sera bien constant et égal à la raison de l'engrenage.

Lorsque, comme l'indique la figure 156, on prend le point A entre les deux points O et O' les vitesses de rotation des circonférences sont de sens contraire ; mais on sait qu'il y a, sur la ligne OO', en dehors de ces deux points, un autre point A' (fig. 157) qui satisfait à la condition $\dfrac{OA'}{O'A'} = \varepsilon$. En opérant sur le point A' comme comme sur le point A nous aurons réalisé, par le roulement l'une sur l'autre des deux circonférences OA', O'A', une transmission de mouvement de l'un des axes à l'autre avec un rapport constant pour les vitesses, et celles-ci seront alors de même sens. La première solution correspond aux engrenages *extérieurs*; elle est de beaucoup la plus usitée ; la seconde correspond aux engrenages *intérieurs*, dont nous dirons quelques mots lorsque l'occasion s'en présentera.

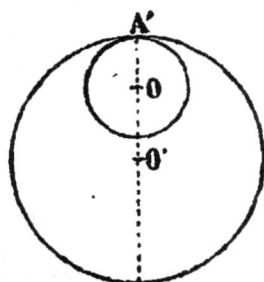

Fig. 157.

Nous nous occuperons plus spécialement du cas où les vitesses des deux axes sont de sens contraire.

244. Rouleaux de friction. — On a, dans ce qui précède, les éléments d'un organe pour la transmission du mouvement dans les conditions indiquées. Si, en effet, on prend deux surfaces cylindriques ayant pour axes O et O' et pour directrices les circonférences OA, O'A, il suffira de faire rouler l'une sur l'autre ces deux surfaces pour résoudre le problème. Cette solution est quelquefois employée, les cylindres portent le nom de cylindres de friction. On voit que l'effort qui entraîne le second cylindre et qui lui communique le mouvement du premier n'est autre chose que la composante tangentielle de la réaction des deux cylindres l'un sur l'autre. Si f est le coefficient de frottement des deux surfaces et N la pression normale de l'un sur l'autre, l'effort transmis de la roue O à la roue O' sera au plus égal à fN. L'emploi de cette solution exige donc que les deux axes soient pressés l'un vers l'autre par une force N assez grande, et que le coefficient de frotte-ment f soit aussi assez grand pour que l'effort représenté par fN soit capable de vaincre la résistance que la roue O' op-pose au mouvement. Si, par exemple, sur l'axe de cette roue O' s'enroule une corde portant un poids Q qu'il s'agit de sou-lever, le rayon de l'axe étant r, on devra avoir pour l'équi-libre :

$$f\mathrm{NR} = \mathrm{Q}r,$$

et à cause des autres résistances passives à vaincre, il faudra que l'on ait $f\mathrm{N} > \dfrac{\mathrm{Q}r}{\mathrm{R}}$. Il y a avantage à rendre f et N aussi grands que possible. On augmente N en exerçant sur les axes, par l'intermédiaire de ressorts ou de poids qui agissent sur leurs supports, des pressions qui tendent à les rapprocher ; on augmente f en formant les surfaces cylindriques de matières dont le coefficient de frottement est élevé : on entoure les roues d'une bande de cuir ou de caoutchouc, par exemple.

245. Roues dentées. — Malgré cela, cette solution ne convient pas lorsqu'il faut transmettre des efforts un peu consi-dérables. On remplace alors chacune des surfaces cylindriques à circonférence de cercle AB par une autre surface cylindrique

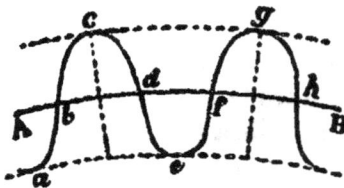

Fig. 159.

à base ondulée telle que *abcdefgh* (fig. 159), présentant des sail-lies et des creux successifs qui constituent ce que l'on appelle les dents de l'engrenage. Les dents de l'une des roues pénètrent dans les intervalles des dents de l'au-tro, les deux roues *engrènent* l'une avec l'autre, et, si on les suppose indéformables, on voit que l'effort transmis de l'une à l'autre peut dépasser toute limite. En réalité, il est limité par la résistance des dents à la rupture.

Dans les roues d'engrenage, ou munies de dents qui les font engrener l'une avec l'autre, on considère toujours les circonférences bases des surfaces cylindriques qui en roulant l'une sur l'autre transmettraient le mouvement suivant la raison donnée ; c'est ce que l'on appelle les *circonférences primitives* de l'engrenage. La dent est constituée par toute la partie saillante telle que *abcde*.

La *saillie* de la dent est la différence des rayons de la circonférence de son point extrême *c* et de la circonférence primitive: c'est la quantité dont la dent dépasse la circonférence primitive. Le *creux* de la dent est la différence du rayon de la circonférence primitive et de celle du point *a* le plus rapproché du centre.

Toutes les dents sont égales, et toutes leurs saillies sont limitées à une même circonférence *cg* concentrique à la circonférence primitive qui s'appelle la *circonférence d'échanfrirement*. De même les creux sont limités à une même circonférence *ae* concentrique aux premières et qui est la circonférence du *fond de creux*.

La distance *bf*, d'une dent à l'autre, mesurée sur la circonférence primitive est le *pas* de l'engrenage Le pas est évidemment le même pour les deux roues qui engrènent ensemble. Il est en effet l'arc dont la circonférence primitive a tourné pour qu'une des dents vienne prendre la place de la précédente et ces arcs doivent être égaux pour que la transmission s'effectue suivant la raison donnée. Toutes les dents sont égales, le pas est aussi mesuré par la distance *dh* des deux autres côtés des dents. Les dents sont symétriques par rapport aux rayons qui partagent en deux parties égales les distances telles que *bd*, *fh*,... Ces distances mesurées sur la circonférence primitive sont le *plein* de la dent, le *vide* est au contraire la distance *df*. La portion de la surface de la dent comprise entre la circonférence primitive et la circonférence d'échanfrincement est la *face* de la dent, la position de cette surface comprise entre la circonférence du fond de creux et la circonférence primitive en est le *flanc*.

La détermination des dents d'un engrenage comporte les problèmes suivants :

1° Tracer les circonférences primitives ;

2° Déterminer la grandeur des pleins et des vides ;

3° Déterminer le nombre des dents ;

4° Tracer le profil des dents ;

5° Déterminer les saillies et les creux, ou échanfriner les dents.

Le premier problème a été résolu. Étant donnée la distance d des deux axes et la raison ε de l'engrenage, les deux rayons R et R' des circonférences primitives se trouvent par les équations :

$$R + R' = d \quad , \quad \frac{R}{R'} = \varepsilon.$$

246. Détermination des pleins et des vides. — La grandeur des pleins se détermine par la considération de la résistance des matériaux, d'après la grandeur de l'effort qui doit être transmis d'un axe à l'autre. La solution de ce problème est en dehors de notre cadre.

Si la matière des deux roues est la même, le plein des dents des deux roues est le même, quand il n'en est pas ainsi, le plein est différent. Le vide de chaque roue est au moins égal au plein de la roue conjuguée, il est même toujours un peu plus grand et la différence donne le jeu. Si v, p et j représentent le vide, le plein et le jeu pour l'une des roues, v', p', j' les mêmes quantités pour l'autre, on aura :

$$v' = p + j' \quad , \quad v = p' + j.$$

Mais on a toujours $v + p = v' + p'$, car le vide et le plein de l'une des roues constituent ensemble le pas de l'engrenage qui est le même pour les deux roues. De ces deux équations l'on déduit :

$$j = j'$$

le jeu est le même pour les deux roues, ce qui est évident à priori.

Il est généralement compris entre le 10e et le 16e du pas ; si a est le pas, on a $j = \frac{a}{k}$, k étant un nombre compris entre 10 et 16, et $a = v + p = p + p' + j = \frac{p + p'}{1 - \frac{1}{k}}$.

Le pas a est donc déterminé quand on a calculé les pleins p et p'.

247. Calcul du nombre des dents. — Désignons par N, N' les nombres des dents des deux roues, Na et N'a sont les longueurs des circonférences primitives. On a :

$$N a = 2 \pi R \quad , \quad N' a = 2 \pi R',$$

et par suite :

$$\frac{N}{N'} = \frac{R}{R'} = \varepsilon.$$

N et N' étant nécessairement des nombres entiers, il en résulte que la raison ε de l'engrenage est *nécessairement commensurable*. Soit $\frac{n}{n'}$ la valeur de ε réduite à sa plus simple expression ; nous aurons N $= qn$, N' $= qn'$, q étant un nombre entier.

En additionnant les deux équations précédentes, nous avons, en appelant toujours d la distance R + R' des deux axes :

$$(N + N') a = 2 \pi (R + R') = 2 \pi d = q (n + n') a,$$

d'où :

$$q = \frac{2 \pi d}{(n + n') a} \cdot$$

La valeur de q ainsi calculée ne sera pas généralement entière.

Alors, suivant les conditions pratiques du problème que l'on a à résoudre, on modifiera légèrement ou d, ou a, ou même n et n' jusqu'à ce que la valeur de q soit entière.

En général, comme a est déterminé par la considération de

la résistance des matériaux, il n'y a aucun inconvénient à l'augmenter un peu.

On aura ainsi, une fois q calculé, trouvé les nombres des dents.

248. Tracé des dents. — Pour tracer leur profil, remarquons que le mouvement de rotation de l'une des roues s'obtiendra par le contact permanent des surfaces des dents l'une contre l'autre, et que le mouvement doit être tel que les deux circonférences primitives roulent l'une sur l'autre. Cela revient à dire que si les deux circonférences primitives roulent l'une sur l'autre, le profil de l'une des dents sera constamment tangent au profil de l'autre. Or, le mouvement relatif des deux roues restera le même si on attribue au système qu'elles forment, un mouvement commun. Appliquons donc à l'ensemble des deux roues un mouvement de rotation autour de l'axe O', d'une vitesse angulaire ω' et de sens contraire à celui de la rotation de la roue O. Cette roue sera rendue immobile et la roue O roulera sur la roue fixe O'. En effet son mouvement sera celui qui résultera des deux rotations ω et ω' de même sens autour des deux axes O et O'; il sera une rotation d'une vitesse $\omega + \omega'$ autour d'un axe divisant la distance OO' en raison inverse de ω et de ω', c'est-à-dire passant par le point A qui est ainsi le centre instantané de rotation de la roue O. Cette roue roule donc bien sur la circonférence fixe O'. Et alors, la condition à remplir par les profils des deux dents est que, dans ce mouvement, ils restent constamment tangents l'un à l'autre.

Cela posé, on peut employer, pour les tracer, deux méthodes différentes mais qui conduisent au même résultat.

249. Méthode des enveloppes. — Soit AC (fig. 159) une courbe quelconque prise arbitrairement pour profil des dents de la roue O, le profil *conjugué* des dents de la roue O' doit être tel qu'il soit toujours tangent à AC lorsque la roue O roulera sur la roue O' supposée fixe ; ce profil conjugué sera donc l'*enveloppe* des positions successives de la courbe AC, se déplaçant dans son plan suivant une loi donnée. Considérons la circonfé-

rence O dans une de ses positions quelconques O, lorsque le
point de contact est venu en B, s'étant déplacé sur la roue O
de l'arc AB ; l'ancien point de contact A de la roue O est venu
en A, tel que l'arc BA, égale l'arc BA, et la position correspondante du profil AC est A,C,. En ce moment, la normale com-

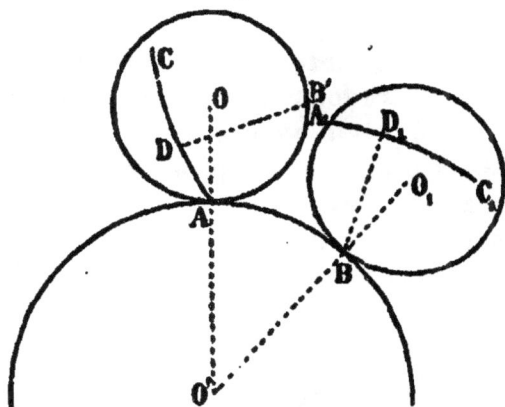

Fig. 159.

mune à l'enveloppe cherchée et à l'enveloppée A,C, passe par le
centre instantané de rotation B, et par suite, si nous abaissons
du point B la normale BD, sur A,C,. le point D, appartiendra
à l'enveloppe cherchée dont BD, sera la normale. Nous pouvons construire facilement la ligne BD, et le point D,. Si, en
effet, à partir du point A et sur la circonférence O dans sa position initiale, nous prenons AB' = AB et si du point B' nous
abaissons B'D normale à AC, la figure OB'ADC est identique,
superposable, à la figure O,BA,D,C, et par suite l'angle OB'D
est égal à l'angle O,BD,. Si donc, d'un point quelconque B' de
la circonférence O nous menons la normale B'D au profil
donné AC, si nous prenons sur la circonférence O' un arc
AB = AB' et si, au point B, nous menons la ligne BD, faisant
avec le rayon BO' prolongé un angle O,BD égal à l'angle OB'D;
et si nous prenons BD, = B'D, le point D, appartiendra au profil
conjugué de AC, et BD, sera la normale à ce profil. Ou bien si,
du point B comme centre, avec un rayon égal à B'D, nous décrivons une circonférence, le profil cherché sera tangent à cette
circonférence.

En répétant la même constr......on pour autant de points B'
que l'on voudra (on prendra p.. exemple des points équidistants), on aura autant de points D, du profil cherché, avec ses
tangentes en ces points, ou bien autant de circonférences auxquelles ce profil devra être tangent, ce qui permettra de le
tracer avec toute l'exactitude désirable.

250. Méthode des roulettes. — Le profil AC des dents
de la roue O, au lieu d'être donné directement, peut être considéré comme engendré par un point d'une courbe qui roule à
l'intérieur de cette circonférence ; le profil conjugué s'obtient
alors par la méthode dite des roulettes.

Considérons une courbe quelconque S (fig. 160), intérieure à la circonférence O et roulant sur elle. Un point
quelconque C de cette courbe vient en contact en C', et

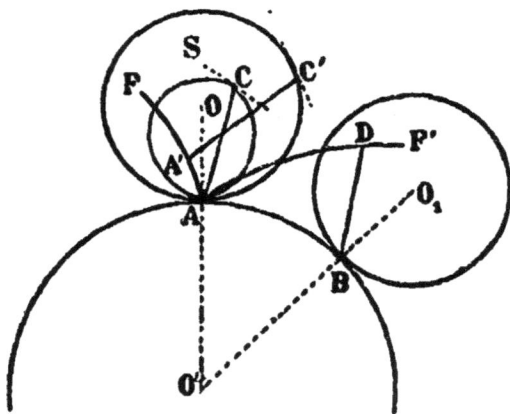

Fig. 160.

alors le point de contact initial A est venu en A', décrivant une
certaine courbe AF que l'on prend pour profil des dents de la
roue O ; si nous joignons CA, cette ligne sera venue en C'A'
et comme le point O est le centre instantané de rotation,
la ligne C'A' est normale à la trajectoire du point A, c'est-à-dire
à la ligne AF. Cela posé, faisons rouler la même courbe S à
l'extérieur de la circonférence O', le point A de cette courbe
va décrire une nouvelle trajectoire AF' qui sera le profil con-

jugué de la première. En effet, lorsque le point C' de la circonférence O sera venu en B, l'arc AB étant égal à l'arc AC', le
point C de la courbe S sera venu également en B puisque l'arc
AC est égal à l'arc AC'; la nouvelle position de la ligne CA, qui
sera par exemple BD, sera normale à la trajectoire AF' du
point A, puisque le point B est alors le centre instantané de
rotation. Cette ligne BD est d'ailleurs égale à C'A ou à CA et
fait avec la tangente à la circonférence O' en B le même angle
que CA fait avec la tangente en C à la courbe S ou que C'A fait
avec la tangente en C' à la circonférence O. Cela donne un
moyen de tracer, soit par points et tangentes, soit par circonférences comme précédemment, les deux profils conjugués AF
et AF'.

251. Frottement dans les engrenages. — Les profils
que l'on trace ainsi, par l'une ou l'autre des deux méthodes,

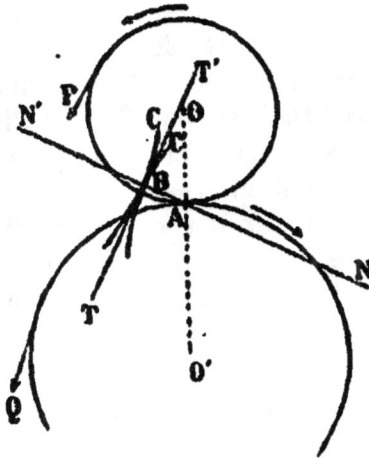

Fig. 161.

sont des courbes indéfinies, et il faut les limiter, c'est-à-dire
échanfriner les dents. Avant d'indiquer la méthode que l'on suit
pour cela, il est nécessaire que nous évaluions le travail du frottement dans les engrenages. Supposons que l'axe de la roue O
(fig. 161) soit celui sur lequel s'exerce la force motrice ou puissance P, l'axe de la roue O' étant soumis à la résistance Q; ces

deux forces agissant, par exemple, à des distances des axes égales aux rayons R et R' des circonférences primitives. Soient BC, BC' les deux profils conjugués en contact en un point B tel, d'après ce que nous venons de dire, que la normale BN commune aux deux profils passe par le point A. La roue menante O exerce au point B, sur la roue menée O', un effort qui serait simplement normal, c'est-à-dire dirigé suivant BN s'il n'y avait pas glissement des deux profils l'un sur l'autre, mais qui, à cause de ce glissement, devient oblique, faisant l'angle de frottement φ avec la normale, ou bien, ce qui est la même chose, il se compose d'une action normale N dirigée suivant BN et d'une action tangentielle N tang φ = fN dirigée en sens contraire du mouvement. Or, le mouvement de la roue O' par rapport à la roue O est, d'après ce que nous avons dit plus haut, une rotation d'une vitesse angulaire ω + ω' autour du point A et du même sens que ω' ; le profil BC' de la roue O' glisse donc de B vers T', et par suite l'action tangentielle fN est dirigée de B vers T. Les réactions étant égales aux actions, la roue O' réagit sur la roue O et exerce de même au point B sur cette roue une réaction normale N dirigée suivant BN' et une réaction tangentielle fN dirigée suivant BT'. Le glissement élémentaire des deux profils l'un sur l'autre, au point B, est dû à leur mouvement relatif, rotation ω + ω' autour du point A ; pour un temps infiniment petit dt, il a pour valeur BA × (ω + ω')dt, ou bien, en désignant par p la longueur BA, et par ds l'arc dont les circonférences primitives ont tourné, lequel est Rωdt = R'ω'dt :

$$pds\left(\frac{1}{R}+\frac{1}{R'}\right).$$

Le travail du frottement est ainsi $fNp\left(\frac{1}{R}+\frac{1}{R'}\right)ds$.

Il faut évaluer N et pour cela on peut exprimer au moyen du théorème du travail la nullité de la somme des travaux de toutes les forces qui agissent sur les deux roues ; ou bien, ce qui conduit au même résultat, appliquer les équations générales de l'équilibre aux forces qui agissent sur ces roues, en écrivant que la somme des moments des forces appliquées à chacune des roues par rapport à son axe est nulle.

Négligeons les moments des réactions des axes, nous aurons, pour la roue O, en appelant α l'angle N'AO, et en supposant que le contact des profils ait lieu, comme la figure l'indique, avant la ligne des centres :

$$(1) \qquad PR - NR \sin \alpha + f N (R \cos \alpha - p) = 0,$$

Pour la roue O" :

$$(2) \qquad QR' - NR' \sin \alpha + f N (R' \cos \alpha + p) = 0,$$

ces deux équations déterminent, outre la valeur de N en fonction de Q, la grandeur que devra avoir la puissance P pour maintenir l'uniformité du mouvement.

Remarquons que la dernière équation donne N infini pour :

$$(3) \qquad p = R' \left(\frac{\sin \alpha}{f} - \cos \alpha \right);$$

c'est-à-dire que, pour cette valeur de p, un effort, si grand qu'il soit, exercé sur la roue O' ne parviendra pas à la mettre en mouvement. On voit en effet que, pour cette valeur de p, l'action de la roue menante sur la roue O', résultante des deux actions N et fN appliquées en B suivant BN et BT, passe par le centre O' de la roue, et cet effort, ayant alors un moment nul ne peut la mettre en mouvement. On dit qu'il se produit un *arcboutement*. Cette considération impose donc, à la grandeur de p, une limite qu'on ne doit pas atteindre et dont il est préférable même de ne pas trop approcher, afin de n'avoir pas à développer un effort beaucoup plus considérable que celui qui serait nécessaire avec une valeur de p plus petite. Remarquons en effet que lorsque N croît indéfiniment, il en est de même de P.

Ainsi, il est important que le contact des dents ne commence pas trop en avant de la ligne des centres. L'arc des circonférences primitives correspondant à la distance p où le contact commence, jusqu'au moment où il se produit sur la ligne des centres s'appelle *arc d'approche* : les profils des dents des deux roues se déplacent l'un par rapport à l'autre comme si les roues se rapprochaient l'une de l'autre, les dents pénètrent dans les vides qui leur correspondent. Au-delà de la ligne des centres l'effet inverse se produit, les dents semblent s'écarter l'une de l'autre, elles sortent des vides de la roue conjuguée. L'arc de la circonférence primitive de chacune des roues, correspondant à la durée du contact qui a lieu après la ligne des centres, s'appelle *arc de retrait*, et l'ensemble de l'arc d'approche et de l'arc de retrait, c'est-à-dire l'arc des circonférences primitives correspondant à la durée complète du contact de deux dents conjuguées, s'appelle l'*arc de conduite*.

Adoptant ces dénominations, nous dirons, d'après ce qui précède, que l'arc d'approche ne peut, sans crainte d'arc-boutement, atteindre une certaine limite.

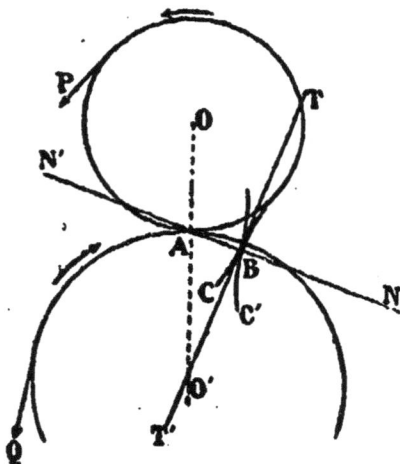

Fig. 162.

En considérant ce qui se passe lorsque le contact a lieu après la ligne des centres (fig. 162), nous verrions que les deux équations précédentes (1) et (2) deviennent :

(4) $$PR - NR \sin \alpha - fN (R \cos \alpha + p) = 0,$$
(5) $$QR' - NR' \sin \alpha - fN (R' \cos \alpha - p) = 0.$$

Lorsque p devient égal à $R \left(\dfrac{\sin \alpha}{f} + \cos \alpha \right)$ la dernière équation donne encore N infini pour une valeur finie de Q, mais alors il n'y a plus à proprement parler arc-boutement; la résultante des actions N et fN exercées sur la roue O' suivant BN et BT passe bien encore par le point O', mais au lieu d'être dirigée vers l'axe comme dans le premier cas, elle est dirigée en sens contraire. Cela veut dire qu'alors le glissement des deux profils s'effectue sans faire progresser la roue O' : pour une valeur de p un peu plus grande, N deviendrait négatif, le mouvement ne se continuerait donc que si le profil BC attirait à lui le profil BC' au lieu de le repousser. Quoiqu'il en soit cette limite de p est bien plus élevée que la précédente, de sorte qu'il n'y aurait aucun inconvénient à ce que l'arc de retrait fût notablement plus grand que l'arc d'approche.

Mais il arrive très souvent que, dans certaines circonstances, la roue menante devient exceptionnellement la roue menée, et il faut alors qu'il n'y ait pas non plus arc-boutement lorsque le sens du mouvement se renverse ainsi. Cela exige que, pour l'arc de retrait comme pour l'arc d'approche, la grandeur de p n'atteigne pas la première limite indiquée plus haut, ni même qu'elle s'en approche trop. C'est pourquoi on fait en général l'arc de retrait à peu près égal ou un peu plus grand que l'arc d'approche, c'est-à-dire que l'on place l'arc de conduite de manière qu'il soit divisé en deux parties égales ou à peu près égales par la ligne des centres.

Il résulte de là que la grandeur de p est toujours assez petite tant d'un côté que de l'autre de la ligne des centres ; pour la même raison, l'angle α ne s'écarte jamais beaucoup de 90° ; dans bien des engrenages, la limite de α correspondant à celle de p est à peu près de 70 à 75 degrés, de sorte que, pour calculer le travail du frottement avec une approximation suffisante en pratique, on peut supposer que $\sin \alpha$ est toujours sensiblement égal à l'unité ($\sin 70° = 0,94$) et que p est égal à s, l'arc de la circonférence primitive correspondant. Alors, si l'on considère comme nul, dans l'équation (4), le terme fN(R$\cos \alpha - p$) qui est toujours petit, et dans l'équation (5) le terme fN(R'$\cos \alpha - p$), ces équations donneront, approximativement, la première N = P, la seconde N = Q, et par suite P = Q, ce qui est la conséquence de ce que l'on a négligé les termes provenant du frottement et supposé l'action N perpendiculaire à la ligne des centres.

On peut alors écrire l'expression du travail du frottement, que nous avons trouvé être $fNp\left(\frac{1}{R}+\frac{1}{R'}\right)ds$, de la manière suivante, en y remplaçant N par Q et p par s :

$$f\,Q\left(\frac{1}{R}+\frac{1}{R'}\right)s\,ds.$$

Si nous écrivons l'équation du travail pour l'étendue d'un pas de longueur a, le travail de la résistance Q sera Qa et celui de la force P, variable à chaque instant avec p et l'angle α, sera exprimé par $\int_0^a Pds$, nous aurons ainsi :

$$\int_0^a Pds = Qa + \int_0^a f\,Q\left(\frac{1}{R}+\frac{1}{R'}\right)s\,ds = Qa + fQ\frac{a^2}{2}\left(\frac{1}{R}+\frac{1}{R'}\right)$$

Si n et n' sont les nombres des dents des deux roues, nous avons $na = 2\pi R$, $n'a = 2\pi R'$ et par suite l'équation ci-dessus devient :

$$(6)\qquad\qquad \int_0^a P\,ds = Q\,a\left[1 + \pi f\left(\frac{1}{n}+\frac{1}{n'}\right)\right].$$

Le dernier terme, dans la parenthèse, représente le travail du frottement; il y a donc intérêt à augmenter autant que possible le nombre des dents.

959. Détermination de l'arc de conduite. — Nous avons vu, d'un autre côté, qu'il y avait nécessité de limiter l'arc de conduite et utilité à le diminuer le plus possible. Cet arc ne peut être inférieur au pas de l'engrenage, puisqu'il faut qu'il y ait toujours au moins une paire de dents en contact; la véritable limite inférieure pratique est même d'au moins un pas un quart, il n'y a alors qu'une seule paire de dents en contact, excepté au commencement et à la fin de l'arc de conduite, où deux paires se trouvent en contact pendant la durée correspondant à la quantité dont l'arc de conduite dépasse le pas. Si l'on veut qu'il y ait constamment au moins deux paires de dents en contact, il faut que l'arc de conduite soit au moins égal à deux pas ou deux pas et quart ; pour qu'il y ait toujours au moins trois paires de dents en contact, l'arc de conduite devrait être au moins égal à trois pas et quart et ainsi de suite. Il y a intérêt, pour la régularité de la transmission du mouvement, à répartir le contact sur un nombre de paires de dents aussi grand que possible, car nous avons vu que, pour une valeur donnée de la résistance Q, la puissance P devait varier en fonction de ce que nous avons appelé p et de l'angle α. Si la puissance P est constante, telle que son travail soit égal à celui du frottement et à celui de la résistance, elle sera tantôt plus grande et tantôt plus petite que celle qui correspondrait à cette égalité à chaque instant, il se produira donc, dans le mouvement, des accélérations suivies de ralentissements : le mouvement sera périodiquement uniforme. S'il y a plusieurs dents en contact, l'effort se répartissant entre elles, à chacune correspondent des valeurs différentes de p et de α de sorte que la somme des valeurs de P calculées pour chacune d'elles s'écarte moins de la valeur moyenne que chacun des efforts individuels ; le mouvement est donc d'autant plus régulier qu'il y a en contact un plus grand nombre de dents.

Le nombre de dents en contact, qu'il y a ainsi intérêt à accroître, est limité par la considération de la longueur de l'arc de conduite, qui lui-même ne doit pas atteindre la grandeur que nous avons indiquée. On peut, à la vérité, dans un même arc de conduite, placer un plus grand nombre de dents plus petites, mais c'est au détriment de leur résistance, car sans invoquer les formules de la résistance des matériaux, on sait par expérience qu'une pièce d'une hauteur déterminée rompt sous une charge bien inférieure à la moitié de celle qui romprait une pièce de hauteur double, par exemple ; ou que la résistance des dents décroît beaucoup plus rapidement que leur épaisseur. Il y a donc à établir une pondération entre ces diverses considérations et il est impossible de donner à ce sujet des indications pouvant s'appliquer à tous les cas. La ré-

sistance des dents peut encore s'accroître, dans une certaine
mesure, en augmentant leur longueur dans le sens perpendiculaire au plan de leurs circonférences primitives; mais il est
nécessaire encore que cette longueur conserve, avec les autres
dimensions, des proportions qui ne s'écartent pas trop de celles
que l'expérience a indiquées comme les meilleures.

252. Echanfrinement des dents. — Supposons qu'au
moyen de ces diverses considérations, l'on ait déterminé la
longueur de l'arc de conduite, qui sera toujours égal à un nom-

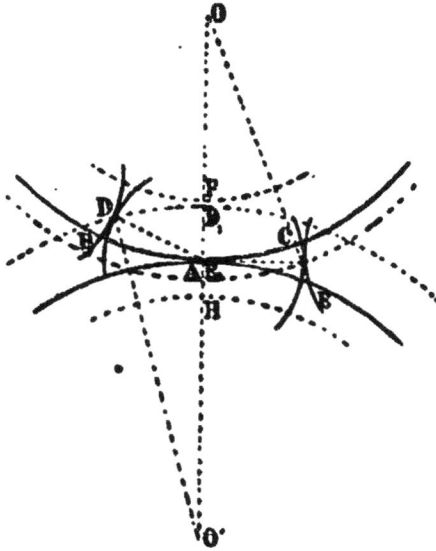

Fig. 163.

bre entier de pas plus une petite portion, un quart par exemple; on procédera à l'échanfrinement de la manière suivante;
on portera sur la roue menante O (fig. 163) l'arc de conduite
BC, de part et d'autre de la ligne des centres, de manière qu'il
soit divisé en deux parties à peu près égales par le point A,
l'arc de retrait AC étant un peu plus grand que l'arc d'approche BA, s'il ne lui est pas égal. Aux deux points B et C, on
tracera le profil des dents de la roue O et l'on abaissera les
normales AD, AE, sur ces deux profils : les points D, E sont

les points de contact de ces profils avec leurs conjugués. Pour que le contact ne commence pas avant le point B, il suffit que le profil des dents de la roue O' ne dépasse pas le point D, c'est-à-dire qu'on limitera la saillie des dents de cette roue à une circonférence d'échanfrinement décrite du point O' comme centre avec O'D pour rayon ; cette circonférence rencontrera la ligne des centres en D, et le fond de creux des dents de la roue O sera limité par une circonférence décrite du point O comme centre, avec un rayon OF un peu inférieur à OD₁, laissant un *jeu à fond de creux* FD₁. De même, pour que le contact cesse au point C, il suffit que le profil des dents de la roue O soit limité au point E, ce qui donne OE comme rayon de la circonférence d'échanfrinement et O'H, un peu inférieur à O'E, comme rayon de la circonférence du fond de creux des dents de la roue O'.

254. Engrenage à lanterne. — Nous allons indiquer sommairement comment on applique les principes précédents aux tracés des dents dans les engrenages les plus usités.

Supposons que le profil des dents de la roue O (fig. 164) soit réduit à un simple point A, l'enveloppe ou lieu du point A, lorsque la roue O roule sur la roue O', est alors une épicycloïde AC. Si au lieu d'un point A on a pour profil des dents de la roue O une petite circonférence de cercle ayant le point A pour centre, l'enveloppe de ce profil sera celui des circonférences décrites, avec le même rayon, de tous les points de l'épicycloïde AC ; ce sera une développante d'épicycloïde A'C'. Les dents de la roue O sont formées alors de cylindres en bois dur ou en fer, nommés fuseaux, montés sur deux disques parallèles entre lesquels passent les dents de la roue O'.

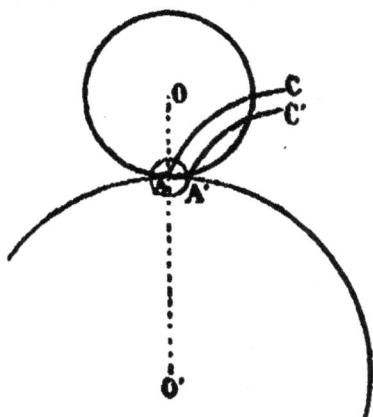

Fig. 164.

Le contact des dents ne commence qu'à la ligne des centres, l'arc-boutement n'est donc

jamais à craindre dans la marche directe, mais le sens du
mouvement ne peut se renverser, l'engrenage *n'est pas réciproque* ; car l'arc de conduite étant tout entier après la ligne
des centres dans le mouvement direct, se trouve tout entier
avant lorsque le mouvement change de sens, et il est difficile
alors d'éviter l'arc-boutement.

Si l'on considère la dent A dans ses diverses positions, en
contact avec le profil qui lui est conjugué, on reconnaît que
le point de contact reste toujours, sur cette dent A, à peu près
au même point. L'usure ne se répartit donc pas également et
les dents de cet engrenage ne tardent pas à être hors de ser-
vice. On prolonge leur durée en les faisant aussi résistantes
que possible et en les rendant mobiles dans leurs supports,
mais malgré cela cet engrenage est peu employé.

955. Engrenage à flancs rectilignes. — Prenons maintenant pour profil des dents de la roue O (fig. 165) le rayon OA,
la méthode des roulettes va nous donner facilement le profil
conjugué ; en effet, le rayon OA peut être considéré comme
décrit par un point A d'une circonférence ayant pour diamètre ce rayon OA lui-même et roulant à l'intérieur de la circonférence O. Il suffit alors de faire rouler cette circonférence

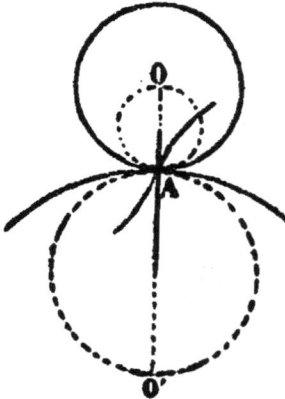

Fig. 165.

auxiliaire à l'extérieur de la circonférence O' pour que le point A décrive le profil conjugué de OA, lequel est ainsi une épicycloïde, extérieure à la circonférence O'. Si l'on
prend maintenant, pour compléter la
dent de la roue O', le rayon O'A, à
l'intérieur de cette circonférence, on
aura, pour le profil conjugué de la
roue O, l'épicycloïde engendrée par
le roulement sur cette circonférence
d'une circonférence auxiliaire de diamètre O'A. Les deux roues se trou-
vent alors dans les mêmes conditions l'une par rapport à l'autre et l'engrenage est réciproque.

L'inconvénient principal de cet engrenage est dans la forme

de la dent qui est plus étroite, c'est-à-dire moins résistante, à la racine que sur la circonférence primitive; cette forme n'est pas rationnelle. On y remédie en substituant, aux circonférences auxiliaires qui servent à tracer les profils conjugués, des circonférences d'un diamètre un peu moindre que le rayon de la roue à l'intérieur de laquelle elles doivent rouler. Le flanc de chaque dent, au lieu d'être alors rectiligne, est constitué par une hypocycloïde et l'épaisseur de la dent augmente un peu du côté de la racine, ce qui est préférable pour sa résistance.

956. Engrenage à développantes de cercle. — Enfin, le troisième profil en usage pour les engrenages est celui à déve-

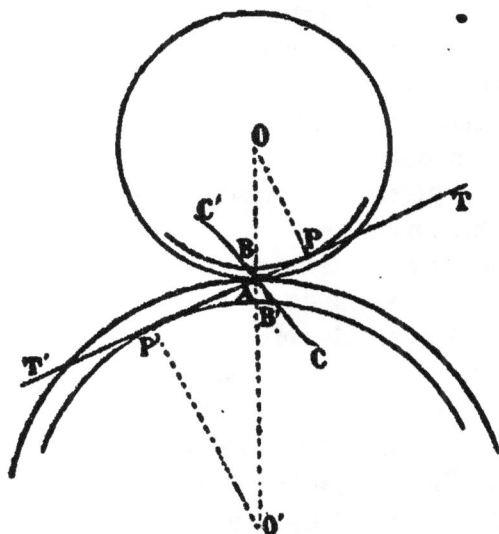

Fig. 166.

loppantes de cercle. Soient toujours O et O' (fig. 166) les deux circonférences primitives, A leur point de contact; par ce point, menons une droite TAT' faisant avec la ligne des centres un angle quelconque, mais que dans la pratique on prend égal à 75 degrés environ. Des centres O et O' abaissons les perpendiculaires OP, O'P' sur cette ligne, décrivons les circonférences ayant pour rayons ces perpendiculaires, et concentriques aux circonférences primitives. Prenons pour profil des dents de la roue O la développante BC de la circonférence OP, le profil conjugué des dents de la roue O' sera la développante B'C' de la circonférence O'P', passant comme la première par le point A où ces deux profils sont en contact. En effet si, appliquant la méthode des enveloppes, nous faisons rouler la circonférence O sur la circonférence O' pour chercher l'enveloppe du profil BC, la normale à ce profil, passant par le nouveau point de contact des circonférences primitives, sera tangente à la circonférence O'P'; l'enveloppe cherchée sera donc la développante de cette circonférence.

On peut vérifier, d'ailleurs, que si les deux circonférences O et O' tournent d'un angle quelconque tel que les arcs décrits par le point de contact sur chacune d'elles soient égaux, il en sera de même des arcs dont auront tourné les circonférences OP, O'P' puisque les rapports des rayons sont égaux, et le point où chacun des profils BC, B'C' coupe la ligne TAT' aura progressé sur cette ligne de la même quantité. Ces deux profils resteront donc en contact.

Cet engrenage présente les avantages suivants :

La dent est bien constituée au point de vue de la résistance : elle est plus épaisse à sa racine qu'en un autre point quelconque de son étendue. Les dents de chaque roue sont tracées d'après des éléments dépendant de cette roue elle-même (ce sont les développantes d'une circonférence ayant pour rayon une certaine fraction de celui de la circonférence primitive); il en résulte qu'une même roue peut engrener avec plusieurs autres de diamètres différents ; que la distance des axes O, O' peut varier un peu, par suite de l'usure des supports, sans que la transmission cesse de s'effectuer d'une façon régulière. Enfin, le contact des dents ayant lieu successivement en tous les points du profil, l'usure des dents est plus régulière, et une usure uniforme laisse encore la transmission régulière puisque le nouveau profil est encore une développante de la même circonférence.

On voit que dans l'engrenage à développantes, le profil de la dent ne peut s'étendre au-delà des circonférences auxiliaires OP, O'P' qui forment les limites de ce que peut atteindre le fond du creux.

Si donc O est la plus petite des deux roues, l'arc de conduite ne peut dépasser le point correspondant au point P; ou bien, s'il est divisé en deux parties égales par la ligne des centres, il ne peut sous-tendre un angle supérieur au double de BOP, ou à deux fois 15 degrés ou 30 degrés, si l'angle OAT est de 75 degrés.

Cet arc de conduite devant être au moins égal à un pas et quart, le pas correspond au plus à 24 degrés, c'est-à-dire que la petite roue ne peut pas avoir moins de 15 dents.

Ce minimum descendrait à 11 dents environ si l'angle OAT n'était que de 70 degrés.

257. Pignon et crémaillère. — Les engrenages s'emploient quelquefois pour transmettre le mouvement de rotation d'un axe à une barre destinée à subir un mouvement de translation dont la vitesse doit avoir un rapport donné, constant, avec la vitesse de rotation. Il suffit, pour faire rentrer ce cas dans le précédent, de supposer infini le rayon de l'une des deux roues. On a alors ce que l'on appelle un pignon et une crémaillère.

Nous n'insisterons pas sur ce problème, auquel s'applique tout ce que nous avons dit jusqu'ici. Nous ferons remarquer seulement que les profils des dents, qui peuvent s'obtenir par l'une ou l'autre méthode des nᵒˢ 249 et 250, deviennent, 1° dans l'engrenage à lanterne : des développantes de cycloïde sur la crémaillère engrenant avec des fuseaux cylindriques ; 2° dans l'engrenage à flancs rectilignes : pour le pignon, des flancs rectilignes et des faces cycloïdales ; pour la crémaillère, des flancs rectilignes et des faces en développantes de cercle ; 3° dans l'engrenage à développantes de cercle : pour le pignon, des développantes de cercle, pour la crémaillère, des lignes droites inclinées.

258. Engrenages intérieurs. Moyen de les éviter. — Les mêmes tracés, modifiés en conséquence, s'appliquent également aux engrenages intérieurs. Ce genre d'engrenages a, en pratique, des inconvénients qui en font éviter autant que possible l'emploi. On peut généralement y arriver par l'addition d'un troisième axe et d'une roue auxiliaire, de rayon quelconque, engrenant avec deux roues montées sur les deux axes entre lesquels on veut transmettre le mouvement de rotation.

Le problème consiste alors à transmettre le mouvement d'un axe O à un axe O' (fig. 167), en conservant le même sens pour la rotation et avec une raison donnée $\dfrac{\omega'}{\omega} = \varepsilon$. Si sur les axes O et O' on monte deux roues quelconques de rayons R et R', tels que $\dfrac{R}{R'} = \varepsilon$, et si l'on fait engrener ces roues avec une troisième d'un rayon R'', montée sur un axe auxiliaire O'' parallèle aux deux premiers, nous aurons, en appelant ω'' la vitesse de cet axe :

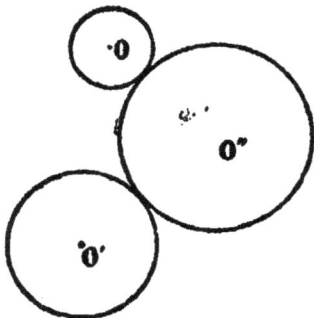

Fig. 167.

$$\frac{\omega''}{\omega} = \frac{R}{R''} \quad , \quad \frac{\omega'}{\omega''} = \frac{R''}{R'} \, ,$$

et par suite :

$$\frac{\omega'}{\omega} = \frac{R}{R'} = \varepsilon.$$

Le problème sera donc résolu.

259. Tracés approximatifs des profils des dents. — Le tracé des courbes qui forment les profils des dents ne présente aucune difficulté, comme nous l'avons vu, mais il a l'inconvénient d'être un peu long. On le simplifie en y substituant, approximativement, des arcs de cercle que l'on peut tracer d'un seul coup. Si l'on considère, par exemple, l'engrenage à développantes, dont le tracé est représenté par la figure 166, p. 479, on voit que l'arc de développante BC a pour centre de courbure, au point A, le point P et que par suite le cercle décrit du point P comme centre avec PA pour rayon lui sera osculateur ; il s'en écartera donc très peu de part et d'autre du point A et pourra y être substitué avec une approximation d'autant plus suffisante que la longueur utilisée de l'arc BC sera plus petite.

De même, l'arc de développante B′C′ peut approximativement être remplacé par un arc de son cercle osculateur décrit du point P′ comme centre avec P′A pour rayon.

On peut aussi appliquer la construction de Savary pour trouver les centres de courbure de deux profils conjugués; en effet, le centre de courbure de l'enveloppe qui constitue le second profil est le même, en chaque point, que le centre de courbure de la courbe décrite par le centre de courbure du premier.

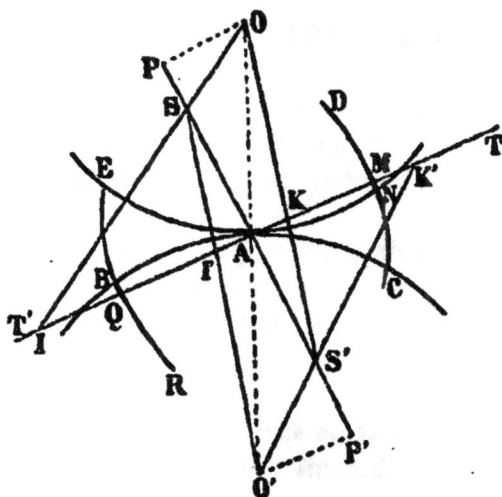

Fig. 168.

Cela étant, si O et O′ (fig. 168) sont les axes, A le point de contact des circonférences primitives, menons par ce point deux lignes rectangulaires PAP′, TAT′ faisant avec OO′ des angles que, dans la pratique, on prend ordinairement de 15° et de 75°. Soit O la plus petite des deux roues et P la projection du point O sur la ligne PAP′. Prenons un point quelconque S entre A et P (en général, on prend $AS = \frac{4}{5} AP$), joignons OS, O′S, les deux points I et I′ où ces lignes rencontrent la droite TAT′ sont les centres de courbure de deux profils conjugués, d'après ce que nous venons de dire.

Prenons aussi AS′ = AS et joignons de même le point S′ aux deux centres O et O′, les points K et K′ où les lignes OS′, O′S′ rencontrent la ligne TAT′ sont de même les centres de courbure de deux profils conjugués.

Soit alors BC l'arc de conduite. Du point I′ comme centre, avec I′C pour rayon, traçons un arc de cercle CM qui sera le profil de la face de la dent de la roue O′. Le point M où ce profil rencontre la ligne AT sera son extrémité et la circonférence d'échanfrinement aura pour rayon OM. Du point I comme centre, avec IM pour rayon, décrivons un arc de cercle NMD qui sera le flanc du profil des dents de la roue O. De même du point K′ comme centre, avec K′B pour rayon, décrivons un arc de cercle BQR qui sera le flanc de la dent de la roue O′ et qui rencontre en Q la ligne T′A ; du point K comme centre, avec KQ pour rayon, traçons l'arc de cercle QE qui sera la face de la dent de la roue O ; le point Q en sera l'extrémité et OQ sera le rayon de la circonférence d'échanfrinement.

Chaque profil de dent se compose ainsi de deux arcs de cercle : l'un, convexe, pour la face et l'autre, concave, pour le flanc ; il suffit de rapprocher ces arcs de cercle pour avoir le profil complet.

260. Engrenage sans frottement. — Nous avons vu que le travail du frottement était, à chaque instant, proportionnel à la distance, que nous avons désignée par p (n° 251), à laquelle le contact a lieu, à partir de la ligne des centres. Ce travail est nul lorsque $p = 0$, ou lorsque le contact a lieu sur la ligne des centres. Si l'on imagine que le contact, n'ayant commencé qu'à la ligne des centres, cesse à une très petite distance après, il faudra pour cela une seconde paire de roues, montées sur les mêmes axes et dont le contact commencera au moment où celui des premières se terminera, le contact des dents des secondes roues pourra lui-même ne durer que jusqu'au moment où les dents d'une troisième paire de roues arriveront en contact et ainsi de suite.

On peut donc, au moyen d'une série de paires de roues échelonnées, diminuer autant qu'on le voudra l'étendue sur laquelle a lieu le contact des dents de chacune d'elles, c'est-à-dire diminuer le travail du frottement. Si l'on suppose que ces roues parallèles deviennent infiniment voisines et infiniment minces, les profils de leurs dents deviendront des surfaces hélicoïdales dont le contact aura lieu constamment par un seul point situé dans le plan des axes ou sur la ligne des centres. Le glissement sera donc constamment nul ainsi que le travail du frottement. On a ainsi l'engrenage *sans frottement* de Hoocke ou de White.

Le glissement relatif des deux surfaces hélicoïdales qui forment les profils des dents étant nul, ces surfaces roulent l'une sur l'autre ; toutefois il faut remarquer que ce n'est pas un roulement simple, mais accompagné de pivotement autour de la normale commune.

Cette normale, suivant laquelle s'exerce l'action d'une roue sur l'autre, est alors oblique au plan des deux axes ; l'action dont il s'agit peut être considérée comme résultante d'une action située dans un plan normal au plan des axes et d'une action située dans ce plan même. Cette dernière tend à faire glisser l'un des axes parallèlement à l'autre et l'on doit, pour s'opposer à ce mouvement, munir les roues d'épaulements qui appuient sur leurs supports. On remédie à cet inconvénient d'une manière plus rationnelle en formant les dents des deux roues de deux surfaces inclinées en sens contraire, en forme de chevrons : les deux actions obliques qui s'exercent simultanément sur les deux moitiés de chaque dent ont une résultante contenue dans un plan normal au plan des axes, sans aucune composante située dans ce plan lui-même.

Ces engrenages sans frottement servent surtout à opérer la transmission de mouvements très rapides, lorsque les efforts sont faibles. Le contact théorique des surfaces a lieu, en effet, sur un seul point, alors que dans les engrenages cylindriques il se produit tout le long d'une génératrice dont la longueur n'est pas limitée ; on conçoit donc, sans entrer dans les considérations du contact physique et de la résistance des matériaux, que ces derniers puissent transmettre des efforts beaucoup plus considérables que les autres.

261. Engrenages coniques. — Les engrenages coniques ont pour but d'établir une transmission de mouvement entre deux axes concourants, le rapport des vitesses étant constant et égal à un nombre donné ϵ qui est la raison de

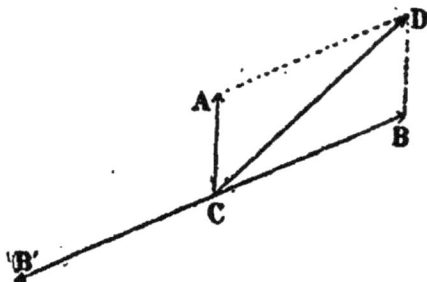

Fig. 169.

l'engrenage. Soient AC, CB'(fig. 169) les deux axes concourant en C; supposons que les lignes CA, CB' représentent les grandeurs et les directions des rotations ω et ω', d'après la convention admise. Prenons CB égale et opposée à CB', et menons la diagonale CD du parallélogramme construit sur les lignes CA, CB. Imaginons deux cônes de révolution ayant pour axes les droites CA, CB et engendrés par la rotation, autour de ces axes, de la droite CD, c'est-à-dire ayant pour demi-angles au sommet respectivement les angles ACD, BCD; ces cônes sont tangents tout le long de la génératrice commune CD. Supposons-les liés invariablement à leurs axes et animés comme eux des mouvements de rotation représentés par les lignes CA=ω, CB'=ω'. Le mouvement relatif des deux cônes ne sera pas changé si on leur communique un mouvement commun quelconque : imprimons-leur un mouvement de rotation égal et contraire à ω', c'est-à-dire représenté par CB. Le cône B deviendra immobile et le mouvement du cône A sera le mouvement résultant des deux rotations CA, CB, c'est-à-dire une rotation autour de CD. Le cône A roulera donc sur le cône B et de même le cône B roulera sur le cône A.

Réciproquement, si les deux cônes roulent l'un sur l'autre, c'est que la génératrice commune CD est axe instantané de rotation du mouvement relatif, c'est-à-dire qu'elle est animée de vitesses égales sur les deux cônes, ou que ses vitesses, dues aux rotations ω, ω', sont égales. Il en résulte que ces rotations sont en raison inverse des distances d'un point D quelconque de CD, aux axes CA, CB, c'est-à-dire dans le rapport constant désigné par ε.

Ainsi, la solution du problème peut être obtenue par le roulement l'une sur l'autre de deux surfaces coniques. Dans la réalité, lorsque l'on adopte cette solution, on se sert naturellement non pas de cônes entiers, mais simplement de troncs de cônes limités par des plans perpendiculaires à leurs axes. Ces cônes portent le nom de cônes de friction, et tout ce que nous avons dit des cylindres de friction (n° 244) s'applique sans modification.

262. Tracé des dents. — Méthode de Tredgold. — Si l'on veut avoir un véritable engrenage, il faut remplacer ces cônes, qui deviennent alors les cônes primitifs de l'engrenage, par d'autres surfaces ou dents saillantes. On prend pour limiter l'une des dents une surface conique ayant même sommet que les deux cônes primitifs, et la surface de la dent conjuguée, qui est l'enveloppe de cette première surface lorsque le cône primitif auquel elle appartient roule sur l'autre, est également une surface conique ayant même sommet. Il suffit, pour déterminer les dents, d'avoir les intersections de ces deux surfaces coniques par une troisième. Coupons les deux cônes primitifs et les surfaces coniques des dents par une sphère ayant son centre au sommet commun et un rayon quelconque, les cônes primitifs seront coupés suivant deux circonférences qui rouleront l'une sur l'autre, en restant sur la surface de la sphère, d'un mouvement épicycloïdal sphérique. Les surfaces coniques des dents seront coupées suivant deux courbes qui resteront constamment tangentes et dont chacune, par conséquent, pourra être considérée comme l'enveloppe de l'autre dans leur mouvement relatif, et qui pourra se déterminer par des procédés analogues à ceux que nous avons fait connaître à propos des engrenages cylindriques. Mais, le tracé de ces courbes, sur une surface sphérique, n'étant pas facile, on emploie une autre méthode approximative due à Tredgold et que nous allons faire connaître.

Soit CD (fig. 170) le rayon de la sphère dont nous cherchons l'intersection avec les surfaces des dents, et qui coupe les cônes primitifs suivant deux circonférences dont les rayons sont DA et DB. Sur la sphère, chacun des profils des dents est une courbe sinueuse qui s'écarte peu de cette circonférence et qui est limitée à une zône étroite s'étendant un peu de part et d'autre de cette ligne. Cette zône peut, approximativement, être assimilée à la surface latérale d'un tronc de cône tangent à la sphère le long de la circonférence moyenne et dont le sommet serait sur l'axe de rotation. Si nous menons, au point D, la ligne droite EDF, perpendiculaire à CD, ou tangente à la sphère, les deux portions ED, DF de cette droite seront les génératrices de ces deux cônes de révolution, dont les sommets sont en E et F et sur lesquels on peut admettre que se trouvent tracées les intersections, avec la sphère, des surfaces des dents. Ces cônes s'appellent les cônes *complémentaires* de l'engrenage.

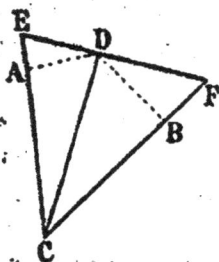

Considérons le plan tangent commun à ces deux cônes le long de la génératrice EF ; ces deux cônes peuvent, dans une petite étendue de part et d'autre de cette génératrice, être assimilés à leur plan tangent. Les profils des dents, qui, dans la partie où ils restent en contact, s'éloignent peu de cette génératrice, peuvent donc être regardés comme des courbes planes se mouvant dans un plan en restant tangentes l'une à l'autre. Le mouvement de ces courbes dans le plan est d'ailleurs défini par cette condition que les circonférences de rayons ED, FD roulent l'une sur l'autre.

Alors, tout se ramène à un tracé de profils d'engrenages dans un plan. Si l'on développe les surfaces des cônes complémentaires suivant deux secteurs tangents EMDM', FNDN' (fig. 171), on pourra tracer les profils des dents sur les deux arcs de cercle MDM', NDN' limitant ces secteurs et considérés comme circonférences primitives d'engrenages cylindriques. Les méthodes indiquées plus haut sont applicables sans modification. La seule observation est que le pas doit être partie aliquote des longueurs des arcs MDM', NDN', lesquelles sont égales à celles des circonférences de rayons AD, BD de la figure 170.

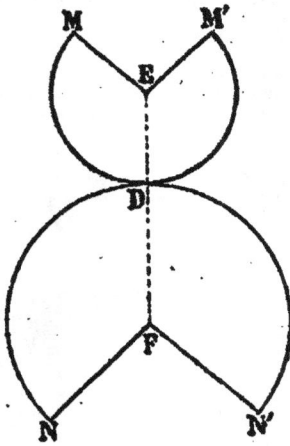

Les dents des engrenages coniques ne comprennent qu'une portion des surfaces coniques qu'elles affectent ; et on les limite soit à des plans perpendiculaires aux axes, soit, plus ordinairement, pour éviter des angles aigus, à des surfaces coniques parallèles aux cônes complémentaires.

Fig. 171.

362. Frottement dans les engrenages coniques. — Nous avons vu que le travail du frottement T_f dans les engrenages cylindriques avait pour expression (n° 254) :

$$T_f = fQ \frac{a^2}{2} \left(\frac{1}{R} + \frac{1}{R'} \right),$$

f étant le coefficient de frottement, Q la résistance agissant sur l'un des axes et supposée appliquée tangentiellement à la circonférence primitive, a le pas de l'engrenage, R et R' les rayons des circonférences primitives. Cette formule est applicable aux engrenages coniques en appelant R et R' les rayons DE, DF (fig. 170), des secteurs qui servent de circonférences primitives, puisque le mouvement s'effectue par rapport à ces secteurs, se mouvant dans un plan, comme s'il s'agissait d'engrenages cylindriques. Appelons θ l'angle ACB des deux axes, α et α' les angles ABD, DCB ; on a $\theta = \alpha + \alpha'$ et :

$$\cos \alpha \cos \alpha' = \cos \theta + \sin \alpha \sin \alpha',$$

Appelons encore r et r' les longueurs AD, DB, nous avons :

$$R = \frac{r}{\cos \alpha} \ . \quad R' = \frac{r'}{\cos \alpha'}, \quad \frac{\sin \alpha}{r} = \frac{\sin \alpha'}{r'} = \frac{1}{CD} \ .$$

Nous pouvons alors transformer de la manière suivante l'expression du travail du frottement ; nous avons :

$$\left(\frac{1}{R}+\frac{1}{R'}\right) = \frac{\cos\alpha}{r} + \frac{\cos\alpha'}{r'} = \sqrt{\frac{\cos^2\alpha}{r^2} + \frac{\cos^2\alpha'}{r'^2} + \frac{2\cos\alpha\cos\alpha'}{rr'}}$$

$$= \sqrt{\frac{1}{r^2}+\frac{1}{r'^2}+\frac{2\cos\theta}{rr'} - \left(\frac{\sin^2\alpha}{r^2}+\frac{\sin^2\alpha'}{r'^2}-\frac{2\sin\alpha\sin\alpha'}{rr'}\right)}$$

$$= \sqrt{\frac{1}{r^2}+\frac{1}{r'^2}+\frac{2\cos\theta}{rr'}},$$

puisque le carré de $\dfrac{\sin\alpha}{r} - \dfrac{\sin\alpha'}{r'}$ est nul.

Appelons n et n' les nombres des dents des deux roues, nous avons, puisque le pas est mesuré sur les circonférences de rayons $r = AD$, $r' = BD$:

$$na = 2\pi r \ , \quad n'a = 2\pi r'.$$

Remplaçons r et r' par ces valeurs, nous aurons :

$$\frac{1}{R}+\frac{1}{R'} = \frac{2\pi}{a}\sqrt{\frac{1}{n^2}+\frac{1}{n'^2}+\frac{2\cos\theta}{nn'}}$$

et, par suite, le travail du frottement a pour valeur :

$$T_f = Qa.f\pi\sqrt{\frac{1}{n^2}+\frac{1}{n'^2}+\frac{2\cos\theta}{nn'}},$$

expression qui revient à celle du n° 251, lorsque $\theta = 0$.

264. Engrenages hyperboloïdes. — La transmission du mouvement de rotation entre deux axes non situés dans un même plan s'effectue au moyen d'engrenages hyperboloïdes. Soient XX, YY (fig. 172), les deux axes, AB leur perpendiculaire commune, AC', BD les lignes représentant les rotations ω, ω' en grandeur et en direction. Attribuons à l'ensemble des deux axes un mouvement de rotation

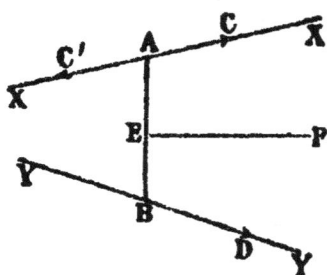

Fig. 172.

égal et contraire à ω, c'est-à-dire représenté par AC égal et
opposé à AC', l'axe X sera rendu immobile et le mouvement
de Y, qui sera la résultante des deux rotations BD, AC, sera le
mouvement relatif de cet axe par rapport à l'autre. Ce mouvement résultant des deux rotations est, on le sait (n° 117), un
mouvement héliçoïdal composé d'une rotation autour d'un
axe EF, rencontrant AB en un point E qui ne dépend que du
rapport des deux rotations composantes ω et ω', et d'une translation parallèle à cet axe. Faisons tourner la ligne EF successivement autour des deux axes XX, YY, nous engendrerons
deux hyperboloïdes de révolution qui auront, dans le mouvement de rotation des axes, constamment une génératrice commune suivant EF, et cette génératrice sera l'axe instantané
de rotation et de glissement du mouvement relatif de l'un de
ces hyperboloïdes par rapport à l'autre. Si l'on suppose ces
hyperboloïdes réalisés matériellement, ils resteront toujours
tangents entre eux tout le long d'une génératrice, et ils seront
les hyperboloïdes primitifs des engrenages à construire. On ne
peut plus ici, comme dans les engrenages cylindriques ou coniques, se contenter de surfaces de friction, car les deux surfaces
primitives ne roulent pas simplement l'une sur l'autre : leur roulement est accompagné d'un glissement le long de la génératrice de contact. Il faut donc toujours les munir de dents saillantes dont le tracé se fait suivant des procédés analogues aux
précédents, en cherchant la surface enveloppe d'une surface
liée à l'un des hyperboloïdes. Nous n'insisterons pas sur cette
construction, les engrenages hyperboloïdes étant peu usités.
On y substitue généralement deux engrenages coniques ou un
engrenage cylindrique et un engrenage conique, ce qui se fait
en menant, par un point de l'un des axes, une ligne qui rencontre l'autre ou qui lui soit parallèle et en prenant cette ligne
comme axe auxiliaire de l'engrenage intermédiaire. Cet axe
porte deux roues qui engrènent, l'une avec une roue portée
par le premier axe XX, l'autre avec une autre roue montée sur
l'axe YY ; et la transmission du mouvement se trouve ainsi
réalisée.

205. Pignon et vis sans fin. — Lorsque les deux axes,

non situés dans un même plan, sont perpendiculaires l'un à
l'autre, et que le rapport de leurs vitesses doit être assez petit, on emploie souvent le pignon
et la vis sans fin. Prenons pour
plan de la figure 173, un plan
passant par l'un des axes XY et
perpendiculaire à l'autre, projeté en O. Supposons construite,
autour de l'axe XY, une surface
hélicoïdale gauche de vis à filet
carré, engendrée par une droite
AB rencontrant l'axe XY et lui
restant constamment normale
alors qu'un de ses points B par-

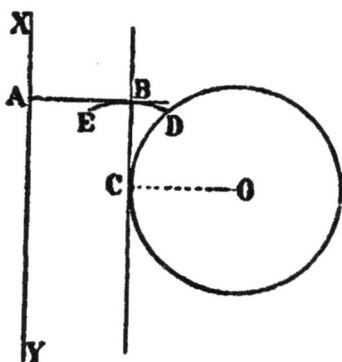

Fig. 173.

court une hélice ayant pour axe XY, pour rayon $AB = r$ et
pour pas h. Du point O comme centre, décrivons une circonférence tangente au cylindre sur lequel est tracée l'hélice, et
soit $OC = R$ son rayon. Supposons la surface hélicoïdale et
l'axe XY animés d'un mouvement de rotation d'une vitesse
angulaire ω et considérons, à chaque instant, la génératrice
qui se trouve dans le plan de la figure. Ces génératrices occu-
peront dans le plan des positions successives différentes, parallèles entre elles, et pourront être regardées comme une même
ligne animée d'un mouvement de translation dont la vitesse
sera $\frac{h\omega}{2\pi}$, et cette ligne unique, toujours située dans le plan de
la figure, aura le même mouvement que le flanc d'une crémail-
lère. Si donc la circonférence OC est munie de dents, le mouvement de progression de cette ligne pourra être transformé
en un mouvement de rotation de cette circonférence. Dans le
plan de la figure, le profil conjugué de AB, enveloppe des positions de AB lorsque BC roule sur la circonférence O est une
développante de cette circonférence : telle devra donc être la
section des dents de la roue O par le plan de la figure. Mais ces
dents devant avoir une certaine épaisseur perpendiculairement
à ce plan, la surface qui les limitera devra rester tangente à la
surface de la vis à filet carré, c'est-à-dire que son plan tangent
en B devra faire, avec le plan de la figure, un angle égal à celui que fait la tangente à l'hélice avec ce même plan, angle

complémentaire de celui, i, que fait l'hélice avec la section droite du cylindre sur lequel elle est tracée, et qui s'exprime par tang $i = \frac{h}{2\pi r}$. La surface enveloppe de tous les plans tangents analogues sera le profil des dents de la roue O et cette surface, dont les génératrices projetées en DC font un angle constant avec le plan de la figure et ont leurs pieds sur une développante de cercle, est un hélicoïde développable.

La vitesse de rotation ω' de la roue O sera telle que la vitesse linéaire $\omega'R$ de sa circonférence primitive soit égale à la vitesse de progression $\frac{h\omega}{2\pi}$ des génératrices de la vis, on aura donc :

$$\frac{\omega'}{\omega} = \frac{h}{2\pi R} = \frac{r}{R} \text{ tang } i ;$$

ce qui permettra de déterminer h ou R pour obtenir une raison $\frac{\omega'}{\omega}$ donnée.

Dans l'étendue du pas h de l'hélice, on peut placer plusieurs surfaces parallèles équidistantes, si n est leur nombre et a leur distance qui devient la distance, mesurée sur la circonférence primitive, de deux dents de la roue O, c'est-à-dire le pas de cet engrenage, on aura, en appelant n' le nombre de ses dents :

$$h = na \quad , \quad 2\pi R = n'a$$

et, par suite :

$$\frac{\omega'}{\omega} = \frac{n}{n'} .$$

Nous pouvons chercher les conditions d'équilibre de cet appareil, ainsi que le travail du frottement. Supposons que la vis soit mue par un couple de moment Pp et désignons par Qq le moment de la résistance par rapport à l'axe O. Si le point B(fig. 174) est le point de contact de la vis et du pignon, et si le mouvement a lieu dans le sens de la flèche, la réaction du pignon sur la vis est une force BF = F faisant avec la normale N, inclinée de l'angle i sur la génératrice du cy-

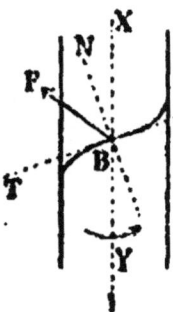

Fig. 174.

lindre, un angle $FBN = \varphi$, angle de frottement, dans le sens opposé au mouvement. Le moment de cette force par rapport à l'axe XY est $Fr \sin(\varphi + i)$, et par rapport à l'axe O, c'est $FR \cos(\varphi + i)$; nous avons donc, en négligeant les autres forces qui agissent sur la vis et sur le pignon :

$$Pp = Fr \sin(\varphi + i) \quad , \quad Qq = FR \cos(\varphi + i) ;$$

d'où :

$$\frac{Pp}{Qq} = \frac{r}{R} \tang(\varphi + i),$$

relation cherchée entre la puissance et la résistance.

On voit que pour $i + \varphi = \frac{\pi}{2}$, la puissance devient infinie, l'appareil ne peut plus fonctionner. Il faut donc que i soit plus petit que $\frac{\pi}{2} - \varphi$.

Pour avoir le travail du frottement, nous pourrions calculer le glissement relatif des deux surfaces et le multiplier par la projection de la force F sur sa direction ; mais nous le trouverons plus simplement au moyen de l'équation exprimant la nullité du travail total :

$$TP + TQ + TF = 0 .$$

Le travail de la puissance P, pendant un temps dt, est $Pp\omega dt$, de même celui de la force Q est $-Qq\omega' dt$; on a alors :

$$TF = -(TP + TQ) = - dt (Pp\omega - Qq\omega') ;$$

ou bien, en mettant pour Pp sa valeur en fonction de Qq et remplaçant ω' par $\frac{h\omega}{2\pi R} = \frac{\omega r}{R} \tang i$:

$$TF = - Qq \frac{r}{R} \omega \, dt. \, [\tang(\varphi + i) - \tang i]$$

Le rendement, rapport du travail utile Qqω' au travail moteur Ppω, a pour expression :

$$\frac{Qq\,\omega'}{Pp\omega} = \frac{\tan i}{\tan(\varphi + i)}.$$

Et il atteint son maximum, comme nous avons vu au n° 240, lorsque $i = \frac{1}{2}\left(\frac{\pi}{2} - \varphi\right)$.

On traiterait de la même manière le cas où la force motrice agirait sur la roue, la résistance étant appliquée à la vis. Cela revient, en somme, à changer le sens du mouvement et, par suite, celui de la réaction F, ou à changer φ en — φ.

On reconnaît alors que, pour que l'appareil puisse se mouvoir dans ces conditions, il faut que i soit plus grand que φ.

266. Équipages de roues dentées. — Nous avons vu que la raison d'un engrenage, rapport des vitesses angulaires des axes entre lesquels il transmet le mouvement, était en raison inverse du nombre des dents des deux roues : $\varepsilon = \frac{\omega'}{\omega} = \frac{n}{n'}$.

On peut donc, théoriquement, réaliser toutes les raisons données par des nombres commensurables ; il suffit de choisir en conséquence les nombres des dents des deux roues. Mais dans la pratique, cette solution est soumise à des restrictions : il n'est pas possible de donner à une roue moins de 8 à 10 dents, et il n'est pas d'usage de lui en donner un nombre supérieur à 120 ou 150.

Si la raison diffère beaucoup de l'unité, on emploie des trains ou équipages de roues dentées. Entre les deux axes entre lesquels on veut transmettre le mouvement, on intercale un certain nombre d'axes intermédiaires portant chacun deux roues, dont l'une engrène avec une roue de l'axe précédent et l'autre avec une roue de l'axe suivant. On représente un équipage de roues dentées par une notation symbolique en écrivant sur une même ligne horizontale les nombres des dents des roues qui engrènent ensemble, et sur une même verticale les nombres des dents des roues qui sont montés sur le même axe : si

A, B, C, D,.... a, b, c, d,... sont ces nombres, un équipage de roues dentées se représentera par :

$$
\begin{array}{ll}
\text{A} & a \\
\text{B} & b \\
\multicolumn{2}{c}{\cdots\cdots} \\
\quad\text{C} & c \\
\quad\text{D} & d.
\end{array}
$$

Si ω est la vitesse angulaire du premier axe portant la roue A, ω' celle du dernier portant la roue d ; ω_1, ω_2.... celles des axes intermédiaires, nous aurons :

$$
\frac{\omega_1}{\omega} = \frac{A}{a} \ , \quad \frac{\omega_2}{\omega_1} = \frac{B}{b} \ \cdots\cdots \ \frac{\omega_n}{\omega_{n-1}} = \frac{C}{c} \ , \quad \frac{\omega'}{\omega_n} = \frac{D}{d} ,
$$

et, par suite, la raison ε de l'équipage de roues dentées :

$$
\varepsilon = \frac{\omega'}{\omega} = \frac{A.B....C.D}{a.b....c.d} .
$$

Chacun des nombres A, B,... a, b,... pouvant être compris entre les limites indiquées plus haut : 10 et 120 par exemple, on voit que l'on peut, par ce moyen, réaliser des raisons très variées : toutes celles qui peuvent s'exprimer par le rapport de deux nombres dont les facteurs premiers ne dépassent pas 120.

Il faut, en outre, que les facteurs qui entrent dans l'expression définitive de ε ne soient pas plus petits que 10, et que le nombre des facteurs soit le même au numérateur et au dénominateur ; mais on satisfait à ces conditions en multipliant, haut et bas par un même nombre, lorsqu'il y a des facteurs inférieurs à 10, et en multipliant ou divisant par une fraction telle que $\frac{10 \times 10}{100}$, pour rendre égaux les nombres des facteurs des deux termes. Ainsi, si nous avons à réaliser un engrenage dont la raison soit :

$$
\varepsilon = \frac{3}{5.47.91},
$$

nous écrirons successivement :

$$\epsilon = \frac{3}{5.47.91} = \frac{24}{40.47.91} = \frac{24.10.10.10.10}{40.47.91.100.100},$$

et la raison sera exprimée par un rapport satisfaisant aux conditions indiquées.

267. Problème de Young. — On voit qu'il y a une foule de solutions différentes qui conduisent au résultat. On peut chercher, avec Young, celle qui correspond au plus petit nombre total des dents. Soit x le rapport le plus convenable, pour cela, des nombres de dents des roues qui engrènent ensemble et soit m le nombre de paires de roues, nous aurons :

$$x^m = \epsilon.$$

Si a est le nombre minimum des dents, le nombre de dents d'une paire de roues sera $a + ax = a(1 + x)$, et le nombre total sera $ma(1 + x)$; nombre qu'il s'agit de rendre minimum. Mettons pour m sa valeur en x, savoir $m = \dfrac{L.\epsilon}{L.x}$, nous aurons

$$ma(1 + x) = aL\epsilon \cdot \frac{x + 1}{L.x},$$

quantité qui sera minimum en même temps que le rapport $\dfrac{x + 1}{L.x}$, ou bien, en prenant la dérivée de ce rapport et l'égalant à zéro, lorsque l'on aura :

$$Lx = 1 + \frac{1}{x},$$

c'est-à-dire pour $x = 3,59....$

Lorsqu'il n'y aura pas d'autres considérations pour fixer le nombre des dents des diverses roues, ce sera donc en adoptant pour rapport des nombres de dents des roues engrenant ensemble une valeur voisine de 3,59 que l'on obtiendra le nombre total de dents minimum.

268. Trains épicycloïdaux. — On appelle *train épicy-*

cloïdal un train ou équipage de roues dentées dont les axes sont portés par un chassis mobile autour d'un axe fixe qui coïncide avec celui de l'une des roues. Les axes des diverses roues peuvent d'ailleurs être parallèles ou concourants ; dans ce dernier cas, le train est dit *épicycloïdal sphérique.*

Appelons toujours, comme plus haut, A, B, C,... *a*, *b*, *c*,... le nombre des dents de l'équipage de roues dont il s'agit. Si le chassis était fixe, le rapport des vitesses angulaires du premier axe et du dernier serait :

$$\varepsilon = \frac{A.B.C...}{a.b.c...} .$$

Quel que soit le mouvement du chassis, si nous imprimons au système un mouvement commun égal et contraire, le mouvement relatif des diverses parties ne sera pas modifié ; mais alors le chassis sera rendu immobile et le rapport ε qui vient d'être écrit sera celui des vitesses relatives du premier axe et du dernier par rapport au chassis. Soit O(fig. 175) l'axe de la première roue, O' celui de la dernière, ω et ω' leurs vitesses angulaires dans leur mouvement absolu, supposé rapporté, pour chacune d'elles, à des axes de direction constante, et soit *u* la vitesse angulaire du chassis autour de

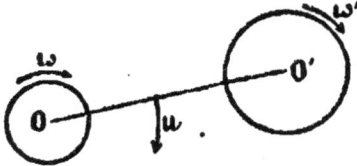

Fig. 175.

l'axe de la première roue. Le mouvement relatif de la première roue par rapport au chassis s'obtient en appliquant à l'ensemble de ces deux pièces un mouvement de rotation — *u* autour de l'axe O, le chassis est rendu immobile et la roue O a une vitesse angulaire égale à ω — *u* ; c'est sa vitesse angulaire par rapport au chassis. La roue O' est animée d'une rotation ω' et d'une translation qui constituent son mouvement absolu ; en composant ces mouvements avec la rotation — *u* autour de l'axe O, nous aurons une rotation ω' — *u* autour d'un axe parallèle à O et à O' mais que nous pouvons effectuer autour de l'axe O' en y ajoutant une translation. Le mouvement relatif de la roue O' par rapport au chassis se compose donc d'une rotation $\omega'-u$ autour de O' et de deux translations. Il est évident et on le démontrerait facilement, que ces deux translations se détruisent puisque l'axe est immobile par rapport au chassis. La rotation $\omega'-u$ constitue donc, à elle seule, le mouvement relatif de la dernière roue ; et alors, d'après ce que nous avons dit plus haut, on a :

$$\frac{\omega'-u}{\omega-u} = \varepsilon = \frac{A.B.C\ldots}{a.b.c\ldots} ;$$

c'est la formule de Willis.

Les trains épicycloïdaux servent à réaliser des raisons d'engrenage où figurent des nombres premiers très grands, ou bien à obtenir, au moyen d'un petit nombre de roues, des rapports de vitesse extrêmement petits ou extrêmement grands.

Supposons, par exemple, pour prendre un des cas les plus simples, que la première roue soit immobile ; $\omega = 0$, et l'on aura, entre les vitesses angulaires ω' et u de la dernière roue et du chassis, la relation :

$$\frac{\omega'-u}{-u} = \varepsilon \quad \text{ou bien} \quad \frac{\omega'}{u} = 1 - \varepsilon = \frac{a.b.c\ldots - A.B.C\ldots}{a.b.c\ldots}.$$

On peut faire en sorte que la différence qui forme le numérateur soit un nombre premier très grand, ou bien au contraire un nombre très petit par rapport au dénominateur. Ainsi, par exemple, on a :

$$85.41 - 62.33 = 1439 \text{ (nombre premier)},$$
$$83^3 - 65.82.84.106 = 1.$$

La première combinaison permet de réaliser un rapport où figurerait le nombre premier 1439, c'est-à-dire de remplacer une roue ayant 1439 dents ; la seconde permet, avec un petit nombre de roues, de réaliser une raison extrêmement petite, représentée par l'inverse du nombre 83^3.

Si l'on considère encore un train épicycloïdal, le plus simple possible, formé de deux roues égales engrenant ensemble, on a : $\varepsilon = -1$, ou bien :

$$\frac{\omega'-u}{\omega-u} = -1, \quad \text{d'où} \quad u = \frac{u+\omega'}{2},$$

et si les axes des deux roues sont mis en mouvement par un troisième axe dont la vitesse angulaire soit ω_1 et sont reliés avec lui par des trains intermédiaires dont les raisons soient

$$\frac{\omega}{\omega_1} = \frac{A.B.C\ldots}{a.b.c\ldots} \quad \frac{\omega'}{\omega_1} = \frac{A'.B'.C'\ldots}{a'.b'.c'\ldots},$$

on aura entre la vitesse u du chassis et la vitesse ω_1 de l'axe moteur :

$$\frac{u}{\omega_1} = \frac{1}{2}\left(\frac{A.B.C\ldots}{a.b.c\ldots} + \frac{A'.B'.C'\ldots}{a'.b'.c'\ldots}\right).$$

et l'on peut, tout en laissant aux nombres A, B, C... etc., des valeurs comprises entre les limites pratiques 10 et 120, faire en sorte que cette raison soit exprimée par des nombres premiers très grands.

Par exemple, on a :

$$\frac{20.25}{3.3} + \frac{71.79}{61.25} = \frac{850481}{14400}.$$

Le numérateur étant un nombre premier, le train épicycloïdal ainsi formé remplacerait une roue de 850.481 dents.

Nous ne nous arrêterons pas à la description des trains épicycloïdaux les plus usités ; ce qui précède suffit pour en faire connaître le principe.

369. Courbes roulantes. — Considérons deux profils solides, comme seraient deux dents d'un engrenage, liés à deux axes parallèles O et O' perpendiculaires au plan de la figure 176.

Ces deux profils étant tangents entre eux en A, si nous menons la normale commune AC, les deux profils restant toujours tangents, le centre instantané de rotation dans leur mouvement relatif est sur cette normale. Il est aussi sur la ligne OO', puisque le mouvement relatif dont il s'agit est le mouvement résultant de deux rotations autour des axes O et O', il est donc au point C où cette normale rencontre la ligne des centres. Il en résulte, comme nous le savons, que le glissement élémentaire est proportionnel à la longueur AC, et

Fig. 176.

que le rapport des vitesses angulaires des deux axes est inversement proportionnel aux distances CO, CO' du point C aux deux axes.

Dans les engrenages, nous avons voulu réaliser une transmission de mouvement avec rapport constant des vitesses, ce qui nous a donné le point C fixe sur OO'. Nous pouvons nous proposer au contraire de faire en sorte que le glissement soit constamment nul, c'est-à-dire que le point A soit toujours sur la ligne des centres, le rapport des vitesses étant d'ailleurs variable et en raison inverse des distances du point A aux deux axes. Ce problème est celui des courbes roulantes. Il a pour objet, un des deux profils étant donné, de déterminer le profil conjugué de manière à satisfaire à la condition indiquée.

Soit donné le profil BAB' (fig. 177), lié à l'axe O, par son équation $F(r, \theta) = 0$ entre ses coordonnées polaires rapportées au point O, pris comme pôle et à un axe OX quelconque, équation que l'on peut supposer mise sous la forme

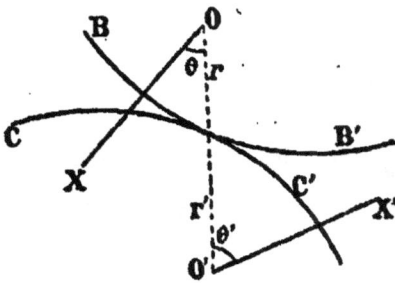

$$(1) \qquad \theta = f(r);$$

il s'agit de déterminer l'équation entre θ' et r', coordonnées polaires, par rapport au pôle O' et à un axe polaire O'X' quelconque, du profil conjugué.

Fig. 177.

Puisque le contact a toujours lieu sur la ligne des centres, nous avons d'abord, en désignant par a la distance des deux axes :

$$(2) \qquad r + r' = a;$$

ou bien, en différentiant :

$$(3) \qquad dr = - dr'.$$

Les deux courbes ayant même tangente en A, les angles que leur tangente fait avec leur rayon vecteur respectif sont égaux ; les tangentes trigonométriques de ces angles sont respectivement $\frac{rd\theta}{dr}$ et $\frac{r'd\theta'}{dr'}$; égalant ces valeurs et tenant compte de l'équation précédente, il vient :

(4) $$rd\theta = -r'd\theta'.$$

En éliminant r et θ entre les trois équations (1), (2) et (4), nous aurons la relation cherchée entre r' et θ'.

Nous pouvons, auparavant, vérifier que les courbes rouleront bien l'une sur l'autre, c'est-à-dire que le point de contact se déplacera d'une même quantité sur chacune d'elles. Nous avons en effet :

$$ds = \sqrt{dr^2 + r^2 d\theta^2} \quad , \quad ds' = \sqrt{dr'^2 + r'^2 d\theta'^2},$$

et par suite, d'après (3) et (4) :

(5) $$ds = ds'.$$

Les vitesses angulaires $\frac{d\theta}{dt}$, $\frac{d\theta'}{dt}$ sont bien en rapport inverse des distances du point A aux deux axes, puisque l'on a d'après (4) :

(6) $$r\frac{d\theta}{dt} = -r'\frac{d\theta'}{dt}.$$

Quant à l'élimination, voici comment on peut la faire. Les équations (1), (3) et (4) nous donnent :

$$d\theta = f'(r)\,dr = -f'(r)\,dr' = -\frac{r'd\theta'}{r};$$

remplaçons-y r par $a - r'$, nous aurons :

(7) $$d\theta' = \frac{(a-r')}{r'}f'(a-r')\,dr',$$

équation cherchée entre θ' et r'.

Comme application de cette formule, nous supposerons que le premier profil donné soit une spirale logarithmique :

$$r = Ae^{m\theta},$$

d'où :

$$\theta = \frac{1}{m} \, \mathrm{L}. \, \frac{r}{\mathrm{A}} = f(r).$$

Nous en déduisons :

$$f'(r) = \frac{1}{m\mathrm{A}} \cdot \frac{\mathrm{A}}{r} = \frac{1}{mr} = \frac{d\theta}{dr}$$

et par suite, d'après (7) :

$$d\theta' = \frac{a - r'}{r'} \cdot \frac{1}{m\,(a - r')}\, dr' = \frac{1}{mr'} \cdot dr',$$

ou en intégrant :

$$\theta' = \frac{1}{m} \mathrm{L}. \frac{r'}{\mathrm{B}},$$

B désignant une constante ; ce qui peut s'écrire :

$$r' = \mathrm{B}e^{m\theta'}.$$

Le profil conjugué est une spirale logarithmique égale à la première, car si l'on compte les angles θ et θ' à partir du point où l'on a $r = r' = \frac{a}{2}$, les deux constantes A et B deviennent égales à $\frac{a}{2}$.

Cela pouvait être prévu d'après les propriétés bien connues de la spirale logarithmique, dont la tangente fait un angle constant avec le rayon vecteur.

Un autre exemple classique est celui de deux ellipses égales tournant chacune autour d'un de ses foyers, la distance des foyers fixes étant celle du grand axe des ellipses. La somme des rayons vecteurs étant constante et la tangente à la courbe faisant des angles égaux avec les rayons menés au point de contact, on vérifie facilement que les deux courbes peuvent rouler l'une sur l'autre en restant constamment tangentes en un point de la ligne qui joint les foyers fixes.

Les courbes roulantes doivent, en général, être munies de dents, et les solutions que nous venons de donner permettent, simplement, de tracer les *courbes primitives* des engrenages par lesquels elles doivent être remplacées. En effet, tant que le rayon vecteur de la roue motrice augmente, c'est-à-dire lorsque les courbes sont dans la situation relative indiquée par la figure 178, la roue O étant la roue motrice, son profil pousse bien devant lui celui de la roue O' et lui transmet effectivement le mouvement ; mais le rayon vecteur de la roue motrice O ne peut pas augmenter indéfiniment ; il doit, à un certain moment, décroître, et alors, les profils étant dans la position représentée par la figure 179, le profil de la roue O peut continuer son mouvement sans entraîner son conjugué. Il ne le fera que s'il est muni de dents saillantes.

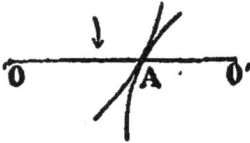

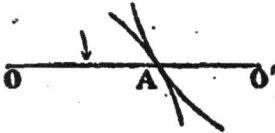

Le tracé de ces dents se fait d'après les mêmes principes que ceux que nous avons développés à propos des engrenages cylindriques.

270. Excentriques ou cames. — Les excentriques ou cames, employés principalement pour faire mouvoir le tiroir des machines à vapeur, donnent la solution d'un problème qui peut se résumer ainsi : Un point A (fig. 180), astreint à rester sur une droite donnée XX, doit avoir sur cette droite un certain mouvement dont la loi est donnée :

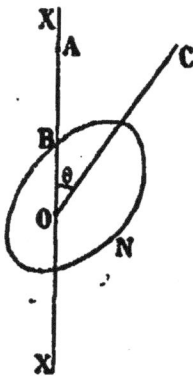

$$(1) \qquad\qquad F(x, t) = 0.$$

x désignant la distance du point A à une origine fixe quelconque. Ce mouvement rectiligne et nécessairement périodique doit lui être transmis par un axe O situé sur la droite XX et animé d'un mouvement de rotation dont la loi est également donnée :

$$(2) \qquad\qquad f(\theta, t) = 0,$$

θ désignant l'angle formé avec la ligne OX par une droite OC liée à l'axe de rotation O.

Pour cela, le point A est relié à l'extrémité d'une tige AB, de longueur constante, dont l'autre extrémité B est assujettie à parcourir une courbe MN entraînée par l'axe dans son mouvement de rotation. Il s'agit de déterminer la forme de cette courbe.

Si l'on rapporte cette courbe à des coordonnées polaires, en appelant r le rayon vecteur OB faisant l'angle θ avec la ligne OC prise pour axe polaire, la distance du point A à l'origine fixe à partir de laquelle on mesure les x sera à chaque instant égale au rayon vecteur r ou bien à ce rayon diminué d'une constante que l'on peut appeler a ; on aura ainsi :

(3) $$x = r - a \ ,$$

et si, entre les trois équations (1), (2) et (3), on élimine x et t il restera une relation entre r et θ qui sera l'équation cherchée de la courbe excentrique.

Ordinairement, le mouvement de rotation de l'axe O est uniforme : $\theta = \omega t$, en appelant ω une vitesse angulaire constante. L'équation cherchée devient alors, simplement :

(4) $$F\left((r-a)\ ,\frac{\theta}{\omega}\right) = 0,$$

Réciproquement, si l'on a la forme de l'excentrique, on peut en déduire la loi du mouvement du point A.

Si l'on veut, par exemple, que ce mouvement soit uniforme, $x = bt$, b désignant une constante, on aura, pour l'équation de la courbe excentrique :

$$r - a = b\,\frac{\theta}{\omega},$$

ce qui représente une spirale d'Archimède. Le mouvement devant être périodique, on ne peut employer cette courbe que sur l'étendue d'une demi-circonférence de $\theta = 0$ à $\theta = \pi$, et on doit former la seconde moitié d'une partie symétrique à la première. On a ainsi ce que l'on appelle la courbe en cœur.

Ordinairement, la question se résout, d'une manière très simple, par des procédés graphiques.

Soit donnée la courbe $AA_1A_2\ldots A'$ (fig. 181) qui représente la loi du mouvement du point A pendant toute la durée, représentée par CC', d'une période au bout de laquelle le point A reprend la même position : A'C' = AC. Divisons cette période CC' en un certain nombre de parties égales aux points D_1, D_2, D_3...

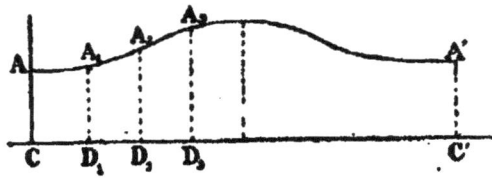

Fig. 181.

et calculons, d'après la loi supposée connue du mouvement de rotation de l'axe O, les angles $\theta_1, \theta_2, \theta_3, \dots 2\pi$ qui correspondent aux valeurs de t représentées par CD_1, CD_2, CD_3.... CC'. Portons ces angles autour d'un point O (fig. 182), à partir d'un rayon initial OM en MOM_1, MOM_2, MOM_3....; puis, prenons sur

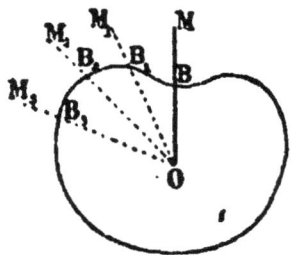

Fig. 182.

chacun des rayons OM, OM_1, OM_2,... des longueurs OB = CA, $OB_1 = D_1A_1$, $OB_2 = D_2A_2$,. . égales aux ordonnées correspondantes de la première courbe, et joignons les points B, B_1, B_2..., nous aurons la courbe cherchée, dont nous pourrons trouver autant de points que nous le voudrons.

Réciproquement, cette courbe étant donnée on en déduira la loi du mouvement du point A en opérant en sens inverse.

271. Excentriques à galet. — Nous n'entrerons pas ici dans le détail des procédés mécaniques au moyen desquels on impose au point B l'obligation de suivre la courbe d'excentrique. Nous nous bornerons à dire que lorsque, ce qui arrive fréquemment, la tige AB est terminé par un galet (fig. 183), destiné à rouler sur l'excentrique contre lequel il est pressé soit par le poids de la tige, soit par un ressort, le point B étant alors le centre du galet, la courbe réelle de l'excentrique s'obtient, lorsque l'on a tracé la courbe théorique que doit décrire le point B, en portant, sur toutes les normales à celle-ci, des longueurs

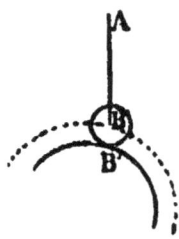

Fig. 183.

BB' égales au rayon du galet.

279. Courbe en cœur. — Parmi les courbes d'excentrique les plus usitées, nous citerons d'abord la spirale d'Archimède ou courbe en cœur dont nous avons parlé plus haut, qui cor-

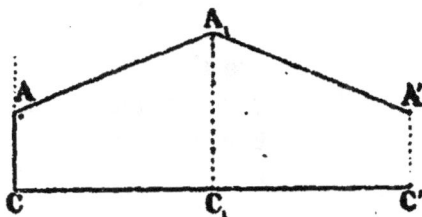

Fig. 184.

respond à une loi de mouvement uniforme pour le point A, c'est-à-dire représentée par deux droites inclinées AA₁, A₁A′ Cet excentrique a l'inconvénient de produire, à chacune des époques marquées par les points C, C₁, C′, un changement brusque du sens de la vitesse du point A, de la tige AB et des organes qu'elle met en mouvement. Il se produit à chacun de cēs changements de sens une véritable percussion qui a pour conséquence une usure rapide de l'appareil.

273. Excentrique Morin. — Le général Morin a proposé de substituer aux droites AA₁, A₁A′ des arcs de parabole à axe vertical passant par les milieux M, M₁ de ces lignes (fig.185)

Fig. 185.

et ayant leurs sommets aux points A, A₁, A′. Ces arcs de parabole sont tangents entre eux aux points M et M₁, mais en ces points la courbure de la courbe qu'ils constituent change brusquement de sens ; il en résulte que l'accélération du point A, c'est-à-dire la force qui agit sur lui, change brusquement de sens. Cet inconvénient, beaucoup moins sensible que celui du changement brusque du sens de la vitesse, pourrait être évité en choisissant pour la courbe à substituer aux deux lignes droites une courbe à courbure continue, une sinusoïde par exemple.

274. Excentriques à cadre. — Au lieu d'imposer au point B, extrémité de la tige mobile, l'obligation de suivre une courbe déterminée. on peut y fixer une autre tige CD (fig. 186)

perpendiculaire à la première et obliger cette tige CD à rester tangente à la courbe excentrique. Si on a une autre tige C'D' parallèle à CD et reliée invariablement à celle-ci qui soit elle-même toujours tangente à l'excentrique de l'autre côté, on aura l'excentrique à cadre.

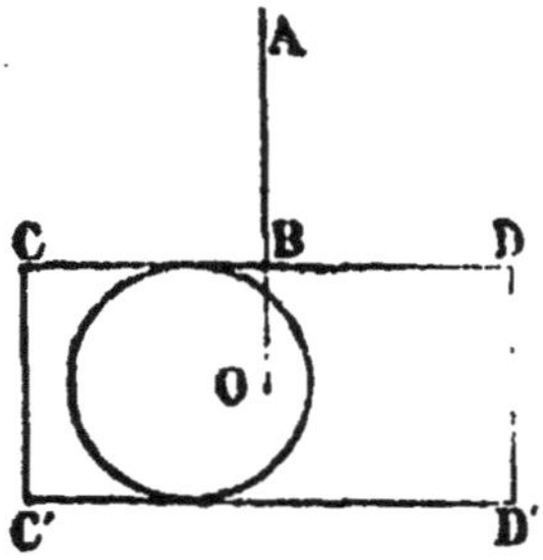

Fig. 186.

La détermination de la courbe de cet excentrique se fait de la même manière que précédemment ; seulement, lorsque l'on a porté les longueurs OB, OB_1, OB_2... (fig. 182) sur les rayons OM, OM_1, OM_2..., on mène aux points B, B_1, B_2... des perpendiculaires aux rayons et l'enveloppe de ces lignes est la courbe cherchée.

Il est évident que, pour l'excentrique à cadre, la courbe doit satisfaire à la condition que la distance de deux tangentes parallèles quelconques soit constante.

275. Excentrique triangulaire. — L'excentrique à cadre le plus simple est l'encentrique triangulaire dont la courbe est formée de trois arcs de cercle décrits des trois sommets d'un triangle équilatéral comme centres et avec son côté pour rayon. Cet excentrique tourne autour d'un de ses sommets O (fig. 187). Le cadre CDC'D' reste immobile pendant toute la durée du contact, avec un de ses côtés, de l'arc AB opposé au sommet O autour duquel la rotation s'effectue, il ne progresse que lorsque ce sont les autres côtés OA ou OB qui sont en contact. Le

Fig. 187.

mouvement du cadre et par suite de la tige à laquelle il est relié est donc intermittent ; il est facile de construire la courbe qui en représente la loi.

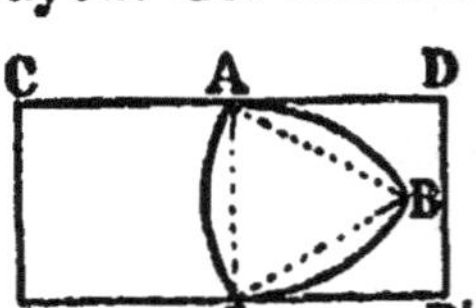

276. Balanciers, bielles et manivelles. — Imaginons

deux axes parallèles projetés en O et en O' (fig. 188), et sur ces deux axes, deux tiges ou pièces OA, O'B invariablement liées avec eux ; chacune de ces tiges porte le nom de manivelle lorsque l'axe a un mouvement de rotation continu, et celui de pédale ou de balancier lorsque le mouvement de rotation de l'axe est alternatif. Les extrémités A, B des deux pièces étant reliées par une tige de longueur constante AB, appelée bielle, le mouvement de rotation de l'un des axes se transmettra à l'autre d'après une certaine loi que nous allons étudier.

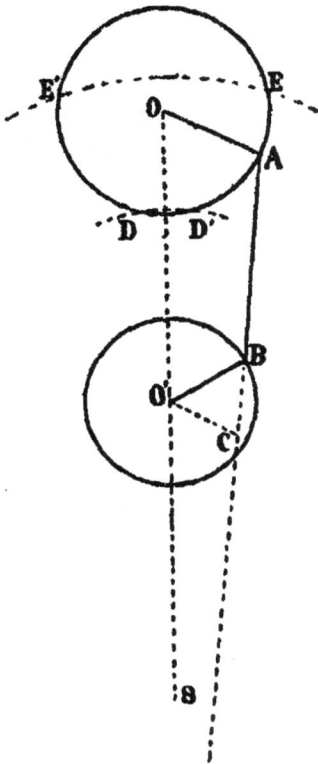

Rappelons tout d'abord que, dans une position quelconque du système, le rapport des vitesses angulaires ω et ω' des deux axes O et O' est exprimé, si S est le point d'intersection de la bielle AB prolongée avec la ligne OO', par

$$\frac{\omega}{\omega'} = \frac{OS}{O'S} = \frac{OA}{O'C},$$

Fig. 188.

en menant par O' une ligne O'C parallèle à OA jusqu'à sa rencontre en C avec AB prolongée. La position du point S étant variable, ainsi que cette longueur O'C, le rapport des vitesses angulaires n'est pas constant. Il ne l'est que si le point S s'éloigne à l'infini, c'est-à-dire si AB reste parallèle à OO'; alors O'C, égal à OA, se confond avec O'B et la figure OO'BA est toujours un parallélogramme. La longueur de la bielle est égale à la distance des centres, et l'on a ce que l'on appelle la bielle d'accouplement. Les deux axes ainsi réunis ont des mouvements identiques.

Considérons le cas général où les rayons sont différents; soit O le centre de la plus grande des circonférences décrites par les deux points A et B, et R son rayon, O' le centre et r le rayon de la plus petite, l la longueur de la bielle AB et a la distance OO' des centres. Supposons d'abord que les deux circonférences soient extérieures l'une à l'autre. Du point O' comme centre, avec des rayons $l+r$ et $l-r$, décrivons deux circonférences EE', DD' dont l'une, au moins, coupera la circonférence O en deux points E et E'. Ces deux points seront les limites des arcs que pourra parcourir le point A sur la circonférence O ; si la seconde circonférence DD' coupe cette circonférence, le point A sera nécessairement obligé de se mouvoir sur un arc limité en D et en E, sans pouvoir dépasser ni l'un ni l'autre de ces deux points : tout point de la circonférence O situé au-delà de la circonférence EE' ou en deçà de la circonférence DD' est éloigné de tous les points de la circonférence O' d'une longueur plus grande que l ou d'une longueur plus petite ; il ne peut donc être relié à aucun point de cette circonférence par une tige de longueur l. Lorsque le point A se trouve à l'une des deux limites D ou E de ses excursions, la bielle et la manivelle O'B sont sur une même ligne droite. Cette manivelle se trouve alors à ses *points morts*. L'effort qui lui est transmis par la bielle est dirigé vers le centre de rotation O' et, par conséquent, n'a aucune tendance à produire le mouvement ; à partir d'un de ces points, la manivelle O'B peut aussi bien parcourir la circonférence O' dans un sens que dans l'autre, c'est le sens de la vitesse initiale qui lui sera donnée lorsqu'elle sera dans l'une de ces positions qui déterminera le sens de son mouvement, lequel, une fois commencé, se continuera dans le même sens si elle arrive au point mort avec une vitesse différente de zéro. C'est alors en vertu de ce qui lui reste de force vive ou en vertu de l'*inertie*, tant la sienne propre que celle des pièces qui participent à son mouvement, qu'elle passe le point mort.

Si l'une des circonférences DD' ou EE' ne rencontrait pas la circonférence O, il arriverait, comme on peut le vérifier facilement, que l'une des deux circonférences décrites du point O comme centre, avec $l+R$ et $l-R$ pour rayons, couperait la circonférence O'; il y aurait donc, sur cette circonférence, une région dans laquelle ne pourrait pénétrer le point B', et les deux manivelles ne pourraient avoir, autour de leurs axes respectifs, que des mouvements alternatifs. Au contraire dans le premier cas, qui est de beaucoup le plus ordinaire, l'une des manivelles, balancier ou pédale, a un mouvement alternatif, l'autre a un mouvement de rotation continu.

Nous pouvons chercher la condition pour que le mouvement puisse être continu sur les deux circonférences. D'après ce que nous venons de voir, tant que le centre O' de la circonférence la plus petite sera à l'extérieur de la grande, cette condition ne pourra être réalisée, car jamais deux circonférences décrites de ce point comme centre avec des rayons différent de 2r ne pourront comprendre entre elles une circonférence de diamètre 2R > 2r.

Plaçons donc le centre O' de la petite circonférence à l'intérieur de la grande (fig. 189) ; pour que le mouvement puisse

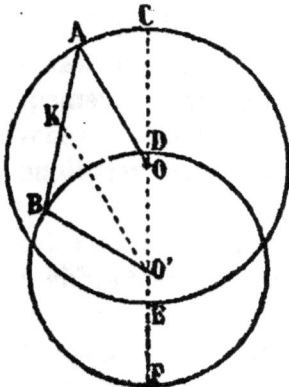

Fig. 189.

avoir lieu partout, il faut que lorsque le point A se trouve au point C de sa circonférence le plus éloigné du centre O', il y ait sur la circonférence O' au moins un point susceptible de lui être relié par une bielle de longueur AB, ce qui n'aurait pas lieu si la distance CD était plus grande que AB. La première condition est donc CD < AB, ou bien :

$$l > R + a - r.$$

Lorsque le point A viendra, au contraire, dans la position E, la plus voisine du centre O', il faudra qu'il y ait, sur la circonférence O', au moins un point dont la distance soit égale à AB, ce qui n'aurait pas lieu si la distance ED était plus petite que AB, il faut donc que l'on ait encore ED > AB, ou bien :

$$l < R + r - a .$$

Ces deux conditions donnent, en les comparant :

$$R + a - r < R + r - a ,$$

ou bien :

$$a < r ;$$

ce qui veut dire que le centre O de la grande circonférence
doit être à l'intérieur de la petite.

On vérifierait d'ailleurs très simplement que cette condition
est suffisante, pourvu que l'on prenne la longueur *l* de la bielle
entre les limites indiquées.

Le rapport des vitesses angulaires se trouvera toujours par
la méthode indiquée plus haut, soit en prolongeant la bielle
AB jusqu'à son intersection avec la ligne des centres, soit
en menant par O′ une ligne O′K parallèle à OA; on a alors :

$$\frac{\omega'}{\omega} = \frac{OA}{O'K} \, .$$

Si nous nous reportons au premier cas, où la manivelle OA
(fig. 188) doit se mouvoir d'un mouvement alternatif dans i'é-
tendue d'un arc DE de sa circonférence, tandis que la manivelle
O′ parcourt la sienne d'un mouvement continu, nous pouvons
admettre que, les points D, E restant fixes, le rayon de la circonférence O augmente indéfiniment, et alors l'arc DE se trans-

Fig. 190.

formera en une ligne droite. Le mouvement
de rotation continu de la manivelle O′ transmettra au point A un mouvement rectiligne
alternatif, ou inversement.

C'est le cas, par exemple, des pistons des
machines à vapeur dont les tiges sont guidées
de manière à parcourir une ligne droite et
sont reliées directement, par une bielle, aux
manivelles des axes qui doivent être mis en
mouvement de rotation (fig. 190).

Il est facile d'évaluer le travail du frottement dans l'articulation de la bielle et de la
manivelle. Si l'on désigne par N la pression
transmise par la bielle dans la direction de
son axe, par ρ le rayon de l'articulation A, et
par α l'angle OAC que fait avec la bielle la
manivelle OA pour une augmentation $d\alpha$ de
cet angle, le glissement élémentaire des surfaces en contact est $\rho d\alpha$ et le travail du frotte-

ment sera, en désignant par f le coefficient de frottement :

$$-fN\rho d\alpha.$$

De sorte que, pour un tour entier, ce travail sera :

$$-f\rho \int_0^{2\pi} N\,d\alpha.$$

Il y a donc avantage à donner à ρ la valeur la plus faible possible.

277. Excentrique circulaire. — Tout cela s'applique, bien entendu, quelle que soit la valeur de ce rayon ρ de l'articulation et est encore vrai lorsque, en particulier, ce rayon ρ devient plus grand que le rayon $OA = r$ de la manivelle. On a alors l'excentrique circulaire (fig. 191). Le bouton A de la manivelle devient la poulie de l'excentrique, que l'on entoure d'un collier. Le mouvement du point C, de la tige guidée BC, est le mouvement alternatif qui serait transmis à ce point par une manivelle de rayon OA. Cette disposition est commode en ce qu'elle permet de ne pas entailler ni couder l'axe O pour le passage de la bielle, ce que l'on est obligé de faire avec les manivelles ordinaires ; mais, d'après ce que l'on vient de dire, le rayon ρ du bouton de la manivelle étant très grand, le travail du frottement est considérable et cet appareil ne peut utilement être employé pour transmettre de grands efforts. Il n'est usité que pour manœuvrer des pièces d'importance secondaire.

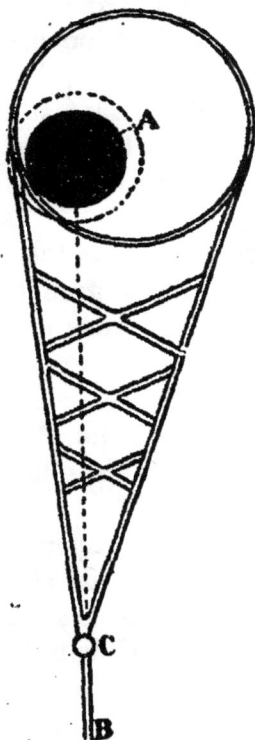

Fig. 191.

278. Coquille et glissière. — Nous venons de parler

d'une tige de piston guidée de manière à parcourir une ligne droite, tout en étant reliée à une bielle qui exerce sur elle un effort oblique. Le procédé le plus usité pour cela consiste à réunir l'extrémité O (fig. 192) de la tige OP du piston au centre d'une pièce rectangulaire ABCD, nommée coquille, comprise entre deux surfaces planes ou glissières GH, G'H'. L'effort de la bielle est dirigé obliquement suivant OQ et fait un angle i avec

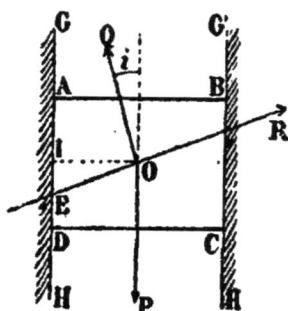

le prolongement de la tige du piston OP. Proposons-nous de calculer la relation qui doit exister entre les efforts P et Q transmis par la tige du piston et par la bielle lorsque le mouvement de la coquille est uniforme, c'est-à-dire que son accélération est nulle. Il faut alors qu'il y ait équilibre entre les forces qui agissent sur elle. Ces forces sont, outre les forces P et Q qui agissent en son centre, les réactions des glissières.

Fig. 192.

Quel que soit le soin apporté à la construction, il arrive toujours que la distance des glissières est légèrement plus grande que la largeur AB de la coquille, que nous représenterons par a, et alors il arrive, ou bien que la coquille touche simplement l'une des deux glissières GH par toute l'étendue de sa face AD, ou bien, au contraire, qu'elle prend une position légèrement oblique en les touchant toutes deux, mais alors par deux de ses angles opposés, tels que A et C, ou B et D.

Considérons d'abord le premier cas, où la coquille s'appuie sur la glissière GH par toute l'étendue de sa face AD. La résultante R des réactions de ce corps ABCD, glissant sur la surface plane GH dans le sens de la force OP = P, est oblique à AD et fait avec la normale à ce plan un angle φ égal à l'angle de frottement. Pour que les trois forces P, Q, R, appliquées au même solide soient en équilibre, il faut qu'elles passent par un même point, c'est-à-dire que la réaction R passe par le point O. Cette force R, résultante d'actions toutes parallèles et de même sens, exercées sur la coquille par les divers points de la glissière, ne peut avoir son point d'application E qu'entre les deux points A et D. Si donc du point D nous abaissons OI perpendiculaire sur GH, il faudra que nous ayons IE < ID, ou bien, en appelant b la longueur AD de la coquille et a sa dimension AB :

$$b > a \, \tan \varphi .$$

D'ailleurs, la relation entre P et Q s'obtiendra en égalant à zéro la somme des projections de ces deux forces sur une perpendiculaire à la direction de la force R, ce qui donnera :

$$P \cos \varphi - Q \cos (i - \varphi) = 0,$$

ou

$$P = Q \frac{\cos (i - \varphi)}{\cos \varphi} .$$

Le travail du frottement ou de la force R peut se calculer en cherchant d'abord la valeur de cette force, mais on l'obtient d'une manière plus simple par l'équation :

$$\mathbf{T}P + \mathbf{T}Q + \mathbf{T}R = 0 .$$

Pour un déplacement dx on a $\mathbf{T}P = P dx$, $\mathbf{T}Q = -Q dx \cos i$ et par suite :

$$\mathbf{T}R = -\mathbf{T}P - \mathbf{T}Q = - dx (P - Q \cos i)$$

$$= - dx. \, Q \left(\frac{\cos (i - \varphi)}{\cos \varphi} - \cos i \right) = - Q \, dx \sin i \, \tan \varphi .$$

Supposons maintenant que la coquille touche les glissières par deux de ses angles opposées, et cherchons par lesquels de ces angles ce contact peut avoir lieu. Cela ne peut être par les angles A et C (fig. 193) : en effet, les réactions R et R' qui s'exercent aux angles qui touchent les glissières font un même angle φ avec les normales AB et CD à ces surfaces planes. Si le contact a lieu en A et en C, la résistance Q de la bielle étant dirigée comme dans la figure de manière à se rapprocher de A, la réaction R en A doit être plus grande que la réaction R' en C, car la somme de leurs projections sur la direction AB doit être égale et de signe

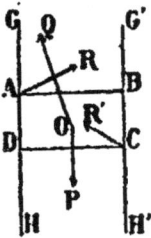

Fig. 193.

contraire à la projection de Q. D'un autre côté, la distance du point O à la direction R est nécessairement plus grande que celle du même point à la force R'; par conséquent le moment, par rapport au point O, de la force R, la plus grande des deux et ayant un bras de levier plus grand sera plus grand en valeur absolue que celui de R', force plus petite et dont le bras de levier est moindre. La somme des moments de ces deux forces ne pourra donc être nul comme cela serait nécessaire pour l'équilibre, puisque les moments des forces P et Q sont nuls. Le contact de la coquille a donc lieu par les deux angles B et D comme dans la fig. 194. Par le même raisonnement on voit que, pour que les réactions R et R' aient une somme de moments nulle par rapport au point O, il faut que leurs moments soient de signes contraires, c'est-à-dire que la réaction R du point D doit passer au-dessus du point O, ce qui, avec les mêmes notations que plus haut, s'exprime par l'inégalité :

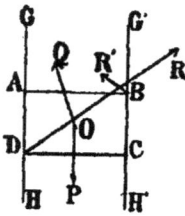

$$ b < a \, \text{tang} \, \varphi \, . $$

C'est donc suivant que b sera plus grand ou plus petit que a tang φ que l'une ou l'autre des deux hypothèses se réalisera.

Pour exprimer l'équilibre nous aurons, en écrivant la nullité de la somme des projections des quatre forces P, Q, R, R' sur les deux directions DA, DC, et la nullité de la somme des moments par rapport au point O, les trois équations suivantes:

$$ P - Q \cos i - R \sin \varphi - R' \sin \varphi = 0 \, , $$
$$ Q \sin i - R \cos \varphi + R' \cos \varphi = 0 \, , $$
$$ R (a \sin \varphi - b \cos \varphi) - R' (a \sin \varphi + b \cos \varphi) = 0 \, . $$

Les deux dernières peuvent s'écrire :

$$ (R - R') \cos \varphi = Q \sin i \, , $$
$$ (R - R') a \sin \varphi = (R + R') b \cos \varphi \, . $$

ce qui donne :

$$R - R' = \frac{Q \sin i}{\cos \varphi},$$

et :

$$R + R' = \frac{Q\, a \sin i \tan \varphi}{b \cos \varphi},$$

et par suite les valeurs des réactions R et R'. Portant dans la première équation la valeur de R + R', on trouve :

$$P = Q \cos i + \frac{Qa}{b} \sin i \tan^2 \varphi .$$

Le travail du frottement, c'est la somme des travaux des forces R et R'; pour un déplacement dx, il a pour valeur :

$$-dx\, R \sin \varphi - dx\, R' \sin \varphi = -dx\, (R + R') \sin \varphi =$$

$$= -dx . Q \sin i . \frac{a}{b} \tan^2 \varphi = -Q\, dx . \sin i \tan \varphi . \frac{a}{b} \tan \varphi .$$

Dans le premier cas, le travail du frottement était simplement $- Q\, dx \sin i \tan \varphi$; il se trouve ici avoir pour valeur cette même quantité multipliée par $\frac{a}{b} \tan \varphi$, facteur plus grand que l'unité d'après l'inégalité $b < a \tan \varphi$, nécessaire pour cette seconde hypothèse. Le travail du frottement est donc plus grand dans cette hypothèse que dans la première, qu'il est préférable de réaliser. Il faut donc toujours construire la coquille de façon que sa longueur b soit plus grande que le produit de sa largeur a par le coefficient de frottement $f = \tan \varphi$.

279. Parallélogramme de Watt. — Lorsqu'au lieu d'être reliée directement à la manivelle, la tige d'un piston doit faire mouvoir un balancier qui ne parcourt qu'une faible partie de la circonférence, on emploie souvent, au lieu de glissières, pour en guider l'extrémité, des appareils dits parallélogrammes articulés qui se composent de tiges réunies par leurs extrémités et constituent des figures déformables telles que l'un des sommets de ces figures parcoure une ligne droite, alors que

quelques-uns des autres décrivent des arcs de cercle. La solution la plus employée est celle de Watt bien qu'elle ne soit
qu'approximative.

Watt a remarqué qui si une bielle'AB (fig. 195), plus courte
que la distance des centres de rotation O, O', réunit les extrémités de deux manivelles égales, OA, O'B, le milieu M de cette

Fig. 195.

bielle décrit une courbe en forme
de 8 très allongé dont une partie
peut être, très approximativement, assimilée à une ligne droite.
Cela posé, voici comment il construit son parallélogramme.

Soit OA le balancier (fig. 196) et CD l'arc de circonférence que
peut parcourir son extrémité A. Il place au-dessous un autre

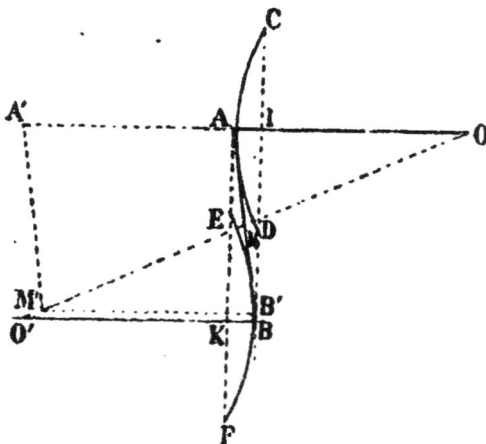

Fig. 196.

balancier O'B, dit *contre-balancier*, mobile autour d'un centre
fixe O', d'une longueur O'B = OA et dont l'extrémité devra
parcourir un arc EF égal à AB. Ces deux balanciers sont placés de telle manière que la corde CD, ou EF de chacun des
deux arcs, soit tangente au milieu B ou A de l'autre. Les extrémités des deux balanciers sont reliées par une bielle AB dont
le milieu M décrit la courbe sensiblement droite dont il vient
d'être parlé et qui s'appelle courbe à *longue inflexion*, à la condition qu'il y ait entre les longueurs de ces lignes les relations

suivantes, qui résument les règles données par Watt et dont on ne s'écarte pas en général.

La longueur AI ou BK doit être égale au douzième de la corde CD ou EF; il en résulte, si f est la flèche AI=BK, R le rayon OA = O'B et c la corde CD = EF, que l'on a $f = \dfrac{c}{12}$.

On a d'autre part :

$$R^2 = \left(\frac{c}{2}\right)^2 + (R - f)^2, \quad \text{d'où} \quad R = \frac{37}{2} f = \frac{37}{24} c.$$

et la demi-amplitude COA de la course est $18°\,55'\,28''$; la longueur de la bielle AB est comprise entre les $\dfrac{6}{7}$ de la corde CD et la longueur même de cette corde.

Réduit aux trois tiges OA, O'B et AB, l'appareil que nous venons de décrire n'est pas à proprement parler le *parallélogramme* de Watt. Il porte le nom de balancier à bride.

Pour obtenir le parallélogramme proprement dit, imaginons que le balancier OA soit prolongé d'une quantité quelconque AA', de manière que le point A' décrive un arc de cercle concentrique à CD. Au point A' articulons une tige A'M' parallèle à AB et limitée au point M' situé sur OM prolongée. Au point M' articulons une nouvelle tige M'B' égale et parallèle à A'A, laquelle sera aussi articulée en B' avec la tige AB. La figure AA'M'B restera toujours un parallélogramme, puisque ses côtés opposés sont égaux, et deux des côtés de ce parallélogramme auront, à chaque instant des positions bien définies : AA' sera toujours dans le prolongement de OA, et AB' coïncidera toujours avec AB. La position du quatrième sommet M' sera donc toujours déterminée, et comme on a pris, par construction $\dfrac{AM'}{AM} = \dfrac{A'O}{AO}$, les deux triangles OAM, OA'M' resteront toujours semblables et le point M' décrira une courbe homothétique de celle du point M, c'est-à-dire sensiblement une ligne droite. Au lieu d'un seul parallélogramme on peut en mettre plusieurs sur le même balancier, en prenant autant de points A' que l'on voudra et en effectuant sur chacun d'eux les mêmes constructions. Tous les points tels que M' jouiront de la même propriété.

Dans la pratique, on prend AA′ = OA, c'est-à-dire que le point A est le milieu du balancier proprement dit OA′. Les points M′ et B′ coïncident alors, en projection, avec O′ et B. Le point B′ reste toujours en coïncidence avec le point B dans toutes les positions de l'appareil, mais le point M′ se sépare du point O′ en décrivant la courbe à longue inflexion.

On peut facilement se rendre compte de ce fait que la courbe décrite par le point M diffère peu d'une ligne droite dans la partie où on la considère. Si l'on cherche sa tangente en M, on devra trouver le centre instantané de rotation de la tige AB dans cette position, et pour cela, mener les normales aux trajectoires des deux points A, B. Ces normales, étant parallèles, ne se rencontrent pas, ce qui veut dire que, dans cette position, la tige AB est animée d'un mouvement de translation. La tangente à la trajectoire du point M est donc parallèle aux tangentes des trajectoires des points A et B c'est-à-dire verticale. Si on prend la tige AB dans l'une de ses positions extrêmes, lorsqu'elle est en CE ou en DF, le milieu M se trouvera à égale distance des verticales AEF, CDB, et par suite sur la tangente que l'on vient de trouver. Ainsi dans l'intervalle considéré, la courbe décrite par ce point M est tangente à la verticale passant à égale distance de AF et de CB et elle coupe deux fois cette verticale. Elle ne s'en écarte donc pas beaucoup.

En cherchant, ce qui est facile, l'équation de cette courbe et calculant l'écart maximum de cette verticale, en adoptant les données de Watt, on trouve que cet écart est inférieur à $\dfrac{1}{2000}$ de la course verticale CD.

Il en est de même, naturellement, de la courbe décrite par le point M′ qui lui est semblable. C'est au point M′ que l'on attache l'extrémité de la tige du piston, et ainsi, pour une course de deux mètres, par exemple, cette extrémité ne s'écarte pas de la verticale de plus d'un millimètre.

Au point M s'attache souvent la tige du piston de la pompe du condenseur ou pompe à air.

Ce sont, comme nous l'avons dit, les trois tiges OA, O′B, AB qui constituent essentiellement l'appareil de Watt. La disposition des parallélogrammes qui y sont annexés peut être variée suivant les besoins : les parallélogrammes des machines marines, par exemple, sont placés autrement; nous ne nous y arrêterons pas.

280. Parallélogramme de Peaucellier. —La solution approximative donnée par Watt est considérée comme suffisante dans les applications. M. le général Peaucellier a imaginé une autre combinaison de tiges mobiles qui produit le mouvement rigoureusement rectiligne d'un des points d'articulation. Soit un losange articulé ABCD (fig. 197) dont deux sommets B, D sont réunis par

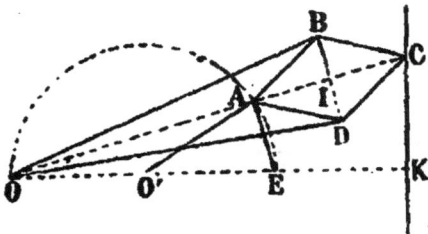

Fig. 197.

deux tiges égales OB, OD à un point fixe O. Quelle que soit la position du système, les deux diagonales BD, AC seront toujours rectangulaires, se couperont toujours en leurs milieux, et la diagonale AC prolongée viendra toujours passer au point O. Cela étant on a, dans les deux triangles rectangles OBI, ABI :

$$\overline{OB}^2 = \overline{OI}^2 + \overline{IB}^2 \quad , \quad \overline{AB}^2 = \overline{AI}^2 + \overline{IB}^2 ,$$

ou, en faisant la différence :

$$\overline{OB}^2 - \overline{AB}^2 = \overline{OI}^2 - \overline{AI}^2 = (OI + AI)(OI - AI) = OC.OA.$$

Le premier membre $\overline{OB}^2 - \overline{AB}^2$ est constant puisque la longueur des tiges est invariable, il en est de même du second, et l'on a :

$$OC \times OA = \text{const.} = k^2.$$

C'est-à-dire que si l'un des deux points A et C parcourt une courbe donnée, l'autre parcourra la transformée par rayons vecteurs réciproques par rapport au point O. Cette propriété a fait donner à l'appareil dont il s'agit le nom de *réciprocateur*.

Cela étant, pour que le point C parcoure une droite CK, il

suffit d'imposer au point A l'obligation de parcourir la transformée, par rapport au point O, de la droite CK. On sait que
cette transformée est une circonférence passant par le point O,
et dont le centre O' est sur la perpendiculaire OK abaissée de
O sur la direction CK. Traçons, en effet, une circonférence
quelconque O' passant par les points O et A, joignons OO' qui
coupe cette circonférence en E, abaissons du point C la perpendiculaire CK sur OO' prolongée et joignons AE; les deux
triangles semblables OAE, OKC nous donneront :

$$\frac{OA}{OK} = \frac{OE}{OC} \qquad \text{ou} \qquad OK = \frac{OC.OA}{OE} = \text{constant.}$$

Par conséquent, le point C parcourra bien la droite CK, perpendiculaire à OO'. Pour obtenir le résultat cherché, il suffit
donc de réunir le point A au point O' par une tige de longueur
invariable.

281. Coulisses. — Parmi les organes de transmission de
mouvement composés de tiges ou bielles, nous citerons encore les coulisses usitées pour faire mouvoir les tiroirs de cer-

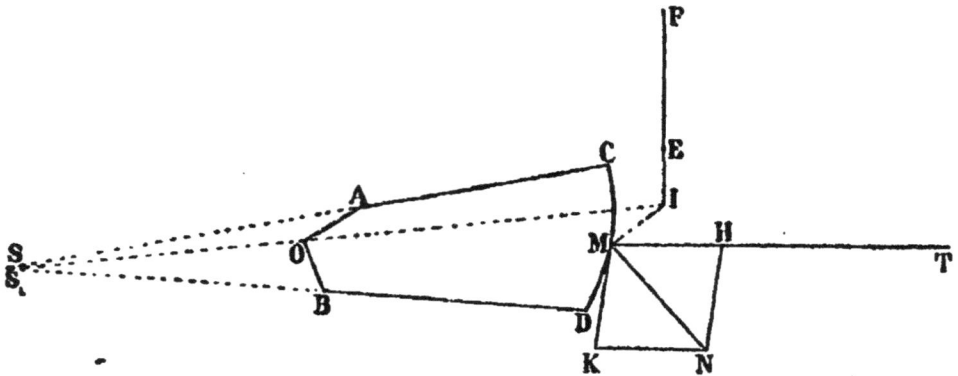

Fig. 198.

taines machines à vapeur et principalement des locomotives.
Une coulisse se compose essentiellement d'une pièce solide
portant une rainure de forme quelconque, généralement circulaire ou rectiligne; dans la coulisse de Stephenson, la plus

anciennement usitée, cette rainure affecte la forme d'un arc de cercle convexe CD (fig. 198). Les deux extrémités C et D de cette rainure sont reliées par des barres d'excentriques circulaires à un axe O, animé d'un mouvement de rotation. Le mouvement des points C et D est donc celui de points reliés par des bielles à l'extrémité de manivelles OA, OB, les points A et B étant les centres des poulies d'excentrique. Dans la rainure CD se place un petit cylindre, dit coulisseau, M, qui forme l'extrémité de la tige MT du tiroir, laquelle est astreinte à se mouvoir suivant sa propre direction. La coulisse est suspendue par un de ses points E à l'extrémité d'une tige EF, articulée en F sur une autre pièce dont la position est variable à la volonté du mécanicien, mais qui, une fois placée, peut être considérée comme fixe pendant le mouvement de toutes les autres. Il s'agit de déterminer la relation entre la vitesse V de la tige MT ou du point M et la vitesse angulaire ω de la rotation de l'axe O.

Nous connaîtrons la vitesse du point M de la coulisse si nous connaissons le centre instantané de rotation de cette coulisse et la vitesse d'un autre de ses points, ou bien la vitesse angulaire Ω de sa rotation autour de ce centre instantané. Le point E de la coulisse, maintenu à une distance invariable du point F, parcourt un arc de cercle décrit de F comme contre; le centre instantané de rotation se trouve sur la normale à cet arc de cercle, c'est-à-dire sur le prolongement de FE. Soit I ce centre, supposé connu. Le point C décrit autour de I un petit arc de cercle, il se meut donc comme s'il était relié au point I par une manivelle de longueur CI et alors, si nous prolongeons CA jusqu'à sa rencontre en S avec IO prolongée, nous aurons entre les vitesses angulaires ω et Ω des manivelles OA et CI autour de leurs axes O et I, la relation :

$$\frac{\omega}{\Omega} = \frac{SI}{SO} = 1 + \frac{OI}{SO}.$$

Raisonnons de même pour le point D et prolongeons la bielle BD jusqu'à sa rencontre en S_1 avec OI prolongée ; nous aurons :

$$\frac{\omega}{\Omega} = \frac{S_1 I}{S_1 O} = 1 + \frac{OI}{S_1 O},$$

ce qui montre que $SO = S_1O$, ou que les deux points S et S_1 coïncident, ou encore que les trois lignes CA, DB et IO concourent en un même point. Par conséquent, pour avoir le centre instantané de rotation I, il suffit de prolonger les lignes CA, DB jusqu'à leur intersection en S, de joindre SO que l'on prolongera jusqu'à sa rencontre avec FE prolongée. Le point d'intersection I sera le centre instantané de rotation. Les équations ci-dessus nous donnent d'ailleurs, une fois ce point connu, la valeur de la vitesse angulaire Ω de la rotation instantanée autour de ce point : $\Omega = \omega . \dfrac{SO}{SI}$.

La vitesse du point M de la coulisse sera alors représentée par une ligne MN menée perpendiculairement à IM et égale à $\Omega \times IM$.

Cette vitesse peut être considérée comme la résultante de deux vitesses simultanées MH, MK dirigées, l'une suivant la direction de la tige MT du tiroir, l'autre suivant la tangente MK à la coulisse. Si cette dernière existait seule, la tige du tiroir resterait immobile ; son mouvement est donc dû uniquement à l'autre composante MH, laquelle représente ainsi la vitesse de cette tige.

Le calcul des frottements dans toutes les articulations qui composent la coulisse ou les parallélogrammes qui font l'objet des numéros précédents se ferait d'après les principes que nous avons indiqués ; il ne présente aucun intérêt, parce que ces appareils ne sont destinés qu'à produire des mouvements déterminés, bien plus qu'à transmettre des efforts ou à vaincre des résistances.

349. Encliquetage Dobo. — Considérons une tige horizontale AB (fig. 199), à section rectangulaire, guidée par deux supports A_1, B_1, de telle manière qu'elle ne puisse se mouvoir que suivant la direction de son axe longitudinal. Sur l'une des faces de cette tige s'appuie une sorte de came ou secteur CEF, mobile autour d'un axe fixe C. La surface EF, en contact avec la barre, est tracée de telle sorte que les rayons vecteurs menés du point C à ses différents points aillent toujours en croissant lorsqu'on la parcourt de E vers F. Elle peut être, par exemple, un cylindre ayant pour base un arc de cercle dont le centre serait un point O situé sur EC prolongée. Un ressort flexible S, attaché à un autre point fixe K, presse toujours le secteur sur la tige AB.

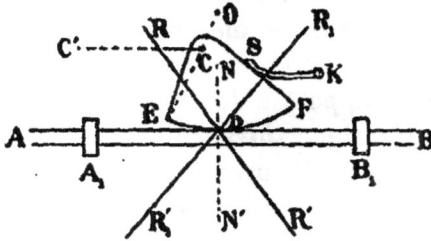

Fig. 199.

Si nous supposons que la tige reçoive un mouvement de translation de A vers B, il se produira, au point de contact D du secteur avec sa surface supérieure, une action et une réaction égales et directement opposées qui feront, avec la normale NDN', un angle égal à l'angle de frottement φ et qui seront dirigées de telle manière que l'action du secteur fixe sur la tige en mouvement soit du côté opposé à ce mouvement. Cette action, du secteur sur la tige, sera donc dirigée suivant DR', et la réaction de la tige sur le secteur sera dirigée suivant DR₁; cette dernière force tendra à faire tourner le secteur autour du point C en relevant son extrémité F et le ressort S. Rien ne s'oppose à ce mouvement qui s'effectuera à la condition que l'effort exercé sur la tige, dans le sens de son axe, atteigne ou dépasse le produit par le coefficient de frottement de l'effort normal très faible qui provient de la pression du ressort.

Mais si l'on veut produire le mouvement en sens contraire, c'est-à-dire en portant la tige de B vers A, les actions et réactions du secteur sur la tige et réciproquement passent de l'autre côté de la normale NN'. La réaction de la tige sur le secteur, dirigée alors suivant DR, tend à faire tourner ce secteur de manière à relever le point E. Si l'on admet que le secteur, cédant à cet effort, se déplace légèrement dans ce sens, comme les distances des divers points de la surface EF au centre fixe C vont en croissant, il y aura, pour ainsi dire, une pénétration du secteur dans la barre, ou plutôt un rapprochement de leurs molécules qui augmentera immédiatement dans une proportion énorme la grandeur des réactions que ces pièces exercent l'une sur l'autre. Cela veut dire que l'appareil s'opposera à tout mouvement de la tige dirigé de B vers A, dans la limite des efforts auxquels peuvent résister, sans se briser, les points considérés comme fixes : A_1, B_1, et C.

Au lieu d'un seul secteur on peut en avoir deux, placés symétriquement par rapport à la tige, et l'ensemble de leurs réactions est alors dirigée suivant l'axe de cette pièce.

Il est bien évident, d'ailleurs, que si le point C n'est pas absolument fixe, mais susceptible de recevoir un mouvement dirigé de C vers C', parallèlement à BA, tout effort exercé sur la tige de B vers A entraînera la tige et le point C dans un mouvement commun, à la condition que cet effort soit suffisant pour vaincre la résistance que pourrait présenter ce mouvement. Tandis que tout effort dirigé en sens contraire, de A vers B, entraînera simplement la tige AB, dès que le mouvement d'ensemble du secteur et du point C exigera un effort supérieur à la très faible réaction résultant de la pression exercée par le ressort S.

On peut donner à cet encliquetage qui, on le voit, se comporte à la façon d'une crémaillère, d'autres dispositions. On peut, par exemple, au lieu de la tige rectiligne AB, avoir un anneau creux, à l'intérieur duquel sont disposés des secteurs ou cames analogues à CEF ; le fonctionnement est identiquement le même. Lorsque l'on fait tourner l'anneau dans un sens, il se met seul en mouvement, et quand on le fait tourner en sens contraire, il entraîne avec lui les cames et l'axe sur lequel elles sont montées.

283. Courroies sans fin. — La transmission du mouvement de rotation entre deux axes, avec un rapport constant des vitesses, peut encore s'effectuer au moyen de poulies et de courroies sans fin. Lorsque les axes sont parallèles et doivent tourner dans le même sens, les poulies, qui sont alors des cylindres, sont entourées d'une courroie en cuir, en caoutchouc, en tissu de coton ou autre matière, dont les deux extrémités sont soudées de manière à constituer un circuit fermé, d'où le

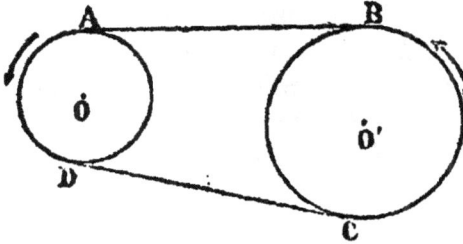

Fig. 200.

nom de courroie sans fin (fig. 200). L'expérience montre que la surface des poulies, au lieu d'être plate ou concave, doit être, de préférence, légèrement convexe.

Lorsque les axes doivent tourner en sens contraire, on croise

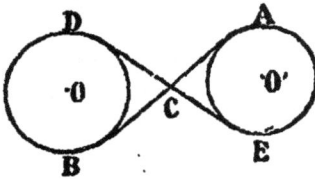

Fig. 201.

la courroie et, pour éviter qu'au point C (fig. 201) les deux brins qui s'y rencontrent ne soient gênés dans leur mouvement, on tord chacun des brins de manière que la face de la courroie qui était en contact en A avec la poulie O revienne en contact en B avec la poulie O', et que de même la face en contact en E revienne en contact en D ; cela exige que chacun des brins AB, DE soit tordu de 180 degrés entre les deux poulies. Au point de rencontre C, la torsion de chacun d'eux est d'environ 90 degrés, de sorte qu'ils se touchent par leur face et non par leur tranche.

Lorsque le mouvement doit être transmis entre des axes non parallèles, on se sert de poulies de renvoi. Soient OX, O'X' (fig. 202) deux axes quelconques ; on monte, sur ces axes, deux poulies ordinaires O et O' et soit ZZ' la ligne d'intersection des plans moyens de ces deux poulies. Sur ZZ', prenons deux points quelconques A, B et par chacun de ces points menons une tangente à chacune des poulies. Les deux lignes AD, AD' déterminent un plan dans lequel on pourra placer une poulie C ; de même les deux tangentes BE, BE' déter-

minent un autre plan dans lequel on placera une autre poulie C', et alors une courroie suivant le contour DFF'D'E'H'
HED transmettra le mouvement de l'un des axes O ou O' à
l'autre, en même temps qu'aux poulies auxiliaires C, C' dites
de renvoi.

On peut, lorsque l'obliquité des axes n'est pas très grande,
supprimer les poulies de renvoi
en faisant en sorte que la courroie arrive sur chacune des poulies en se trouvant dans son plan
moyen ; il n'y a pas d'inconvénient à ce que le brin qui quitte
la poulie s'écarte au contraire de
ce plan. Il suffit alors, pour éviter
les poulies de renvoi, de faire en
sorte que le point où chacun des
brins quitte l'une des poulies soit
dans le plan moyen de l'autre.
Cette disposition simplifiée ne
permet le mouvement que dans un sens.

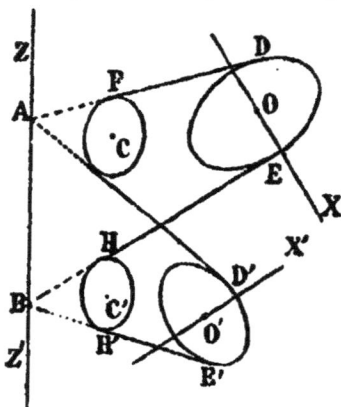

Fig. 202.

Cherchons d'abord le rapport des vitesses de deux poulies
réunies par une courroie sans fin. Si nous admettons, pour une
première approximation, que la courroie soit inextensible,
tous ses points auront la même vitesse, et comme cette vitesse
est la même que celle des points de chacune des poulies avec
lesquelles la courroie est en contact, nous en conclurons que
les vitesses linéaires des points des circonférences des deux
poulies sont égales, c'est-à-dire que si ω et ω' sont leurs vitesses angulaires, r et r' leurs rayons, on a :

$$\omega r = \omega' r' \qquad \text{ou bien} \qquad \frac{\omega'}{\omega} = \frac{r}{r'},$$

et cette relation subsiste quel que soit le mode de transmission, direct ou inverse, avec ou sans poulie de renvoi. C'est
une relation identique à celle que nous avons trouvée pour les
engrenages ; mais comme ici il n'y a plus aucune condition
nécessaire à laquelle doive satisfaire le rapport $\frac{r}{r'}$, on peut réa-

liser tous les rapports de vitesse quelconques, même incommensurables.

284. Effet de l'allongement des courroies. — Mais cela suppose que les courroies sont inextensibles, ce qui est loin d'être exact, surtout lorsqu'elles sont en cuir ou en caoutchouc Quelle que soit la matière dont elles sont formées, si l'on appelle L leur longueur lorsqu'elles ne supportent aucune tension, cette longueur, lorsqu'elles sont soumises à une tension T, devient L (1 + α T), α étant un coefficient dépendant de la nature de la matière et de l'étendue et peut-être aussi de la forme de la section transversale. Cela veut dire qu'elles subissent un allongement proportionnel à la tension qu'elles supportent.

Or le mouvement ne peut se transmettre, d'une poulie à l'autre, qu'autant que les tensions des deux brins de la courroie sont différentes. Soit, par exemple, O (fig. 203) la poulie motrice, sur

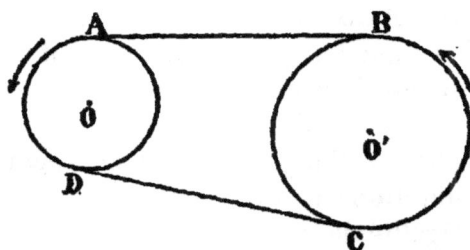

Fig. 203.

l'axe de laquelle agit la puissance et O' celle dont l'axe reçoit l'action de la résistance. Supposons que la courroie soit d'abord placée sur les deux poulies de telle manière qu'elle n'exerce aucune tension ; cela arrivera si la longueur ABCDA est rigoureusement égale à celle de la courroie dans son état naturel. Si l'on suppose que par suite d'un procédé quelconque, en écartant par exemple un peu les axes, on produise une certaine tension initiale T_0; cela arrivera si la longueur totale primitive L, du contour ABCDA devient L (1 + α T_0). Chaque élément ds de la courroie sera devenu de même ds (1 + α T_0).

34

Si alors on imprime un mouvement de rotation à la poulie O, cette poulie tendra à entraîner la courroie, elle allongera le brin AB, dont la tension augmentera tandis que celle du brin DC diminuera. Cet effet se développera jusqu'au moment où la différence des tensions sur AB et sur CD sera suffisante pour produire le mouvement de l'axe O'.

Au moment où cet effet va se produire, la tension du brin AB aura atteint une valeur T plus grande que la tension initiale T_0 et chacun de ses éléments ds aura une longueur $ds(1+\alpha T)$; au contraire, le brin CD n'aura plus qu'une tension t inférieure à T_0 et la longueur de chacun de ses éléments ds sera devenue $ds(1+\alpha t)$. Sur le contour de chacune des poulies, de A en D d'une part, de B en C de l'autre, la tension varie de T à t et les allongements des éléments successifs varient dans la même proportion.

Remarquons tout de suite que la longueur de la courroie n'a pas changé. Nous pouvons admettre que malgré les différences de tension, les longueurs qui embrassent les deux poulies sur les arcs AD et CB sont les mêmes lorsque les tensions sont devenues T et t que lorsqu'elles étaient uniformément T_0; en effet la tension est devenue un peu plus forte et égale à T en A et en B, un peu plus faible et égale à t en D et en C, par suite, l'augmentation d'allongement d'un côté peut compenser à peu près la diminution d'allongement de l'autre. Alors, nous pouvons écrire l'égalité de la somme des longueurs AB et DC avant et après le changement de tension. Si l représente chacune de ces longueurs, nous aurons :

$$2l(1+\alpha T_0) = l(1+\alpha T) + l(1+\alpha t) ;$$

D'où, en réduisant :

$$T + t = 2T_0 .$$

La somme des tensions des deux brins est toujours égale au double de la tension initiale.

Examinons maintenant la transmission du mouvement. Supposons que la roue O ait tourné d'une quantité telle que la longueur de la courroie qui s'enroule sur elle en A soit $ds(1+\alpha T)$; chacun des éléments de la courroie qui l'embrasse suivant l'arc AD s'est avancé d'une petite quantité et a pris la place de l'élément suivant où la tension était un peu moins forte, son allongement a donc un peu diminué et l'élément correspondant, qui a quitté la poulie au point D, n'a qu'une longueur $ds(1+\alpha t)$ et c'est cette longueur qui s'enroule en C sur la poulie O', en prenant la place d'un élément qui s'avance un peu en subissant une tension un peu plus forte et ainsi de suite jusqu'à celui qui quitte la poulie en B avec une longueur $ds(1+\alpha T)$. Par conséquent, lorsque la circonférence de la poulie motrice avance de $ds(1+\alpha T)$ celle de l'autre poulie n'avance que de $ds(1+\alpha t)$ et ces quantités sont proportionnelles aux vitesses linéaires ωr, $\omega'r'$, c'est-à-dire que l'on a :

$$\frac{\omega' r'}{\omega r} = \frac{1+\alpha t}{1+\alpha T} \qquad \text{ou bien} \qquad \frac{\omega}{\omega} = \frac{r}{r'} \cdot \frac{1+\alpha t}{1+\alpha T}.$$

La vitesse transmise est donc inférieure à celle qui le serait dans l'hypothèse où les courroies seraient inextensibles.

Ce raisonnement suppose que la vitesse linéaire de la circonférence de chaque poulie est la même que celle du brin qui s'enroule sur elle, et par suite que cette vitesse est différente de celle du brin qui se déroule. Il est probable que la vitesse de la poulie est intermédiaire, de sorte que la perte de vitesse angulaire due à l'extensibilité des courroies doit être inférieure à celle qu'indique la formule.

295. Calcul de la tension initiale et du frottement.

— Désignons maintenant par P_p le moment de la force motrice qui agit sur l'axe O et par Qq celui de la résistance par rapport à l'axe O'; appelons R et R' les réactions des axes des deux poulies O et O', ρ et ρ' les rayons des tourillons et φ l'angle de frottement de ces tourillons; les moments de ces réactions seront respectivement $R\rho \sin \varphi$ et $R'\rho' \sin \varphi$. Écrivons alors la nullité de la somme des moments, par rapport à chacun des axes O et O', de toutes les forces qui agissent sur chaque poulie, nous aurons les deux équations :

$$(1) \begin{cases} Pp - (T-t)r - R\rho \sin\varphi = 0 \ , \\ (T-t)r - Qq - R'\rho' \sin\varphi = 0 \ . \end{cases}$$

Pour plus de simplicité supposons que les forces P et Q agissent dans une direction perpendiculaire à la ligne des centres OO′, appelons β l'angle que forme avec cette ligne chacun des brins AB, CD de la courroie, γ et γ′ les angles inconnus formés avec cette même ligne par les réactions R et R′, nous aurons, en projetant successivement sur cette ligne OO′ et sur une perpendiculaire toutes les forces qui agissent sur chacune des poulies, les équations :

$$(2) \begin{cases} (T+t)\cos\beta - R\cos\gamma = 0 \ , \\ P + (T-t)\sin\beta - R\sin\gamma = 0 \ , \\ (T+t)\cos\beta - R'\cos\gamma' = 0 \ , \\ Q + (T-t)\sin\beta - R'\sin\gamma' = 0 \ , \end{cases}$$

soit en tout six équations entre les sept inconnues T, t, R, R′, γ, γ′ et P. Puisque nous cherchons toujours, en définitive, la relation entre P et Q, les six autres inconnues n'ont qu'une importance secondaire.

Il manque donc une équation; mais nous n'avons pas exprimé que la tension des courroies était suffisante pour entraîner les poulies. Si θ et θ′ représentent les angles au centre correspondant aux arcs AD, BC embrassés par les courroies et f et f' les coefficients de frottement de la courroie sur les poulies, il n'y aura pas glissement de la courroie sur la poulie, d'après ce que nous avons dit au n° 235, page 442, tant que l'on aura :

$$T < te^{f\theta} \qquad \text{et} \qquad T < te^{f'\theta'} \ .$$

Mais, comme nous l'avons fait remarquer en note, page 441, ces formules supposent que la vitesse est nulle ou négligeable, et cela n'a pas lieu, en général, dans la transmission du mouvement par courroies sans fin. Pour tenir compte de l'influence de la vitesse, désignons par p le poids de la courroie par unité de longueur, et par v sa vitesse, $v = \omega r = \omega' r'$. La masse de l'unité de longueur étant $\frac{p}{g}$, celle de l'élément de courroie correspondaut à un angle au centre $d\alpha$ sera, pour la poulie dont le rayon est r, $\frac{p}{g} r d\alpha$, et la force d'inertie ou force centrifuge de cet élément aura pour valeur sa masse multipliée par $\frac{v^2}{r}$ ou bien $\frac{p}{g} v^2 d\alpha$. Cette force d'inertie, dirigée suivant la normale s'ajoute à la composante normale de la réaction de poulie sur la courroie, et la première des équations (1) et (2), pages 441-442, exprimant l'équilibre de l'élément de courroie doit être complétée, par l'addition, à la composante normale $d\mathrm{R} \cos \varphi$, de cette force d'inertie $\frac{p}{g} v^2 d\alpha$.

La première équation (2) devient ainsi :

$$T d\alpha = d\mathrm{R} \cos \varphi + \frac{p}{g} r^2 d\alpha ,$$

ce qui donne, au lieu de (3),

$$\frac{dT}{T - \frac{p}{g} v^2} = f d\alpha ,$$

et enfin, au lieu de la dernière équation (5),

$$P - \frac{p}{g} v^2 = \left(Q - \frac{p}{g} r^2 \right) e^{f\theta} ,$$

ou bien

$$P = Q e^{f\theta} - \frac{p}{g} v^2 \left(e^{f\theta} - 1 \right) .$$

La condition pour qu'il n'y ait pas glissement de la courroie sur les poulies est donc que l'on ait :

$$T < t e^{f\theta} - \frac{p}{g} v^2 \left(e^{f\theta} - 1 \right) ,$$

$$T < t e^{f'\theta'} - \frac{p}{g} v^2 \left(e^{f'\theta'} - 1 \right) .$$

En pratique, dans les circonstances ordinaires, $e^{f\theta}$ diffère toujours assez peu de 2 ; on peut donc, dans les derniers termes qui sont généralement petits par rapport aux premiers, remplacer cette exponentielle par sa valeur approchée et écrire, avec une exactitude suffisante :

$$T < t e^{f\theta} - \frac{P}{g} v^2 ,$$

$$T < t e^{f'\theta'} - \frac{P}{g} v^2 ,$$

Pour ne pas compliquer outre mesure les équations, négligeons les derniers termes de celles-ci, ce qui revient à faire abstraction de l'inertie de la courroie, et désignons pour abréger par m la plus petite des deux exponentielles $e^{f\theta}$, $e^{f'\theta'}$, la condition pour qu'il n'y ait pas glissement sera :

$$T < mt .$$

c'est-à-dire, en appelant k un coefficient numérique plus petit que l'unité, que, d'après Belanger on peut prendre en général égal à 0,90 :

$$(3) \qquad T = kmt .$$

On obtient ainsi la septième équation nécessaire pour déterminer toutes les inconnues.

Lorsque l'on aura, en particulier, déterminé T et t, on aura la tension initiale T_0 au moyen de l'équation :

$$2 T_0 = T + t .$$

Remarquons que l'équation (3), qui peut s'écrire $\frac{T}{t} = km$, donne :

$$\frac{T - t}{T + t} = \frac{km - 1}{km + 1};$$

ou bien, en remplaçant $T + t$ par $2T_0$:

$$(4) \qquad 2T_0 = \frac{km + 1}{km - 1} (T - t).$$

Par conséquent km doit être plus grand que 1 ; s'il s'approchait trop de l'unité, on aurait pour la tension initiale une valeur considérable.

La résolution des équations précédentes sous cette forme générale serait assez compliquée. On arrive à la simplifier un peu en admettant que l'angle β des brins de la courroie avec la ligne des centres est assez petit pour que l'on puisse regarder son cosinus comme égal à l'unité et son sinus comme nul ; alors les quatre équations (2) donnent immédiatement les valeurs de R et de R' :

$$R = \sqrt{P^2 + (T + t)^2} = \sqrt{P^2 + 4\,T_0^2}\ ,$$

$$R' = \sqrt{Q^2 + (T + t)^2} = \sqrt{Q^2 + 4\,T_0^2}.$$

Ces valeurs, ainsi que la précédente de $T - t$, substituées dans les équations (1) les transforment en les suivantes :

$$Pp - 2T_0\,\frac{km-1}{km+1}\,r - \rho \sin \varphi\,\sqrt{P^2 + 4\,T_0^2} = 0,$$

$$2T_0\,\frac{km-1}{km+1}\,r' - Qq - \rho' \sin \varphi\,\sqrt{Q^2 + 4\,T_0^2} = 0.$$

et il suffit, entre ces deux équations, d'éliminer T_0 pour avoir la relation cherchée entre P et Q.

Le dernier terme de chacun des membres de ces équations est petit par rapport aux autres, il contient en facteurs ρ ou ρ' qui sont toujours petits par rapport à r ou à r' et aussi $\sin \varphi$ qui est toujours, lorsque les axes des poulies sont bien entretenus, inférieur à 0,10, on peut donc, à une première approximation, le négliger et prendre pour T_0 l'une des valeurs approchées :

$$T_0 = \frac{Pp}{2r}\cdot\frac{km+1}{km-1} \qquad \text{ou} \qquad T_0 = \frac{Qq}{2r'}\cdot\frac{km+1}{km-1}\ .$$

et remplacer sous le radical T_0 par l'une ou l'autre de ces valeurs.

Les deux équations deviennent alors :

$$Pp - 2\,T_0\,\frac{km-1}{km+1}\,r - P\,\rho \sin \varphi\,\sqrt{1 + \frac{p^2}{r^2}\left(\frac{km+1}{km-1}\right)^2} = 0\ ,$$

$$2T_0\,\frac{km-1}{km+1}\,r' - Qq - Q\rho' \sin \varphi\,\sqrt{1 + \frac{q^2}{r'^2}\left(\frac{km+1}{km-1}\right)^2} = 0\ ;$$

ce qui donne, définitivement, par l'élimination de T_0 :

$$P = Q\frac{r}{r'}\frac{q + \rho' \sin \varphi \sqrt{1 + \frac{q^2}{r'^2}\left(\frac{km+1}{km-1}\right)^2}}{p - \rho \sin \varphi \sqrt{1 + \frac{p^2}{r^2}\left(\frac{km+1}{km-1}\right)^2}} = Q\frac{r}{r'}\frac{q + \rho' \sin \varphi \sqrt{1 + \frac{4 T_0^2}{Q^2}}}{p - \rho \sin \varphi \sqrt{1 + \frac{4 T_0^2}{p^2}}}$$

On voit qu'il y a avantage à réduire autant que possible la tension initiale T_0.

Le travail du frottement s'obtiendrait comme dans les exemples précédents en prenant la différence entre les travaux de P et de Q.

Il faut remarquer que nous n'avons pas tenu compte, dans les équations qui précèdent, de la raideur des cordes, ce qui qui aurait conduit à les compliquer encore. Cette cause de résistance est d'ailleurs très faible dans les courroies.

FIN

INDEX ALPHABÉTIQUE

Laval, Imprimerie et Stéréotypie E. JAMIN, 41, rue de la Paix, Laval.